数字信号处理及MATLAB实现

刘芳 周蜜 编著

机械工业出版社

本书内容深入浅出，每章基本按照“理论知识—例题讲解—案例分析”的模式编写，突出理论知识指导实际应用。为便于读者快速掌握数字信号处理的实践能力，很多例题给出了 MATLAB 源码，并提供这些源码的下载资源，读者可直接粘贴在 MATLAB 命令窗口，观看运行结果。同时，书中提供了大量经过精心设计的习题，帮助读者掌握课程内容。

本书可作为普通高等学校电子信息类专业和相近专业的本科生或专科生教材，也可供相关专业的技术人员参考。

本书配套有免费教学课件 PPT、教案和教学大纲，欢迎选用本书做教材的老师登录 www.cmpedu.com 下载或发邮件到 lixiaoping91142@163.com 索要。

图书在版编目（CIP）数据

数字信号处理及 MATLAB 实现/刘芳，周蜜编著. —北京：机械工业出版社，2021.7（2022.7 重印）

ISBN 978-7-111-68567-8

Ⅰ.①数… Ⅱ.①刘…②周… Ⅲ.①数字信号-信号处理-计算机辅助计算-软件包，MATLAB-高等学校-教材 Ⅳ.①TN911.72

中国版本图书馆 CIP 数据核字（2021）第 124115 号

机械工业出版社（北京市百万庄大街 22 号 邮政编码 100037）
策划编辑：李小平 责任编辑：李小平
责任校对：刘雅娜 封面设计：鞠 杨
责任印制：单爱军
河北宝昌佳彩印刷有限公司印刷
2022 年 7 月第 1 版第 2 次印刷
184mm×260mm · 16.75 印张 · 403 千字
标准书号：ISBN 978-7-111-68567-8
定价：69.00 元

电话服务	网络服务
客服电话：010-88361066	机 工 官 网：www.cmpbook.com
010-88379833	机 工 官 博：weibo.com/cmp1952
010-68326294	金 书 网：www.golden-book.com
封底无防伪标均为盗版	机工教育服务网：www.cmpedu.com

前　言

数字信号处理技术的理论性和实践性都很强。数字信号处理技术随着理论和应用不断发展和完善，主要采用数值计算的方法对数字序列进行各种处理，将信号变换为需要的各种形式。数字信号处理的学科内容十分丰富，具有非常广泛的应用领域。其中，部分较成功的应用行业包括通信、语音处理、图像处理、电视、雷达、声呐、地球物理学、生物医学、音乐等。此外，其在军事、电力系统及经济领域也得到了大量应用。数字信号处理与应用行业本身的理论和技术紧密结合并相互渗透，且不断地开辟新的领域，并成为这些领域中的一种非常重要的现代化工具。

在诸多工程领域都需要大量信号处理人才的背景下，本书呈现数字信号处理最基础和最核心的内容，全书包括九个章节：第一章为绪论，介绍信号与系统的定义、数字信号处理系统的基本组成、数字信号处理的优点、应用领域和涉及的理论知识；第二章介绍时域离散信号和时域离散系统的描述方法；第三章和第四章分别介绍数字信号中的两大变换：离散傅里叶变换（DFT）和 z 变换；第五章介绍快速傅里叶变换，它是 DFT 的一种快速算法；第六章至第八章，主要介绍数字滤波器的几种网络结构以及数字滤波器的基本理论和设计方法，重点讨论了无限脉冲响应（IIR）数字滤波器和有限脉冲响应（FIR）数字滤波器的原理与设计；第九章介绍数字信号处理中的有效字长效应分析。

本书每章内容基本按照“理论知识——例题讲解——案例分析”的模式编写，突出理论知识指导实际应用，并将理论知识和实际应用进行了折中：避免学院式的理论推导，偏重数字信号处理方法和技能的掌握。考虑到近年来功能强大、应用广泛且交互性好的 MATLAB 软件的引入，使得通过上机实践掌握数字信号处理技术的学习方式变得容易，本书例题讲解既包括理论分析，还给出了用 MATLAB 实现的参考程序，便于读者快速掌握数字信号处理的实践能力。如用作教材，例题中给出的 MATLAB 源码粘贴到 MATLAB 命令窗，即可运行并看到结果，适用于多媒体教学。教师能实现知识讲授和实习演练的紧密衔接，学生能通过上机实践形象生动地加深对理论问题的理解。每章最后的案例分析既体现了本章知识可以应用的场合，又能引导读者从实际问题入手进行分析，然后利用理论知识解决问题。另外书中也提供了大量经过精心设计的习题，帮助读者更好地掌握相关内容。

本书第一章至第五章由文华学院刘芳副教授执笔，其他章节由武汉大学周蜜副教授执笔，全书由刘芳统稿。由于编者水平有限，书中难免存在一些缺点和错误，殷切希望广大读者批评指正。

编　者

2021 年 6 月

目　录

第一章 绪论

第一节 信号与系统的定义

信号定义为自变量的函数，这里的自变量可以是时间、距离、位置、温度和压力等。数学上，把一个信号描述成一个或几个自变量的函数。例如下面函数

$$\begin{cases} y_1(t)=t \\ y_2(t)=t^2 \end{cases} \tag{1-1}$$

描述了两个信号，一个随着自变量 t（时间）线性变化，而另一个随着 t 二次方变化。考虑另一个例子

$$s(x,y)=x^2+2xy+y^2 \tag{1-2}$$

该函数描述了具有两个自变量 x 和 y 的信号，这两个自变量可以表示一个平面上的两个空间坐标。

由式（1-1）和式（1-2）描述的信号属于一类准确定义的信号，指定了对于自变量的函数依赖关系。然而，有些情况下这种函数关系是未知的，或者太复杂以至于没有任何实际用处。

例如，语音信号不能由式（1-1）这样的表达式函数化描述。一般地，一段语音可被高精度表示为几种不同幅度和频率的总和，即

$$\sum_{i=1}^{N} A_i(t)\sin[2\pi F_i(t)t+\theta_i(t)] \tag{1-3}$$

式中，$\{A_i(t)\}$、$\{F_i(t)\}$、$\{\theta_i(t)\}$分别是正弦信号的（可能时变的）幅度、频率和相位的集合。

事实上，要解释任何一段短时语音信号承载的信息内容或消息，方法之一是测量该短时段信号所包含的幅度、频率和相位。

自然信号的另一个例子是心电图（ECG），这样一类信号给医生提供了病人心脏条件的信息。类似地，脑电图信号（EEG）提供了脑行为的信息。

语音、心电图和脑电图信号是一些作为单个自变量（如时间）的函数的信息载体信号

例子。具有两个自变量的函数信号的例子是图像信号，在这种情况下的自变量是空间坐标。这些只是实际中遇到的无数自然信号的几个例子。

与自然信号相关的信号是生成信号。例如，语音信号是靠压迫穿过声带的气流而生成的。图像是将胶片对一幅场景或一个物体曝光而获得的。这样的信号生成通常与某个系统相关联，以对某些刺激或压力做出响应。在一个语音信号中，系统由声带和声道或声腔组成，与该系统相结合的激励被称为信源。

系统也可以被定义为对某个信号执行某种操作的一台物理设备。例如，用于降低破坏有用信息载体信号的噪声和干扰的滤波器，被称为一个系统。在这种情况下，滤波器对系统执行一些操作，从而有效降低（滤除）有用信号中夹杂的噪声和干扰。

一个信号经过一个系统（例如滤波）被认为该信号被处理了。在这种情况下，信号处理的含义即为对包含噪声或干扰的有用信号进行滤波。一般来说，系统由对信号所执行的操作所表征。例如，如果操作是线性的，那么该系统被称为线性系统；如果操作是非线性的，那么该系统被称为非线性系统。

从操作目的的角度来看，系统的定义可以扩展为不仅包括物理设备，还包括对信号操作的软件实现。在一台数字计算机上所进行的数字信号处理，是由一些软件程序指定的数学操作所组成的。在这种情况下，程序代表了系统的软件实现，因此，可以在电子计算机上按照一系列数学操作实现某个系统，也即用软件实现了一个数字信号处理系统。例如，一台电子计算机可以编程来执行数字滤波。此外，对信号的数字处理也可通过配置数字硬件（逻辑电路）实现以执行所需要的特定操作。因此，广义上，一个数字系统可以结合数字硬件和软件一起实现，每一部分都执行自身的一套特定操作。

第二节 数字信号处理系统的基本组成

在自然界中，大多数信号是模拟信号，即信号是连续变量的函数，而数字信号处理系统是对数字信号进行处理，因此，必须先将模拟信号转换成数字信号。一个模拟信号的数字处理过程如图 1-1 所示，包括三个步骤：模数转换（简称 A/D 转换）、数字信号的处理以及数模转换（简称 D/A 转换）。

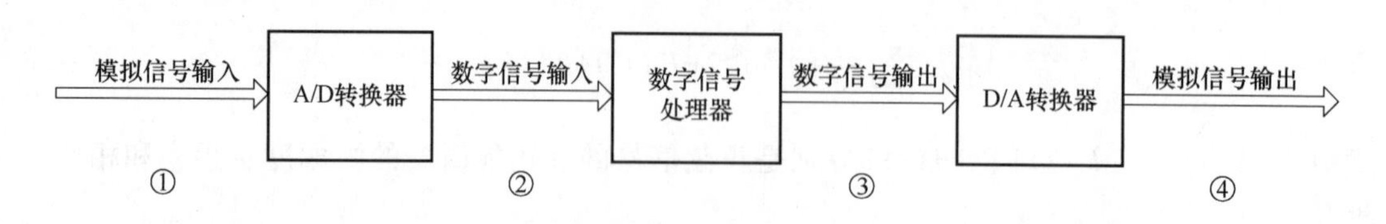

图 1-1 模拟信号的数字处理过程

图 1-2 表示某个模拟信号经过图 1-1 中各设备输出的波形：①表示某个模拟信号；②表示该信号经过 A/D 转换器之后的信号形式；③表示经过数字信号处理器后的输出；④表示经过 D/A 转换器之后又转变成模拟信号的形式。

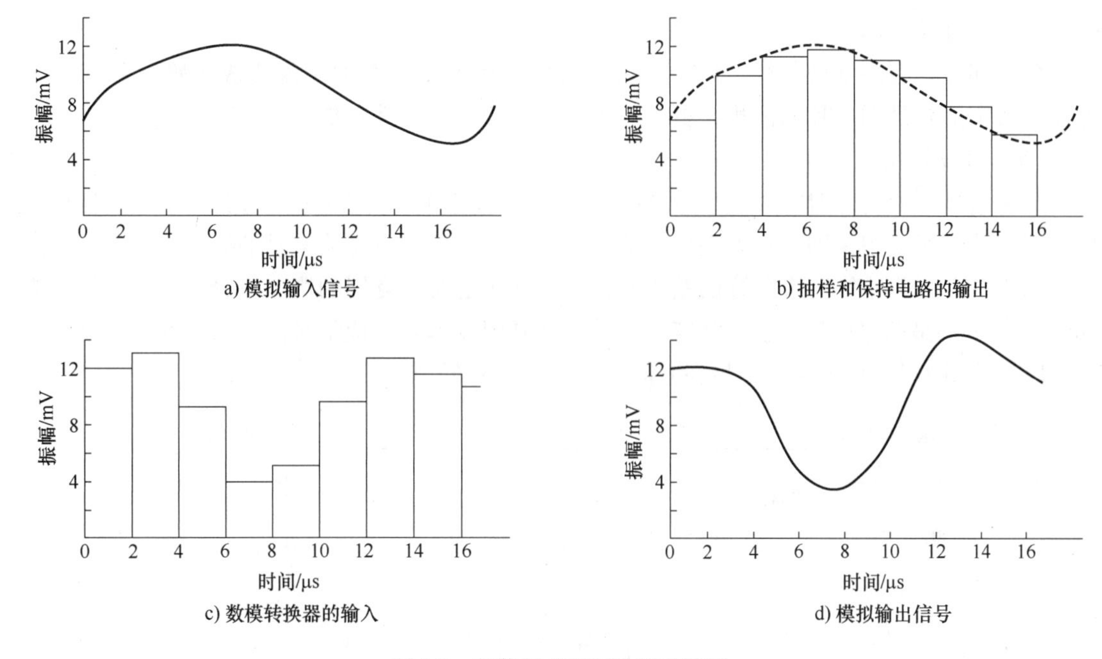

图 1-2　某信号在不同阶段的波形

第三节　数字信号处理的优点

由本章第二节描述可知，自然界中大多数信号都是模拟信号，但有很多理由使我们没有在模拟域直接对信号进行处理，而是采用对模拟信号的数字化处理。首先，一个数字编程系统仅仅通过更改程序就可以灵活地重新配置数字信号处理操作。模拟系统的重新配置通常意味着对硬件的重新设计，然后进行测试和校验以观察其是否满足要求。数字化处理还具有许多模拟域处理无法比拟的优势，下面列举其中重要的几点：

（1）精度高

在模拟信号处理中，由于组件容错性的限制，系统处理精度很难控制，且一般无法达到 10^{-3} 以上。而数字信号处理由于处理的是数字信号，可通过改变系统中 A/D 转换器和数字信号处理器的字长、浮点算术运算等参数达到。

（2）可靠性

数字系统中只有“0”和“1”这两个信号电平，受外界噪声、温度等环境因素的影响较小，且很容易无损坏地存储在磁性介质（如磁盘或磁带）中，以至于可以在脱机的远程实验室中进行处理。

（3）灵活性

模拟系统对信号进行不同的处理时，需要对硬件重新设计和配置，还要进行测试和校验以观察可行性，而数字信号处理可通过软件仿真改变其参数，观看运行结果来确定其是否可行，即使进行硬件设计，也只需改变系统中的乘法器、加法器和延迟器等的参数。

（4）易于大规模集成

数字部件具有高度规范性，便于大规模集成和生产。随着大规模集成电路（VLSI）的发展，数字信号处理芯片的体积将更小，重量将更轻，可靠性将更高。

（5）时分复用

数字信号可通过分时将大量信号合成为一个信号（称复用信号），通过某个处理器处理后，再将信号解复用，即分离处理后的信号。这种方法可减少每路信号的处理代价。

图 1-3 给出了时分复用系统的基本框图；图 1-4 是时分复用的概念解释图，其中图 1-4a 和图 1-4b 分别是两路信号，这两路信号通过时分复用技术合并成信号图 1-4c，在信号图 1-4c 中，原来的图 1-4a 和图 1-4b 信号在时间上是相互独立的。

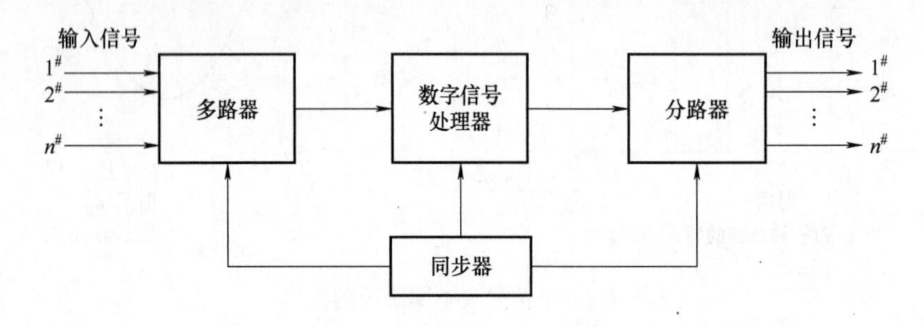

图 1-3　时分复用系统的基本框图

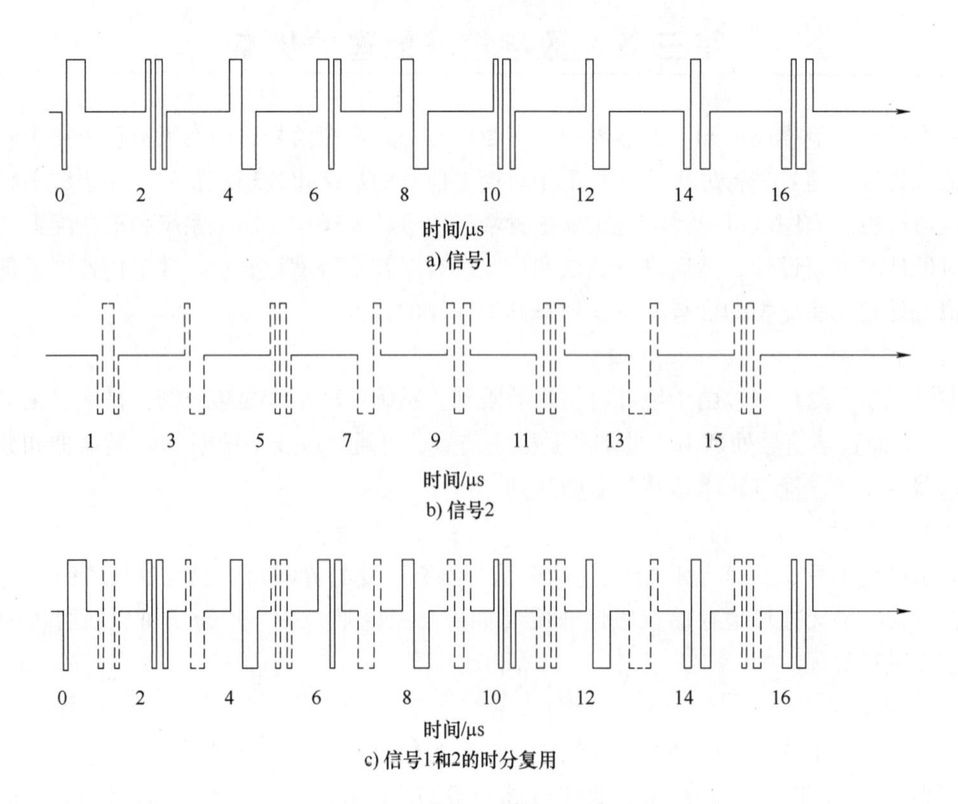

图 1-4　时分复用的概念解释图

第四节 数字信号处理的应用领域和涉及的理论知识

数字信号处理技术经过几十年的发展已经相当成熟，目前在很多领域都有着广泛的应用。语音处理是最早应用数字信号处理的领域之一，包括语音识别、语音合成和语音增强等处理技术，在市场上出现了许多相关产品，例如盲人打字机、语音应答机、各种会说话的仪器和玩具等。数字信号处理在图像和视频上也有广泛应用，包括图像增强、去噪声和干扰、图像识别、存储、编码、机器人视觉和动画等。在军事上，有雷达信号处理、保密通信、导弹制导等；在生物医学上，有扫描仪、心电图（ECG）分析、X 射线分析、脑电图（EEG）的大量映射器等；在通信上，有蜂窝/移动电话、数字电视、互联网语音/视频、互动娱乐等。此外，目前研究比较热门的声乐信号处理，即对音乐产品进行回声产生、回声除去、数字混响等。

学好数字信号处理课程，需要数学上的很多知识作为基础，包括微积分、高等代数、数值分析、复变函数和各种变换（傅里叶变换、z 变换、离散傅里叶变换……）等。此外，数字信号处理在实际应用中，又与各种程序设计、专用集成电路设计、DSP 技术以及微电子技术等紧密联系。因此，数字信号处理是一门横跨多门学科的技术。随着计算机和通信技术的快速发展，数字信号处理的重要性将会与日俱增，并会促使某些应用领域发生革命性的变化。

虽然数字信号处理是一个不断更新和飞速发展的领域，但是它的基础已经日臻完善。本书的目的是向读者尽可能清晰地介绍数字信号处理中涉及的采样、滤波以及离散时间傅里叶分析等理论知识。

第二章 时域离散信号和时域离散系统

第一节 时域离散信号

信号是一个值会随时间和空间变化的物理量。如果信号的值随连续的时间而变化，则称为连续时间信号或者模拟信号，用 $x_a(t)$ 表示，变量 t 代表时间，一般以秒（s）计。日常生活中连续信号的例子有温度、压力、水位、化学浓度、电压与电流、位置、速度、加速度、力与扭矩等。如果信号仅在离散时间点上取值有效，这样的信号被称为时域离散信号，也称离散时间信号，用 $x(n)$ 表示，其中变量 n 是整数值并在时间上代表一些离散时刻。因此，$x(n)$ 是一个数值的序列

$$x(n)=\{x(n)\}=\{\cdots,x(-1),\underset{\uparrow}{x(0)},x(1),\cdots\}$$

此处向上的箭头↑指出 $n=0$ 时的样本。

在 MATLAB 中可用行向量来表示一个有限长序列。其样本的位置信息可用另一个行向量表示。例如，序列 $x(n)=\{x(n)\}=\{-1,2,-2,\underset{\uparrow}{1},2,4,3,5\}$ 在 MATLAB 中表示为

```
>>n=[-3,-2,-1,0,1,2,3,4]; x=[-1,2,-2,1,2,4,3,5];
```

产生离散时间信号的常用方法是对模拟信号进行采样。例如 $x_a=\sin(t)$ 表示一个正弦信号，它也是一个连续时间信号。如果对这个信号每隔 T 时间间隔取一个样点，可表示成

$$x(n)=x_a(t)\big|_{t=nT}=\sin(nT)=\{0,0.1987,0.3894,0.5646,0.7174,0.8415,\cdots\}\ (T=0.2\text{s})$$

如果 $x(n)$ 的幅度取值用有限精度的数来表述，则这种幅度有限精度量化取值的序列称为数字信号。例如将 $x_a(nT)\big|_{T=0.2}$ 的值用四位二进制数表示，便得到相应的数字信号，即

$$x(n)=x_a(nT)\big|_{T=0.2}=\{0.0000,0.0100,0.0110,0.0111,0.1000,\cdots\}$$

当一个系统或算法的输入是一个数字信号 $x(n)$，它的输出是另一个数字信号 $y(n)$ 时，它被称为数字信号处理器。数字信号处理技术有着广泛的应用，并且在现代社会中起到了越来越重要的作用。

本章首先介绍数字信号和数字系统的表征和分类，然后阐述一个连续时间信号如何产生一个等效的离散时间信号，这个过程定义为采样。与采样处理密切相关的问题是：满足什么条件的采样样本 $x(n)$ 才能包含恢复重建信号 $x_a(t)$ 所需的全部信息？这个问题读者可通

过阅读下文得到答案。

一、基本序列

（一）单位取样序列 $\delta(n)$

$$\delta(n)=\begin{cases}1, & n=0\\0, & n\neq 0\end{cases} \tag{2-1}$$

单位取样序列是最简单也是使用最多的序列之一，仅在 $n=0$ 时，其值为 1，其他各值均为 0。它类似于模拟信号中的单位冲激函数 $\delta(t)$，不同的是 $\delta(t)$ 在 $t=0$ 时，取值无穷大。单位取样序列和单位冲激函数如图 2-1 所示。

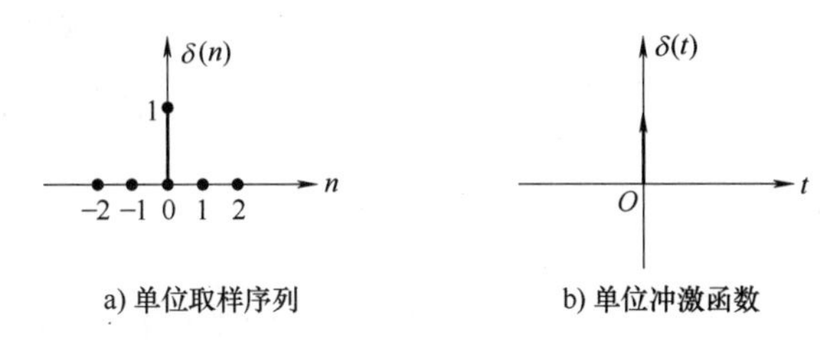

图 2-1　单位取样序列 $\delta(n)$ 和单位冲激函数 $\delta(t)$

在 MATLAB 中，函数 zeros(1,N) 产生一个 N 个零的行向量，利用它可以产生一个有限区间上的 $\delta(n)$。编写函数 impseq($n0$,$n1$,$n2$) 来实现 $\delta(n-n0)$，其中 $n1$ 和 $n2$ 表示序列 $\delta(n-n0)$ 起点和终点的位置。函数 impseq($n0$,$n1$,$n2$) 参考程序如下：

```
function[x,n]=impseq(n0,n1,n2)
n=[n1:n2];x=[(n-n0)==0];
```

在命令窗口输入 MATLAB 脚本：

```
>>[x,n]=impseq(1,-2,3);stem(n,x);xlabel('n');ylabel('\delta(n-1)');
```

输出图形如图 2-2 所示。

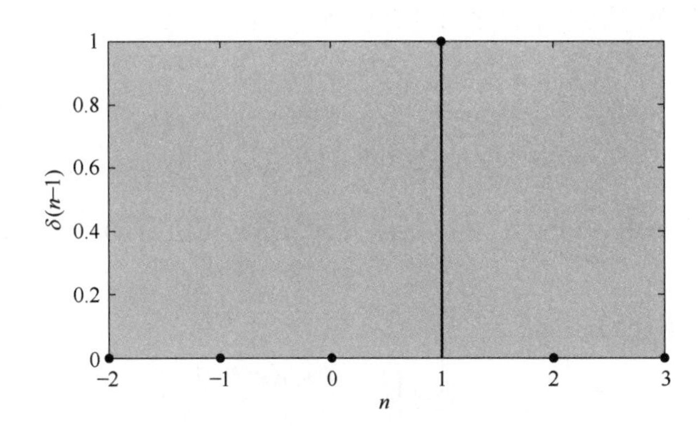

图 2-2　MATLAB 中生成的单位取样序列 $\delta(n-1)$

（二）单位阶跃序列 $u(n)$

$$u(n)=\begin{cases}1, & n\geqslant 0\\ 0, & n<0\end{cases} \tag{2-2}$$

单位阶跃序列如图 2-3 所示。

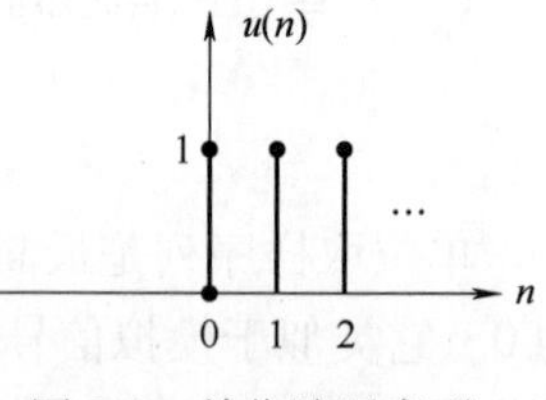

图 2-3　单位阶跃序列

在 MATLAB 中，函数 ones(1,N) 产生一个 N 个 1 的行向量，利用它可以实现在一个有限区间上的 $u(n)$。编写函数 stepseq($n0$,$n1$,$n2$) 来实现 $u(n-n0)$，其中 $n1$ 和 $n2$ 表示序列 $u(n-n0)$ 起点和终点的位置。函数 stepseq($n0$,$n1$,$n2$) 的参考程序如下：

```
function[x,n]=stepseq(n0,n1,n2)
n=[n1:n2];x=[(n-n0)>=0];
```

在命令窗口输入 MATLAB 脚本

```
>>[x,n]=stepseq(0,0,3);stem(n,x);xlabel('n');ylabel('u(n)');
```

输出图形如图 2-4 所示。

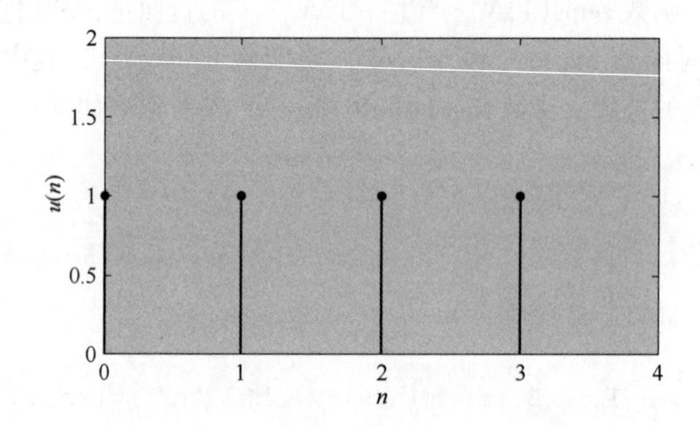

图 2-4　MATLAB 中生成的单位阶跃序列 $u(n)$

单位阶跃序列与单位取样序列之间具有下列关系：

$$\delta(n)=u(n)-u(n-1) \tag{2-3}$$

$$u(n)=\sum_{m=0}^{\infty}\delta(n-m)=\sum_{k=-\infty}^{n}\delta(k) \tag{2-4}$$

式（2-3）的含义如图 2-5 所示，式（2-4）表示 $u(n)$ 可由 $\delta(n)$ 向右移动 1 位、2 位……之和表示。

（三）矩形序列 $R_N(n)$

$$R_N(n)=\begin{cases}1, & 0\leqslant n\leqslant N-1\\ 0, & 其他\end{cases} \tag{2-5}$$

式中，N 为矩形序列的长度。

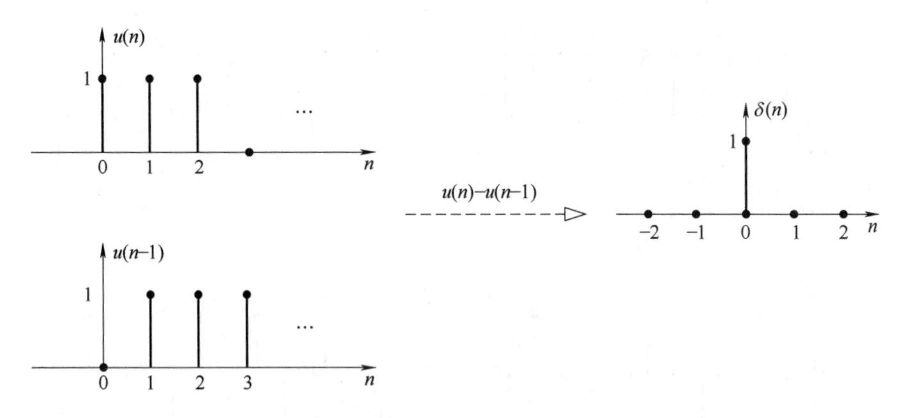

图 2-5　$\delta(n)=u(n)-u(n-1)$

当 $N=3$ 时，$R_N(n)$ 的波形如图 2-6 所示。矩形序列也可用单位取样序列或单位阶跃序列表示。

$$R_N(n)=u(n)-u(n-N) \tag{2-6}$$

$$R_N(n)=\sum_{m=0}^{N-1}\delta(n-m) \tag{2-7}$$

图 2-6　矩形序列 $R_3(n)$

（四）正弦序列

常见到形如

$$x(n)=A\cos(\omega_0 n+\varphi),\qquad -\infty<n<\infty \tag{2-8}$$

的正弦序列，其中 A，ω_0 和 φ 都是实数，分别为 $x(n)$ 的振幅、频率和相位（弧度 rad）。可用 MATLAB 函数 cos( ) 或 sin( ) 产生余弦序列或正弦序列。例如，要生成序列 $x(n)=3\sin(0.2\pi n+\pi/3)+2\cos(0.3\pi n)$，$0\leqslant n\leqslant 10$，可在 MATLAB 软件的命令窗口输入脚本

```
>> n=[0:10]; x=3*sin(0.2*pi*n+pi/3)+2*cos(0.3*pi*n)
```

图 2-7 表示余弦序列 $x(n)=1.5\cos(\omega_0 n)$ 在 ω_0 取不同值时的波形图。ω_0 从 0 逐渐增大到 π 的过程中，$x(n)$ 的波形振动越来越快，在 $\omega_0=\pi$ 附近，振动最快；然后 ω_0 从 π 增加到 2π，波形振动越来越慢，在 $\omega_0=2\pi$ 处，波形与 $\omega_0=0$ 处一样。因此，在一个周期 $[0,2\pi)$ 内，通常称 $\omega_0=0$ 附近为低频，$\omega_0=\pi$ 附近为高频。

（五）指数序列和复指数序列

形如

$$x(n)=Aa^n \tag{2-9}$$

的序列称为指数序列。其中，A 和 a 可为实数或复数，若为实数，则为实指数序列。在 MATLAB 中，使用算符“.^”实现一实指数序列。例如，要生成序列 $x(n)=0.9^n$，$0\leqslant n\leqslant 20$，可在 MATLAB 软件的命令窗口输入脚本

```
>> n=[0:20]; x=0.9.^n;
```

继续输入脚本

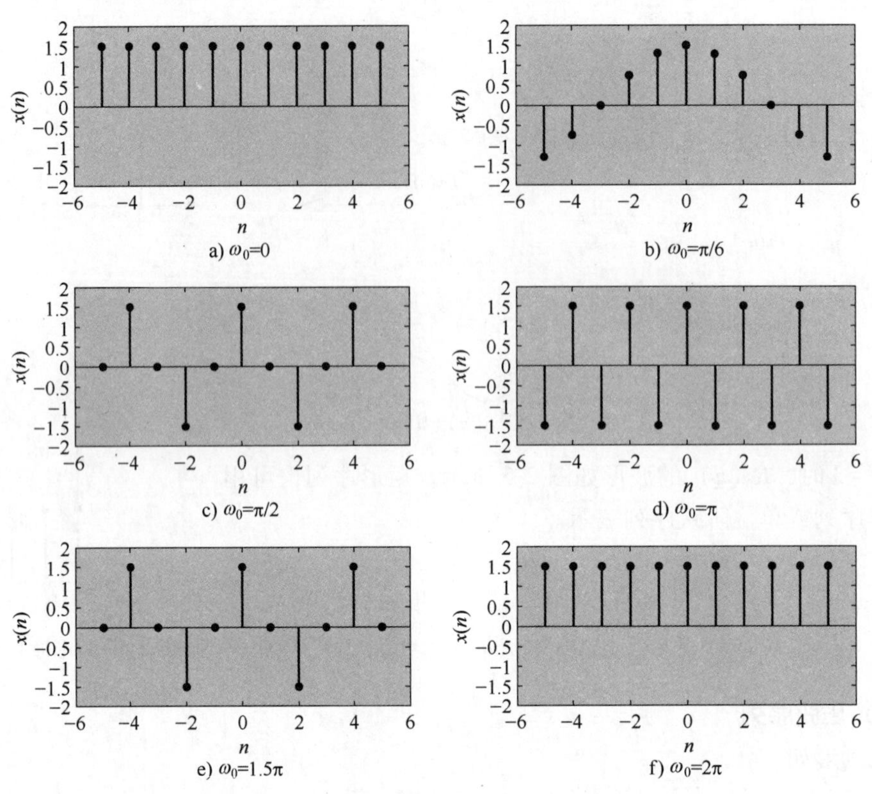

图 2-7 余弦序列 $x(n)=1.5\cos(\omega_0 n)$ 在 ω_0 取不同值时的波形

```
>> stem(n,x);xlabel('n');ylabel('x(n)');
```

生成的图形如图 2-8 所示。

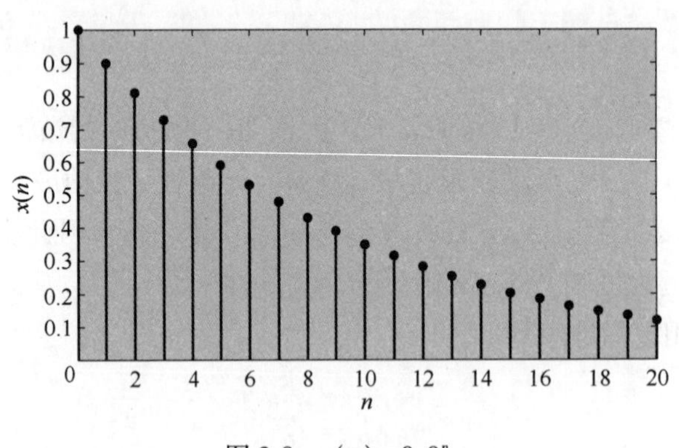

图 2-8 $x(n)=0.9^n$

当 a 为复数时，可表示成 $a=\mathrm{e}^{(\sigma_0+\mathrm{j}\omega_0)}$，系数 A 也可表示成 $A=|A|\mathrm{e}^{\mathrm{j}\varphi}$，则

$$\begin{aligned} x(n) &= |A|\mathrm{e}^{\mathrm{j}\varphi}\cdot\mathrm{e}^{(\sigma_0+\mathrm{j}\omega_0)n} \\ &= |A|\mathrm{e}^{\mathrm{j}(\varphi+\omega_0 n)+\sigma_0 n} \\ &= |A|\mathrm{e}^{\sigma_0 n}[\cos(\omega_0 n+\varphi)+\mathrm{j}\sin(\omega_0 n+\varphi)] \end{aligned} \tag{2-10}$$

式中，$|A|\mathrm{e}^{\sigma_0 n}$是复指数序列 $x(n)$ 的振幅。

其实部和虚部分别为

$$x_{re}(n)=|A|e^{\sigma_0 n}\cos(\omega_0 n+\varphi)$$
$$x_{im}(n)=|A|e^{\sigma_0 n}\sin(\omega_0 n+\varphi) \tag{2-11}$$

可用 MATLAB 函数 exp( )产生指数序列。例如，要生成序列 $x(n)=e^{(3+j5)n}$，$0\leqslant n\leqslant 20$，可在 MATLAB 命令窗口输入脚本

```
>>n=[0:20]; x=exp((3+5j)*n)
```

（六）周期序列

满足等式 $x(n)=x(n+N)$（N 为正整数）的序列称为周期序列。用这个条件来检验离散时间余弦（或正弦）序列的周期性，即 $A\cos(\omega_0 n+\varphi)=A\cos[\omega_0(n+N)+\varphi]$，不难求出 $\omega_0 N=2\pi k$，式中 k 为整数，也可写成 $N=\frac{2\pi}{\omega_0}\cdot k$，下面讨论 N 的几种可能情况：

1）当$\frac{2\pi}{\omega_0}$为整数时，$k=1$，则$\frac{2\pi}{\omega_0}$即为正弦序列的周期。

2）当$\frac{2\pi}{\omega_0}$为非整数，但它是一个有理数时，设$\frac{2\pi}{\omega_0}=\frac{P}{Q}$，其中 P 和 Q 是互为素数的整数，这时，取 $k=Q$，则 $N=P$ 为正弦序列的周期。

3）当$\frac{2\pi}{\omega_0}$为无理数时，此正弦序列为非周期序列。

由于复指数序列可表示成余弦（或正弦）序列的形式，因此，其周期性的讨论与上述完全相同。下面举例分析几个序列的周期性。

例 2-1　计算以下序列的周期：

（1）$x(n)=\cos\left(\frac{2}{3}\pi n\right)$

（2）$x(n)=\sin\left(\frac{1}{2}\pi n\right)+\cos(\pi n)$

（3）$x(n)=e^{\left(2n+\frac{\pi}{4}\right)j}$

解：（1）$N=\frac{2\pi}{\frac{2}{3}\pi}=3$，该序列为周期序列，且周期为 3。

（2）序列 $\sin\left(\frac{1}{2}\pi n\right)$ 的周期为 4，序列 $\cos(\pi n)$ 的周期为 2，均为整数，因此该序列一定为周期序列，且两个周期的最小公倍数 4 即为该序列的周期。

（3）$N=\frac{2\pi}{2}=\pi$，是无理数，因此，该指数序列是非周期序列。

二、序列的运算

（一）信号相加

两个信号相加要求长度必须相同。如果两个序列长度不同或者长度相同，但是样本位置

不同，也不能相加。可将序列增加若干零值延长，使得序列长度相等且样本位置一致。

例如：有这样两个序列 $x_1(n)=\{1,2,3,4\mid n=0,1,2,3\}$ 和 $x_2(n)=\{1,2,3,4\mid n=-1,0,1,2\}$，它们长度相等，但是位置不一致（即 n 的取值不一致）。若要将两个序列相加，必须对它们进行延长，将两个序列 n 的取值范围都扩展成 $-1\leqslant n\leqslant 3$，扩展位置的序列值取零，此时，这两个序列分别为 $x_1(n)=\{0,1,2,3,4\mid n=-1,0,1,2,3\}$ 和 $x_2(n)=\{1,2,3,4,0\mid n=-1,0,1,2,3\}$，如图 2-9 所示。

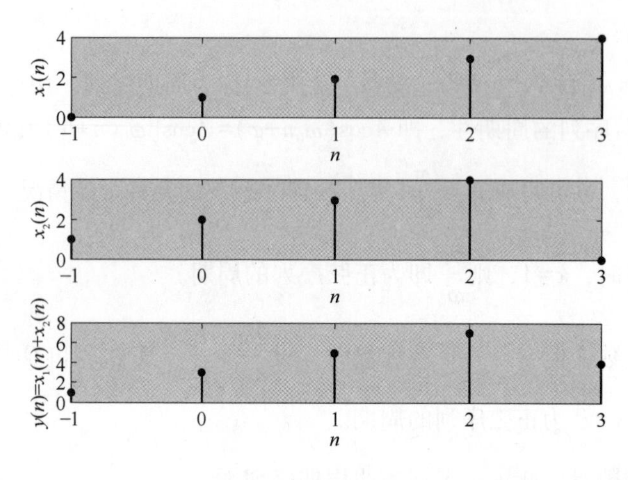

图 2-9　信号的相加

（二）信号相乘

信号相乘即两个信号位置相同处的数值相乘，原理与信号相加类似，这里不再举例说明。

（三）信号移位

序列 $y(n)$ 与 $x(n)$ 的关系表示为 $y(n)=x(n-k)$，其中 k 为整数。当 $k>0$ 时，表示序列 $y(n)$ 是将 $x(n)$ 向右平移 k 个单位的结果；当 $k<0$ 时，表示序列 $y(n)$ 是将 $x(n)$ 向左平移 k 个单位的结果。例如：$x(n)=\{1,2,3,4\mid n=0,1,2,3\}$，当 $y(n)=x(n+2)$ 时，$y(n)=\{1,2,3,4\mid n=-2,-1,0,1\}$，如图 2-10 所示。

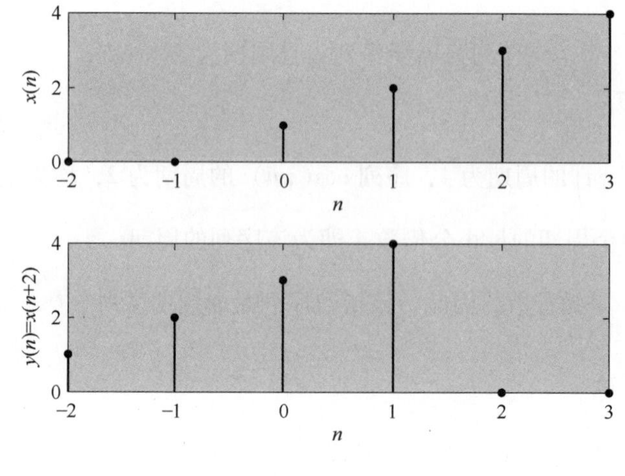

图 2-10　信号的移位

（四）信号反转

序列 $y(n)$ 与 $x(n)$ 的关系表示为 $y(n)=x(-n)$，称 $y(n)$ 是 $x(n)$ 的信号反转，即 $y(n)$ 是将原信号 $x(n)$ 以 y 轴为对称轴镜像得到的。例如，序列 $x(n)=\{1,2,3,4 \mid n=0,1,2,3\}$ 的反转，如图 2-11 所示。

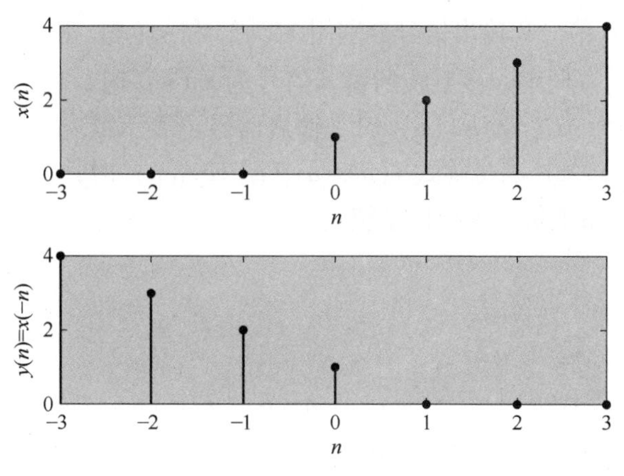

图 2-11　信号的反转

（五）信号尺度变换

信号 $y(n)$ 与 $x(n)$ 的关系用公式 $y(n)=x(mn)$ 表示，其中 m 取整数，表示每隔 m 单位取一个样本。例如，已知 $x(n)=\{1,2,3,4 \mid n=0,1,2,3\}$，$y(n)=x(2n)$ 表示将原序列每隔 2 个单位取一个点，如图 2-12 所示。

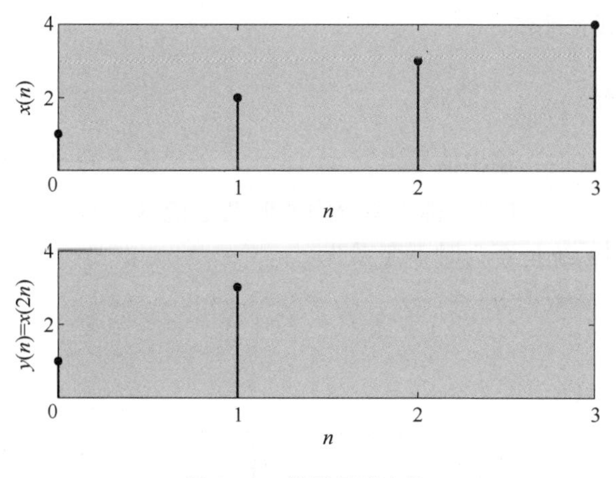

图 2-12　信号尺度变换

第二节　时域离散系统

数学上可将一个离散系统描述为一种运算符 $T[\cdot]$，输入信号用 $x(n)$ 表示，输出信号用 $y(n)$ 表示，它们之间的关系可描述为

$$y(n)=T[x(n)] \tag{2-12}$$

时域离散系统可划分为线性系统和非线性系统，这里主要研究线性系统以及线性系统中的非时变系统，即线性非时变系统。这类系统便于分析、研究和实现。

一、线性系统

若某个系统的输入信号和输出信号分别用 $x_1(n)$ 和 $y_1(n)$ 来表示，它们之间的关系描述成 $y_1(n)=T[x_1(n)]$。同理，该系统的输入信号为 $x_2(n)$ 时，输出信号可表示成 $y_2(n)=T[x_2(n)]$，输入信号为 $ax_1(n)+bx_2(n)$ 时，输出信号可表示成 $y(n)=T[ax_1(n)+bx_2(n)]$。当 $y(n)$ 与 $y_1(n)$ 及 $y_2(n)$ 满足等式 $y(n)=ay_1(n)+by_2(n)$ 时，该系统称为线性系统。

例 2-2 判断下列系统是否为线性系统：

(1) $y(n)=T[x(n)]=2x(n)+3$

(2) $y(n)=T[x(n)]=x^2(n)$

(3) $y(n)=x(n+1)+x(1-n)$

解：(1) $y_1(n)=T[x_1(n)]=2x_1(n)+3$，$y_2(n)=T[x_2(n)]=2x_2(n)+3$，而

$$y(n)=T[ax_1(n)+bx_2(n)]=2[ax_1(n)+bx_2(n)]+3\neq ay_1(n)+by_2(n)$$

因此，该系统为非线性系统。

(2) $y_1(n)=T[x_1(n)]=x_1^2(n)$，$y_2(n)=T[x_2(n)]=x_2^2(n)$，而

$$y(n)=T[ax_1(n)+bx_2(n)]=[ax_1(n)+bx_2(n)]^2\neq ay_1(n)+by_2(n)$$

因此，该系统为非线性系统。

(3) $y_1(n)=T[x_1(n)]=x_1(n+1)+x_1(1-n)$，$y_2(n)=T[x_2(n)]=x_2(n+1)+x_2(1-n)$，而

$$y(n)=T[ax_1(n)+bx_2(n)]=ax_1(n+1)+ax_1(1-n)+bx_2(n+1)+bx_2(1-n)=ay_1(n)+by_2(n)$$

因此，该系统为线性系统。

二、非时变系统

当输入信号为 $x(n)$ 时，输出信号用 $y(n)$ 表示。如果输入为 $x(n-n_0)$，输出为 $y(n-n_0)$，即 $y(n-n_0)=T[x(n-n_0)]$，这时，称该系统为非时变系统（或称时不变系统）。

例 2-3 判断下列系统是否为时不变系统：

(1) $y(n)=x(n+1)-x(1-n)$

(2) $y(n)=nx(n)$

(3) $y(n)=x(n)+x(n-1)$

解：(1) $T[x(n-n_0)]=x(n+1-n_0)-x(1-n-n_0)$，而

$$y(n-n_0)=x(n-n_0+1)-x(1-(n-n_0))=x(n+1-n_0)-x(1-n+n_0)\neq T[x(n-n_0)]$$

因此，该系统不是非时变系统。

(2) $T[x(n-n_0)]=nx(n-n_0)$，而

$$y(n-n_0)=(n-n_0)x(n-n_0)\neq T[x(n-n_0)]$$

因此，该系统不是非时变系统。

(3) $T[x(n-n_0)]=x(n-n_0)+x(n-1-n_0)$，而

$$y(n-n_0)=x(n-n_0)+x(n-1-n_0)=T[x(n-n_0)]$$

因此，该系统是非时变系统。

三、线性时不变系统对任意输入的响应——线性卷积

任何一个序列都可以用单位取样序列 $\delta(n)$ 的移位加权和表示，即 $x(n)=\sum_{k=-\infty}^{+\infty}x(k)\delta(n-k)$。如果将 $x(n)$ 作为一个线性时不变系统的输入，那么输出 $y(n)$ 为

$$
\begin{aligned}
y(n)=T[x(n)]&=T\left[\sum_{k=-\infty}^{+\infty}x(k)\delta(n-k)\right]\\
&=\sum_{k=-\infty}^{+\infty}x(k)T[\delta(n-k)]\text{（线性系统）}\\
&=\sum_{k=-\infty}^{+\infty}x(k)h(n-k)\text{（线性时不变系统）}\\
&=x(n)*h(n)\text{（线性卷积）}
\end{aligned}
\tag{2-13}
$$

式中，$h(n)$ 为单位取样序列 $\delta(n)$ 通过线性时不变系统产生的响应，称为单位冲激响应；$*$ 表示线性卷积。

由以上推导可知，任何一个时域离散信号通过一个线性时不变系统，其输出等于该信号与系统的单位冲激响应的线性卷积。下面举例说明卷积的求法。

例 2-4　求下面三种情况下的卷积：

（1）$x(n)=\{1,2,3,1\mid n=0,1,2,3\}$，$h(n)=\{1,2,1,-1\mid n=0,1,2,3\}$

（2）$x(n)=\{1,1,1,1\mid n=0,1,2,3\}$，$h(n)=a^n u(n)$

（3）$x(n)=a^n u(n)$，$h(n)=b^n u(n)$

解：（1）**方法一：**做图

由卷积公式（2-13）可绘出图 2-13。首先，将 $h(m)$ 反转得到 $h(-m)$，然后将 $h(-m)$ 移位，每移动一个单位，$x(m)$ 和 $h(-m)$ 位置对应的值相乘，所得乘积全部相加，即为卷积的一个数值。$h(-m)$ 移动的范围取决于它与 $x(-m)$ 是否有位置相对应的样本点。

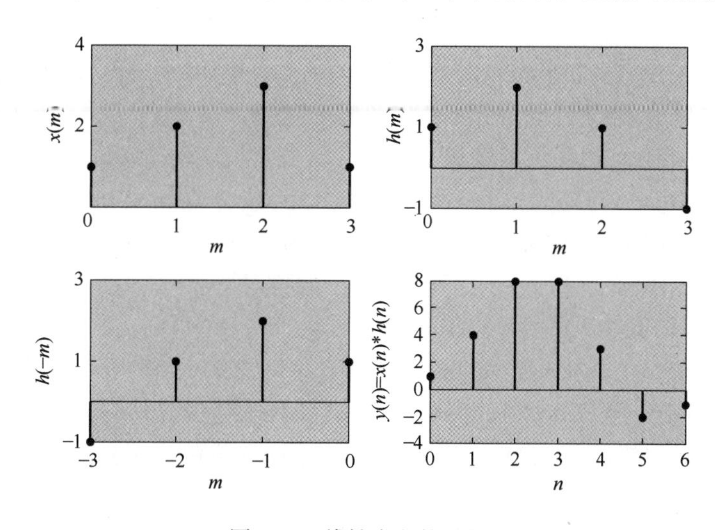

图 2-13　线性卷积的过程

方法二： 做表 2-1。

将卷积计算的每一步做图用表格的形式表示出来。例如：在表 2-1 中，$h(1-m)$ 表示 $h(-m)$ 向右平移一个单位，将 $h(1-m)$ 和 $x(m)$ 位置对应的数值分别相乘，所得的乘积有 2 个 2，相加得 4，即为卷积在 $n=1$ 时的数值，表示成 $y(1)=4$。

表 2-1　线性卷积

m	−3	−2	−1	0	1	2	3	4	5	6	
$x(m)$				1	2	3	1				
$h(m)$				1	2	1	−1				
$h(-m)$	−1	1	2	1							$y(0)=1$
$h(1-m)$		−1	1	2	1						$y(1)=4$
$h(2-m)$			−1	1	2	1					$y(2)=8$
$h(3-m)$				−1	1	2	1				$y(3)=8$
$h(4-m)$					−1	1	2	1			$y(4)=3$
$h(5-m)$						−1	1	2	1		$y(5)=-2$
$h(6-m)$							−1	1	2	1	$y(6)=-1$

方法三： 借助数学中的乘法运算

$$\begin{array}{ccccccccc}
 & & & 1 & 2 & 3 & 1 & x(n) \\
 & & \times & 1 & 2 & 1 & -1 & h(n) \\
\hline
 & & & -1 & -2 & -3 & -1 & \\
 & & 1 & 2 & 3 & 1 & & \\
 & 2 & 4 & 6 & 2 & & & \\
1 & 2 & 3 & 1 & & & & \\
\hline
1 & 4 & 8 & 8 & 3 & -2 & -1 &
\end{array}$$

$x(n)$ 和 $h(n)$ 位置变量的范围可表示为 $0\leqslant n_1\leqslant 3$ 和 $0\leqslant n_2\leqslant 3$。因此，$y(n)$ 位置变量的范围为 $0\leqslant n=n_1+n_2\leqslant 6$。$y(n)$ 可表示为 $y(n)=\{1,4,8,8,3,-2,-1\mid n=0,1,2,3,4,5,6\}$。

方法四： 借助 $\delta(n)$ 的移位加权和

$x(n)=\delta(n)+2\delta(n-1)+3\delta(n-2)+\delta(n-3)$，$h(n)=\delta(n)+2\delta(n-1)+\delta(n-2)-\delta(n-3)$，则

$$y(n)=x(n)*h(n)=\delta(n)+4\delta(n-1)+8\delta(n-2)+8\delta(n-3)+3\delta(n-4)-2\delta(n-5)-\delta(n-6)$$

这里运用了卷积性质：任何一个序列与 $\delta(n)$ 的卷积等于它本身，即 $x(n)=x(n)*\delta(n)$。

（2）**方法一：** 借助 $\delta(n)$ 的移位加权和

$x(n)=\delta(n)+\delta(n-1)+\delta(n-2)+\delta(n-3)$，则

$$\begin{aligned}
y(n)&=x(n)*h(n)=a^n u(n)+a^{n-1}u(n-1)+a^{n-2}u(n-2)+a^{n-3}u(n-3)\\
&=a^0\delta(n)+a^1\delta(n-1)+a^2\delta(n-2)+a^n u(n-3)+a^0\delta(n-1)+a^1\delta(n-2)+a^{n-1}u(n-3)+\\
&\quad a^0\delta(n-2)+a^{n-2}u(n-3)+a^{n-3}u(n-3)\\
&=\delta(n)+(1+a)\delta(n-1)+(1+a+a^2)\delta(n-2)+(a^n+a^{n-1}+a^{n-2}+a^{n-3})u(n-3)
\end{aligned}$$

方法二： 解析法

$$y(n)=\sum_{m=-\infty}^{\infty}x(m)h(n-m)=\sum_{m=-\infty}^{\infty}R_4(m)a^{n-m}u(n-m)$$

由
$$\left.\begin{array}{l}0\leqslant m\leqslant 3\\ n-m\geqslant 0\end{array}\right\}\rightarrow\left\{\begin{array}{l}0\leqslant m\leqslant 3\\ m\leqslant n\end{array}\right.$$

故根据 n 的取值来确定 m 的范围：

当 $n<0$ 时，m 无取值范围，$y(n)=0$；

当 $0\leqslant n<3$ 时，$0\leqslant m\leqslant n$，$y(n)=\sum_{m=0}^{n}a^{n-m}=\frac{a^{n+1}-1}{a-1}$；

当 $n\geqslant 3$ 时，$0\leqslant m\leqslant 3$，$\sum_{m=0}^{3}a^{n-m}=a^n+a^{n-1}+a^{n-2}+a^{n-3}$。

综上所述：

$$y(n)=\begin{cases}0, & n<0\\ \frac{a^{n+1}-1}{a-1}, & 0\leqslant n<3\\ a^n+a^{n-1}+a^{n-2}+a^{n-3}, & n\geqslant 3\end{cases}$$

或者可表示为

$$y(n)=\delta(n)+(1+a)\delta(n-1)+(1+a+a^2)\delta(n-2)+(a^n+a^{n-1}+a^{n-2}+a^{n-3})u(n-3)$$

（3）由于 $x(n)$ 和 $h(n)$ 均为无限长序列，用做图和做表等方法都无法完整准确地将两个序列表达出来，这里只能用解析法求解它们的线性卷积。

$$y(n)=\sum_{m=-\infty}^{\infty}x(m)h(n-m)=\sum_{m=-\infty}^{\infty}a^m u(m)b^{n-m}u(n-m)$$

其中，$m\geqslant 0$，$n-m\geqslant 0$，所以有

当 $n<0$ 时，$y(n)=0$；

当 $n\geqslant 0$ 时，$0\leqslant m\leqslant n$，$y(n)=\sum_{m=0}^{n}a^m b^{n-m}=b^n\sum_{m=0}^{n}\left(\frac{a}{b}\right)^m=\frac{b^{n+1}-a^{n+1}}{b-a}$。

综上所述

$$y(n)=\begin{cases}0, & n<0\\ \frac{a^{n+1}-b^{n+1}}{a-b}, & n\geqslant 0\end{cases}$$

以下源码表示用 MATLAB 信号处理工具箱提供的 conv 函数计算两个序列的线性卷积：

```
>>x=[1,4,6,2,3];h=[2,4,5,1];
>>y=conv(x,h)
   y=
       2    12    33    49    48    28    17    3
```

脚本中，$x(n)$ 和 $h(n)$ 的位置都是从 $n=0$ 开始。如果 $x(n)$ 和 $h(n)$ 的起点是任意位置，即 $\{x(n)|n_{xb}\leqslant n\leqslant n_{xe}\}$ 和 $\{h(n)|n_{hb}\leqslant n\leqslant n_{he}\}$，$y(n)$ 的起点和终点分别为 $n_{yb}=n_{xb}+n_{hb}$ 和 $n_{ye}=n_{xe}+n_{he}$。这时，不能直接用 conv 函数，可用下面的 conv_m 函数完成任意位置序列的

线性卷积。conv_m 函数参考代码如下：

```
function [y,ny]=conv_m(x,nx,h,nh)
nyb=nx(1)+nh(1);nye=nx(length(x))+nh(length(h));
ny=[nyb:nye];
y=conv(x,h);
```

例 2-5 计算 $x(n)=\{1,2,3,4 \mid n=-1,0,1,2\}$ 和 $h(n)=\{1,2,3,4 \mid n=-2,-1,0,1\}$ 的线性卷积。

解： 在 MATLAB 命令窗口调用 conv_m 函数：

```
nx=-1:2;
x=[1,2,3,4];
nh=-2:1;
h=x;
[y,ny]=conv_m(x,nx,h,nh)
y=
     1     4     10    20    25    24    16
ny=
    -3    -2    -1     0     1     2     3
```

在求线性卷积的过程中，经常会用到一些性质，包括交换律、结合律、分配律和延时特性，现归纳如下，供读者参考：

交换律： $x(n)*h(n)=h(n)*x(n)$

分配律和结合律： $x(n)*(h_1(n)+h_2(n))=x(n)*h_1(n)+x(n)*h_2(n)$

延时特性： $x(n-n_1)*h(n-n_2)=x(n)*h(n-n_1-n_2)=x(n-n_1-n_2)*h(n)$

当单位取样序列 $\delta(n)$ 与其他序列线性卷积时，容易证明得到下面两个有用的公式：

$x(n)=x(n)*\delta(n)$，$x(n-n_0)=x(n)*\delta(n-n_0)$。

四、因果系统

如果系统 n 时刻的输出只与 n 时刻及以前的输入有关，而与 n 时刻之后的输入无关，这样的系统称为因果系统。在线性时不变系统中，当 $n<0$ 时，单位脉冲响应 $h(n)=0$，该系统是因果系统。同样，当一个序列在 $n<0$ 时，它的数值均为 0，则该序列称为因果序列。

例 2-6 判断下列系统是否为因果系统：

(1) $h(n)=a^n u(n)$

(2) $y(n)=x(n+1)-x(n)$

解： (1) 根据 $h(n)=0$，$n<0$ 来判断其因果性。因为 $h(n)=a^n u(n)=0$，$n<0$，系统是因果系统。

（2）根据定义，$y(n)$ 不仅与 n 时刻的输入 $x(n)$ 有关，还与 $n+1$ 时刻的 $x(n+1)$ 有关，因此系统是非因果系统。

五、稳定系统

当且仅当每一个有界输入序列都产生一个有界输出序列时，系统是稳定的。在线性系统中，单位冲激响应满足如下条件时，该系统为稳定系统：

$$\sum_{n=-\infty}^{\infty}|h(n)|<\infty$$

例 2-7　判断下列系统是否为稳定系统：

（1）$h(n)=a^n u(n)$

（2）$h(n)=\begin{cases}a^n, n\geqslant 0\\ b^n, n<0\end{cases}$

解：（1）$\sum_{n=-\infty}^{\infty}|h(n)|=\sum_{n=-\infty}^{\infty}|a|^n$

当 $|a|<1$ 时，$\sum_{n=-\infty}^{\infty}|h(n)|=\dfrac{1}{1-|a|}<\infty$，系统稳定；

当 $|a|\geqslant 1$ 时，系统不稳定。

（2）$\sum_{n=-\infty}^{\infty}|h(n)|=\sum_{n=0}^{\infty}|a|^n+\sum_{n=-\infty}^{-1}|b|^n=\sum_{n=0}^{\infty}|a|^n+\sum_{n=1}^{\infty}\left|\dfrac{1}{b}\right|^n=\sum_{n=0}^{\infty}|a|^n+\sum_{n=0}^{\infty}\left|\dfrac{1}{b}\right|^n-1$

由（1）可知，当 $|a|<1$ 且 $|b|>1$ 时，系统稳定。

第三节　线性常系数差分方程

本章第二节介绍了一个信号通过一个线性非时变系统，产生的输出可用输入信号与系统单位冲激响应的线性卷积来表示。本节将介绍输入信号与输出信号之间关系的另一种表示方法——线性常系数差分方程。

一、线性常系数差分方程及其稳定性

假设一个递推系统的输入——输出方程为

$$y(n)=ay(n-1)+x(n) \tag{2-14}$$

其中，a 为常数，初始条件 $y(-1)$ 非 0，现求解 $n\geqslant 0$ 时，$y(n)$ 的值。推导如下：

$$\begin{cases}y(0)=ay(-1)+x(0)\\ y(1)=ay(0)+x(1)=a^2y(-1)+ax(0)+x(1)\\ y(2)=ay(1)+x(2)=a^3y(-1)+a^2x(0)+ax(1)+x(2)\\ \quad\vdots\\ y(n)=ay(n-1)+x(n)\\ \quad=a^{n+1}y(-1)+a^nx(0)+a^{n-1}x(1)+\cdots+ax(n-1)+x(n)\\ \quad=a^{n+1}y(-1)+\sum_{k=0}^{n}a^kx(n-k)\qquad n\geqslant 0\end{cases} \tag{2-15}$$

式（2-15）给出的系统输出包括两部分：第一项称为零输入响应，即对所有的 n，输入信号均为 0 时的输出；第二项称为零状态响应，即当 $y(-1)=0$ 时的输出，或者解释为系统的初始状态为零时的输出。

由上述可归纳线性常系数差分方程的一般形式为

$$y(n)=-\sum_{k=1}^{N}a_k y(n-k)+\sum_{k=0}^{M}b_k x(n-k) \tag{2-16}$$

或

$$\sum_{k=0}^{N}a_k y(n-k)=\sum_{k=0}^{M}b^k x(n-k),\quad a_0=1 \tag{2-17}$$

式中，N 为差分方程的阶数或系统的阶数。

本章第二节介绍了因果稳定系统，由此，读者不难联想线性常系数差分方程是否因果稳定。根据因果系统的定义，很容易证明式（2-16）或式（2-17）的系统是因果的。稳定性必须由输入信号的有界性和初始值的有界性决定，例如判断式（2-15）所描述系统的稳定性如下：

$$\begin{aligned}|y(n)| &\leqslant |a^{n+1}y(-1)|+\left|\sum_{k=0}^{n}a^k x(n-k)\right|,n>0\\ &\leqslant |a|^{n+1}|y(-1)|+M_x\sum_{k=0}^{n}|a|^k,n>0\quad(|x(n)|\leqslant M_x)\\ &\leqslant |a|^{n+1}|y(-1)|+M_x\frac{1-|a|^{n+1}}{1-|a|},n>0\end{aligned}$$

如果 n 有限，$|y(-1)|$ 和 M_x 有限，则系统有界。但是，当 $n\to\infty$ 时，只有 $|a|<1$ 且 $|y(-1)|$ 和 M_x 有限时，系统才有界。由此可见，线性常系数差分方程是否稳定需细心观察推导才能确定。

二、线性常系数差分方程的求解

线性常系数差分方程的求解方法可归纳为下面三种：

（1）经典解法。这类方法类似模拟系统中求微分方程的解法，过程较复杂，这里不作介绍。

（2）递推法。此方法简单，适用于计算机求解，在前面的例子中已有介绍。

（3）变换域法。将时域转换到 z 域中求解，方法简单易行，第五章将详细说明。

本节重点讨论 MATLAB 求解差分方程的方法：

（1）$h=\mathrm{impz}(\boldsymbol{b},\boldsymbol{a},n)$，impz 函数可计算出系统在位置变量 n 处的单位脉冲响应 $h(n)$。其中，$\boldsymbol{b}=[b_0,b_1,\cdots,b_M]$ 表示差分方程式（2-17）中 $x(n)$ 的系数向量，$\boldsymbol{a}=[a_0,a_1,\cdots,a_N]$ 表示 $y(n)$ 的系数向量。

（2）$y=\mathrm{filter}(\boldsymbol{b},\boldsymbol{a},x)$，filter 函数可用来计算系统在输入信号为 x 时的输出信号 y。向量 $\boldsymbol{b}$ 和 $\boldsymbol{a}$ 的含义与（1）相同。下面举例说明以上两个函数的用法。

例 2-8 已知差分方程 $y(n)-y(n-1)+0.9y(n-2)=x(n)$。

（1）计算并画出 $n=-10$，-9，…，90 时的单位脉冲响应 $h(n)$。

（2）计算并画出 $n=-10$，-9，…，90 时的单位阶跃响应 $s(n)$。

（3）由（1）中的 $h(n)$ 确定系统的稳定性。

解：（1）MATLAB 脚本如下：

```
>>b=[1];a=[1,-1,0.9];n=[-10:90];h=impz(b,a,n);
subplot(2,1,1);stem(n,h,'fill');title('单位脉冲响应');xlabel('n');
ylabel('h(n)');
```

（2）使用 stepseq 函数，见本章第一节的内容。MATLAB 脚本如下：

```
>>x=stepseq(0,-10,90);s=filter(b,a,x);
subplot(2,1,2);stem(n,s,'fill');title('单位阶跃响应');xlabel('n');
ylabel('s(n)');
```

（3）根据稳定性的定义，当所有 n 处的 $h(n)$ 都小于∞时，该系统为稳定系统。但当 n 能取到∞时，无法计算出所有的 $h(n)$，也就无法确定系统是否稳定。换一种思路，通过观察单位脉冲响应 $h(n)$ 的图形，发现当 $n>90$ 以后，$h(n)$ 逐渐趋于零，说明随着 n 值的增大，$h(n)$ 趋于稳定。也可以利用 MATLAB 软件编程计算：

```
>>sum(abs(h))
    ans=
      14.7854
```

上述求和结果即为 $\sum h(n)$，说明系统是稳定的。（1）、（2）源码生成的图形如图 2-14 所示。

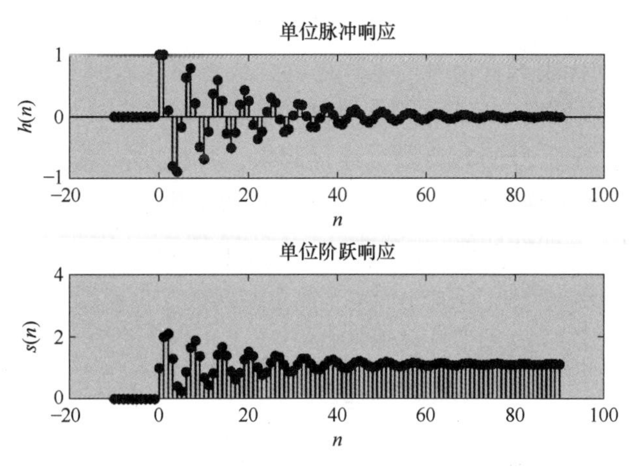

图 2-14　例 2-8 结果（1）、（2）生成图

第四节　模数转换和数模转换

实际应用中感兴趣的信号大多是模拟信号，如语音信号、生物学信号、地震信号、雷达信号、声纳信号和各种通信信号如音频与视频等。要通过数字方法处理模拟信号，有必要先

将它们转换成数字形式，即转换成具有有限精度的数字序列，这一过程称为模数（A/D）转换，而相应的设备称为 A/D 转换器（ADC）。

从概念上，将 A/D 转换视为三步完成过程，如图 2-15 所示。

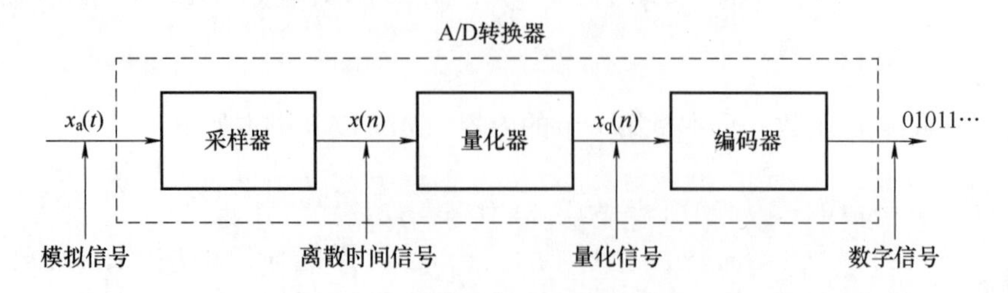

图 2-15　模数转换器的基本组成部分

（1）采样：采样是连续时间信号到离散时间信号的转换过程，通过对连续时间信号在离散时间点处取样本值获得。因此，如果 $x_a(t)$ 是采样器的输入，那么输出是 $x_a(nT)=x(n)$，其中 T 称为采样间隔。

（2）量化：量化是离散时间连续值信号转换到离散时间离散值（数字）信号的过程。每个信号样本值是从可能值的有限集中选取的。未量化样本 $x(n)$ 和量化输出 $x_q(n)$ 之间的差称为量化误差。

（3）编码：在编码过程中，每一个离散值 $x_q(n)$ 由 b 位的二进制序列表示。

虽然将 A/D 转换器模型化为采样器、量化器和编码器，但实际上 A/D 转换是由单个设备执行的，输入 $x_a(t)$ 产生一个二进制码字。采样和量化操作可以按任意顺序执行，但实际上采样总是在量化之前执行的。

在实际应用的很多场合（例如，语音处理），需要将处理的数字信号转化成模拟信号（很明显，不能听到代表语音信号的采样序列，或者不能看到相应于一个电视信号的数字）。将数字信号转化成模拟信号的过程是熟知的数模（D/A）转换。所有 D/A 转换器通过执行某种插值操作将数字信号的各离散点连接起来，其精度依赖于 D/A 转换过程的质量。图 2-16 说明了 D/A 转换的样本形式，称为零阶保持或阶梯近似。其他近似也是可能的，如线性连接一对连续样本（线性插值），通过三个连续样本点的二次插值等。

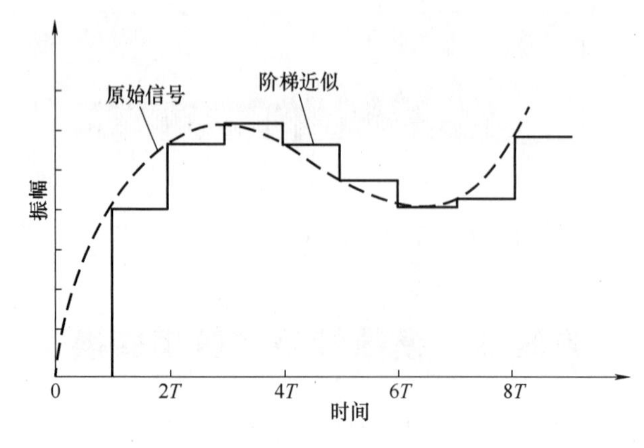

图 2-16　零阶保持数模转换

本节将重点论述采样的原理。一方面，证明在信号带宽有限的情况下，采样既不会导致信息丢失，也不会引入信号失真；另一方面，讨论从样本重构模拟信号，由此得到采样定理，即只要采样率足够高就可以避免“混叠”，从而重构原始模拟信号。虽然在A/D转换过程中，量化也是导致信号失真的一个方面，但本节只讨论混叠造成的信号失真。

一、模拟信号采样

对模拟信号采样有很多方式。本书只限于讨论在实际中最常使用的采样类型，即周期采样或均匀采样。可以由下列关系式描述：

$$x(n)=x_a(nT),\qquad -\infty<n<\infty \tag{2-18}$$

式中，$x(n)$ 是通过对模拟信号 $x_a(t)$ 每隔 T（s）取样本值获得的离散时间信号。

这一过程如图2-17所示。在两个连续的样本之间的时间间隔 T 称为采样周期或采样间隔，其倒数 $1/T=F_s$ 称为采样率（样本数/s）或采样频率（Hz）。

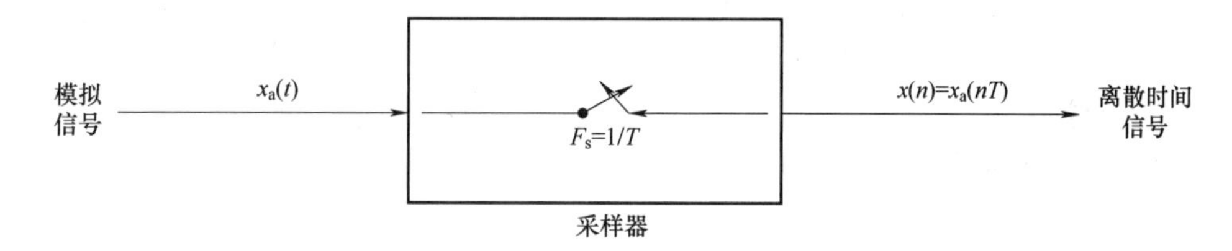

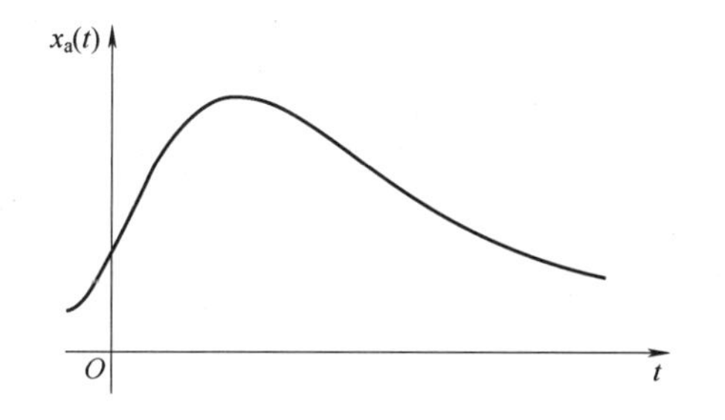

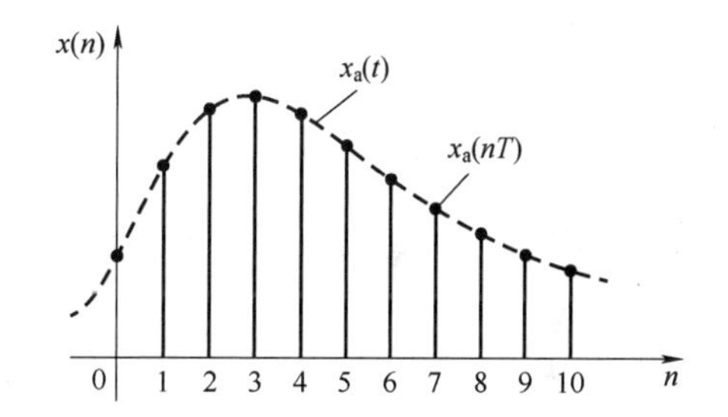

图2-17　模拟信号的周期采样

周期采样建立了连续时间信号的时间变量 t 和离散时间信号的时间变量 n 之间的关系。事实上，这些变量是通过采样周期 T 或等价地通过采样率 $F_s=\dfrac{1}{T}$ 线性相关的，即

$$t=nT=\frac{n}{F_s} \tag{2-19}$$

由式（2-19）推出，在模拟信号的频率变量 F（或 Ω）和离散时间信号的频率变量 f（或 ω）之间存在一种关系。为建立此关系，考虑模拟正弦信号形式

$$x_a(t)=A\cos(2\pi Ft+\theta) \tag{2-20}$$

如果以 $F_s=\dfrac{1}{T}$ 个样本/s的采样率进行周期采样，那么有

$$\begin{aligned}x_a(nT)=x(n)&=A\cos(2\pi FnT+\theta)\\&=A\cos\left(\frac{2\pi nF}{F_s}+\theta\right)\end{aligned} \tag{2-21}$$

一个离散正弦信号可表示为

$$\begin{aligned} x(n) &= A\cos(\omega n+\theta) \\ &= A\cos(2\pi f n+\theta), -\infty < n < \infty \end{aligned} \tag{2-22}$$

式中，n 是整型变量，称为样本数；A 是正弦信号的幅度；ω 是单位为弧度/样本（rad/样本）的频率；θ 是单位为弧度（rad）的相位；频率 f 是由 $\omega=2\pi f$ 给定。

如果比较式（2-21）和式（2-22），则会注意到两个频率变量 F 和 f 呈线性关系，即

$$f=\frac{F}{F_s} \tag{2-23}$$

或等价于

$$\omega=\Omega T \tag{2-24}$$

式（2-23）中的关系证实了相对频率或归一化频率这一命名，有时用来描述频率变量 f。如式（2-23）的含义那样，只要知道了采样率 F_s，就可以用 f 确定以 Hz 为单位的频率 F。

连续时间正弦信号的频率变量 F（或 Ω）的范围是

$$\begin{gathered} -\infty < F < \infty \\ -\infty < \Omega < \infty \end{gathered} \tag{2-25}$$

然而，离散时间正弦信号的情形不同：

$$\begin{gathered} -\frac{1}{2} < f < \frac{1}{2} \\ -\pi < \omega < \pi \end{gathered} \tag{2-26}$$

将式（2-23）和式（2-24）代入式（2-26），发现当以 $F_s=\frac{1}{T}$ 的采样率采样时，连续时间正弦信号的频率一定会落在某个范围，即

$$-\frac{1}{2T}=-\frac{F_s}{2}\leqslant F\leqslant\frac{F_s}{2}=\frac{1}{2T} \tag{2-27}$$

或等价于

$$-\frac{\pi}{T}=-\pi F_s\leqslant\Omega\leqslant\pi F_s=\frac{\pi}{T} \tag{2-28}$$

这些关系总结见表 2-2。从这些关系可以看出，连续时间信号和离散时间信号最基本的不同之处是，频率 F 和 f 或者 Ω 和 ω 的取值范围不同。连续时间信号的周期采样包含了无限频率范围的变量 F（或 Ω）到有限频率范围的变量 f（或 ω）的映射。由于离散时间信号的最高频率是 $\omega=\pi$ 或 $f=1/2$，由此推出，对于某一个采样率 F_s，相应的 F 和 Ω 的最高值为

$$\begin{gathered} F_{\max}=\frac{F_s}{2}=\frac{1}{2T} \\ \Omega_{\max}=\pi F_s=\frac{\pi}{T} \end{gathered} \tag{2-29}$$

所以，采样引入了争议，既然连续时间信号的最高频率 $F_{\max}=\frac{F_s}{2}$ 或者 $\Omega_{\max}=\pi F_s$，即信号以速率 $F_s=1/T$ 采样时可以被唯一区分，那么对于频率大于 $F_s/2$ 的信号会如何呢？请看下

面的例子。

表 2-2　频率变量之间的关系

	连续时间信号	离散时间信号
公式	$\Omega=2\pi F$	$\omega=2\pi f$
单位	rad/s，Hz	$\frac{\text{rad}}{\text{样本}}$，$\frac{\text{周期数}}{\text{样本}}$
推导	$\omega=\Omega T, f=F/F_s$ → ← $\Omega=\omega/T, F=fF_s$	$-\pi\leqslant\omega\leqslant\pi$ $-\frac{1}{2}\leqslant f\leqslant\frac{1}{2}$
范围	$-\infty<\Omega<\infty$ $-\infty<F<\infty$	$-\pi/T\leqslant\Omega\leqslant\pi/T$ $-F_s/2\leqslant F\leqslant F_s/2$

例 2-9　通过考察下面两种模拟正弦信号，这些频率关系的含义可以被正确地描述为

$$x_1(t)=\cos(2\pi\times10t)$$
$$x_2(t)=\cos(2\pi\times50t) \tag{2-30}$$

解： 假如其采样率为 $F_s=40\text{Hz}$，则相应的离散时间信号或序列是

$$x_1(n)=\cos\left(2\pi\times\frac{10}{40}n\right)=\cos\left(\frac{\pi}{2}n\right)$$
$$x_2(n)=\cos\left(2\pi\times\frac{50}{40}n\right)=\cos\left(\frac{5\pi}{2}n\right) \tag{2-31}$$

然而，$\cos\left(\frac{5\pi}{2}n\right)=\cos\left(2\pi n+\frac{\pi}{2}\pi n\right)=\cos\left(\frac{\pi}{2}n\right)$，因此 $x_2(n)=x_1(n)$。于是两个正弦信号是相同的，结果是不可区分的。如果给出由 $\cos\left(\frac{\pi}{2}n\right)$ 所生成的样本值，那么样本值是对应于 $x_1(t)$ 还是 $x_2(t)$ 就会引起争议。既然当两个信号以 $F_s=40$ 个样本/s 的速率采样时，$x_2(t)$ 准确等于 $x_1(t)$，换句话说，在 40 个样本/s 的采样率时，频率 $F_2=50\text{Hz}$ 的信号是频率 $F_1=10\text{Hz}$ 的信号的混叠。

值得注意的是不只 F_2 是 F_1 的混叠。事实上，对于 40 个样本/s 的采样率，频率 $F_3=90\text{Hz}$ 同样是 $F_1=10\text{Hz}$ 的混叠，还有频率 $F_4=130\text{Hz}$ 等。所有以 40 个样本/s 的采样率的正弦信号 $\cos2\pi(F_1+40k)t$，$k=1，2，3，\cdots$，均生成相等的值。结果，它们都是 $F_1=10\text{Hz}$ 的信号的混叠。

一般来说，连续时间正弦信号的采样

$$x_a(t)=A\cos(2\pi F_0t+\theta) \tag{2-32}$$

以 $F_s=\frac{1}{T}$的采样率将产生一个离散时间信号

$$x(n)=A\cos(2\pi f_0n+\theta) \tag{2-33}$$

式中，$f_0=F_0/F_s$ 是正弦信号的相对频率。

如果假定$-F_s/2 \leq F \leq F_s/2$，那么 $x(n)$ 的频率 f_0 就会落在频率范围$-1/2 \leq f_0 \leq 1/2$，即离散时间信号的频率范围。在这种情况下，F_0 和 f_0 之间是一对一的关系，因此有可能从样本 $x(n)$ 标识（或重构）模拟信号 $x_a(t)$。

另一方面，如果正弦信号为

$$x_a(t)=A\cos(2\pi F_k t+\theta) \tag{2-34}$$

其中

$$F_k=F_0+kF_s, k=\pm1,\pm2,\cdots \tag{2-35}$$

以速率 F_s 采样，很明显，频率 F_k 将会落在基础频率范围$-F_s/2 \leq F \leq F_s/2$ 之外。于是采样后的信号是

$$\begin{aligned} x(n)=x_a(nT) &= A\cos\left(2\pi \frac{F_0+kF_s}{F_s}n+\theta\right) \\ &= A\cos\left(2\pi n\frac{F_0}{F_s}+\theta+2\pi kn\right) \\ &= A\cos(2\pi f_0 n+\theta) \end{aligned}$$

它与由式（2-32）采样所得到的式（2-33）中的离散时间信号相同。因此，无数的连续时间正弦信号通过采样可由相同的离散时间信号（即相同样本集）表示出来。从而，如果给定序列 $x(n)$，那么这些样本值表示哪一个连续时间信号 $x_a(t)$ 将会引起争议。也就是说，频率 $F_k=F_0+kF_s$，$k=\pm1$，±2，…（k 为整数）在采样以后与频率 F_0 是无法区分的，因此它们是 F_0 的混叠。这种连续时间信号和离散时间信号的频率变量之间的关系如图 2-18 所示。

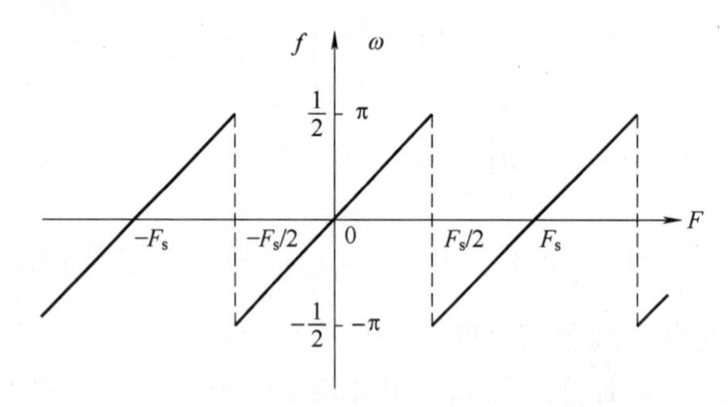

图 2-18　在周期采样的情况下，连续时间信号和离散时间信号的频率变量之间的关系

一个混叠的例子如图 2-19 所示，当所用的采样率为 $F_s=1\text{Hz}$ 时，频率为 $F_0=\frac{1}{8}\text{Hz}$ 和 $F_1=-\frac{7}{8}\text{Hz}$的两个正弦信号生成相同的样本。从式（2-35）容易推出，对于 $k=-1$，$F_0=F_1+F_s=\left(-\frac{7}{8}+1\right)\text{Hz}=\frac{1}{8}\text{Hz}$。

既然对应于 $\omega=\pi$ 的频率 $F_s/2$ 是可以用采样率 F_s 唯一表征的最高频率，那么确定大于 $F_s/2(\omega=\pi)$ 的任一（混叠）频率到小于 $F_s/2$ 的等价频率的映射是一件简单的事情。可以使用 $F_s/2$ 或 $\omega=\pi$ 作为枢轴点，并将混叠频率反射或“对折”到范围 $0 \leq \omega \leq \pi$。由于反射

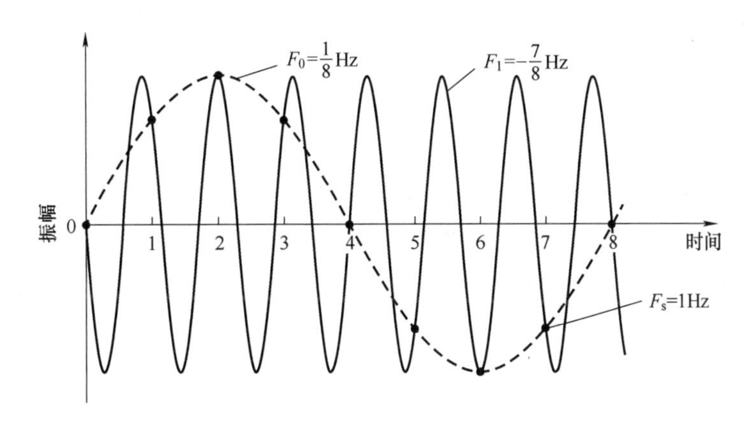

图 2-19　混叠示例

点是 $F_s/2(\omega=\pi)$，所以频率 $F_s/2(\omega=\pi)$ 被称为对折频率。

例 2-10　考虑模拟信号 $x_a(t)=3\cos(100\pi t)$，则

（1）确定避免混叠所需要的最小采样率。

（2）假设信号采样率 $F_s=200$Hz，采样后得到的离散时间信号是什么？

（3）假设信号采样率 $F_s=75$Hz，采样后得到的离散时间信号是什么？

（4）如果生成与（3）相同的样本，相应的信号频率 $0<F<F_s/2$ 是什么？

解：（1）模拟信号的频率是 $F=50$Hz，因此避免混叠所需要的最小采样率是 $F_s=100$Hz。

（2）如果信号采样率为 $F_s=200$Hz，那么离散时间信号是

$$x(n)=3\cos\left(\frac{100\pi}{200}n\right)=3\cos\left(\frac{\pi}{2}n\right)$$

（3）如果信号采样率为 $F_s=75$Hz，那么离散时间信号是

$$\begin{aligned}x(n)&=3\cos\left(\frac{100\pi}{75}n\right)=3\cos\left(\frac{4\pi}{3}n\right)\\&=3\cos\left(2\pi-\frac{2\pi}{3}n\right)\\&=3\cos\left(\frac{2\pi}{3}n\right)\end{aligned}$$

（4）对于 $F_s=75$Hz 的采样率，有

$$F=f\,F_s=75f$$

（3）中正弦信号的频率是 $f=1/3$。因此

$$F=25\text{Hz}$$

显然，正弦信号

$$\begin{aligned}y_a(t)&=3\cos(2\pi Ft)\\&=3\cos(50\pi t)\end{aligned}$$

以 $F_s=75$Hz 的采样率采样可生成相同的样本。因此，在采样率为 $F_s=75$Hz 时，频率 $F=50$Hz 是频率 $F=25$Hz 的混叠。

二、采样定理

对于给定的任意模拟信号，应该如何选定采样周期 T 或采样率 F_s 呢？要回答这一问题，必须具备一些关于被采样信号的特征信息。尤其是，必须具备一些涉及信号的频率范围的一般信息。例如，语音信号的频率成分低于 3000Hz，电视信号一般都包含大至 5MHz 的重要频率成分。这些信号的信息内容包含在各种频率成分的振幅、频率和相位中，但这些信号特征的细节知识在得到信号之前是不可用的。事实上，处理这些信号的目的通常是提取这些细节信息。然而，如果知道一般类型信号的最大频率范围（如语音信号类型、视频信号类型等），那么就可以指定将模拟信号转换成数字信号所必需的采样率。

假设任何模拟信号都可以表示成不同振幅、频率和相位的正弦信号的和，即

$$x_a(t)=\sum_{i=1}^{N}A_i\cos(2\pi F_i t+\theta_i) \tag{2-36}$$

式中，N 代表频率成分的数目。

所有信号（如语音信号和视频信号）都可以通过任意的短时分割服从于这样一种表示形式。这些振幅、频率和相位通常会从一个时间段到另一个时间段随着时间慢慢改变。然而，假定这些频率不会超过某个已知频率，也就是 F_{max}，例如：对于语音信号 $F_{max}=3000\text{Hz}$，而对于电视信号 $F_{max}=5\text{MHz}$。不同类型的信号的最大频率可能会稍有变化，因此，可将模拟信号通过一个滤波器使大于 F_{max} 的频率成分严重衰减，保证信号中不包含大于 F_{max} 的频率成分。事实上，这样的滤波通常在采样之前使用。

鉴于对 F_{max} 的了解，可以选择合适的采样率。当信号以 $F_s=1/T$ 的采样率采样时，一种可以被准确重构的模拟信号的最高频率是 $F_s/2$。高于 $F_s/2$ 或低于 $-F_s/2$ 的任何频率都会导致与 $-F_s/2\leqslant F\leqslant F_s/2$ 范围内的相应频率相同的样本。为了避免由混叠引起的争议，必须选择足够大的采样率。也就是说，必须选择大于 F_{max} 的 $F_s/2$。因此，为了避免混叠问题，可选择 F_s 使其满足

$$F_s>2F_{max} \tag{2-37}$$

式中，F_{max} 是模拟信号中的最大频率成分。

采用这种方式选择采样率，模拟信号中的任何频率分量，即 $|F_i|<F_{max}$，就都可以映射成某个离散时间正弦信号，其频率为

$$-\frac{1}{2}\leqslant f_i=\frac{F_i}{F_s}\leqslant\frac{1}{2} \tag{2-38}$$

或等价为

$$-\pi\leqslant\omega_i=2\pi f_i\leqslant\pi \tag{2-39}$$

既然 $|f|=\dfrac{1}{2}$ 或 $|\omega|=\pi$ 是离散时间信号中的最高（唯一）频率，那么按照式（2-37）选择采样率就可以避免混叠问题。换言之，条件 $F_s>2F_{max}$ 保证了模拟信号中的所有频率成分都能映射到频率在基础区间内的相应的离散时间频率成分。这样，模拟信号的所有频率分量都可无混淆地表示成采样的形式，因此使用合适的插值（数模转换）方法，模拟信号可以从样本值无失真地重构。这个“合适的”或理想的插值公式是由采样定理指定的。

采样定理：如果包含在某个模拟信号 $x_a(t)$ 中的最高频率是 $F_{max}=B$，而信号以采样率 $F_s>2F_{max}=2B$ 采样，那么 $x_a(t)$ 可以从样本值准确恢复。插值函数为

$$g(t)=\frac{\sin(2\pi Bt)}{2\pi Bt} \tag{2-40}$$

于是，$x_a(t)$ 可以表示为

$$x_a(t)=\sum_{n=-\infty}^{\infty} x_a\left(\frac{n}{F_s}\right) g\left(t-\frac{n}{F_s}\right) \tag{2-41}$$

式中，$x_a\left(\frac{n}{F_s}\right)=x_a(nT)=x_a(n)$ 是 $x_a(t)$ 的样本。

当 $x_a(t)$ 的采样以最小采样率 $F_s=2B$ 执行时，式（2-41）中的重构公式变成

$$x_a(t)=\sum_{n=-\infty}^{\infty} x_a\left(\frac{n}{2B}\right)\frac{\sin[2\pi B(t-n/2B)]}{2\pi B(t-n/2B)} \tag{2-42}$$

采样率 $F_N=2B=2F_{max}$ 称为奈奎斯特率。图 2-20 展示了使用式（2-40）中的插值函数的理想 D/A 转换过程。

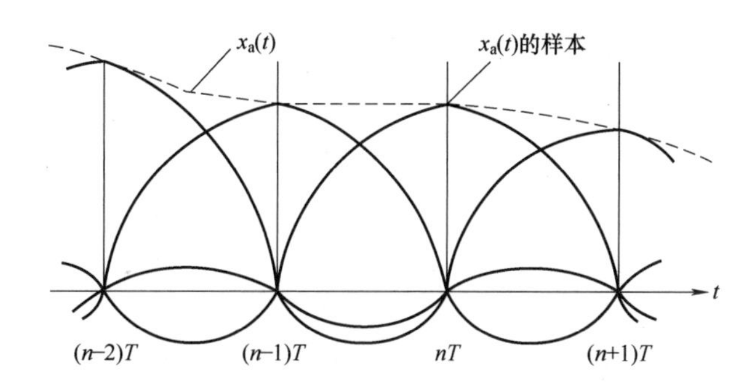

图 2-20　理想的 D/A 转换（插值）

可以从式（2-41）或式（2-42）观察到，由 $x(n)$ 重构 $x_a(t)$ 是一个复杂的过程，包含了插值函数 $g(t)$ 及其时移 $g(t-nT)$ 的加权和，其中$-\infty<n<\infty$，权重因子是样本 $x(n)$。由于复杂性和式（2-41）或式（2-42）所需样本的数目有关，这些重构公式主要是理论上的。

例 2-11　考虑模拟信号

$$x_a(t)=3\cos(50\pi t)+10\sin(300\pi t)-\cos(100\pi t)$$

该信号的奈奎斯特频率是什么？

解： 上述信号所代表的频率是

$$F_1=25\text{Hz},\ F_2=150\text{Hz},\ F_3=50\text{Hz}$$

于是 $F_{max}=150\text{Hz}$，按照式（2-37）有

$$F_s>2F_{max}=300\text{Hz}$$

奈奎斯特率是 $F_N=2F_{max}$。因此

$$F_N=300\text{Hz}$$

讨论： 信号成分 $10\sin(30\pi t)$ 以奈奎斯特率 $F_N=300\text{Hz}$ 采样，导致样本 $10\sin(\pi n)$，而它等于零。换言之，当对模拟信号在它的零相交点进行采样时，完全失去了这个信号成分。如果正弦信号在某些量上具有相位偏差，则这种情形就不会发生。在这种情况下，对

$10\sin(30\pi t+\theta)$ 以奈奎斯特率 $F_N=300\text{Hz}$ 进行采样，生成样本

$$\begin{aligned}10\sin(\pi n+\theta)&=10[\sin(\pi n)\cos\theta+\cos(\pi n)\sin\theta]\\&=10\sin\theta\cos(\pi n)\\&=(-1)^n 10\sin\theta\end{aligned}$$

于是，如果 $\theta\neq 0$ 或 π，以奈奎斯特率所产生的正弦信号的样本不全是零。然而，当相位 θ 未知时，仍然不能从样本得到正确的振幅。能够避免这种潜在麻烦的一种简单补救方法就是以大于奈奎斯特率的采样率进行采样。

例 2-12 考虑模拟信号

$$x_a(t)=3\cos(2000\pi t)+5\sin(6000\pi t)+10\cos(12000\pi t)$$

（1）该信号的奈奎斯特频率是什么?

（2）假定现在以 $F_s=5000\text{Hz}$ 的采样率对该信号进行采样。采样后得到的离散时间信号是什么?

（3）如果使用理想插值，能够从这些样本重构的模拟信号 $y_a(t)$ 是什么?

解:（1）信号中存在的频率是

$$F_1=1\text{kHz},\ F_2=3\text{kHz},\ F_3=6\text{kHz}$$

于是 $F_{max}=6\text{kHz}$，根据采样定理有

$$F_s>2F_{max}=12\text{kHz}$$

奈奎斯特频率是

$$F_N=12\text{kHz}$$

（2）既然已经选择 $F_N=5\text{kHz}$，那么对折频率是

$$\frac{F_s}{2}=2.5\text{kHz}$$

并且这是由采样信号唯一表达的最大频率。利用式（2-19）可得

$$\begin{aligned}x(n)&=x_a(nT)=x_a\left(\frac{n}{F_s}\right)\\&=3\cos\left(2\pi\times\frac{n}{5}\right)+5\sin\left(2\pi\times\frac{3}{5}n\right)+10\cos\left(2\pi\times\frac{6}{5}n\right)\\&=3\cos\left(2\pi\times\frac{n}{5}\right)+5\sin\left[2\pi\times\left(1-\frac{2}{5}\right)n\right]+10\cos\left[2\pi\times\left(1+\frac{1}{5}\right)n\right]\\&=3\cos\left(2\pi\times\frac{n}{5}\right)+5\sin\left[2\pi\times\left(-\frac{2n}{5}\right)\right]+10\cos\left(2\pi\times\frac{n}{5}\right)\end{aligned}$$

最后，得到

$$x(n)=13\cos\left(2\pi\times\frac{n}{5}\right)-5\sin\left(2\pi\times\frac{2}{5}n\right)$$

相同的结果可以使用图 2-18 得到。事实上，由于 $F_N=5\text{kHz}$，那么对折频率就是 $\frac{F_s}{2}=2.5\text{kHz}$。这是可以被采样信号唯一表示的最大频率。由式（2-35）有 $F_0=F_k-kF_s$。因此 F_0 可以从 F_k 减去 F_s 的整数倍，即 $-F_s/2\leqslant F_0\leqslant F_s/2$。频率 $F_1<F_s/2$，因此不受混叠的影响。

然而，其他两个频率大于对折频率，将会受到混叠影响而改变。事实上

$$F_2' = F_2 - F_s = -2\text{kHz}$$

$$F_3' = F_3 - F_s = 1\text{kHz}$$

由式（2-23）推出 $f_1 = \frac{1}{5}$，$f_2 = -\frac{2}{5}$，并且 $f_3 = \frac{1}{5}$，与上述结果一致。

（3）由于只有 1kHz 和 2kHz 的频率分量在采样信号中表示，因此可以恢复的模拟信号是

$$y_a(t) = 13\cos 2000\pi t - 5\sin 4000\pi t$$

上式明显不同于原始信号 $x_a(t)$。原始模拟信号的失真是由于使用了低采样率产生的混叠效应引起的。

虽然混叠是要避免的缺陷，但是有两种基于混叠效应开发的有益的实际应用，它们是频闪观测仪和示波镜。这两种仪器设计为混叠操作，以便将高频率表示为低频率。

为了详细阐述，考虑一个将高频率分量限制到一个给定频率带宽 $B_1<F<B_2$ 的信号，其中 $B_2-B_1=B$ 定义为信号的带宽。假定 $B \ll B_1 < B_2$，这个条件意味着信号中的频率分量比该信号的带宽大得多。这样的信号通常称为带通或窄带信号。现在，如果该信号以采样率 $F_s \geqslant 2B$ 采样，但 $F_s \ll B_1$，那么该信号中包含的所有频率分量将会是 $0<F<F_s/2$ 范围中频率的混叠。结果，如果考察在基础范围 $0<F<F_s/2$ 中的频率范围，那么既然知道频率带宽 $B_1<F<B_2$，就精确知道了频率范围。于是，如果信号是一个窄带（带通）信号，那么从以采样率 $F_s \geqslant 2B$ 对信号进行采样得到的样本重构该原始信号，其中 B 是带宽。这一结论组成了采样定理的另一种形式，称之为带通形式以区别于采样定理的前一种形式，带通形式一般适用于所有类型的信号，后者有时称为基带形式。

第五节　案例学习

采样定理表明，如果信号 $x_a(t)$ 是带限的，且采样频率 f_s 高于带宽或最高频率的两倍，则可以通过对 $x(n)$ 的内插精确恢复重建 $x_a(t)$。如果采样频率太低，则采样样本就不完备，这样的采样处理被称为混叠。解释混叠现象的一个简单方法是观察随时间变化 $M\times N$ 大小的视频图像 $I_a(t)$。这里视频图像 $I_a(t)$ 是由一幅幅随时间变化、具有 $M\times N$ 像素阵列的图像组成，其中 M 是像素阵列的行数，N 是列数，它们的大小取决于所用的视频格式。如果以间隔 T 对视频信号 $I_a(t)$ 采样，则所得到的 MN 维离散时间信号可以表示为

$$I(k) = I_a(kT), \qquad |k| = 0,1,2,\cdots \tag{2-43}$$

式中，$T = \frac{1}{f_s}$，f_s 是以每秒帧数为量纲的采样速率。

为了避免混叠现象，采样速率应足够高。

以一个简单的例子来说明混叠现象。假设图像是一个旋转的碟子，碟子上有一条表示方向的黑线，如图 2-21 所示。粗略一看，图 2-21 中的这些视频帧序列图像，你会说：这个碟子似乎在以每帧 45°的速率逆时针旋转。实际上这并不是唯一的解释，例如，认为该碟子以每帧 315°的旋转速率顺时针旋转，也是一种可能的合理解释。那么用快拍捕获的旋转运动

到底是一个快速的顺时针旋转，还是一个慢速的逆时针旋转呢？如果该碟子实际上是以每秒 F_0 圈的速率顺时针旋转，而采样速率 $f_s \leqslant 2F_0$，则混叠现象就会出现。而混叠现象的出现会导致碟子看起来似乎在慢慢地反向旋转。

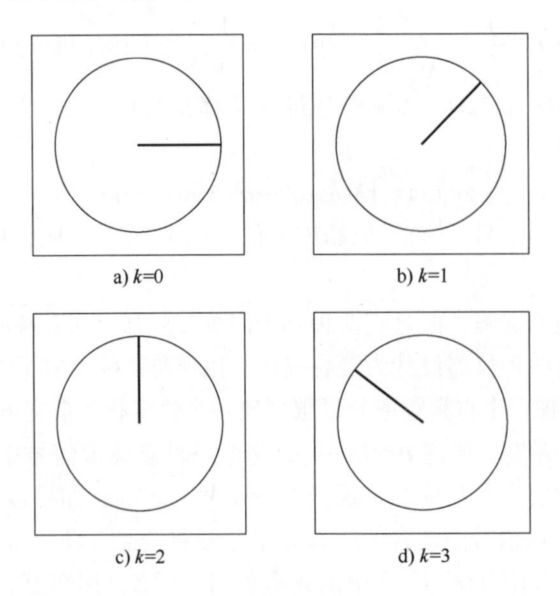

图 2-21　有向旋转碟子的顺序四幅视频帧序列图像

为了说明采样过程的混叠现象，假设圆盘以每秒 F_0 圈的速率顺时针旋转。如果圆盘上的标线起始于水平位置向右转，这对应于初始角度 $\theta_0=0$。对于顺时针旋转，t 时刻的角度为

$$\theta_a(t) = -2\pi F_0 t \tag{2-44}$$

然后假设图像是以每秒 f_s 帧的速率采样。由观测者看到的第 k 帧图像的标线角度为

$$\theta(k) = \frac{-2\pi F_0 k}{f_s} \tag{2-45}$$

由于圆盘是以 F_0(Hz) 恒速率旋转，将半径为 r 的标线端点作为考察点，它可以被看作一个个二维信号，用直角坐标系可表示为

$$x_a(t) = \begin{bmatrix} r\cos[\theta_a(t)] \\ r\sin[\theta_a(t)] \end{bmatrix} \tag{2-46}$$

以下均假设信号 $x_a(t)$ 是带限于 F_0(Hz) 的。由采样定理可知，如果 $f_s>2F_0$，则混叠不会发生。当 $f_s>2F_0$ 时，观看图像时会觉得圆盘在顺时针转动，这与事实相符。但是，当 $f_s<2F_0$ 时，混叠现象发生了。对于 $f_s=2F_0$ 的临界情况，圆盘在每一幅图像中都刚好旋转了半圈，所以说不清楚圆盘的转向。而当 $f_s=F_0$ 时，圆盘看上去根本没动。因此，为了避免混叠发生，采样频率必须满足 $f_s>2F_0$。为方便起见，可以将采样频率表示为

$$f_s = 2aF_0 \tag{2-47}$$

当 $a>1$，称为过采样，而 $a<1$ 表示欠采样。当 $a>1$ 时，圆盘看上去在顺时针旋转；当 $a=0.5$ 时，圆盘似乎没有转动；当 a 接近 0.5 时，感觉其转动方向和转动速度均在变化。以下参考程序可供读者观察不同的采样频率下圆盘的转动现象。

```
>>quit=0;
tau=4;
theta=0;
phi=linspace(0,360,721)/(2*pi);
r1=4;
x=r1*cos(phi);
y=r1*sin(phi);
r2=r1 -.5;
alpha=2;
F0=2;
fs=alpha*2*abs(F0);
T=1/fs;
% Main loop
while ~quit
choice=input('Enter  5 or 6:');
 switch(choice)
    case 5,
            alpha=input ('Enter the oversampling factor,alpha:');%
alpha 范围 0~4
            fs=alpha*2*abs(F0);
            T=1/fs;
            k=1;
            figure
            hp=plot(x,y,'b','LineWidth',1.5);
            axis square
            axis([-5 5 -5 5])
            hold on
            frames=fs*tau;
            ha=gca;
            for i=1:frames
                  theta=-2*pi*F0*k*T;
                  x1=r2*cos(theta);
                  y1=r2*sin(theta);
                  if k>1
                      plot([0 x0],[0 y0],'w','LineWidth',1.5);
                  end
                  plot([0 x1],[0 y1],'k','LineWidth',1.5);
```

```
                    x0=x1;
                    y0=y1;
                    M(k)=getframe(ha);
                    k=k+1;
                    tic
                    while (toc < T) end
            end
    case 6,
        quit=1;
        break;
  end
end
```

习　题

【思考题】

习题 2-1　离散时间信号（序列）有哪些表示方法？有哪些典型序列？

习题 2-2　单位取样序列 $\delta(n)$ 和单位阶跃序列 $u(n)$ 分别与单位冲激函数 $\delta(t)$ 和单位阶跃函数 $\varepsilon(t)$ 有什么不同？

习题 2-3　序列 $x(n)$ 满足什么条件才是周期序列？正弦序列是否在任何情况下都是周期序列？如果不是，请举例说明在什么条件下是周期序列？在什么条件下是非周期序列？

习题 2-4　当系统满足什么条件时才是线性时不变系统？

习题 2-5　当系统满足什么条件时才是因果稳定系统？

习题 2-6　试举例说明计算线性卷积的步骤。

习题 2-7　模拟信号 $x_a(t)$、取样信号 $\hat{x}_a(t)$ 和离散时间信号 $x(n)$ 的频谱之间有什么关系？为了从取样信号 $\hat{x}_a(t)$ 恢复原模拟信号 $x_a(t)$，应满足什么条件？

【计算题】

习题 2-8　给定信号如下：

$$x(n)=\begin{cases}2n+5, & -4\leqslant n\leqslant -1\\ 6, & 0\leqslant n\leqslant 4\\ 0, & \text{其他}\end{cases}$$

（1）画出 $x(n)$ 序列的波形，标上各序列值。

（2）试用延迟的单位脉冲序列及其加权和表示 $x(n)$ 序列。

（3）令 $x_1(n)=2x(n-1)$，试画出 $x_1(n)$ 序列。

（4）令 $x_2(n)=2x(n+1)$，试画出 $x_2(n)$ 序列。

（5）令 $x_3(n)=x(n-2)$，试画出 $x_3(n)$ 序列。

习题 2-9　判断下面序列是否为周期序列，若是则求其基本周期。

（1）$x(n)=3\cos(5n+\pi/6)$

（2）$x(n)=2\exp[\mathrm{j}(n/6-\pi)]$

（3）$x(n)=\cos(n/8)\cos(n\pi/8)$

（4）$x(n)=\cos(\pi n/2)-\sin(\pi n/8)+3\cos(\pi n/4+\pi/3)$

习题 2-10　判断下列系统是否为线性非时变系统：

（1）$y(n)=2x(n)+3$

（2）$y(n)=x(n)+2x(n-1)$

（3）$y(n)=x(n-n_0)$

（4）$y(n)=x(-n)$

（5）$y(n)=x(n)\sin(2\pi n/3+\pi/6)$

（6）$y(n)=\sum_{k=-\infty}^{n}x(k)$

（7）$y(n)=\sum_{k=n_0}^{n}x(k)$

（8）$y(n)=x(n)g(n)$

习题 2-11　判断下列系统的因果稳定性：

（1）$y(n)=\frac{1}{N}\sum_{k=0}^{N-1}x(n-k)$

（2）$y(n)=x(n)+x(n+1)$

（3）$y(n)=\sum_{k=n-n_0}^{n+n_0}x(k)$

（4）$y(n)=2^n u(-n)$

（5）$h(n)=\delta(n+n_0),n_0>0$

（6）$h(n)=(1/2)^n u(n)$

（7）$h(n)=(1/n)u(n-1)$

（8）$h(n)=2^n R_N(n)$

习题 2-12　$x(n)$ 和 $h(n)$ 分别是线性非时变系统的输入和单位取样响应（见图 2-22），计算 $x(n)$ 和 $h(n)$ 的线性卷积，并画出 $y(n)$ 的图形。

习题 2-13　设线性非时变系统的单位脉冲响应 $h(n)$ 和输入 $x(n)$ 分别有以下三种情况，分别求出输出 $y(n)$。

（1）$h(n)=R_4(n)$，$x(n)=R_5(n)$

（2）$h(n)=2R_4(n)$，$x(n)=\delta(n)-\delta(n-3)$

（3）$h(n)=(0.5)^n u(n)$，$x(n)=R_5(n)$

习题 2-14　求两个系统 $h_1(n)$ 和 $h_2(n)$ 级联后的输出 $y(n)$，其中输入为

$$x(n)=u(n),\ h_1(n)=\delta(n)-\delta(n-4),\ h_2(n)=a^n u(n),\ |a|<1$$

习题 2-15　证明线性卷积满足交换律、结合律和分配律。

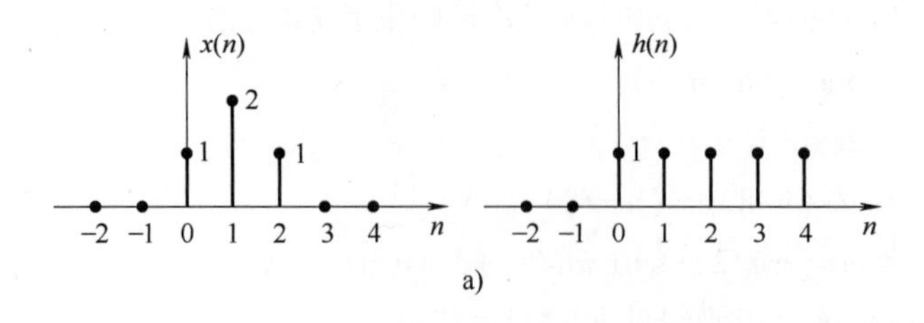

a)

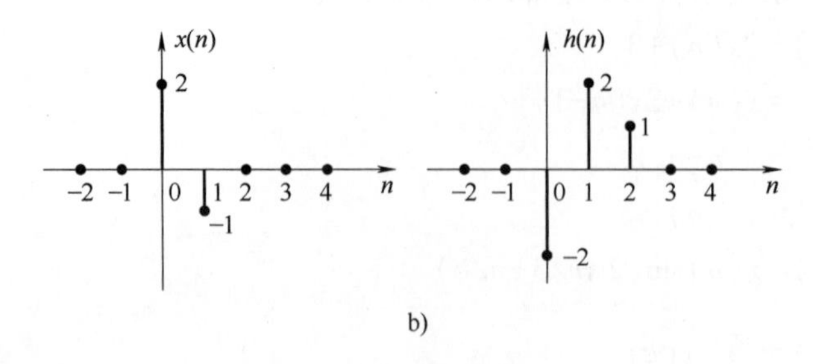

b)

图 2-22　习题 2-12 图

习题 2-16　在采样定理中，采样频率必须要超过的那个频率称为奈奎斯特频率。试确定下列各信号的奈奎斯特频率：

（1）$x(t)=1+\cos(200\pi t)+\sin(4000\pi t)$

（2）$x(t)=\dfrac{\sin(4000\pi t)}{\pi t}$

习题 2-17　有一个连续信号 $x_a(t)=\cos(2\pi ft+\varphi)$，式中，$f=20\text{Hz}$，$\varphi=\pi/2$。试求：

（1）$x_a(t)$ 的周期。

（2）用采样间隔 $T=0.02\text{s}$ 对 $x_a(t)$ 进行采样，写出采样信号 $\hat{x}_a(t)$ 的表达式。

（3）画出对应 $\hat{x}_a(t)$ 的时域离散信号（序列）$x(n)$ 的波形，并求出 $x(n)$ 的周期。

【编程题】

习题 2-18　已知滑动平均滤波器的差分方程为

$$y(n)=1/5\cdot[x(n)+x(n-1)+x(n-2)+x(n-3)+x(n-4)]$$

（1）编程求出该滤波器的单位脉冲响应。

（2）如果输入信号如图 2-23 所示，试编程求出 $y(n)$ 并画出其波形。

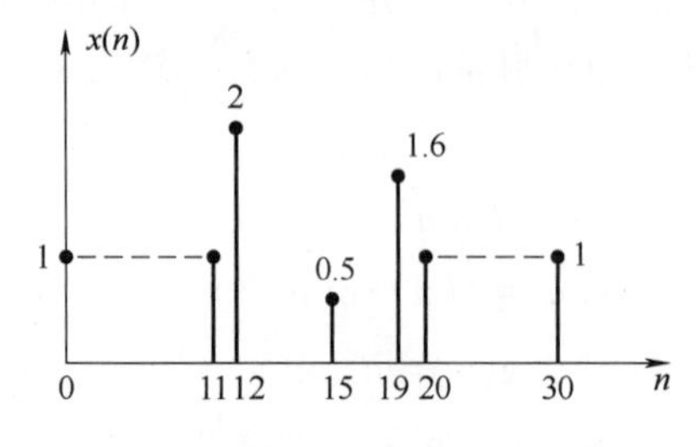

图 2-23　习题 2-18 图

习题 2-19　已知两个系统的差分方程分别为

（1）$y(n)=0.6y(n-1)-0.08y(n-2)+x(n)$

（2）$y(n)=0.7y(n-1)-0.1y(n-2)+2x(n)-x(n-2)$

分别编程求出系统的单位脉冲响应和单位阶跃响应。

习题 2-20　已知系统的差分方程为

$y(n)=-a_1y(n-1)-a_2y(n-2)+bx(n)$，其中 $a_1=0.8$，$a_2=0.64$，$b=0.866$

（1）编程求解系统单位脉冲响应 $h(n)(0\leqslant n\leqslant 49)$ 的程序，并画出 $h(n)(0\leqslant n\leqslant 49)$；

（2）编程求解系统零状态单位阶跃响应 $s(n)(0\leqslant n\leqslant 99)$ 的程序，并画出 $s(n)(0\leqslant n\leqslant 99)$。

习题 2-21　编写一段计算机程序计算图 2-24 中的系统总冲激响应 $h(n)(0\leqslant n\leqslant 99)$，系统 T_1、T_2、T_3 和 T_4 分别为

$T_1:h_1(n)=\left\{1,\frac{1}{2},\frac{1}{4},\frac{1}{8},\frac{1}{16},\frac{1}{32}\right\}$

$T_2:h_2(n)=\{1,1,1,1\}$

$T_3:y_3(n)=\frac{1}{4}x(n)+\frac{1}{2}x(n-1)+\frac{1}{4}x(n-2)$

$T_4:y(n)=0.9y(n-1)-0.81y(n-2)+u(n)+u(n-1)$

画出 $0\leqslant n\leqslant 99$ 时 $h(n)$ 的图形。

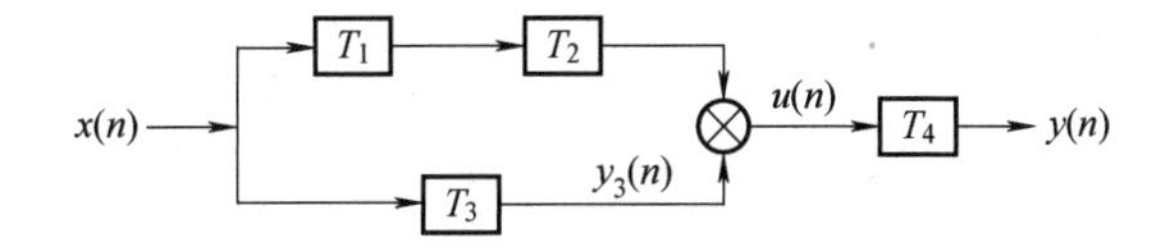

图 2-24　习题 2-21 图

第三章

离散傅里叶变换

第一节　离散信号的傅里叶变换

一、定义

连续时间非周期信号的频域分析，是对其进行傅里叶变换，同样，离散时间非周期信号（采样信号）的频域分析，也可进行傅里叶变换。

设原信号为 $x(t)$，采样信号为 $x(n)=x(t)\big|_{t=nT}$，则 $x(n)$ 的傅里叶变换定义为

$$X(e^{j\omega})=\sum_{n=-\infty}^{\infty}x(n)e^{-j\omega n} \tag{3-1}$$

式（3-1）成立的前提条件是 $X(e^{j\omega})$ 绝对可和，即 $|X(e^{j\omega})|<\infty$。

因为 $|X(e^{j\omega})|=\left|\sum_{n=-\infty}^{\infty}x(n)e^{-j\omega n}\right|\leqslant\sum_{n=-\infty}^{\infty}|x(n)||e^{-j\omega n}|\leqslant\sum_{n=-\infty}^{\infty}|x(n)|<\infty$

所以，$|X(e^{j\omega})|<\infty$ 等价于 $\sum_{n=-\infty}^{\infty}|x(n)|<\infty$

其傅里叶逆变换为

$$x(n)=\frac{1}{2\pi}\int_{-\pi}^{\pi}X(e^{j\omega})e^{j\omega n}d\omega \tag{3-2}$$

式（3-1）和式（3-2）组成了序列 $x(n)$ 的傅里叶变换对。表 3-1 列举了一些常用序列的傅里叶变换，这里仅举几例说明。

表 3-1　常用离散信号的傅里叶变换

序　　列	傅里叶变换
$\delta(n)$	1
$1,(-\infty<n<\infty)$	$\sum_{k=-\infty}^{\infty}2\pi\delta(\omega+2\pi k)$
$u(n)$	$\frac{1}{1-e^{-j\omega}}+\sum_{k=-\infty}^{\infty}\pi\delta(\omega+2\pi k)$

（续）

序　　列	傅里叶变换
$e^{-j\omega_0 n}$	$\sum_{k=-\infty}^{\infty} 2\pi\delta(\omega+\omega_0+2\pi k)$
$a^n u(n),(\|a\|<1)$	$\frac{1}{1-ae^{-j\omega}}$
$(n+1)a^n u(n),(\|a\|<1)$	$\frac{1}{(1-ae^{-j\omega})^2}$
$h_{LP}=\frac{\sin\omega_c n}{\pi n},(-\infty<n<\infty)$	$H_{LP}(e^{j\omega})=\begin{cases}1, 0\leqslant\|\omega\|\leqslant\omega_c\\0, \omega_c\leqslant\|\omega\|\leqslant\pi\end{cases}$

例 3-1　求单位采样序列 $\delta(n)$ 的傅里叶变换。

解： $X(e^{j\omega})=\sum_{n=-\infty}^{\infty}\delta(n)e^{-j\omega n}=\sum_{n=0} e^0=1$

例 3-2　求指数序列 $a^n u(n)$ 的傅里叶变换，其中 $|a|<1$。

解： $X(e^{j\omega})=\sum_{n=-\infty}^{\infty}a^n u(n)e^{-j\omega n}=\sum_{n=0}^{\infty}a^n e^{-j\omega n}=\sum_{n=0}^{\infty}(ae^{-j\omega})^n=\frac{1}{1-ae^{-j\omega}}$

二、性质

离散时间信号的傅里叶变换性质有很多，这里对它们作简单介绍，并归纳在表 3-2 中。

（一）周期性

$X(e^{j\omega})$ 具有隐含的周期性，通过式（3-3）可以证明。

$$X(e^{j(\omega+2\pi k)})=\sum_{n=-\infty}^{\infty}x(n)e^{-j(\omega+2\pi k)n}=X(e^{j\omega}) \tag{3-3}$$

利用公式 $e^{-j2\pi k}=1$，可证明 $X(e^{j\omega})$ 是关于 $\omega=2\pi k$ 的周期函数。通常对 $X(e^{j\omega})$ 的研究只取一个周期内的数据，把 $\omega\in[-\pi,\pi]$ 称作主值区间。

表 3-2　离散时间信号傅里叶变换的性质

性　　质	序　　列	傅里叶变换
线性	$ax_1(n)+bx_2(n)$	$a X_1(e^{j\omega})+b X_2(e^{j\omega})$
时间反转	$x(-n)$	$X(e^{-j\omega})$
时移	$x(n-n_0)$	$e^{-j\omega n_0}X(e^{j\omega})$
频移	$e^{-j\omega_0 n}x(n)$	$X[e^{j(\omega+\omega_0)}]$
频域微分	$nx(n)$	$j\frac{dX(e^{j\omega})}{d\omega}$
卷积	$x_1(n)*x_2(n)$	$X_1(e^{j\omega})\cdot X_2(e^{j\omega})$
调制	$x_1(n)\cdot x_2(n)$	$\frac{1}{2\pi}\int_{-\pi}^{\pi}X_1(e^{j\theta})X_2[e^{j(\omega-\theta)}]d\theta$

（续）

性质	序列	傅里叶变换
帕塞瓦尔	$\sum_{n=-\infty}^{\infty} x_1(n)x_2^*(n)=\frac{1}{2\pi}\int_{-\pi}^{\pi} X_1(e^{j\omega})X_2^*(e^{j\omega})d\omega$	
对称性质	$x_e(n)$	$\mathrm{Re}[X(e^{j\omega})]$
	$x_o(n)$	$\mathrm{jIm}[X(e^{j\omega})]$
	$\mathrm{Re}[x(n)]$	$X_e(e^{j\omega})$
	$\mathrm{jIm}[x(n)]$	$X_o(e^{j\omega})$

（二）线性性质

若序列 $x_1(n)$ 和 $x_2(n)$ 的傅里叶变换分别为 $X_1(e^{j\omega})=\mathrm{FT}[x_1(n)]$ 和 $X_2(e^{j\omega})=\mathrm{FT}[x_2(n)]$，则序列 $x(n)=ax_1(n)+bx_2(n)$（a，b 是任意常数）的傅里叶变换 $X(e^{j\omega})$ 等于 $a\,X_1(e^{j\omega})+b\,X_2(e^{j\omega})$，即

$$X(e^{j\omega})=a\,X_1(e^{j\omega})+b\,X_2(e^{j\omega}) \tag{3-4}$$

证明略。

（三）时间反转定理

若 $y(n)=x(-n)$，则 $y(n)$ 的傅里叶变换为 $X(e^{-j\omega})$，即

$$Y(e^{j\omega})=X(e^{-j\omega}) \tag{3-5}$$

证明如下：

$$\begin{aligned}Y(e^{j\omega})&=\sum_{n=-\infty}^{\infty} y(n)e^{-j\omega n}=\sum_{n=-\infty}^{\infty} x(-n)e^{-j\omega n}\\&=\sum_{m=-\infty}^{\infty} x(m)e^{j\omega m}=\sum_{m=-\infty}^{\infty} x(m)e^{-j(-\omega)m}=X(e^{-j\omega})\end{aligned}$$

（四）时移定理

延时序列 $y(n)=x(n-n_0)$ 的傅里叶变换为 $e^{-j\omega n_0}X(e^{j\omega})$，$n_0$ 为整数，即

$$Y(e^{j\omega})=e^{-j\omega n_0}X(e^{j\omega}) \tag{3-6}$$

证明如下：

$$\begin{aligned}Y(e^{j\omega})&=\sum_{n=-\infty}^{\infty} y(n)e^{-j\omega n}=\sum_{n=-\infty}^{\infty} x(n-n_0)e^{-j\omega n}\\&=\sum_{m=-\infty}^{\infty} x(m)e^{-j\omega(m+n_0)}=e^{-j\omega n_0}\cdot\sum_{m=-\infty}^{\infty} x(m)e^{-j\omega m}=e^{-j\omega n_0}\cdot X(e^{j\omega})\end{aligned}$$

例 3-3 求序列 $y(n)=a^n u(n)-a^n u(n-M)$ 的傅里叶变换。

解： $y(n)=a^n u(n)-a^n u(n-M)=a^n u(n)-a^M\cdot a^{n-M}u(n-M)$

查表 3-1 可知 $a^n\,u(n)$ 的傅里叶变换为$\frac{1}{1-ae^{-j\omega}}$，又由时移定理可得 $a^{n-M}\,u(n-M)$ 的傅里叶变换为$\frac{e^{-j\omega M}}{1-ae^{-j\omega}}$。利用线性性质，$y(n)$ 的傅里叶变换为

$$Y(e^{j\omega})=\frac{1}{1-ae^{-j\omega}}-a^M\frac{e^{-j\omega M}}{1-ae^{-j\omega}}=\frac{1-a^Me^{-j\omega M}}{1-ae^{-j\omega}}$$

（五）频移定理

序列 $y(n)=e^{-j\omega_0 n}x(n)$ 的傅里叶变换为 $X(e^{j(\omega-\omega_0)})$，即

$$Y(e^{j\omega})=X(e^{j(\omega-\omega_0)}) \tag{3-7}$$

证明方法可参考时移定理。

例 3-4　设 $x(n)=\cos(\pi n/2)$，$y(n)=e^{j(\pi/4)n}x(n)$，用 MATLAB 程序验证频移定理。

解：MATLAB 参考程序如下：

```
>>n=0:100;
    x=cos(pi*n/2);
    k=-100:100;
    w=(pi/100)*k;
    X=x*(exp(-j*pi/100)).^(n'*k);
    y=exp(j*pi*n/4).*x;
    Y=y*(exp(-j*pi/100)).^(n'*k);
    subplot(2,2,1);plot(w/pi,abs(X),'LineStyle','-','LineWidth',
0.5,'Color','k');grid on;
    axis([-1 1 0 60]);xlabel('\omega/\pi');ylabel('|x|');title('\rm\
itx\rm(\itn\rm)的幅度');
    subplot (2, 2, 2); plot (w/pi, angle (X)/pi,'LineStyle ',' -',
'LineWidth',0.5,'Color','k');grid on;
    axis([-1 1 -1 1]);xlabel('\omega/\pi');ylabel('相位 (rad/\pi)');
title('\rm\itx\rm(\itn\rm)的相位');
    subplot(2,2,3);plot(w/pi,abs(Y),'LineStyle','-','LineWidth',
0.5,'Color','k');grid on;
    axis([-1 1 0 60]);xlabel('\omega/\pi');ylabel('|y|');title('\rm\
ity\rm(\itn\rm)的幅度');
    subplot (2, 2, 4); plot (w/pi, angle (Y)/pi,'LineStyle ',' -',
'LineWidth',0.5,'Color','k');grid on;
    axis([-1 1 -1 1]);xlabel('\omega/\pi');ylabel('相位 (rad/\pi)');
title('\rm\ity\rm(\itn\rm)的相位');
```

运行结果如图 3-1 所示。

由图 3-1 中的幅度和相位图可知，$y(n)$ 的傅里叶变换相对于 $x(n)$ 的傅里叶变换向右平移了 $\pi/4$，由此证明了频移定理。

例 3-5　求序列 $y(n)=(-1)^n a^n u(n)$ 的傅里叶变换，其中 $|a|<1$。

解：可将序列 $y(n)$ 变形为 $y(n)=e^{j\pi n}x(n)$ 的形式，其中 $x(n)=a^n u(n)$。由例 3-2 的结论，再根据频移定理，$y(n)$ 的傅里叶变换为

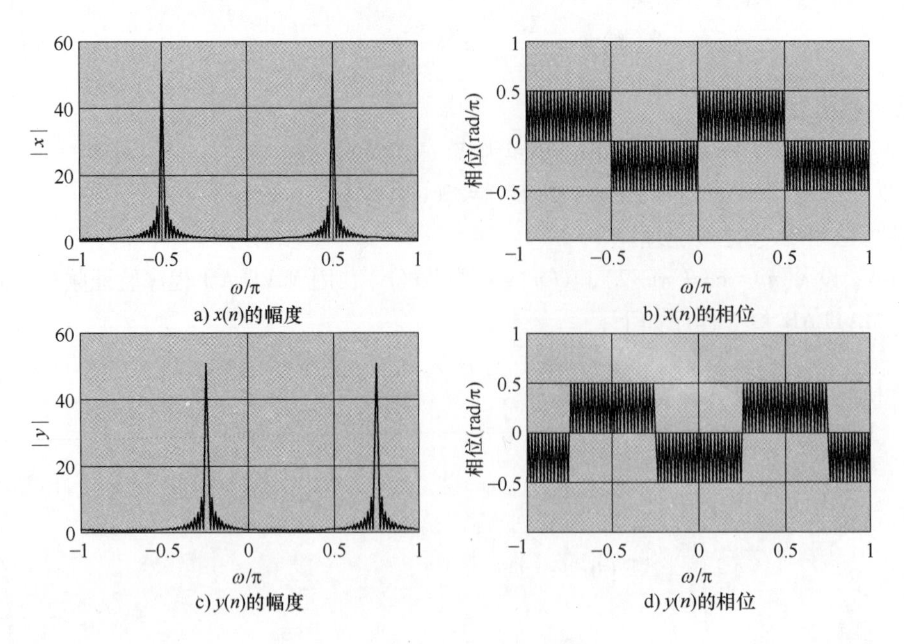

图 3-1　例 3-4 的运行结果

$$Y(e^{j\omega})=X[e^{j(\omega-\pi)}]=\frac{1}{1-ae^{-j(\omega-\pi)}}=\frac{1}{1+ae^{-j\omega}}$$

（六）频域微分定理

序列 $y(n)=nx(n)$ 的傅里叶变换为 $j\frac{dX(e^{j\omega})}{d\omega}$，即

$$Y(e^{j\omega})=j\frac{dX(e^{j\omega})}{d\omega} \tag{3-8}$$

证明略。

例 3-6　求序列 $y(n)=na^nu(n)$ 的傅里叶变换。

解：根据频域微分定理可得

$$Y(e^{j\omega})=j\frac{dX(e^{j\omega})}{d\omega}=j\frac{d}{d\omega}\left(\frac{1}{1-ae^{-j\omega}}\right)=\frac{ae^{-j\omega}}{(1-ae^{-j\omega})^2}$$

（七）卷积定理

设 $y(n)=x_1(n)*x_2(n)$，则 $Y(e^{j\omega})$ 可表示成

$$Y(e^{j\omega})=X_1(e^{j\omega})\cdot X_2(e^{j\omega}) \tag{3-9}$$

证明：由卷积的定义可知：

$$y(n)=\sum_{m=-\infty}^{\infty}x_1(m)x_2(n-m)$$

对上式两边进行傅里叶变换，得

$$Y(e^{j\omega})=\sum_{n=-\infty}^{\infty}\left[\sum_{m=-\infty}^{\infty}x_1(m)x_2(n-m)\right]e^{-j\omega n}$$

将 $k=n-m$ 代入上式，得

$$\begin{aligned} Y(\mathrm{e}^{\mathrm{j}\omega}) &= \sum_{k=-\infty}^{\infty}\sum_{m=-\infty}^{\infty} x_1(m)x_2(k)\mathrm{e}^{-\mathrm{j}\omega(m+k)} \\ &= \sum_{m=-\infty}^{\infty} x_1(m)\left[\sum_{k=-\infty}^{\infty} x_2(k)\mathrm{e}^{-\mathrm{j}\omega k}\right]\mathrm{e}^{-\mathrm{j}\omega m} \\ &= \sum_{m=-\infty}^{\infty} x_1(m)X_2(\mathrm{e}^{\mathrm{j}\omega})\mathrm{e}^{-\mathrm{j}\omega m} \\ &= X_1(\mathrm{e}^{\mathrm{j}\omega})X_2(\mathrm{e}^{\mathrm{j}\omega}) \end{aligned}$$

（八）调制定理

设 $y(n)=x_1(n)\cdot x_2(n)$，则 $Y(\mathrm{e}^{\mathrm{j}\omega})$ 可表示成

$$Y(\mathrm{e}^{\mathrm{j}\omega})=\frac{1}{2\pi}\int_{-\pi}^{\pi} X_1(\mathrm{e}^{\mathrm{j}\theta})X_2(\mathrm{e}^{\mathrm{j}(\omega-\theta)})\mathrm{d}\theta \tag{3-10}$$

证明略。

（九）帕塞瓦尔定理

$$\sum_{n=-\infty}^{\infty} x_1(n)x_2^*(n)=\frac{1}{2\pi}\int_{-\pi}^{\pi} X_1(\mathrm{e}^{\mathrm{j}\omega})X_2^*(\mathrm{e}^{\mathrm{j}\omega})\mathrm{d}\omega \tag{3-11}$$

证明略。

（十）对称性

在学习对称性之前，先介绍共轭对称序列和共轭反对称序列的定义。

设序列 $x_{\mathrm{e}}(n)$ 满足下列表达式：

$$x_{\mathrm{e}}(n)=x_{\mathrm{e}}^*(-n) \tag{3-12}$$

$x_{\mathrm{e}}(n)$ 称作共轭对称序列。如果将其写成实部与虚部相加的形式，即

$$x_{\mathrm{e}}(n)=x_{\mathrm{er}}(n)+\mathrm{j}\,x_{\mathrm{ei}}(n) \tag{3-13}$$

将式（3-13）中的 n 用 $-n$ 代替，并取共轭，得

$$x_{\mathrm{e}}^*(-n)=x_{\mathrm{er}}(-n)-\mathrm{j}\,x_{\mathrm{ei}}(-n) \tag{3-14}$$

将式（3-13）和式（3-14）代入式（3-12）中，得

$$x_{\mathrm{er}}(n)=x_{\mathrm{er}}(-n) \tag{3-15}$$

$$x_{\mathrm{ei}}(n)=-x_{\mathrm{ei}}(-n) \tag{3-16}$$

以上两式表明，共轭对称序列的实部为偶函数，虚部为奇函数。类似地，可得出共轭反对称序列［用 $x_{\mathrm{o}}(n)$ 表示］的定义及性质。

$$x_{\mathrm{o}}(n)=-x_{\mathrm{o}}^*(-n) \tag{3-17}$$

$$x_{\mathrm{or}}(n)=-x_{\mathrm{or}}(-n) \tag{3-18}$$

$$x_{\mathrm{oi}}(n)=x_{\mathrm{oi}}(-n) \tag{3-19}$$

满足式（3-17）的序列称为共轭反对称序列。式（3-18）和式（3-19）表明，共轭反对称序列的实部为奇函数，虚部为偶函数，这与共轭对称序列正好相反。

下面研究一般序列与共轭对称序列和共轭反对称序列之间的关系。

1. 将序列写成共轭对称部分和共轭反对称部分相加的形式

一个序列通常可用共轭对称序列与共轭反对称序列之和表示，即

$$x(n)=x_{\mathrm{e}}(n)+x_{\mathrm{o}}(n) \tag{3-20}$$

将式（3-20）中的 n 用 $-n$ 代替，并取共轭，得到

$$x^*(-n)=x_e(n)-x_o(n) \tag{3-21}$$

对照式（3-20）与式（3-21），有

$$x_e(n)=\frac{1}{2}[x(n)+x^*(-n)] \tag{3-22}$$

$$x_o(n)=\frac{1}{2}[x(n)-x^*(-n)] \tag{3-23}$$

将式（3-22）和式（3-23）分别进行傅里叶变换得

$$F\{x_e(n)\}=\frac{1}{2}[X(e^{j\omega})+X^*(e^{j\omega})]=\mathrm{Re}[X(e^{j\omega})]=X_R(e^{j\omega}) \tag{3-24}$$

$$F\{x_o(n)\}=\frac{1}{2}[X(e^{j\omega})-X^*(e^{j\omega})]=\mathrm{j\,Im}[X(e^{j\omega})]=\mathrm{j}X_I(e^{j\omega}) \tag{3-25}$$

式中，$X(e^{j\omega})$ 为序列 $x(n)$ 的傅里叶变换；$X_R(e^{j\omega})$ 和 $X_I(e^{j\omega})$ 分别为 $X(e^{j\omega})$ 的实部和虚部。

式（3-24）和式（3-25）说明，如果一个序列写成共轭对称和反对称部分相加的形式，则共轭对称部分的傅里叶变换为原来序列傅里叶变换的实部，共轭反对称部分的傅里叶变换为原来序列傅里叶变换的虚部乘以 j。

2. 将序列写成实部和虚部相加的形式

如果将序列 $x(n)$ 写成 $x(n)=x_r(n)+\mathrm{j}x_i(n)$ 的形式，实部和虚部的傅里叶变换分别为

$$F\{x_r(n)\}=\sum_{n=-\infty}^{\infty}x_r(n)e^{-j\omega n} \tag{3-26}$$

$$F\{\mathrm{j}x_i(n)\}=\mathrm{j}\sum_{n=-\infty}^{\infty}x_i(n)e^{-j\omega n} \tag{3-27}$$

可以证明式（3-26）具有共轭对称的性质，式（3-27）具有共轭反对称的性质，参照时域的共轭对称性，定义

$$X_e(e^{j\omega})=F\{x_r(n)\} \tag{3-28}$$

$$X_o(e^{j\omega})=F\{\mathrm{j}x_i(n)\} \tag{3-29}$$

$$X(e^{j\omega})=X_e(e^{j\omega})+X_o(e^{j\omega}) \tag{3-30}$$

式（3-28）和式（3-29）说明，如果一个序列写成实部和虚部相加的形式，则其实部的傅里叶变换 $X_e(e^{j\omega})$ 具有共轭对称的性质，虚部与 j 相乘的傅里叶变换 $X_o(e^{j\omega})$ 具有共轭反对称的性质。

例 3-7 设 $x(n)=\sin(\pi n/2)$，$-5\leqslant n\leqslant 10$，用 MATLAB 程序验证该实序列的对称性质。

解：MATLAB 参考脚本如下：

```
>>n=-5:10;x=sin(pi*n/2);
k=-100:100;
w=(pi/100)*k;
X=x*(exp(-j*pi/100)).^(n'*k);
```

```
    [xe,xo,m]=evenodd(x,n);
    XE=xe*(exp(-j*pi/100)).^(m'*k);
    XO=xo*(exp(-j*pi/100)).^(m'*k);
    XR=real(X);
    XI=imag(X);
    subplot(2,2,1);plot(w/pi,XR,'lines','-','Color','k','Linewidth',1);
grid on;axis([-1 1 -2 2]);
    xlabel('\omega/\pi');ylabel('Re(X)');title('x(n)傅里叶变换的实部');
    backColor=[0.9 0.9 0.9];set(gca,'color', backColor);
    subplot(2,2,2);plot(w/pi,XI,'lines','-','Color','k','Linewidth',1);
grid on;axis([-1 1 -10 10]);
    xlabel('\omega/\pi');ylabel('Im(X)');title('x(n)傅里叶变换的虚部');
    backColor=[0.9 0.9 0.9];set(gca,'color', backColor);
    subplot(2,2,3);plot(w/pi,real(XE),'lines','-','Color','k','Linewidth',
1);grid on;axis([-1 1 -2 2]);
    xlabel('\omega/\pi');ylabel('XE');title('x(n)共轭对称部分的 FT');
    backColor=[0.9 0.9 0.9];set(gca,'color', backColor);
    subplot(2,2,4);plot(w/pi,imag(XO),'lines','-','Color','k','Linewidth',
1);grid on;axis([-1 1 -10 10]);
    xlabel('\omega/\pi');ylabel('XO');title('x(n)共轭反对称部分的 FT');
    backColor=[0.9 0.9 0.9];set(gca,'color', backColor);其中,函数 evenodd
的程序为:
    function[xe,xo,m]=evenodd(x,n)
    if any(imag(x)~=0)
        error('x is not a real sequence');
    end
    m=-fliplr(n);
    m1=min([m,n]);m2=max([m,n]);m=m1:m2;
    nm=n(1)-m(1);n1=1:length(n);
    x1=zeros(1,length(m));x1(n1+nm)=x;x=x1;
    xe=0.5*(x+fliplr(x));xo=0.5*(x-fliplr(x));
```

运行结果如图 3-2 所示。

由图 3-2 可看出，如果将序列 $x(n)$ 写成共轭对称部分和反对称部分相加，其共轭对称部分的傅里叶变换（见图 3-2c）等于 $x(n)$ 的傅里叶变换的实部（见图 3-2a），用 $\mathrm{Re}(X)$ 表示。其共轭反对称部分的傅里叶变换（见图 3-2d）等于 $x(n)$ 的傅里叶变换的虚部（见图 3-2b），用 $\mathrm{Im}(X)$ 表示。

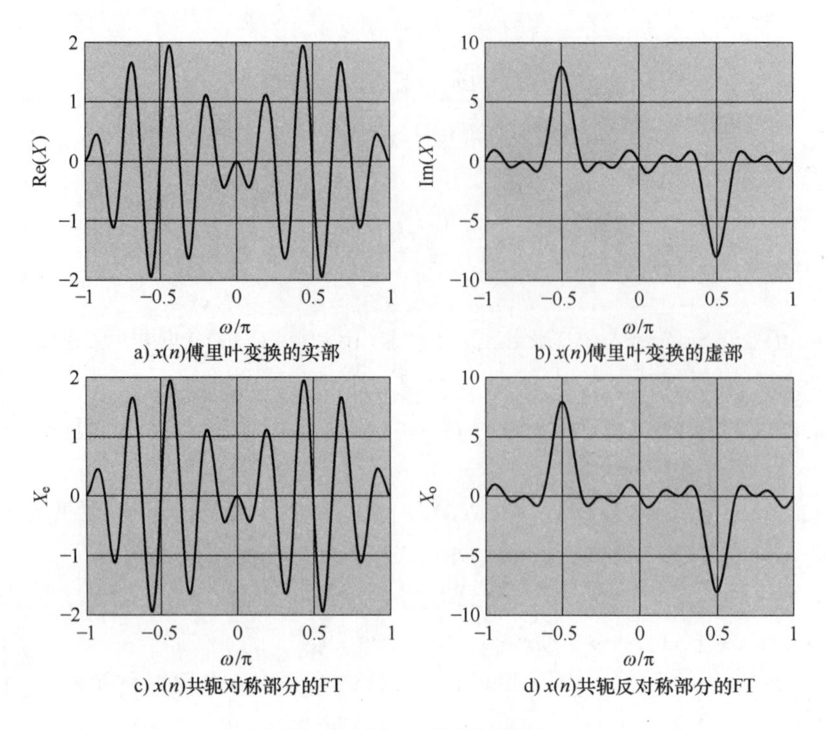

图 3-2　例 3-7 的运行结果

第二节　离散傅里叶变换及频域采样定理

为了对离散时间信号 $x(n)$ 进行频域分析，要将时域序列转换成等价的频域表达式。本章第一节介绍了离散时间信号 $x(n)$ 的傅里叶变换用 $X(\mathrm{e}^{\mathrm{j}\omega})$ 表示，而 $X(\mathrm{e}^{\mathrm{j}\omega})$ 是关于自变量 ω 的连续函数，不能直接用于数字设备。本节将研究 $X(\mathrm{e}^{\mathrm{j}\omega})$ 的离散表现形式，从而引入离散傅里叶变换（DFT）。DFT 是一种对离散时间信号进行频域分析的有力计算工具。

一、频域采样：离散傅里叶变换

由本章第一节内容可知，长度为 $M(N>M)$ 的序列 $x(n)$，它的傅里叶变换可定义为

$$X(\mathrm{e}^{\mathrm{j}\omega})=\sum_{n=-\infty}^{\infty}x(n)\mathrm{e}^{-\mathrm{j}\omega n}=\sum_{n=0}^{N-1}x(n)\mathrm{e}^{-\mathrm{j}\omega n} \tag{3-31}$$

由于 $X(\mathrm{e}^{\mathrm{j}\omega})$ 是周期为 2π 的函数，在一个周期 $0\leqslant\omega\leqslant2\pi$ 内，对 $X(\mathrm{e}^{\mathrm{j}\omega})$ 以等间隔 $\omega=2\pi/N$ 均匀抽样，第 k 个频率为 $\omega_k=2\pi k/N(0\leqslant k\leqslant N-1)$，于是

$$X(k)=\sum_{n=0}^{N-1}x(n)\mathrm{e}^{-\mathrm{j}\frac{2\pi}{N}kn},\quad 0\leqslant k\leqslant N-1 \tag{3-32}$$

$X(k)(0\leqslant k\leqslant N-1)$ 表示在 $X(\mathrm{e}^{\mathrm{j}\omega})$ 的一个周期内等间隔取出 N 个样本，这个过程称为频域采样。$X(k)$ 称作 $x(n)$ 的离散傅里叶变换（DFT）。

设 $W_N=\mathrm{e}^{-\mathrm{j}2\pi/N}$，称为旋转因子。则式（3-32）可简化为

$$X(k)=\sum_{n=0}^{N-1}x(n)W_N^{kn} \tag{3-33}$$

其中，N 也称作 DFT 的变换区间长度，且 $N>M$，它的逆变换（IDFT）为

$$x(n)=\frac{1}{N}\sum_{k=0}^{N-1}X(k)W_N^{-kn},0\leqslant n\leqslant N-1 \tag{3-34}$$

下面证明式（3-34）：

$$\begin{aligned}\text{IDFT}[X(k)]_N&=\frac{1}{N}\sum_{k=0}^{N-1}\left[\sum_{m=0}^{N-1}x(m)W_N^{mk}\right]W_N^{-kn}\\&=\sum_{m=0}^{N-1}x(m)\frac{1}{N}\sum_{k=0}^{N-1}W_N^{k(m-n)}\end{aligned}$$

由于

$$\frac{1}{N}\sum_{k=0}^{N-1}W_N^{k(m-n)}=\begin{cases}1, & m=n+iN,i\text{ 为整数}\\0, & m\neq n+iN,i\text{ 为整数}\end{cases}$$

因此

$$\text{IDFT}[X(k)]_N=\sum_{m=0}^{N-1}x(m)=x(n)$$

值得注意的是，上述证明过程是在满足条件 $N>M$ 的前提下进行的。

例 3-8　计算一个有限长正弦序列的 DFT。已知 $x(n)=\cos(2\pi rn/N)$，$0\leqslant n\leqslant N-1$，$r$ 是区间 $0\leqslant r\leqslant N-1$ 内的一个整数，求 $x(n)$ 的 DFT。

解：$x(n)=\frac{1}{2}[\mathrm{e}^{\mathrm{j}2\pi rn/N}+\mathrm{e}^{-\mathrm{j}2\pi rn/N}]=\frac{1}{2}(W_N^{-rn}+W_N^{rn})$

将上式代入式（3-33）中，得

$$X(k)=\frac{1}{2}\left[\sum_{n=0}^{N-1}W_N^{-(r-k)n}+\sum_{n=0}^{N-1}W_N^{(r+k)n}\right]$$

由于

$$\sum_{n=0}^{N-1}W_N^{-(k-m)n}=\begin{cases}N, & k-m=rN,\quad r\text{ 为整数}\\0, & \text{其他}\end{cases}$$

所以

$$X(k)=\begin{cases}N/2, & k=r\\N/2, & k=N-r\\0, & \text{其他}\end{cases}$$

有时候 $X(\mathrm{e}^{\mathrm{j}\omega})$ 的频谱直接以它的样本 $X(k)$ 的形式给出。要想从 $X(k)$ 恢复 $X(\mathrm{e}^{\mathrm{j}\omega})$，需要求出 $X(k)$ 的内插公式，这里依然假设 $N>M$，求解过程如下：

由式（3-1）和式（3-33）可得

$$\begin{aligned}X(\mathrm{e}^{\mathrm{j}\omega})&=\sum_{n=-\infty}^{\infty}x(n)\mathrm{e}^{-\mathrm{j}\omega n}=\sum_{n=0}^{N-1}\left[\frac{1}{N}\sum_{k=0}^{N-1}X(k)W_N^{-kn}\right]\mathrm{e}^{-\mathrm{j}\omega n}\\&=\frac{1}{N}\sum_{k=0}^{N-1}X(k)\sum_{n=0}^{N-1}\mathrm{e}^{\mathrm{j}2\pi kn/N}\mathrm{e}^{-\mathrm{j}\omega n}\end{aligned}$$

$$=\frac{1}{N}\sum_{k=0}^{N-1}X(k)\sum_{n=0}^{N-1}\mathrm{e}^{-\mathrm{j}(\omega-2\pi k/N)n} \tag{3-35}$$

式（3-35）中

$$\sum_{n=0}^{N-1}\mathrm{e}^{-\mathrm{j}(\omega-2\pi k/N)n}=\frac{1-\mathrm{e}^{-\mathrm{j}(\omega N-2\pi k)}}{1-\mathrm{e}^{-\mathrm{j}(\omega-2\pi k/N)}}$$

$$=\frac{\sin\left(\dfrac{\omega N-2\pi k}{2}\right)}{\sin\left(\dfrac{\omega N-2\pi k}{2N}\right)}\cdot\mathrm{e}^{-\mathrm{j}(\omega-2\pi k/N)[(N-1)/2]} \tag{3-36}$$

令

$$\phi(\omega)=\frac{\sin\left(\dfrac{\omega N}{2}\right)}{N\sin\left(\dfrac{\omega}{2}\right)}\cdot\mathrm{e}^{-\mathrm{j}\omega[(N-1)/2]} \tag{3-37}$$

因此，式（3-35）可表示成

$$X(\mathrm{e}^{\mathrm{j}\omega})=\sum_{k=0}^{N-1}X(k)\phi\left(\omega-\frac{2\pi k}{N}\right) \tag{3-38}$$

式（3-37）称为 $X(k)$ 恢复出 $X(\mathrm{e}^{\mathrm{j}\omega})$ 的内插公式，其中 $\phi(\omega)$ 必须满足下面关系式：

$$\phi(\omega)\big|_{\omega=2\pi m/N}=\begin{cases}1, & m=0\\0, & 1\leqslant m\leqslant N-1\end{cases} \tag{3-39}$$

二、频域采样定理

上述内容已证明由 $X(k)$ 经过傅里叶逆变换完全恢复出原信号 $x(n)$，但它是有前提条件的，即变换区间的长度 N 不小于原来信号的长度 M。如果信号无限长或变换区间的长度与信号的长度不满足 $N>M$ 这个条件，是否还可以完全恢复出原来的信号呢?

设原信号为 $x(n)$，它的离散傅里叶变换为 $X(\mathrm{e}^{\mathrm{j}\omega})$，对 $X(\mathrm{e}^{\mathrm{j}\omega})$ 以 $\omega=2\pi/N$ 等间隔取样，第 k 个样本的频率为 $\omega_k=2\pi k/N$，$0\leqslant k\leqslant N-1$。这 N 个样本可以看作 N 点的离散傅里叶变换，用 $Y(k)$ 表示。$Y(k)$ 的 N 点 IDFT 是长度为 N 的序列 $y(n)$，$0\leqslant n\leqslant N-1$。现在讨论 $y(n)$ 与 $x(n)$ 之间的关系。

由式（3-1）可知

$$Y(k)=X(\mathrm{e}^{\mathrm{j}\omega_k})=X[\mathrm{e}^{\mathrm{j}(2\pi k/N)}]=\sum_{m=-\infty}^{\infty}x(m)W_N^{km},\quad 0\leqslant k\leqslant N-1 \tag{3-40}$$

$Y(k)$ 的 N 点 IDFT 为

$$y(n)=\frac{1}{N}\sum_{k=0}^{N-1}Y(k)W_N^{-kn},\quad 0\leqslant n\leqslant N-1 \tag{3-41}$$

将式（3-40）代入式（3-41）中，得到

$$y(n)=\frac{1}{N}\sum_{k=0}^{N-1}\sum_{m=-\infty}^{\infty}x(m)W_N^{km}W_N^{-km}$$

$$= \sum_{m=-\infty}^{\infty} x(m)\left[\frac{1}{N}\sum_{k=0}^{N-1} W_N^{-k(n-m)}\right],\quad 0 \leqslant n \leqslant N-1 \tag{3-42}$$

式中

$$\frac{1}{N}\sum_{k=0}^{N-1} W_N^{-k(n-m)} = \begin{cases} 1, & m=n+lN \\ 0, & \text{其他} \end{cases}$$

因此，式（3-42）可写成

$$y(n) = \sum_{m=-\infty}^{\infty} x(n+lN) \quad ,0 \leqslant n \leqslant N-1 \tag{3-43}$$

式（3-42）表示，$y(n)$ 是由原序列 $x(n)$ 以 N 为周期进行延拓的结果。试想，如果原序列长度为 M，且 $N>M$，则 $x(n)$ 的一个周期内的样本与相邻周期的样本之间不会发生重叠，对于 $0 \leqslant n \leqslant N-1$，有 $y(n)=x(n)$。但是，如果 $N \leqslant M$，$x(n)$ 的相邻周期的样本之间会重叠，这时，在一个周期内 $y(n) \neq x(n)$，从而 $y(n)$ 无法恢复出 $x(n)$，这就是频域采样定理。

下面用一个 MATLAB 的例子说明上述问题。

例 3-9　设 $x(n)$ 是长度为 10 的序列，在区间 $0 \leqslant n \leqslant 9$ 内定义为

$$x(n) = \{1,2,3,4,5,6,7,8,9,10 \mid n=0,1,2,3,4,5,6,7,8,9\}$$

现在对 $x(n)$ 进行 16 点 DFT 和 4 点 DFT，绘出两种情况下的频谱图 $X_1(k)$ 和 $X_2(k)$。然后求 $X_1(k)$ 和 $X_2(k)$ 的 IDFT，分别用 $y_1(n)$ 和 $y_2(n)$ 表示。比较 $y_1(n)$ 和 $y_2(n)$ 与原信号 $x(n)$ 之间的关系，以此验证频域采样定理。

解：MATLAB 参考程序如下：

```
>>n=0:9;
xn=[1,2,3,4,5,6,7,8,9,10];
k=0:256;w=2*pi*k/512;
Xk=fft(xn,512);
X16k=fft(xn,16);%16 点 DFT
k16=0:8;w16=2*pi/16*k16;%利用公式 ω=2π/N*k,取其 DFT 的 0:N/2 个点
X4k=X16k(1:4:16);
k4=0:2;w4=2*pi/4*k4;
x16n=ifft(X16k);n16=0:length(x16n)-1;%求逆变换后序列的长度
x4n=ifft(X4k,4);n4=0:length(x4n)-1;
%512 点的 DFT 的频谱及信号图
subplot(3,2,1);plot(w/pi,abs(Xk(1:1:257)),'lines','-','Color','k',
'Linewidth',1.5);%横坐标对 π 归一化,其范围为 0:π
xlabel('\omega');ylabel('Xk');title('x(n)的幅值');
axis([0 1 0 100]);
backColor=[0.9 0.9 0.9];set(gca,'color',backColor);
```

```
    subplot(3,2,2);plot(n,xn,'lines','-','Color','k','Linewidth',1.5);
axis([0 16 0 20]);
    xlabel('\itn');ylabel('xn');title('x(n)');
    backColor=[0.9 0.9 0.9];set(gca,'color',backColor);
    xlim([0,16]);xticks([0:1:16]);
    %16 点的 DFT 的频谱及恢复的信号
    subplot(3,2,3);stem(w16/pi,abs(X16k(1:1:9))','LineStyle','-','Line-
Width',1,'Color','k','MarkerSize',5,'MarkerFaceColor','none','Marker-
EdgeColor','black');
    xlabel('\itk');ylabel('X16k');title('x(n)的 16 点 DFT 的幅值');
    % xlim([0,20]);xticks([0:2:20]);
    ylim([0,100]);yticks([0:25:100]);
    backColor=[0.9 0.9 0.9];set(gca,'color',backColor);
    subplot(3,2,4);stem(n16,x16n,'LineStyle','-','LineWidth',1,'Color',
'k','MarkerSize',5,'MarkerFaceColor','none','MarkerEdgeColor','black');
axis([0 16 0 20]);
    xlabel('\itn');ylabel('x16n');title('X16k 恢复的信号');
    backColor=[0.9 0.9 0.9];set(gca,'color',backColor);
    xlim([0,16]);xticks([0:1:16]);
    %4 点的 DFT 的频谱及恢复的信号
    subplot(3,2,5);stem(w4/pi,
    abs(X4k(1:1:3)),'LineStyle','-','LineWidth',1,'Color','k','MarkerSize
',5,'MarkerFaceColor','none','MarkerEdgeColor','black');
    xlabel('\itk');ylabel('X4k');title('x(n)的 4 点 DFT 的幅值');
    ylim([0,100]);yticks([0:25:100]);
    backColor=[0.9 0.9 0.9];set(gca,'color',backColor);
    subplot(3,2,6);stem(n4,x4n,'LineStyle','-','LineWidth',1,'Color','k',
'MarkerSize',5,'MarkerFaceColor','none','MarkerEdgeColor','black');
axis([0 16 0 20]);
    xlabel('\itn');ylabel('x4n');title('X4k 恢复的信号');
    xlim([0,16]);xticks([0:1:16]);
    backColor=[0.9 0.9 0.9];set(gca,'color',backColor);
```

运行结果如图 3-3 所示。

由图 3-3 可以看出，16 点的 DFT 恢复出来的信号与原信号一样，只是后面补充了 6 个零，而 4 点的 DFT 恢复出来的信号与原信号不同，从而验证了频域采样定理。即当频域采样的点数 N 大于信号的长度时，其恢复出来的信号才与原信号相同。

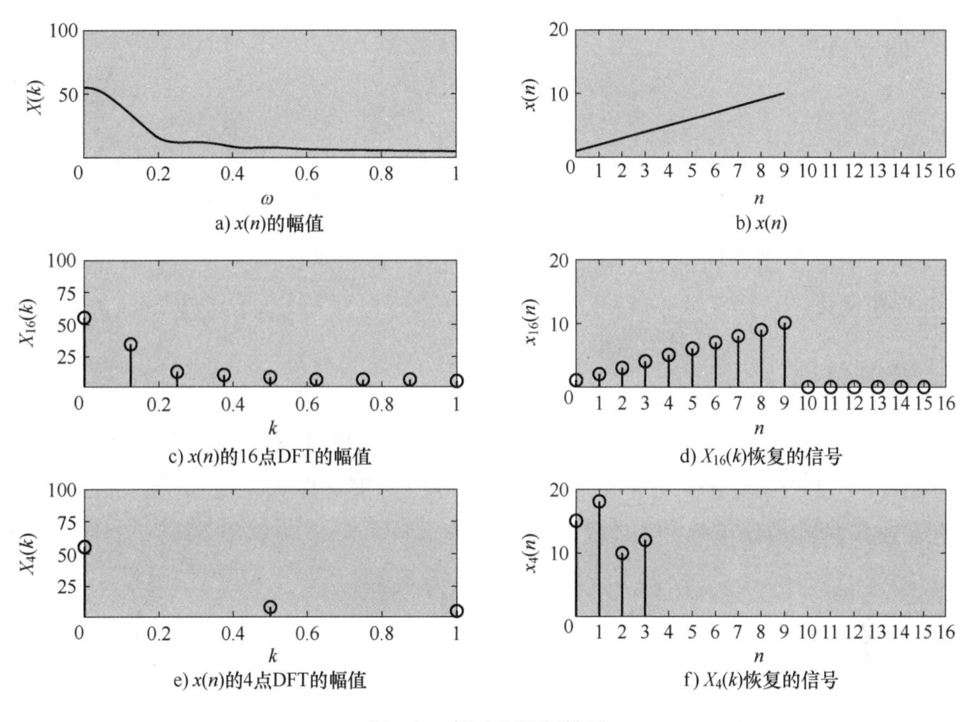

a) $x(n)$的幅值　b) $x(n)$

c) $x(n)$的16点DFT的幅值　d) $X_{16}(k)$恢复的信号

e) $x(n)$的4点DFT的幅值　f) $X_4(k)$恢复的信号

图 3-3　例 3-9 运行结果

第三节　DFT 的性质

本章第一节介绍了时间离散信号傅里叶变换的很多性质，这一节将介绍 DFT 的一些重要性质。读者可以发现 DFT 的性质与时间离散信号的傅里叶变换性质非常相似，这些性质归纳在表 3-3 中。

表 3-3　DFT 的性质

性　质	序　列	DFT
线性	$ax_1(n)+bx_2(n)$	$a X_1(k)+b X_2(k)$
时移	$y(n)=x((n+m))_N R_N(n)$	$Y(k)=W_N^{-km}X(k)$
频移	$Y(k)=X((k+l))_N R_N(k)$	$y(n)=W_N^{nl}x(n)$
复共轭的对称性	$x^*(n)$ $x^*(N-n)$	$X^*(N-k)$ $X^*(k)$
帕塞瓦尔	$\sum_{n=0}^{N-1}\lvert x(n)\rvert^2=\frac{1}{N}\sum_{k=0}^{N-1}\lvert X(k)\rvert^2$	
对称性质	$x_{ep}(n)$ $X_{op}(n)$ $\mathrm{Re}[x(n)]$ $\mathrm{jIm}[x(n)]$	$\mathrm{Re}[X(k)]$ $\mathrm{jIm}[X(k)]$ $X_{ep}(k)$ $X_{op}(k)$

一、周期性

由于 $W_N=W_N^{k+mN}$，k、m 为整数，N 为自然数，所以式（3-33）满足：

$$X(k+mN)=\sum_{n=0}^{N-1}x(n)W_N^{(k+mN)n}=\sum_{n=0}^{N-1}x(n)W_N^{kn}=X(k) \tag{3-44}$$

即 $X(k)$ 是周期为 N 的周期函数。通常研究其中的一个周期 $0\leqslant k\leqslant N-1$，并把它称为主值区间，于是有公式 $X(k)=X(k+mN)R_N(k)$。

二、线性性质

若序列 $x_1(n)$ 和 $x_2(n)$ 是两个有限长的序列，长度分别为 N_1 和 N_2，它们的离散傅里叶变换为 $X_1(k)=\mathrm{DFT}[x_1(n)]$ 和 $X_2(k)=\mathrm{DFT}[x_2(n)]$，那么序列 $y(n)=ax_1(n)+bx_2(n)$（a，b 是任意常数）的离散傅里叶变换 $Y(k)$ 可表示为

$$Y(k)=a\,X_1(k)+b\,X_2(k) \tag{3-45}$$

三、循环移位

一个长度为 N 的有限长序列 $x(n)$，在区间 $[0,N-1]$ 内有非零值。将该序列以 N 为周期作延拓，得到的周期序列用 $x((n))_N$ 或 $\tilde{x}(n)$ 表示，它与原序列 $x(n)$ 的关系可表示为

$$\tilde{x}(n)=x((n))_N=\sum_{k=-\infty}^{\infty}x(n+kN) \tag{3-46}$$

将 $\tilde{x}(n)$ 向左平移 m 个单位，然后取主值区间 $[0,N-1]$ 的值，可表示成

$$y(n)=x((n+m))_N R_N(n) \tag{3-47}$$

$y(n)$ 的产生过程可理解为将原序列 $x(n)$ 向左平移 m 个单位，移出区间 $[0,N-1]$ 的序列从坐标轴右边循环回来补充到 $[N-M,N-1]$ 区间内，这种移位称作循环移位。$y(n)$ 的长度仍然为 N，且区间范围与原序列一样。图 3-4 表示一个长度为 5 的序列循环移位的过程。图 3-4a 表示一个长度为 5 的有限长序列，图 3-4b 表示将该序列以 5 为周期进行周期延拓，图 3-4c 表示将图 3-4b 向左平移两个单位，图 3-4d 是取主值区间的序列。对照图 3-4c 发现，向左移出的两个点又从右边补充进来。

下面用 MATLAB 程序验证循环移位性质。

例 3-10 已知一个 8 点的序列 $x(n)=10(0.5)^n$，$0\leqslant n\leqslant 7$，绘出 $x((n-3))_{10}$。

解：MATLAB 脚本如下：

```
>>n=0:7;x=10*(0.5).^n;y=cirshftt(x,3,10);
n=0:9;x=[x,zeros(1,2)];
subplot(2,1,1);stem(n,x,'LineStyle','-','LineWidth',1,'Color','k',
'MarkerSize',5,'MarkerFaceColor','none','MarkerEdgeColor','black');
xlabel('\itn');ylabel('\itx\rm(\itn\rm)');title('原序列');
```

```
xlim([0,10]);xticks([0:1:10]);ylim([0,10]);yticks([0:2:10]);
backColor=[0.9 0.9 0.9];set(gca,'color',backColor);
subplot(2,1,2);stem(n,y,'LineStyle','-','LineWidth',1,'Color','k',
'MarkerSize',5,'MarkerFaceColor','none','MarkerEdgeColor','black');
xlabel('\itn');ylabel('\itx\rm((\itn\rm-3))_{10}');title('以 10 为周期
延拓并向右移位 3 个单位后的序列');
xlim([0,10]);xticks([0:1:10]);ylim([0,10]);yticks([0:2:10]);
backColor=[0.9 0.9 0.9];set(gca,'color',backColor);
```

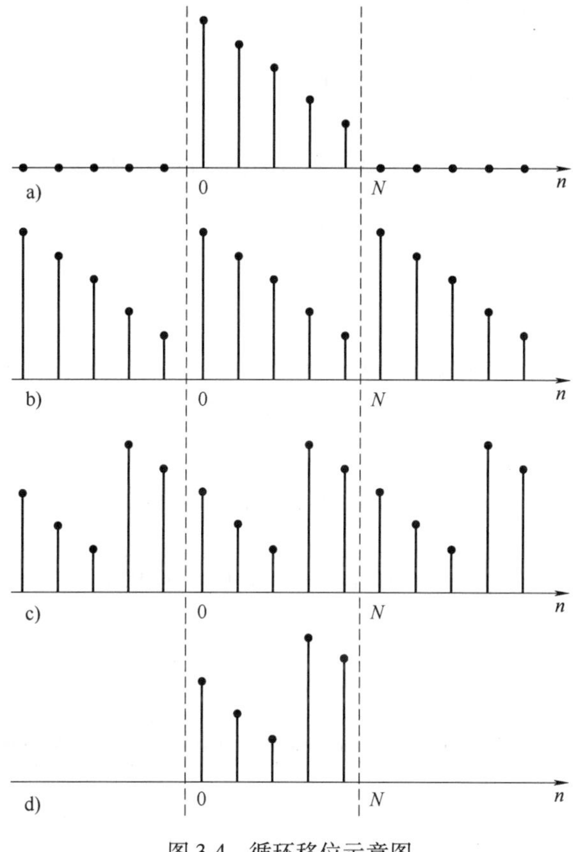

图 3-4　循环移位示意图

其中函数 cirshftt 的程序如下：

```
function y=cirshftt(x,m,N)
if length(x)>N
    error('N must be >=the length of x');
end
x=[x zeros(1,N-length(x))];
n=[0:N-1];n=mod(n-m,N);y=x(n+1);
```

运行结果如图 3-5 所示。

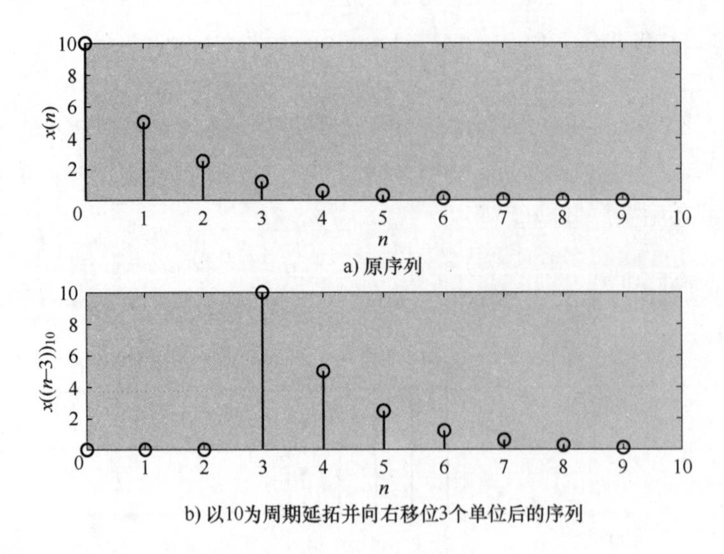

图 3-5　例 3-10 运行结果

四、时移性质

已知 $x(n)$ 是长度为 N 的有限长序列，$y(n)$ 是 $x(n)$ 的循环移位，表示成

$$y(n)=x((n+m))_N R_N(n)$$

$y(n)$ 的离散傅里叶变换 $Y(k)$ 为

$$Y(k)=\mathrm{DFT}[y(n)]_N=W_N^{-km}X(k) \tag{3-48}$$

其中

$$X(k)=\mathrm{DFT}[x(n)]_N, 0\leqslant k\leqslant N-1$$

证明：

$$Y(k)=\mathrm{DFT}[y(n)]=\sum_{n=0}^{N-1}x((n+m))_N R(n)_N W_N^{kn}=\sum_{n=0}^{N-1}x((n+m))_N W_N^{kn}$$

令 $n+m=n'$，有

$$Y(k)=\sum_{n'=m}^{N-1+m}x((n'))_N W_N^{k(n'-m)}=W_N^{-km}\sum_{n'=m}^{N-1+m}x((n'))_N W_N^{kn'}$$

由于上式中求和项 $x((n'))_N W_N^{kn'}$ 是以 N 为周期，对其在任一周期上的求和结果相同。将上式的求和区间改在主值区间内，则

$$Y(k)=W_N^{-km}\sum_{n'=0}^{N-1}x((n'))_N W_N^{kn'}=W_N^{-km}\sum_{n'=0}^{N-1}x(n')W_N^{kn'}=W_N^{-km}X(k)$$

五、频移性质

如果

$$\begin{cases}X(k)=\mathrm{DFT}[x(n)]_N, 0\leqslant k\leqslant N-1\\ Y(k)=X((k+l))_N R_N(k)\end{cases}$$

则

$$y(n)=\mathrm{IDFT}[Y(k)]_N=W_N^{nl}x(n) \tag{3-49}$$

式（3-49）的证明方法与时移性质类似。

六、复共轭序列的 DFT

已知 $x^*(n)$ 是 $x(n)$ 的复共轭序列，$x(n)$ 的 N 点傅里叶变换为 $X(k)$，那么 $x^*(n)$ 的 DFT 可表示为

$$\mathrm{DFT}[x^*(n)]_N=X^*(N-k),\quad 0\leqslant k\leqslant N-1 \tag{3-50}$$

证明：

$$\begin{aligned}X^*(N-k)&=\left[\sum_{n=0}^{N-1}x(n)W_N^{(N-k)n}\right]^*\\&=\sum_{n=0}^{N-1}x^*(n)W_N^{-(N-k)n}\\&=\sum_{n=0}^{N-1}x^*(n)W_N^{kn}=\mathrm{DFT}[x^*(n)]\end{aligned}$$

由于 $X(k)$ 的隐含周期性，有 $X(N)=X(0)$。

用同样的方法可以证明：

$$\mathrm{DFT}[x^*(N-n)]_N=X^*(k) \tag{3-51}$$

七、DFT 的共轭对称性质

本章第一节介绍了无限长时间离散信号在时域和频域的对称性质，它们都是关于坐标原点共轭对称或反对称。类似地，有限长序列在时域和频域也具有对称性质，但它们是关于 $n=N/2$ 对称。

（一）有限长序列的共轭对称性和共轭反对称性

为了区别本章第一节里的傅里叶变换的对称性，用 $x_{ep}(n)$ 和 $x_{op}(n)$ 分别表示有限长共轭对称序列和有限长共轭反对称序列。它们满足下面的关系式：

$$x_{ep}(n)=x_{ep}^*(N-n),\quad 0\leqslant n\leqslant N-1 \tag{3-52}$$

$$x_{op}(n)=-x_{op}^*(N-n),\quad 0\leqslant n\leqslant N-1 \tag{3-53}$$

当 N 为偶数时，用 $N/2-n$ 代替上面式中的 n，可得到

$$x_{ep}(N/2-n)=x_{ep}^*(N/2+n),\quad 0\leqslant n\leqslant N/2-1$$

$$x_{op}(N/2-n)=-x_{op}^*(N/2+n),\quad 0\leqslant n\leqslant N/2-1$$

以上两个式子说明有限长共轭对称序列关于 $n=N/2$ 对称。类似于前面介绍的任何一个无限长序列可以写成共轭对称序列和反对称序列相加的形式，有限长序列也可以写成共轭对称分量和共轭反对称分量之和的形式，即

$$x(n)=x_{ep}(n)+x_{op}(n),\quad 0\leqslant n\leqslant N-1 \tag{3-54}$$

将上式中的 n 用 $N-n$ 代替，并取共轭，可以得到下面的式子

$$x^*(N-n)=x_{ep}^*(N-n)+x_{op}^*(N-n)=x_{ep}(n)-x_{op}(n) \tag{3-55}$$

由式（3-54）和式（3-55）相加或相减可得

$$x_{ep}(n)=\frac{1}{2}[x(n)+x^*(N-n)] \tag{3-56}$$

$$x_{op}(n)=\frac{1}{2}[x(n)-x^*(N-n)] \tag{3-57}$$

（二）DFT 的共轭对称性

与时域对称性质的表达方式类似。在频域，用 $X_{ep}(k)$ 和 $X_{op}(k)$ 分别表示离散傅里叶变换的共轭对称性和共轭反对称性。它们满足下面的公式：

$$X_{ep}(k)=X_{ep}^*(N-k),\quad 0\leqslant k\leqslant N-1 \tag{3-58}$$

$$X_{op}(k)=-X_{op}^*(N-k),\quad 0\leqslant k\leqslant N-1 \tag{3-59}$$

如果序列 $x(n)$ 的 DFT 用 $X(k)$ 表示，那么 $X(k)$ 可表示成

$$X(k)=X_{ep}(k)+X_{op}(k)$$

与时域的推导方法类似，可得到下面两个公式：

$$X_{ep}(k)=\frac{1}{2}[X(k)+X^*(N-k)] \tag{3-60}$$

$$X_{op}(k)=\frac{1}{2}[X(k)-X^*(N-k)] \tag{3-61}$$

（1）将 $x(n)$ 写成实部和虚部相加的形式，即

$$x(n)=x_r(n)+\mathrm{j}\,x_i(n) \tag{3-62}$$

式中

$$x_r(n)=\frac{1}{2}[x(n)+x^*(n)]$$

$$x_i(n)=\frac{1}{2}[x(n)-x^*(n)]$$

对以上两式左右两边进行 DFT，有

$$\mathrm{DFT}[x_r(n)]=\frac{1}{2}\mathrm{DFT}[x(n)+x^*(n)]=\frac{1}{2}[X(k)+X^*(N-k)]=X_{ep}(k)$$

$$\mathrm{DFT}[\mathrm{j}x_i(n)]=\frac{1}{2}\mathrm{DFT}[x(n)-x^*(n)]=\frac{1}{2}[X(k)-X^*(N-k)]=X_{op}(k)$$

以上两式说明，序列 $x(n)$ 的实部 $x_r(n)$ 的傅里叶变换具有共轭对称的性质，虚部 $x_i(n)$ 和 j 的乘积的傅里叶变换具有共轭反对称的性质。

（2）将 $x(n)$ 写成共轭对称分量和共轭反对称分量相加的形式，即

$$x(n)=x_{ep}(n)+x_{op}(n)$$

对 $x_{ep}(n)$ 和 $x_{op}(n)$ 分别进行 DFT，可得

$$\mathrm{DFT}[x_{ep}(n)]=\frac{1}{2}\mathrm{DFT}[x(n)+x^*(N-n)]=\frac{1}{2}[X(k)+X^*(k)]=\mathrm{Re}[X(k)] \tag{3-63}$$

$$\mathrm{DFT}[x_{op}(n)]=\frac{1}{2}\mathrm{DFT}[x(n)-x^*(N-n)]=\frac{1}{2}[X(k)-X^*(k)]=\mathrm{jIm}[X(k)] \tag{3-64}$$

以上两式说明，如果一个有限长序列写成共轭对称分量和反对称分量相加的形式，其共轭对称分量 $x_{ep}(n)$ 的离散傅里叶变换是原序列 $x(n)$ 的离散傅里叶变换的实部，其共轭反

对称分量 $x_{op}(n)$ 的离散傅里叶变换是原序列 $x(n)$ 的离散傅里叶变换的虚部乘以 j。

如果 $x(n)$ 是实序列，那么 $x(n)=x^*(n)$，即序列只有实部。因此，可得

$$X(k)=X^*(N-k) \tag{3-65}$$

下面用一个 MATLAB 的例子说明序列的对称性质。

例 3-11　设 $x(n)=10(0.5)^n$，$0\leqslant n\leqslant 7$，绘出 $x(n)$ 的共轭对称分量 $x_{ep}(n)$ 和共轭反对称分量 $x_{op}(n)$ 的图形，验证式（3-63）和式（3-64）。

解：MATLAB 参考脚本如下：

```
>>f1=figure(1);
n=0:7;x=10.*(0.5).^n;
xep=0.5.*(x+x(mod(-n,8)+1));
xop=0.5.*(x-x(mod(-n,8)+1));
subplot(2,1,1);
stem(n,xep,'LineStyle','-','LineWidth',1,'Color','k','MarkerSize',5,
'MarkerFaceColor','none','MarkerEdgeColor','black');
axis([-0.5 7.5 -2 15]);
xlabel('\itn');ylabel('\itx_{ep}');title('共轭对称分量');
subplot(2,1,2);
stem(n,xop,'LineStyle','-','LineWidth',1,'Color','k','MarkerSize',5,
'MarkerFaceColor','none','MarkerEdgeColor','black');
axis([-0.5 7.5 -3 3]);
xlabel('\itn');ylabel('\itx_{op}');title('共轭反对称分量');
%下面计算原序列和共轭对称与共轭反对称分量的 DFT
f2=figure(2);
X=fft(x,8);Xep=fft(xep,8);Xop=fft(xop,8);
subplot(2,2,1);
stem(n,real(X),'LineStyle','-','LineWidth',1,'Color','k','MarkerSize',
5,'MarkerFaceColor','none','MarkerEdgeColor','black');
axis([-0.5 7.5 -5 25]);
xticks([0:1:7]);
xlabel('\itk');title('Real(DFT(\itx\rm\bf))');
subplot(2,2,2);
stem(n,imag(X),'LineStyle','-','LineWidth',1,'Color','k','MarkerSize',
5,'MarkerFaceColor','none','MarkerEdgeColor','black');
axis([-0.5 7.5 -10 10]);
xticks([0:1:7]);
xlabel('\itk');title('Imag(DFT(\itx\rm\bf))');
subplot(2,2,3);
```

```
    stem(n,Xep,'LineStyle','-','LineWidth',1,'Color','k','MarkerSize',5,
'MarkerFaceColor','none','MarkerEdgeColor','black');
    axis([-0.5 7.5 -5 25]);
    xticks([0:1:7]);
    xlabel('\itk');title('DFT(\itx_{ep}\rm\bf)');
    subplot(2,2,4);
    stem(n,Xop.*(-j),'LineStyle','-','LineWidth',1,'Color','k','Marker-
Size',5,'MarkerFaceColor','none','MarkerEdgeColor','black');
    axis([-0.5 7.5 -15 15]);
    xticks([0:1:7]);
    xlabel('\itk');title('DFT(\itx_{op}\rm\bf)');
```

运行结果如图 3-6 所示。

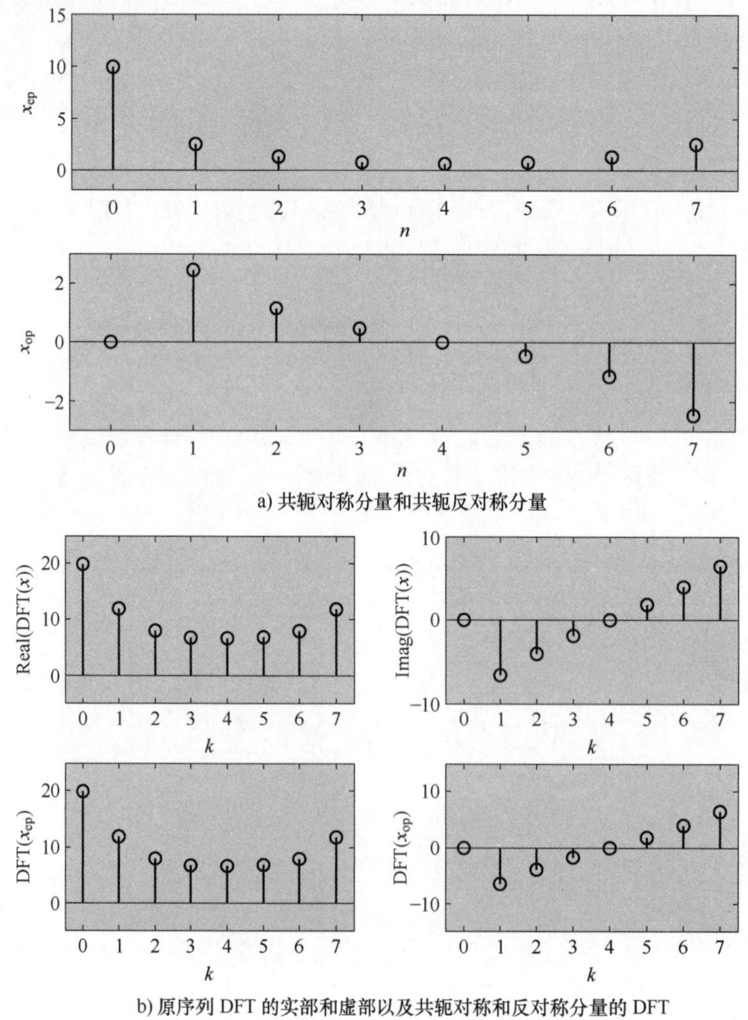

图 3-6　例 3-11 运行结果

由图 3-6b 可知，共轭对称分量的 DFT 等于原序列 DFT 的实部，共轭反对称分量的 DFT 等于原序列 DFT 的虚部乘以 j。

第四节 圆周卷积

如果 $x_1(n)$ 和 $x_2(n)$ 是两个有限长序列，长度分别为 N_1 和 N_2，对它们分别作 N 点离散傅里叶变换，其中 $N=\max[N_1,N_2]$，即

$$X_1(k)=\mathrm{DFT}[x_1(n)]$$
$$X_2(k)=\mathrm{DFT}[x_2(n)]$$

如果 $X(k)=X_1(k)\cdot X_2(k)$，那么

$$x(n)=\mathrm{IDFT}[X(k)]=\sum_{m=0}^{N-1}x_1(m)x_2((n-m))_N R_N(n)=x_1(n)\otimes x_2(n) \tag{3-66}$$

式（3-66）表示 $x_1(n)$ 和 $x_2(n)$ 的圆周卷积。

例 3-12 有两个序列 $x_1(n)$ 和 $x_2(n)$，其中 $x_1(n)=\{1,2,3\mid n=0,1,2\}$，$x_2(n)=\{1,2,3,4\mid n=0,1,2,3\}$，对它们作 4 点的圆周卷积，即 $x(n)=x_1(n)\otimes x_2(n)$。

解：方法一：时域求解法

由于作 4 点的圆周卷积，而序列 $x_1(n)$ 的长度小于 4，因此，首先对 $x_1(n)$ 序列补零，使其长度为 4，即 $x_1(n)=\{1,2,3,0\mid n=0,1,2,3\}$。下面用式（3-66）对两个序列做循环卷积计算。

当 $n=0$ 时

$$x(0)=\sum_{m=0}^{3}x_1(m)x_2((0-m))_4=\sum_{m=0}^{3}[\{1,2,3,0\}\cdot\{1,4,3,2\}]=\sum_{m=0}^{3}\{1,8,9,0\}=18$$

当 $n=1$ 时

$$x(1)=\sum_{m=0}^{3}x_1(m)x_2((1-m))_4=\sum_{m=0}^{3}[\{1,2,3,0\}\cdot\{2,1,4,3\}]=\sum_{m=0}^{3}\{2,2,12,0\}=16$$

当 $n=2$ 时

$$x(1)=\sum_{m=0}^{3}x_1(m)x_2((2-m))_4=\sum_{m=0}^{3}[\{1,2,3,0\}\cdot\{3,2,1,4\}]=\sum_{m=0}^{3}\{3,4,3,0\}=10$$

当 $n=3$ 时

$$x(1)=\sum_{m=0}^{3}x_1(m)x_2((3-m))_4=\sum_{m=0}^{3}[\{1,2,3,0\}\cdot\{4,3,2,1\}]=\sum_{m=0}^{3}\{4,6,6,0\}=16$$

因此，$x(n)=x_1(n)\otimes x_2(n)=\{x(0),x(1),x(2),x(3)\}=\{18,16,10,16\mid n=0,1,2,3\}$

方法二：矩阵求解法

根据圆周卷积的计算公式，可以画图解释它的计算过程。长度为 N 的序列 $x_1(m)$ 可以看成是一个圆上的 N 个等间隔点的样本，而长度为 N 的圆周时间反转且平移序列 $x_2(n-m)$ 也可以看做是均匀分布在同心圆上的 N 个等间隔点的样本。通过相邻样本的乘积求和运算，可以得到序列 $x(n)$。图 3-7 是例 3-12 的计算过程示意图。

在图 3-7 中，内圆上按逆时针顺序排列 $x_1(m)$ 的四个样本，并且位置始终不变。外圆上按逆时针排列着 $x_2(n—m)$ 的四个样本。当 $n=0$ 时，顺序依次为：$x_2(0—0)$，$x_2(0—1)$，

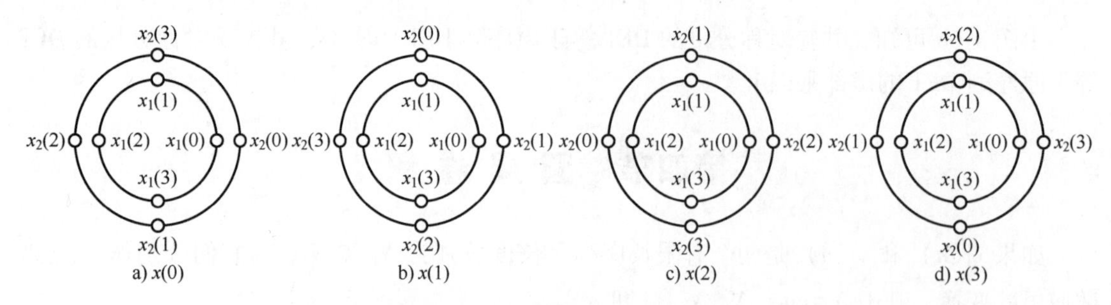

图 3-7　例 3-12 计算过程示意图

$x_2(0—2)$，$x_2(0—3)$，根据循环移位性质，这四个样本分别与 $x_2(0)$，$x_2(3)$，$x_2(2)$，$x_2(1)$ 相等。当 $n=1，2，3$ 时，这四个样本开始在前一次排序的基础上逆时针旋转。n 每取一个值，内外圆上相邻样本的数值相乘，并把所有乘积相加，得到 $x(n)$ 在当前 n 下的值。以此类推，可以得到 $x(n)$ 的所有样本值，即 $x_1(n)$ 和 $x_2(n)$ 的圆周卷积。图 3-7 的计算原理可用矩阵的形式表示，其中 $x_1(m)$ 的样本值位置始终不变，可用向量表示为

$$\boldsymbol{x}_1=\begin{bmatrix}x_1(0)\\x_1(1)\\x_1(2)\\x_1(3)\end{bmatrix}$$

$x_2(m)$ 可表示成方阵

$$\boldsymbol{x}_2=\begin{bmatrix}x_2(0)&x_2(3)&x_2(2)&x_2(1)\\x_2(1)&x_2(0)&x_2(3)&x_2(2)\\x_2(2)&x_2(1)&x_2(0)&x_2(3)\\x_2(3)&x_2(2)&x_2(1)&x_2(0)\end{bmatrix}$$

$x_1(n)$ 和 $x_2(n)$ 的圆周卷积可以表示成上面两个矩阵的乘积，即

$$\boldsymbol{x}(n)=\boldsymbol{x}_2(n)\cdot\boldsymbol{x}_1(n)=\begin{bmatrix}x_2(0)&x_2(3)&x_2(2)&x_2(1)\\x_2(1)&x_2(0)&x_2(3)&x_2(2)\\x_2(2)&x_2(1)&x_2(0)&x_2(3)\\x_2(3)&x_2(2)&x_2(1)&x_2(0)\end{bmatrix}\begin{bmatrix}x_1(0)\\x_1(1)\\x_1(2)\\x_1(3)\end{bmatrix}\tag{3-67}$$

因此，本题可表示成

$$\boldsymbol{x}(n)=\boldsymbol{x}_1(n)\cdot\boldsymbol{x}_2(n)=\begin{bmatrix}1&4&3&2\\2&1&4&3\\3&2&1&4\\4&3&2&1\end{bmatrix}\begin{bmatrix}1\\2\\3\\0\end{bmatrix}=\begin{bmatrix}18\\16\\10\\16\end{bmatrix}$$

方法三：频域求解法

首先，计算 $x_1(n)$ 和 $x_2(n)$ 的 4 点离散傅里叶变换，分别用 $X_1(k)$ 和 $X_2(k)$ 表示，即

$$X_1(k)=\{6,-2-2\mathrm{j},2,-2+2\mathrm{j}\mid k=0,1,2,3\}$$

$$X_2(k)=\{10,-2+2\mathrm{j},-2,-2-2\mathrm{j}\mid k=0,1,2,3\}$$

然后，利用公式 $X(k)=X_1(k)\cdot X_2(k)$，求出 $X(k)=\{60,8,-4,8\mid k=0,1,2,3\}$，最后对

$X(k)$ 求 IDFT，得到序列 $x_1(n)$ 和 $x_2(n)$ 的圆周卷积 $x(n)=\{18,16,10,16 \mid n=0,1,2,3\}$。

方法四：用 MATLAB 编程求解

计算圆周卷积的参考函数如下：

```
function y=circonvt(x1,x2,N)
if (length(x1))>N
    error('N must be >=the length of x1');
end
if(length(x2))>N
    error('N must be >=the length of x2');
end
x1=[x1,zeros(1,N-length(x1))];
x2=[x2,zeros(1,N-length(x2))];
m=[0:N-1];x2=x2(mod(-m,N)+1);H=zeros(N,N);
for n=1:1:N
H(n,:)=cirshftt(x2,n-1,N);
end
y=x1*conj(H')
```

在命令窗口输入下列命令：

```
>>x1=[1,2,3];x2=[1,2,3,4];
  y=circonvt(x1,x2,4)
```

运行结果为

```
>>y=
    18    16    10    16
```

第五节　利用圆周卷积求线性卷积

分析时域离散非时变系统以及对序列进行滤波处理时，经常用到求线性卷积。第二章介绍了计算线性卷积的一些方法，其中用计算机求解时，也常常需要用户自己编写合适的函数，使用起来不够灵活。而圆周卷积可以直接使用 MATLAB 软件中提供的 FFT 函数，相较线性卷积的计算更加方便。因此，如果能找到线性卷积和圆周卷积之间的联系，借用圆周卷积来求线性卷积是一个不错的方法，本节将讨论这个问题。

假设 $h(n)$ 和 $x(n)$ 是长度分别为 N 和 M 的有限长序列。

$h(n)$ 和 $x(n)$ 的线性卷积表示为

$$y_1(n)=h(n)*x(n)=\sum_{m=0}^{N-1}h(m)x(n-m)$$

$h(n)$ 和 $x(n)$ 的圆周卷积表示为

$$y_c(n)=h(n)\otimes x(n)=\sum_{m=0}^{L-1}h(m)x((n-m))_L R_L(n),\quad L\geqslant\max(N,M) \tag{3-68}$$

因为

$$x((n))_L=\sum_{q=-\infty}^{\infty}x(n+qL)$$

所以

$$x((n-m))_L=\sum_{q=-\infty}^{\infty}x(n+qL-m)$$

式（3-68）等号右边可写成

$$\sum_{m=0}^{L-1}h(m)x(n+qL-m)=y_1(n+qL) \tag{3-69}$$

将式（3-69）代入（3-68）中，得

$$y_c(n)=\sum_{m=0}^{L-1}h(m)\sum_{q=-\infty}^{\infty}x(n-m+qL)R_L(n)=\sum_{q=-\infty}^{\infty}y_1(n+qL)R_L(n) \tag{3-70}$$

式（3-70）表示圆周卷积等于线性卷积以 L 为周期进行延拓后取其主值区间。因为线性卷积的长度为 $N+M-1$，只有当圆周卷积的长度 $L\geqslant N+M-1$ 时，$y_1(n)$ 以 L 为周期延拓才不会发生混叠现象，此时周期延拓的主值正好等于线性卷积，即 $y_1(n)=y_c(n)$。下面用一个 MATLAB 的例子验证它们之间的关系。

例 3-13 有两个序列 $x_1(n)$ 和 $x_2(n)$，其中 $x_1(n)=\{1,2,3\mid n=0,1,2\}$，$x_2(n)=\{1,2,3,4\mid n=0,1,2,3\}$，计算它们的线性卷积 $x_3(n)$ 以及 4 点、6 点和 10 点的圆周卷积。

解： MATLAB 参考脚本如下：

```
>>x1=[1,2,3];x2=[1,2,3,4];
    y1=conv(x1,x2)
    X1=fft(x1,4);X2=fft(x2,4);
    X=X1.*X2;
    x3=ifft(X)
    X1=fft(x1,6);X2=fft(x2,6);
    X=X1.*X2;
    x4=ifft(X)
    X1=fft(x1,10);X2=fft(x2,10);
    X=X1.*X2;
    x5=ifft(X)
    subplot(2,2,1);stem(y1);xlabel('n');ylabel('y1');title('线性卷积');
axis([0 10 0 20]);
    subplot(2,2,2);stem(x3);xlabel('n');ylabel('x3');title('4点圆周
卷积');axis([0 10 0 20]);
```

```
    subplot(2,2,3);stem(x4);xlabel('n');ylabel('x4');title('6点圆周卷积');
axis([0 10 0 20]);
        subplot(2,2,4);stem(x5);xlabel('n');ylabel('x5');title('10点圆
周卷积');axis([0 10 0 20]);
```

运行结果如下：

```
    >>y 1 =
        1     4     10     16     17     12
    x3 =
        18     16     10     16
    x4 =
        1.0000     4.0000   10.0000   16.0000   17.0000   12.0000
    x5 =
    Columns 1 through 8
        1.0000     4.0000   10.0000   16.0000   17.0000   12.0000     0.0000
0.0000
    Columns 9 through 10
        0.0000     0.0000
```

运行结果如图 3-8 所示。

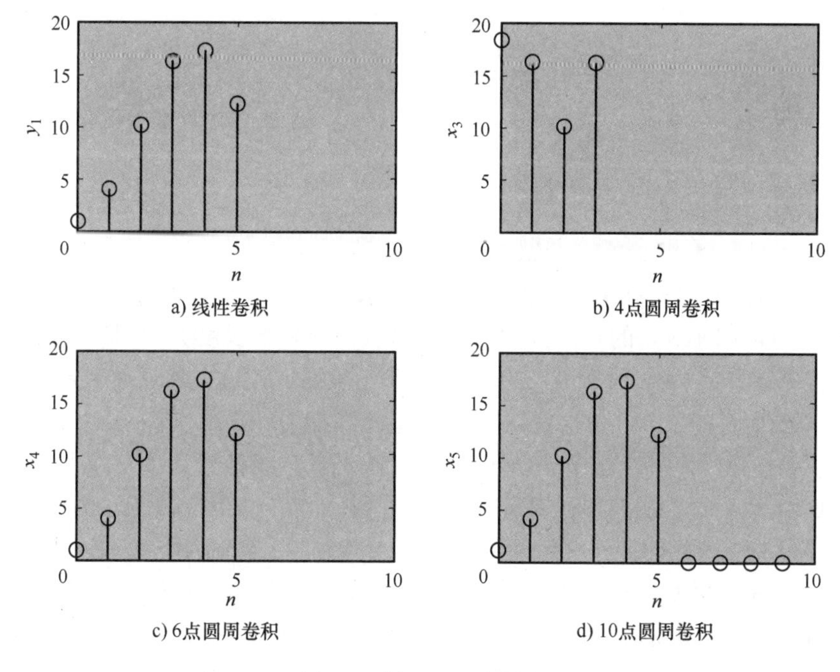

图 3-8 例 3-13 运行结果

由图 3-8 可以看出，6 点和 10 点的圆周卷积与线性卷积均相等，但 4 点的圆周卷积与线性卷积不等。由于线性卷积的长度为 6，当圆周卷积的长度大于或等于 6 时，圆周卷积在主值区间上的样本才与线性卷积相等。

以上研究的都是有限长序列，但在现实中往往需要实现一个有限长序列和一个无限长序列的线性卷积。例如：来自拾音器的语音信号可以认为是一个无限长序列，信号被全部接收后再处理是不现实的，既会产生很大的延时，且系统需要很大的存储空间。通常的操作是边接收边处理，常用的方法有两种：一种称作重叠相加法；另一种称作重叠保留法。

一、重叠相加法

令 $h(n)$ 是一个长度为 M 的有限长序列，而 $x(n)$ 是一个无限长序列（或者是一个长度远远大于 M 的序列）。目的是生成一种基于 DFT 的方法来计算 $h(n)$ 和 $x(n)$ 的线性卷积，根据线性卷积的公式有

$$y(n)=\sum_{l=0}^{M-1}h(l)x(n-l)=x(n)*h(n) \tag{3-71}$$

假设 $x(n)$ 是一个因果序列，将 $x(n)$ 分割成一组长度为 N 的连续有限长序列

$$x_m(n)=x(n)\left[R_{(m+1)N}(n)-R_{mN}(n)\right] \tag{3-72}$$

$$x(n)=\sum_{m=0}^{\infty}x_m(n) \tag{3-73}$$

将式（3-73）代入式（3-71）中，得

$$\begin{aligned}y(n)&=\sum_{l=0}^{M-1}h(l)x(n-l)=\sum_{l=0}^{M-1}h(l)\sum_{m=0}^{\infty}x_m(n-l)\\&=\sum_{m=0}^{\infty}\left[\sum_{l=0}^{M-1}h(l)x_m(n-l)\right]\\&=\sum_{m=0}^{\infty}y_m(n)\end{aligned} \tag{3-74}$$

式中

$$y_m(n)=x_m(n)*h(n) \tag{3-75}$$

上式说明 $y(n)$ 是由所有 $y_m(n)$ 的和相加得到的，而 $y_m(n)$ 是 $x_m(n)$ 和 $h(n)$ 的线性卷积。由于 $x_m(n)$ 和 $h(n)$ 的长度分别为 M 和 N，$y_m(n)$ 的长度为 $N+M-1$。用计算机实现的步骤是：首先计算 $x_m(n)$ 和 $h(n)$ 的 N 点 DFT（假设 $N>M$），然后将其相乘之后的结果进行 IDFT，得到所有的 $y_m(n)$，这些 $y_m(n)$ 的值相加即为 $y(n)$。

在此之前，还要注意一个细节，由于 $x_0(n)$ 和 $h(n)$ 线性卷积的序列长度为 $N+M-1$，定义区间为 $0\leqslant n\leqslant N+M-2$，$x_1(n)$ 和 $h(n)$ 线性卷积的序列长度也为 $N+M-1$，但定义区间为 $N\leqslant n\leqslant 2N+M-2$。这表明两个序列之间在 $N\leqslant n\leqslant N+M-2$ 范围内有 $M-1$ 个样本是重叠的。同样的道理，$x_2(n)$ 和 $h(n)$ 线性卷积的序列与 $x_1(n)$ 和 $h(n)$ 线性卷积的序列在区间 $2N\leqslant n\leqslant 2N+M-2$ 内发生重叠。可归纳为：$x_{r-1}(n)*h(n)$ 与 $x_r(n)*h(n)$ 的样本在区间 $rN\leqslant n\leqslant rN+M-2$ 内有 $M-1$ 个样本是重叠的。例 3-14 说明了这个问题。

例 3-14 $h(n)$ 是一个长度为 5 的序列 $h=[1,2,1,2,3]$，$x(n)$ 是一个长度为 21 的序列

$x=[1,2,3,1,2,4,6,7,1,3,5,7,5,3,1,4,5,6,2,6,2]$，现在将 $x(n)$ 分割成一组连续的长度为 7 的有限长序列，下面分析其重叠相加法的计算过程及 MATLAB 实现。

解： 每一段的 $x(n)$ 与 $h(n)$ 线性卷积，长度为 11。第一个线性卷积的结果 $y_0(n)$ 的最后 $M-1=4$ 个点与第二个线性卷积的结果 $y_1(n)$ 的前 4 个样本发生重叠。同样的道理，$y_1(n)$ 的后 4 个样本与 $y_2(n)$ 的前 4 个样本重叠，由此类推，所求序列 $y(n)$ 为

$$y(n)=y_0(n),\quad 0\leqslant n\leqslant 6$$
$$y(n)=y_0(n)+y_1(n-7),\quad 7\leqslant n\leqslant 10$$
$$y(n)=y_1(n-7),\quad 11\leqslant n\leqslant 13$$
$$y(n)=y_1(n-7)+y_2(n-14),\quad 14\leqslant n\leqslant 17$$
$$y(n)=y_2(n-14),\quad 18\leqslant n\leqslant 20$$
$$\vdots$$

由于每部分线性卷积的结果与相邻的卷积结果之间有重叠，且要把重叠部分都相加才能得到最后的结果，所以将这个过程称为重叠相加法。其 MATLAB 参考脚本如下：

```
x=[1,2,3,1,2,4,6,7,1,3,5,7,5,3,1,4,5,6,2,6,2];
h=[1,2,1,2,3];
nh=0:4;nx=0:20;
nx1=0:6;nx2=7:13;nx3=14:20;
n=0:10;
%序列的分段
x1=[1,2,3,1,2,4,6];
x2=[7,1,3,5,7,5,3];
x3=[1,4,5,6,2,6,2];
H=fft(h,11);
X=fft(x,25);
X1=fft(x1,11);
X2=fft(x2,11);
X3=fft(x3,11);
%用 DFT 计算线性卷积
H1=fft(h,25);Y=H1. *X; y=ifft(Y);
%每段序列与 h(n)卷积
Y1=H. *X1;Y2=H. *X2;Y3=H. *X3;
y1=ifft(Y1);y2=ifft(Y2);y3=ifft(Y3);
yc=[y1,zeros(1,14)]+[zeros(1,7),y2,zeros(1,7)]+[zeros(1,14),
y3];%每段卷积的结果相加
subplot(5,1,1);
stem(n,y1,'LineStyle','-','LineWidth',1,'Color','k','MarkerSize',5,
'MarkerFaceColor','none','MarkerEdgeColor','black');
```

```
    xlabel('\itn');ylabel('\ity\rm_{1}');axis([0 26 0 60]);xticks([0:1:
25]);yticks([0:25:50]);
    backColor=[0.9 0.9 0.9];set(gca,'color',backColor);
    subplot(5,1,2);
    stem(n+7,y2,'LineStyle','-','LineWidth',1,'Color','k','MarkerSize',5,
'MarkerFaceColor','none','MarkerEdgeColor','black');
    xlabel('\itn');ylabel('\ity\rm_{2}');axis([0 26 0 60]);xticks([0:1:
25]);yticks([0:25:50]);
    backColor=[0.9 0.9 0.9];set(gca,'color',backColor);
    subplot(5,1,3);
    stem(n+14,y3,'LineStyle','-','LineWidth',1,'Color','k','MarkerSize',
5,'MarkerFaceColor','none','MarkerEdgeColor','black');
    xlabel('\itn');ylabel('\ity\rm_{3}');axis([0 26 0 60]);xticks([0:1:
25]);yticks([0:25:50]);
    backColor=[0.9 0.9 0.9];set(gca,'color',backColor);
    subplot(5,1,4);
    stem(yc,'LineStyle','-','LineWidth',1,'Color','k','MarkerSize',5,'
MarkerFaceColor','none','MarkerEdgeColor','black');
    xlabel('\itn');ylabel('\ity\rm_{c}=\ity\rm_{1}+\ity\rm_{2}+\ity\rm
_{3}');xticks([0:1:25]);yticks([0:25:50]);
    backColor=[0.9 0.9 0.9];set(gca,'color',backColor);
    subplot(5,1,5);
    stem(y,'LineStyle','-','LineWidth',1,'Color','k','MarkerSize',5,'
MarkerFaceColor','none','MarkerEdgeColor','black');
    xlabel('\itn');ylabel('\ity\rm=\itx\rm*\ith');axis([0 26 0 60]);
xticks([0:1:25]);yticks([0:25:50]);
    backColor=[0.9 0.9 0.9];set(gca,'color',backColor);
```

运行结果如图 3-9 所示。

图 3-9 中前三图分段求三个线性卷积，第四图将前三个卷积的结果相加，最后一个图是直接对 $x(n)$ 与 $h(n)$ 进行线性卷积。对照最后两个图，发现重叠相加法和直接计算的结果是一样的。

二、重叠保留法

重叠相加法的思路是，对每段 $x_m(n)$ 和序列 $h(n)$ 进行 $N+M-1$ 点 DFT，结果相乘后再求 IDFT，得到的每段 $y_m(n)$ 相加即是 $x(n)$ 与 $h(n)$ 的线性卷积 $y(n)$。而重叠保留法将讨论用少于 $N+M-1$ 点的 DFT 计算圆周卷积，将 $x(n)$ 与 $h(n)$ 的线性卷积和 $x(n)$ 与 $h(n)$ 的圆周卷积相等的项保留下来，丢弃两者不等的部分。为了理解线性卷积和圆周卷积之间的

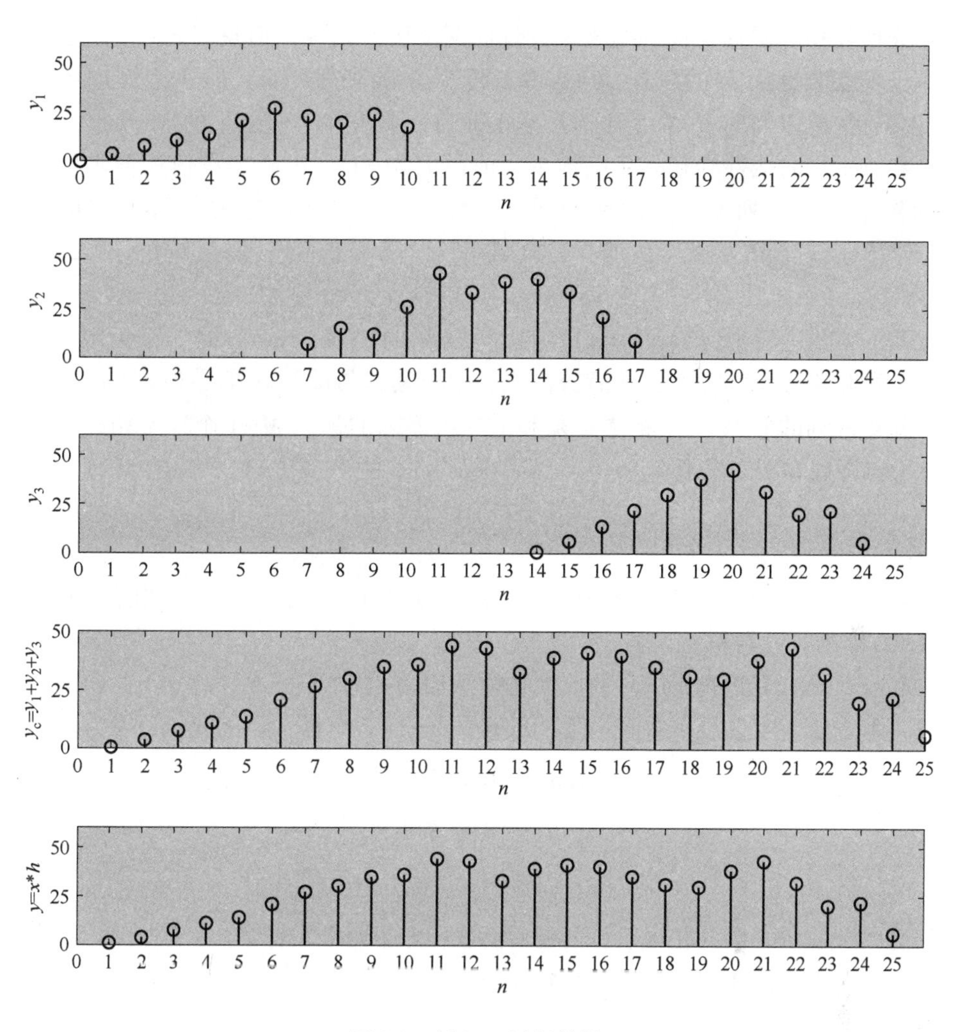

图 3-9　例 3-14 运行结果

对应关系，举一个简单的例子来说明，假设 $x(n)$ 与 $h(n)$ 是长度分别为 4 和 3 的有限长序列，线性卷积的结果可表示为

$n=0$，　$y_L(0)=x(0)h(0)$

$n=1$，　$y_L(1)=x(1)h(0)+x(0)h(1)$

$n=2$，　$y_L(2)=x(2)h(0)+x(1)h(1)+x(0)h(2)$

$n=3$，　$y_L(3)=x(3)h(0)+x(2)h(1)+x(1)h(2)$

$n=4$，　$y_L(4)=x(3)h(1)+x(2)h(2)$

$n=5$，　$y_L(5)=x(3)h(2)$

将它们作 4 点圆周卷积，结果可用矩阵表示

$$\boldsymbol{y}_c(n)=\begin{bmatrix} x(0) & x(3) & x(2) & x(1) \\ x(1) & x(0) & x(3) & x(2) \\ x(2) & x(1) & x(0) & x(3) \\ x(3) & x(2) & x(1) & x(0) \end{bmatrix}\begin{bmatrix} h(0) \\ h(1) \\ h(2) \\ 0 \end{bmatrix}=\begin{bmatrix} x(0)h(0)+x(3)h(1)+x(2)h(2) \\ x(1)h(0)+x(0)h(1)+x(3)h(2) \\ x(2)h(0)+x(1)h(1)+x(0)h(2) \\ x(3)h(0)+x(2)h(1)+x(1)h(2) \end{bmatrix}$$

比较线性卷积和圆周卷积的结果，发现前两个值不相等，但是第3、4个值是相等的。可以归纳证明在长度为 M 的序列 $h(n)$ 和长度为 N 的序列 $x(n)$ 的 N 点圆周卷积中（其中 $N>M$），通常最前面的 $M-1$ 个样本是不正确的，要丢弃；而余下的 $N-M+1$ 个样本对应于 $h(n)$ 和 $x(n)$ 的线性卷积是正确样本。前面的 $M-1$ 个正确卷积值如何求解呢？还是用上面的例子，在序列 $x(n)$ 的前面添加两个0，形成新的序列 $x_b(n)=\{0,0,x(0),x(1)\}$，计算 $x_b(n)$ 和 $h(n)$ 的四点圆周卷积 $y_b(n)$，保留 $y_b(n)$ 中的 $y_b(2)=y_c(0)$，$y_b(3)=y_c(1)$。

对上面的结论进行推广，设 $h(n)$ 为长度为 M 的序列，$x(n)$ 是一个无限长序列，将 $x(n)$ 前面添加 $M-1$ 个零样本，然后分割成一组连续的长度为 N 的序列 $x_m(n)(0\leqslant m\leqslant\infty, N\geqslant M)$，每组序列的前 $M-1$ 个样本必须和上一组序列的最后 $M-1$ 个样本相同。$x_m(n)$ 和 $h(n)$ 的 N 点圆周卷积表示成 $w_m(n)=x_m(n)\otimes h(n)$，丢弃 $w_m(n)$ 中的前 $M-1$ 个样本，保留剩下的 $N-M+1$ 个样本，保留的样本等于对应的线性卷积的样本值。下面通过例3-15说明这个原理。

例 3-15　设 $x(n)=(n+2)$，$0\leqslant n<10, h(n)=\{1,2,1\}$，当 $N=6$ 时，用重叠保留法计算 $x(n)$ 和 $h(n)$ 的线性卷积 $y(n)$。

解： $M=3$，所以在序列 $x(n)$ 的前面必须添加 $M-1$ 个零样本，将 $x(n)$ 分割成长度为 N 的几段，由于每一段必须和前面一段序列重叠 $M-1=2$ 个样本，因此，分段为

$$x_1(n)=\{0,0,2,3,4,5\}$$

$$x_2(n)=\{4,5,6,7,8,9\}$$

$$x_3(n)=\{8,9,10,11,0,0\}$$

由于分割成三段，因此在最后一段的后面也补充了两个零样本。

对每一段与 $h(n)$ 作圆周卷积，得到

$y_1(n)=x_1(n)\otimes h(n)=\{14,5,2,7,12,16\}$

$y_2(n)=x_2(n)\otimes h(n)=\{30,22,20,24,28,32\}$

$y_3(n)=x_3(n)\otimes h(n)=\{8,25,36,40,32,11\}$

由于前 $M-1=2$ 个样本要舍弃，因此，$y(n)=\{2,7,12,16,20,24,28,32,36,40,32,11\}$，这与线性卷积的结果相同。

可用 MATLAB 参考脚本如下：

```
>>x1=[0,0,2,3,4,5];
x2=[4,5,6,7,8,9];
x3=[8,9,10,11,0,0];
x=[2,3,4,5,6,7,8,9,10,11];
n=0:5;
h=[1,2,1];
%用 DFT 直接计算 x(n)和 h(n)的卷积
HC=fft(h,12); XC=fft(x,12); YC=XC. * HC; yc=ifft(YC);
```

```
    %计算 x(n)的每段序列与 h(n)的卷积
    H=fft(h,6);
    X1=fft(x1,6);X2=fft(x2,6);X3=fft(x3,6);
    Y1=X1.*H;Y2=X2.*H;Y3=X3.*H;
    y1=ifft(Y1);y2=ifft(Y2);y3=ifft(Y3);
    y=[y1(3:6),zeros(1,8)]+[zeros(1,4),y2(3:6),zeros(1,4)]+[zeros(1,
8),y3(3:6)];
    subplot(5,1,1);
    stem(n,y1,'LineStyle','-','LineWidth',1,'Color','k','MarkerSize',5,
'MarkerFaceColor','none','MarkerEdgeColor','black');
    xlabel('\itn');ylabel('\ity\rm_{1}');axis([0 20 0 40]);
    backColor=[0.9 0.9 0.9];set(gca,'color',backColor);
    subplot(5,1,2);
    stem(n+6,y2,'LineStyle','-','LineWidth',1,'Color','k','MarkerSize',5,
'MarkerFaceColor','none','MarkerEdgeColor','black');
    xlabel('\itn');ylabel('\ity\rm_{2}');axis([0 20 0 40]);
    backColor=[0.9 0.9 0.9];set(gca,'color',backColor);
    subplot(5,1,3);
    stem(n+12,y3,'LineStyle','-','LineWidth',1,'Color','k','MarkerSize',
5,'MarkerFaceColor','none','MarkerEdgeColor','black');
    xlabel('\itn');ylabel('\ity\rm_{3}');axis([0 20 0 40]);
    backColor=[0.9 0.9 0.9];set(gca,'color',backColor);
    subplot(5,1,4);
    stem(yc,'LineStyle','-','LineWidth',1,'Color','k','MarkerSize',5,
'MarkerFaceColor','none','MarkerEdgeColor','black');
    xlabel('\itn');ylabel('\ity\rm=\itx\rm*\ith');axis([0 20 0 50]);
    backColor=[0.9 0.9 0.9];set(gca,'color',backColor);
    subplot(5,1,5);
    stem(y,'LineStyle','-','LineWidth',1,'Color','k','MarkerSize',5,
'MarkerFaceColor','none','MarkerEdgeColor','black');
    xlabel('\itn');ylabel('\ity_{c}\rm=\ity\rm_{1}+\ity\rm_{2}+\ity\rm_
{3}');axis([0 20 0 50]);
    backColor=[0.9 0.9 0.9];set(gca,'color',backColor);
```

运行结果如图 3-10 所示。

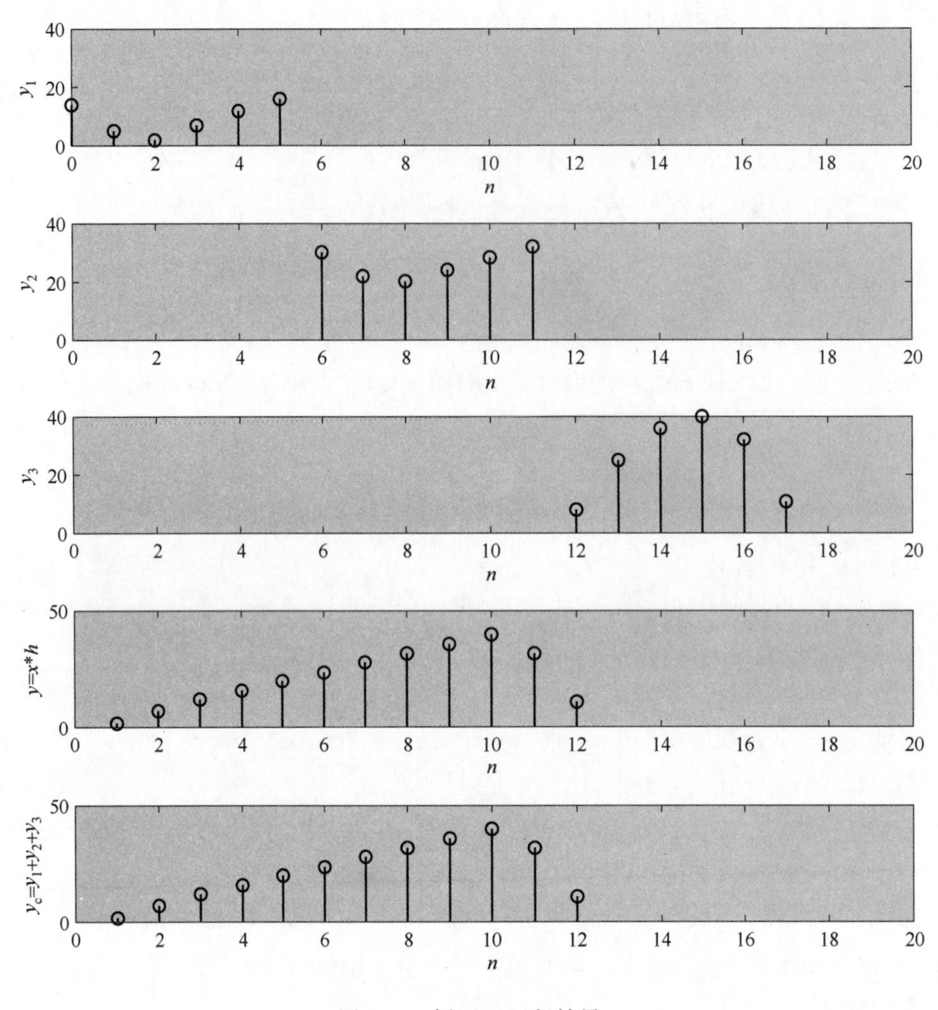

图 3-10　例 3-15 运行结果

第六节　案例学习

人类生活在振动的世界里：地面有汽车、火车，天上有飞机，海洋里有轮船等，就连茫茫宇宙中，也有电磁波在不停地发射和传播。可以说，它们都在不停地振动着。就人体本身来说，心脏的跳动、肺部的呼吸等在某种意义上也都是一种振动。自然界中振动现象比比皆是。

物体在一定位置附近来回重复的运动称为振动。实际上，单个振动在生产实践中很少遇到，实际遇到的大多数振动是两个或两个以上的振动的合成。当振幅相同、初始相位相等、频率比较接近的两个振动叠加时，会得到一种称为“拍”的非周期简谐振动。拍的现象在乐器中常常加以利用，将两个固有频率比较接近的振动叠加在一起发出的音调将更加悦耳。那么从拍的数据中通过傅里叶变换能否分析出其中的频率成分呢？请看下面的例子。

已知序列 $x(n)=\cos(2\pi\times0.24n)+\cos(2\pi\times0.26n)$，$n=0:99$，试绘制 $x(n)$ 及其傅里叶变换的幅值图，并用变换后的数值求解逆变换。其中采样频率为 1Hz。

当采样频率为 1Hz 时，该信号包含 0.24Hz 和 0.26Hz 两种频率的波，其振幅均为 1。MATLAB 参考脚本如下：

```
N=100;dt=1;
n=0:N-1;t=n*dt;
xn=cos(2*pi*0.24*t)+cos(2*pi*0.26*t);
Xk=dfs(xn,N);%对原信号傅里叶变换
magXk=abs(Xk);phaXk=angle(Xk);%求傅里叶变换的振幅和相位
subplot(2,2,1);
plot(t,xn);xlabel('时间/s');%绘制原信号
title('原信号(N=100)');
xx=idfs(Xk,N);%傅里叶逆变换
x=real(xx);%取变换后的实部
subplot(2,2,2);
plot(t,x);xlabel('时间/s');
title('运用傅里叶变换得到的合成信号');
k=0:length(magXk)-1;
subplot(2,1,2);
plot(k/(N*dt),magXk*2/N);
xlabel('频率/Hz');ylabel('振幅');
title('X(k)振幅(N=100)');
```

运行结果如图 3-11 所示。可以看出，傅里叶变换后确实分析出频率为 0.24Hz 和 0.26Hz 的振动，而其他频率成分的幅值为零，表明信号中不存在其他频率成分。运用逆变换完全恢复了原始信号，表明了该程序的正确性。另外，以上程序中求傅里叶变换和逆变换的函数 dfs 和 idfs 参考程序如下：

```
%傅里叶变换
function [Xk]=dfs(xn,N)
n=[0:1:N-1];
k=[0:1:N-1];
WN=exp(-j*2*pi/N);
nk=n'*k;
WNnk=WN.^nk;
Xk=xn*WNnk;
%傅里叶逆变换
function[xn]=idfs(Xk,N)
```

```
n=[0:1:N-1];
k=[0:1:N-1];
WN=exp(-j*2*pi/N);
nk=n'*k;
WNnk=WN.^(-nk);
xn=(Xk*WNnk)/N;
```

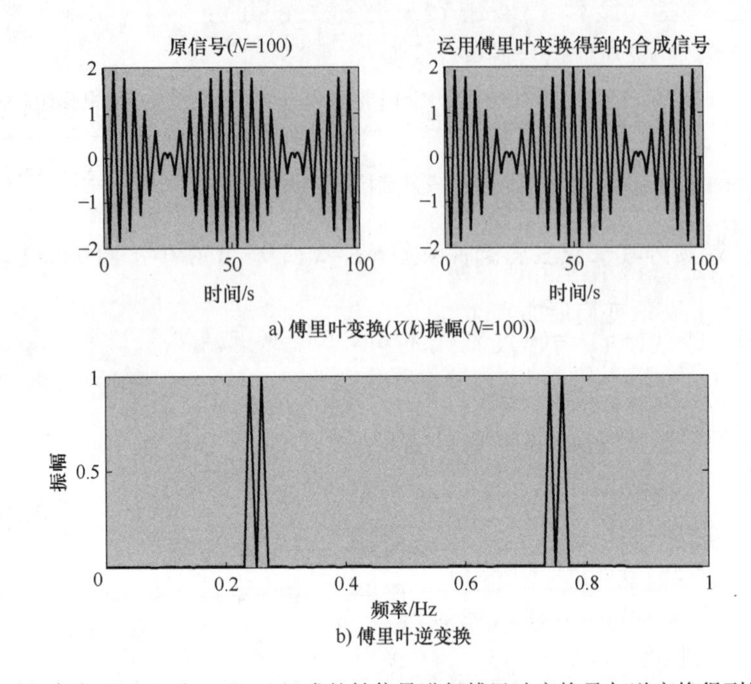

a) 傅里叶变换(X(k)振幅(N=100))

b) 傅里叶逆变换

图 3-11　对频率为 0.24Hz 和 0.26Hz 组成的拍信号进行傅里叶变换及与逆变换得到结果的比较

【思考题】

习题 3-1　有限长序列的傅里叶变换和无限长序列的傅里叶变换有什么区别和联系？

习题 3-2　设长度为 N 的序列 $x(n)$ 为实序列，其 DFT 变换 $X(k)$ 的实部 $\mathrm{Re}[X(k)]$ 和虚部 $\mathrm{Im}[X(k)]$ 或其模 $|X(k)|$ 和相角 $\arg[X(k)]$ 各有什么特点？

习题 3-3　线性卷积和圆周卷积有什么联系？

习题 3-4　频域取样和时域取样有什么不同，所导致的结果有什么相似的地方？

【计算题】

习题 3-5　设 $X(\mathrm{e}^{\mathrm{j}\omega})$ 和 $Y(\mathrm{e}^{\mathrm{j}\omega})$ 分别是 $x(n)$ 和 $y(n)$ 的傅里叶变换，试求下列序列的傅里叶变换：

(1) $x(n-n_0)$　(2) $x^*(n)$　(3) $x(-n)$　(4) $x(n)*y(n)$

(5) $x(n)y(n)$　(6) $nx(n)$　(7) $x(2n)$　(8) $x^2(n)$

（9）$x(n)=\begin{cases} x(n/2), & n=偶数 \\ 0, & n=奇数 \end{cases}$

习题 3-6 设图 3-12 所示的序列 $x(n)$ 的 FT 用 $X(e^{j\omega})$ 表示，不直接求出 $X(e^{j\omega})$，完成下列运算：

（1）$X(e^{j0})$

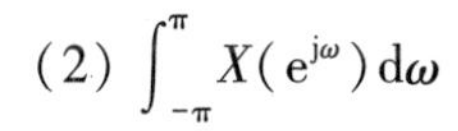

（2）$\int_{-\pi}^{\pi} X(e^{j\omega})d\omega$

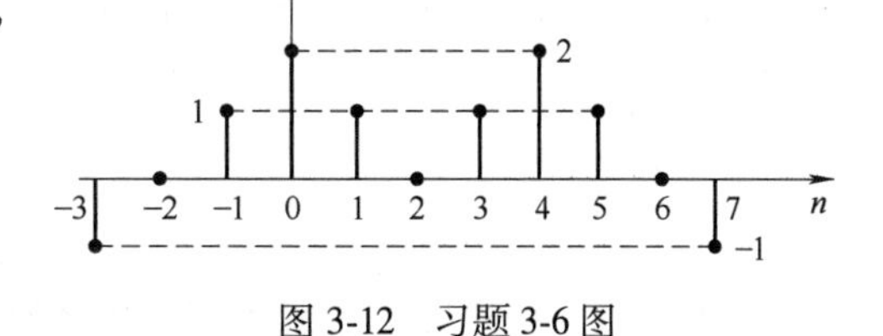

图 3-12　习题 3-6 图

（3）$X(e^{j\pi})$

（4）确定并画出傅里叶变换实部 $\mathrm{Re}[X(e^{j\omega})]$ 的时间序列 $x_a(n)$

（5）$\int_{-\pi}^{\pi} |X(e^{j\omega})|^2 d\omega$

（6）$\int_{-\pi}^{\pi} \left|\frac{dX(e^{j\omega})}{d\omega}\right|^2 d\omega$

习题 3-7 确定下列序列的傅里叶变换：

（1）$x(n)=0.5\delta(n+1)+0.5\delta(n-1)$

（2）$x(n)=a^n u(n)$

（3）$x(n)=u(n+3)-u(n-4)$

习题 3-8 试确定 LSI（线性非时变）系统的频率响应 $H(e^{j\omega})$ 及其传输函数倒数 $1/H(e^{j\omega})$ 的单位冲激响应 $h'(n)$，若此系统的单位冲激响应是 $h(n)=(1/2)^n u(n)$，证明 $h(n)*h'(n)=\delta(n)$。

习题 3-9 若序列 $h(n)$ 是实因果序列，已知其傅里叶变换的实部为 $H_R(e^{j\omega})=\frac{1-a\cos\omega}{1+a^2-2a\cos\omega}$，求 $h(n)$ 及其傅里叶变换 $H(e^{j\omega})$。

习题 3-10 计算下列序列的 N 点 DFT。

（1）$x(n)=\delta(n)$

（2）$x(n)=\delta((n-n_0))_N R_N(n)$，$0<n_0<N$

（3）$x(n)=a^n$，$0\leqslant n_0\leqslant N-1$

（4）$x(n)=\cos(2\pi nm/N)$，$0\leqslant n\leqslant N-1$，$0<m<N$

（5）$x(n)=\begin{cases} 1, & 0\leqslant n\leqslant 7 \\ 0, & 其他 \end{cases}$

习题 3-11 两个有限长序列的零值区间为

$x(n)=0,\quad n<0,8\leqslant n$

$y(n)=0,\quad n<0,20\leqslant n$

对每个序列作 20 点 DFT，即

$X(k)=\mathrm{DFT}[x(n)],k=0,1,\cdots,19$

$Y(k)=\mathrm{DFT}[y(n)],k=0,1,\cdots,19$

如果

$F(k)=X(k)\cdot Y(k),\quad k=0,1,\cdots,19$

$f(n)=\mathrm{IDFT}[F(k)],\quad k=0,1,\cdots,19$

试问在哪些点上$f(n)$ 与 $x(n)*y(n)$ 值相等，为什么?

习题 3-12 证明 DFT 的对称定理，即假设 $X(k)=\mathrm{DFT}[x(n)]$，证明 $\mathrm{DFT}[x(n)]=Nx(N-k)$。

习题 3-13 如果 $X(k)=\mathrm{DFT}[x(n)]$，证明 DFT 的初值定理

$$x(0)=\frac{1}{N}\sum_{k=0}^{N-1}X(k)$$

习题 3-14 设 $x(n)$ 的长度为 N，且 $X(k)=\mathrm{DFT}[x(n)]$，$0\leqslant k\leqslant N-1$。令 $h(n)=x((n))_N R_{mN}(n)$，m 为自然数；$H(k)=\mathrm{DFT}[h(n)]_{mN}, 0\leqslant k\leqslant mN-1$。求 $H(k)$ 与 $X(k)$ 的关系式。

习题 3-15 证明：若 $x(n)$ 为实序列，$X(k)=\mathrm{DFT}[x(n)]_N$，则 $X(k)$ 为共轭对称序列，即 $X(k)=X^*(N-k)$；若 $x(n)$ 为实偶对称序列，即 $x(n)=x(N-n)$，则 $X(k)$ 也是实偶对称；若 $x(n)$ 为实奇对称序列，即 $x(n)=-x(N-n)$，则 $X(k)$ 为纯虚函数并且奇对称。

习题 3-16 证明频域循环移位性质：设 $X(k)=\mathrm{DFT}[x(n)]$，$Y(k)=\mathrm{DFT}[y(n)]$，如果 $Y(k)=X[(k+l)]_N R_N(k)$，则 $y(n)=\mathrm{IDFT}[Y(k)]=W_N^{ln}x(n)$。

习题 3-17 已知序列 $x(n)$ 长度为 N，$X(k)=\mathrm{DFT}[x(n)]$，且

$$y(n)=\begin{cases}x(n), & 0\leqslant n\leqslant N-1\\ 0, & N\leqslant n\leqslant mN-1, m\text{ 为自然数}\end{cases}$$

$Y(k)=\mathrm{DFT}[y(n)]_{mN}$，$0\leqslant k\leqslant mN-1$，求 $Y(k)$ 与 $X(k)$ 的关系式。

习题 3-18 证明离散帕塞瓦尔定理。即若 $X(k)=\mathrm{DFT}[x(n)]$，则

$$\sum_{n=0}^{N-1}|x(n)|^2=\frac{1}{N}\sum_{k=0}^{N-1}|X(k)|^2$$

习题 3-19 图 3-13 表示的是一个有限长序列 $x(n)$，画出 $x_1(n)$ 与 $x_2(n)$ 的图形。

(1) $x_1(n)=x((n-2))_4 R_4(n)$

(2) $x_2(n)=x((2-n))_4 R_4(n)$

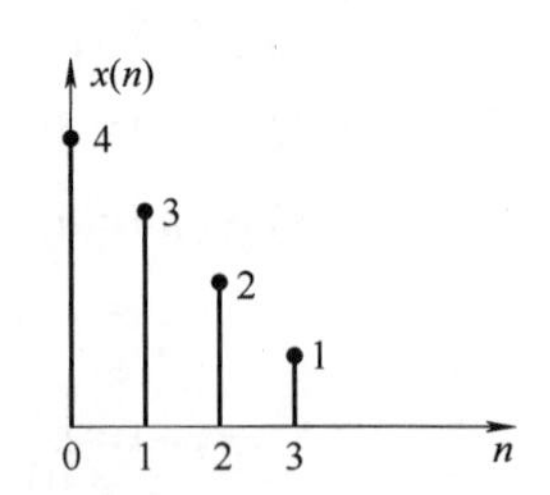

图 3-13 习题 3-19 图

习题 3-20 $x(n)$、$x_1(n)$ 和 $x_2(n)$ 分别如图 3-14a~c 所示，已知 $X(k)=\mathrm{DFT}[x(n)]_8$，求 $X_1(k)=\mathrm{DFT}[x_1(n)]_8$ 和 $X_2(k)=\mathrm{DFT}[x_2(n)]_8$。[注：用 $X(k)$ 表示 $X_1(k)$ 和 $X_2(k)$]

习题 3-21 已知实序列 $x(n)$ 的 8 点 DFT 的前 5 个值为 0.25，0.125−j0.3018，0，0.125−j0.0518，0。

(1) 求 $X(k)$ 的其余 3 点的值。

(2) $x_1(n)=\sum_{m=-\infty}^{\infty}x(n+5+8m)R_8(n)$，求 $X_1(k)=\mathrm{DFT}[x_1(n)]_8$。

(3) $x_2(n)=x(n)\mathrm{e}^{\mathrm{j}\pi n/4}$，求 $X_2(k)=\mathrm{DFT}[x_2(n)]_8$。

习题 3-22 图 3-15 给出了两个有限长序列的波形，求其 6 点循环卷积。

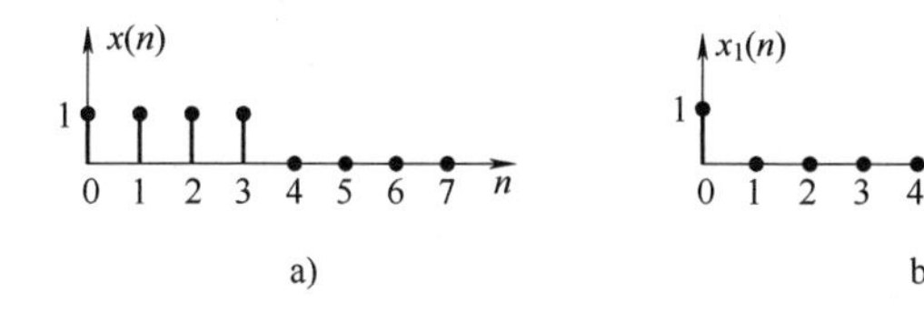

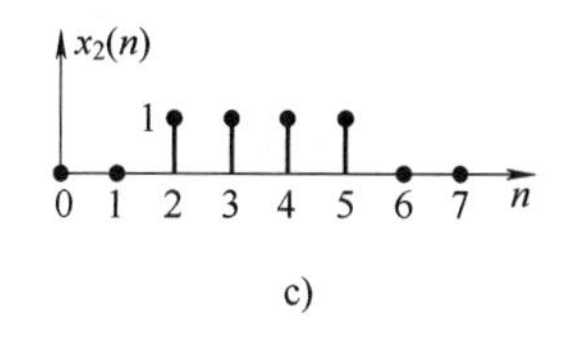

图 3-14　习题 3-20 图

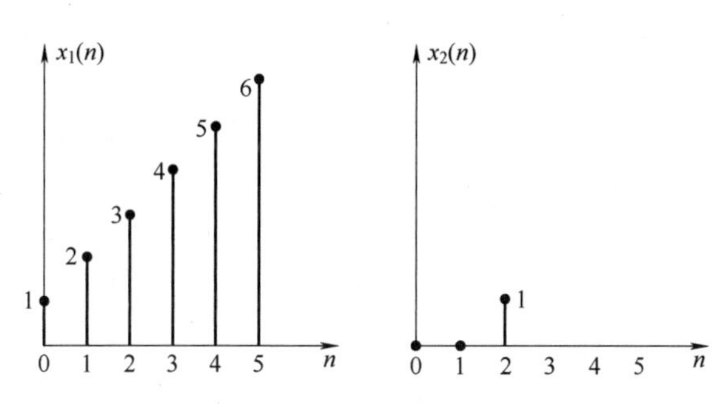

图 3-15　习题 3-22 图

习题 3-23　图 3-16 表示一个 4 点序列 $x(n)$，即 $x(n)=\delta(n)+2\delta(n-1)+2\delta(n-2)+\delta(n-3)$，完成下面要求：

（1）绘出 $x(n)$ 与 $x(n)$ 线性卷积结果的图形。

（2）绘出 $x(n)$ 与 $x(n)$ 的 4 点循环卷积结果的图形。

（3）绘出 $x(n)$ 与 $x(n)$ 的 8 点循环卷积结果的图形，并将结果与（1）比较，说明线性卷积与循环卷积之间的关系。

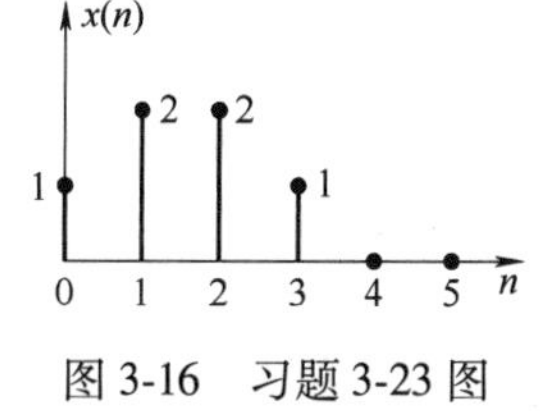

图 3-16　习题 3-23 图

习题 3-24　存在一 FIR 滤波器，其 $h(n)$ 的长度为 50，现要求利用重叠保留法来实现这种滤波器，并约定：①相邻的各段输入重叠 u 个点；②每一段输出的长度为 M，若各段输入的长度为 100，循环卷积的点数为 128，求：

（1）u。

（2）M。

（3）所输出的 M 个点在 128 点循环卷积结果中的位置。

【编程题】

习题 3-25　已知某 FIR 滤波器的单位冲激响应为 $h(n)$，且 $h(n)=\{2,1,3,7\}$，另输入序列为 $x(n)$，且 $x(n)=\{4,9,-2,8,0,0,8,1,2,2,7,5,-2,3\}$，试用重叠相加法计算滤波器的输出，要求每段输入长度为 5。

习题 3-26　已知同习题 3-25，试用重叠保留法计算滤波器的输出，每段输入长度为 5。

习题 3-27　设 $x(n)$ 为

$$x(n)=\begin{cases}1, & 0\leqslant n\leqslant 3\\ 0, & \text{其他}\end{cases}$$

（1）编程计算 $x(n)$ 的傅里叶变换 $X(\mathrm{e}^{\mathrm{j}\omega})$，并绘出它的幅度和相位。

（2）编程计算 $x(n)$ 的 4 点 DFT。

习题 3-28 在习题 3-27 的 $x(n)$ 后面补 4 个零构成一个 8 点的序列，即

$$x(n)=\{1,1,1,1,0,0,0,0 \mid 0\leqslant n\leqslant 7\}$$

编程求 $x(n)$ 的 8 点 DFT，画出它的幅度和相位，并与习题 3-27 比较。

习题 3-29 设序列 $x_1(n)=\{1,2,2\}$，$x_2(n)=\{1,2,3,4\}$，请编程完成下列要求：

（1）计算 $x_1(n)$ 和 $x_2(n)$ 的 5 点循环卷积，用 $y_1(n)$ 表示，并绘出 $x_1(n)$、$x_2(n)$ 和 $y_1(n)$ 的图形。

（2）计算 $x_1(n)$ 和 $x_2(n)$ 的 8 点循环卷积，用 $y_2(n)$ 表示，并绘出 $x_1(n)$、$x_2(n)$ 和 $y_2(n)$ 的图形。

习题 3-30 设 $x(n)=5(0.8)^n$，$0\leqslant n\leqslant 7$，用 fft( ) 函数计算 $x(n)$ 的 DFT，并绘出原序列 $x(n)$、$x(n)$ 的 DFT 的幅度和相位图形。

习题 3-31 序列后面增加零可以提高信号频谱的密度，即能得到更加光滑的频谱，但不能增加更多的信息，若增加样点，则可以使频谱信息更丰富，即得到更高的频谱分辨率，设信号 $x(n)$ 如下：

$$x(n)=\cos(0.47\pi n)+\cos(0.53\pi n)$$

（1）当 $0\leqslant n\leqslant 10$ 时，求 $x(n)$ 的 DFT，并画出 $x(n)$ 和其 DFT 幅度的图形。

（2）给原序列 $x(n)$ 的尾部增加 90 个零，即

$$x(n)=\begin{cases}\cos(0.47\pi n)+\cos(0.53\pi n), & 0\leqslant n\leqslant 10\\ 0, & 11\leqslant n\leqslant 90\end{cases}$$

求该序列的 DFT，并用 stem 函数绘出 $x(n)$ 的图形，用 plot 函数画出其幅度的图形。

（3）现在将原序列样本数增加至 500，即

$$x(n)=\cos(0.47\pi n)+\cos(0.53\pi n),0\leqslant n\leqslant 499$$

求这个序列的 DFT，并分别用 stem 函数和 plot 函数绘出 $x(n)$ 的图形和其幅度的图形。

（已知原序列 $x(n)$ 在 0.5π 附近有两个谱峰，如在序列尾部补零，即第（2）种情况，经过实验发现这两个谱峰不能被分开；若增加样本数，即第（3）种情况，可以把这两个谱峰分开。）

习题 3-32 设 $x(n)=(0.9)^n$，$0\leqslant n\leqslant 14$，$h(n)=n\cdot \mathrm{e}^{-0.3n}$，$0\leqslant n\leqslant 9$，用 fft( ) 函数计算 $y(n)=x(n)*h(n)$。

第四章

z 变换

z 变换在离散时间线性非时变系统中扮演的作用，正如拉普拉斯变换在连续时间线性非时变系统中的作用一样。例如，离散时间信号在时域中的圆周卷积可以通过 z 变换的乘积来求解，从而大大简化了计算的复杂度。另外，从对 z 变换的零极点分布情况的研究中找到了一种新的分析系统幅度和相位特性的方法。本章将先介绍 z 变换和逆 z 变换的定义，然后介绍一些常用 z 变换的性质和定理，最后分析系统的零极点分布对幅度和相位特性的影响。

第一节　z 变换的定义

离散时间信号 $x(n)$ 的 z 变换定义为

$$X(z)=\sum_{n=-\infty}^{\infty}x(n)z^{-n} \tag{4-1}$$

式中，z 是一个复变量，它所在的复平面称为 z 平面。

n 的取值范围在 $[-\infty,\infty]$ 内称为双边 z 变换；如果 n 的取值范围在 $[0,\infty]$ 内，称为单边 z 变换。本章没有特殊强调都是双边 z 变换。

式（4-1）存在的前提条件是 z 的取值使得等式右边级数收敛，即

$$\sum_{n=-\infty}^{\infty}\left|x(n)z^{-n}\right|<\infty \tag{4-2}$$

将 $z=re^{j\omega}$ 代入式（4-1）中，得

$$\begin{aligned}|X(z)|&=\left|\sum_{n=-\infty}^{\infty}x(n)z^{-n}\right|\leqslant\sum_{n=-\infty}^{\infty}\left|x(n)r^{-n}e^{-j\omega n}\right|=\sum_{n=-\infty}^{\infty}\left|x(n)r^{-n}\right|\\&=\sum_{n=-\infty}^{-1}\left|x(n)r^{-n}\right|+\sum_{n=0}^{\infty}\left|\frac{x(n)}{r^{n}}\right|\\&=\sum_{n=1}^{\infty}\left|x(-n)r^{n}\right|+\sum_{n=0}^{\infty}\left|\frac{x(n)}{r^{n}}\right|\end{aligned} \tag{4-3}$$

如果 $X(z)$ 在 z 平面的某个区域上收敛，则式（4-3）中的两个求和必定在这个域上有界。式（4-3）中第一个求和收敛，必须存在一个足够小的 r 值，使 $x(-n)r^{n}$ 绝对可和，因此，第一个求和的收敛域由位于半径为 r_1 的圆内的所有点组成，即 $r<r_1(r_1<\infty)$；第二个求

和收敛必然存在一个足够大的 r 值，使 $x(n)/r^n$ 绝对可和。因此，第二个求和的收敛域由位于半径 $r>r_2$ 的圆外所有点组成。综上所述，式（4-3）成立的条件是：$r_2<r<r_1$，即收敛域为 $r_2<r<r_1$，如图 4-1 所示。

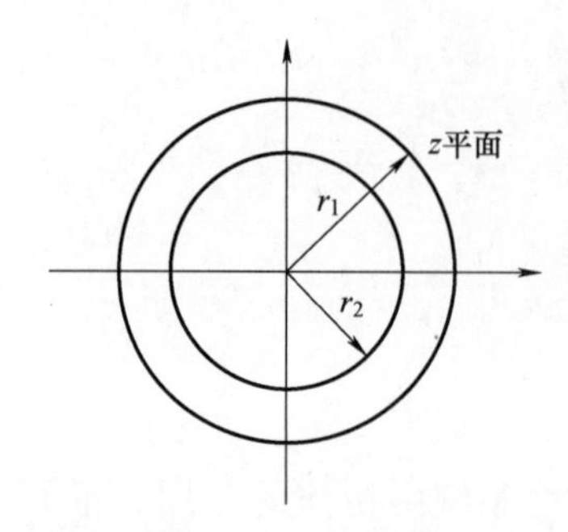

图 4-1　$X(z)$ 的收敛域

下面举例说明 z 变换的计算及收敛域的确定。

例 4-1　求下列有限长序列的 z 变换。

（1）$x_1(n)=\{1,2,3,4,5 \mid 0\leqslant n\leqslant 4\}$

（2）$x_2(n)=\{1,2,3,4 \mid -2\leqslant n\leqslant 1\}$

（3）$x_3(n)=\delta(n)$

（4）$x_4(n)=\delta(n-k),k>0$

解：根据式（4-1），有

（1）$X_1(z)=\sum\limits_{n=0}^{4} x_1(n)z^{-n}=z^0+2z^{-1}+3z^{-2}+4z^{-3}+5z^{-4}$

收敛域为：除了 $z=0$ 以外的整个 z 平面。

（2）$X_2(z)=\sum\limits_{n=-2}^{1} x_2(n)z^{-n}=z^2+2z^1+3z^0+4z^{-1}$

收敛域为：除了 $z=0$ 和 $z=\infty$ 以外的整个 z 平面。

（3）$X_3(z)=\sum\limits_{n=0}^{0} x_3(n)z^{-n}=z^0=1$

收敛域为：整个 z 平面。

（4）$X_4(z)=\sum\limits_{n=k}^{k} x_4(n)z^{-n}=z^{-k}$

因为 $k>0$，收敛域为除了 $z=0$ 以外的整个 z 平面。

由上面的例子可知，在求有限长序列 z 变换的收敛域时，要特别考虑 $z=0$ 和 $z=\infty$ 这两点是否能取到。当 $z=\infty$ 时，$z^k\to\infty$（$k>0$）；当 $z=0$ 时，$z^k\to-\infty$（$k<0$），这两种情况可能会导致 z 变换的结果不收敛。

例 4-2　求下列序列的 z 变换。

（1）$x(n)=\left(\dfrac{1}{3}\right)^n u(n)$

（2）$x(n)=-a^n u(-n-1)$

解：(1) 因为

$$X(z)=\sum_{n=-\infty}^{\infty}x(n)z^{-n}=\sum_{n=0}^{\infty}\left(\frac{1}{3}\right)^{n}z^{-n}=\lim_{N\to\infty}\frac{1-\left(\frac{1}{3}z^{-1}\right)^{N}}{1-\frac{1}{3}z^{-1}}$$

要使 $|X(z)|<\infty$，则 $\left|\frac{1}{3}z^{-1}\right|<1$，因此，$|z|>\frac{1}{3}$。

收敛域为：$|z|>\frac{1}{3}$。

(2) 因为

$$X(z)=\sum_{n=-\infty}^{\infty}x(n)z^{-n}=\sum_{n=-1}^{-\infty}-a^{n}z^{-n}=-\sum_{n=-1}^{-\infty}\left(\frac{a}{z}\right)^{n}$$

$$=-\sum_{m=1}^{\infty}\left(\frac{a}{z}\right)^{-m}=-\left[\sum_{m=0}^{\infty}\left(\frac{a}{z}\right)^{-m}-1\right]=-\lim_{N\to\infty}\frac{1-\left(\frac{a}{z}\right)^{-N}}{1-\left(\frac{a}{z}\right)^{-1}}+1$$

要使 $|X(z)|<\infty$，则 $\left|\left(\frac{a}{z}\right)^{-1}\right|<1$，因此，$|z|<|a|$。

收敛域为：$|z|<|a|$。

由以上两个例题，可以归纳出几种常见序列及它们的 z 变换和收敛域的特点。

一、有限长序列

如果序列 $x(n)$ 满足下式：

$$x(n)=\begin{cases}x(n), & n_1\leqslant n\leqslant n_2\\ 0, & 其他\end{cases}\tag{4-4}$$

其中 $n_1\leqslant n_2$，$n_1\leqslant\infty$，$n_2\leqslant\infty$，且均为正数，这样的序列称为有限长序列。

对式 (4-4) 求 z 变换，得

$$X(z)=\sum_{n=n_1}^{n_2}x(n)z^{-n}$$

根据前面例题的讨论，可归纳以下三种情况：

(1) $n_1<0$，$n_2\leqslant 0$ 时，收敛域为：$0\leqslant|z|<\infty$。

(2) $n_1<0$，$n_2>0$ 时，收敛域为：$0<|z|<\infty$。

(3) $n_1\geqslant 0$，$n_2>0$ 时，收敛域为：$0<|z|\leqslant\infty$。

在一个有限长序列 $x(n)$ 中，当 n 能取到负值，则收敛域中一定不包含∞点；当 n 能取到正值，则收敛域中一定不包括零点。

二、左边序列

左边序列是指在 $-\infty\leqslant n\leqslant n_2$ 的范围内，序列的值不全为零，在 $n>n_2$ 时，序列的值全为

零的序列。可表示为

$$x(n)=\begin{cases}x(n), & -\infty\leqslant n\leqslant n_2\\0, & n>n_2\end{cases}\tag{4-5}$$

式中，n_2 为小于∞的整数，既可取正值，也可取负值。

当 $n_2>0$ 时，对式（4-5）求 z 变换，得

$$X(z)=\sum_{n=-\infty}^{n_2}x(n)z^{-n}=\sum_{n=-\infty}^{-1}x(n)z^{-n}+\sum_{n=0}^{n_2}x(n)z^{-n}$$

上式第二项是一个有限长序列的 z 变换，它的收敛域是 $0<|z|\leqslant\infty$。由于第一项中 n 只取负值，其收敛域中一定不包含∞点，因此，上式的收敛域为 $0<|z|<R(R<\infty)$，即收敛域在某一个半径为 R 的圆内。当 $n_2<0$ 时，上式中没有第二项，收敛域为 $|z|<R$，这种情况下的序列称为非因果序列。

三、右边序列

右边序列是指在 $n_1\leqslant n\leqslant\infty$ 的范围内，序列的值不全为零，在 $n<n_1$ 时，序列的值全为零的序列。可表示成

$$x(n)=\begin{cases}x(n), & n_1\leqslant n\leqslant\infty\\0, & n<n_1\end{cases}\tag{4-6}$$

式中，n_1 为大于$-\infty$的整数，既可取正值，也可取负值。

当 $n_1<0$ 时，对式（4-6）求 z 变换，得

$$X(z)=\sum_{n=n_1}^{\infty}x(n)z^{-n}=\sum_{n=n_1}^{-1}x(n)z^{-n}+\sum_{n=0}^{\infty}x(n)z^{-n}$$

上式第一项是一个有限长序列，收敛域为 $0\leqslant|z|<\infty$，第二项收敛域为 $R<|z|\leqslant\infty$，整个式子的收敛域为 $R<|z|<\infty$。如果 $n_1\geqslant0$，则上式没有第一项，收敛域为 $|z|>R$，这种情况下的序列称为因果序列。

四、双边序列

双边序列可以看作左边序列和右边序列之和，其 z 变换为

$$X(z)=\sum_{n=-\infty}^{\infty}x(n)z^{-n}=\sum_{n=-\infty}^{-1}x(n)z^{-n}+\sum_{n=0}^{\infty}x(n)z^{-n}$$

上式第一项的收敛域为：$0\leqslant|z|<R_+$，第二项的收敛域为：$R_-<|z|\leqslant\infty$，因此，$X(z)$ 收敛域为：$R_-<|z|<R_+$，即在一个圆环内。如果 $R_-\geqslant R_+$，则 $X(z)$ 没有收敛域，即 $X(z)$ 不存在。

例 4-3　$x(n)=a^{|n|}$，a 为实数，求 $x(n)$ 的 z 变换和收敛域。

解： 因为

$$X(z)=\sum_{n=-\infty}^{\infty}x(n)z^{-n}=\sum_{n=-1}^{-\infty}a^{-n}z^{-n}+\sum_{n=0}^{\infty}a^{n}z^{-n}=\sum_{n=-1}^{-\infty}(az)^{-n}+\sum_{n=0}^{\infty}\left(\frac{a}{z}\right)^{n}$$

第一项的收敛域 $|az|<1$，即 $|z|<|a|^{-1}$。第二项的收敛域 $|a/z|<1$，即 $|z|>|a|$。

当 $|a|<1$ 时，收敛域为 $|a|<|z|<|a^{-1}|$，其 z 变换为

$$X(z)=\frac{1}{1-az}-1+\frac{1}{1-\dfrac{a}{z}}=\frac{1-a^2}{(1-az)(1-az^{-1})}$$

当 $|a|\geqslant 1$ 时，无收敛域，$X(z)$ 不存在。

总结以上关于序列收敛性的分析与讨论，可以得出几条有用的结论：

（1）序列的 z 变换可写成 $X(z)=P/Q$ 的形式。令 $P=0$，求出的 z 值是 $X(z)$ 的零点，令 $Q=0$，求出的 z 值是 $X(z)$ 的极点。从前面的例子不难看出收敛域的边界都是由极点确定的。因此，可以通过求极点简单判断 z 变换的收敛域。

（2）如果一个序列是有限长序列，除 $z=0$ 和 $z=\pm\infty$ 点要单独讨论，z 平面上的其他点均可取到。

（3）如果一个序列是因果序列，且极点为 $z=a$，则收敛域一定为 $|z|>a$；如果一个序列是非因果序列，且极点为 $z=a$，则收敛域一定为 $|z|<a$。表 4-1 归纳了以上讨论的几种信号的收敛域特性。

表 4-1　信号及相应的收敛域特性

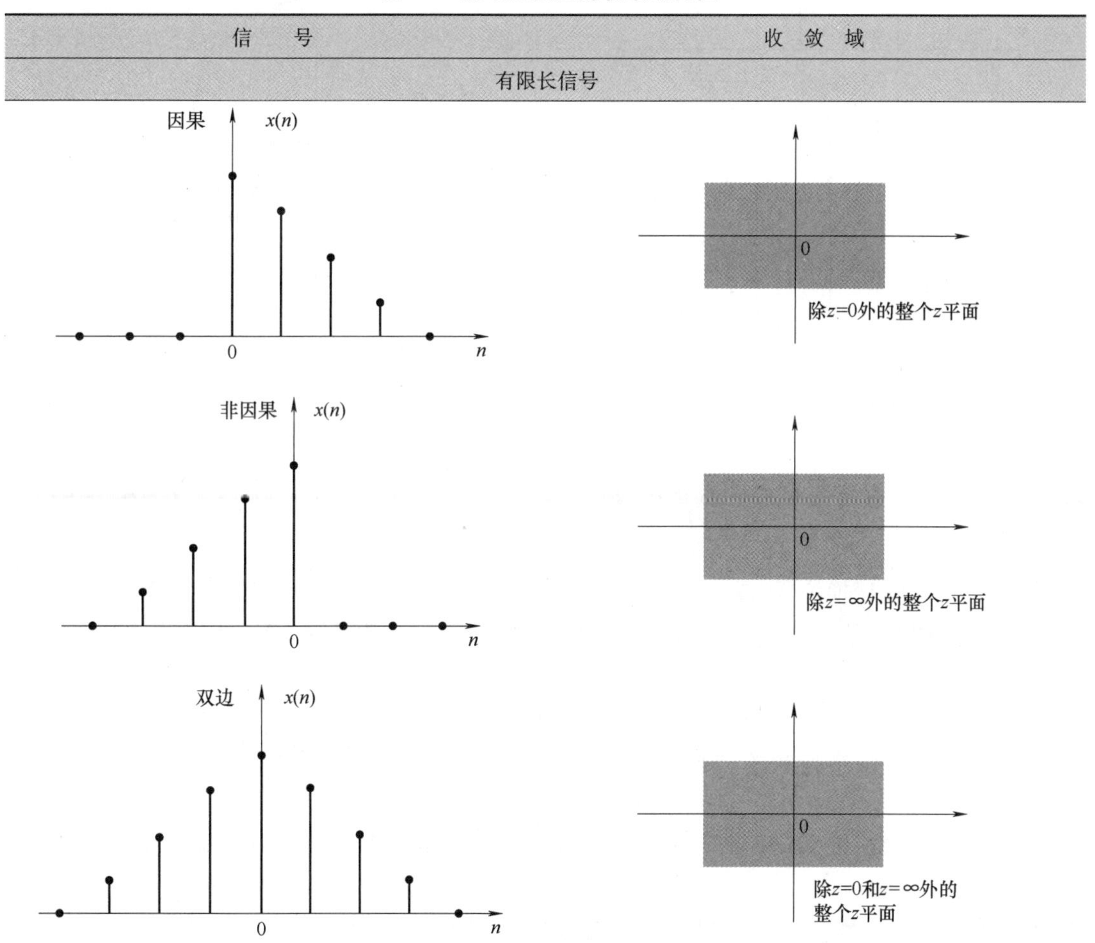

（续）

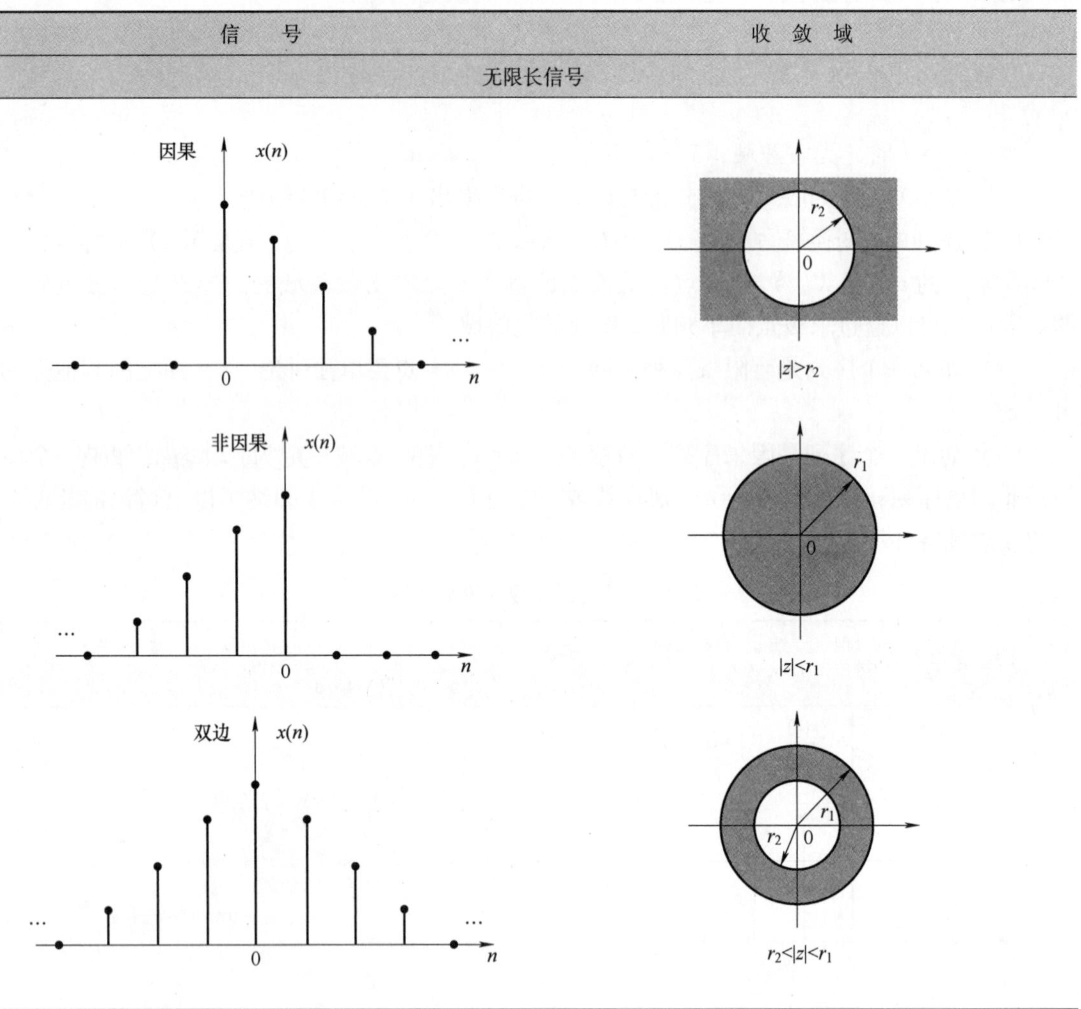

第二节　逆 z 变换

若 $x(n)$ 的 z 变换为 $X(z)$，则由 $X(z)$ 求 $x(n)$ 的过程称为逆 z 变换。计算逆 z 变换的方法主要有留数定理法、部分分式展开式法和幂级数法（又称长除法），本节将一一介绍。

一、留数定理

序列 $x(n)$ 的 z 变换和逆 z 变换表达式如下：

$$X(z)=\sum_{n=-\infty}^{\infty}x(n)z^{-n},\quad R_-<|z|<R_+$$

$$x(n)=\frac{1}{2\pi \mathrm{j}}\oint_c X(z)z^{n-1}\mathrm{d}z \tag{4-7}$$

式中，c 表示 $X(z)$ 收敛域中一条围绕圆点的逆时针闭合曲线，如图 4-2 所示。

用式（4-7）直接求解 $x(n)$ 非常困难，这里介绍数学上常用的留数定理方法，可写成式（4-8）的形式。

$$x(n)=\frac{1}{2\pi j}\oint_c X(z)z^{n-1}dz=\sum_k \text{Res}[X(z)z^{n-1},z_k] \tag{4-8}$$

式中，z_k 表示围线内的极点；$\text{Res}[X(z)z^{n-1},z_k]$表示被积函数 $X(z)z^{n-1}$在 $z=z_k$ 处的留数。因此，逆 z 变换就是求解所有围线内极点的留数之和。

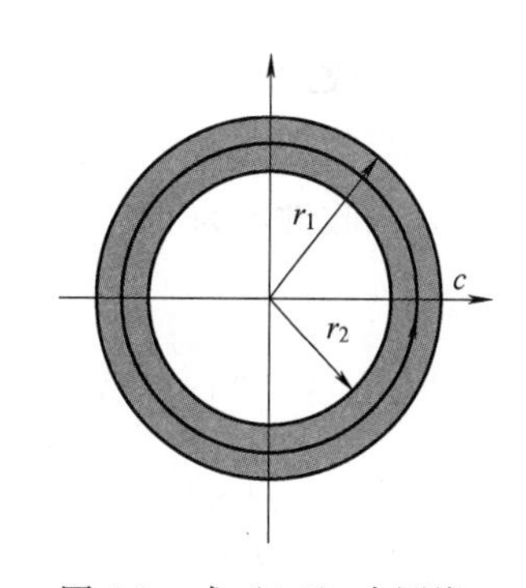

图 4-2 式（4-7）中围线 c

如果 z_k 是单阶极点，则

$$\text{Res}[X(z)z^{n-1},z_k]=(z-z_k)X(z)z^{n-1}|_{z=z_k} \tag{4-9}$$

如果 z_k 是 $m(m>1)$ 阶极点，则

$$\text{Res}[x(z)z^{n-1},z_k]=\frac{1}{(N-1)!}\frac{d^{m-1}}{dz^{m-1}}[(z-z_k)^m X(z)z^{n-1}]|_{z=z_k} \tag{4-10}$$

式（4-10）在计算留数时需要求 $m-1$ 阶导数，当 m 值较大时，计算非常复杂，因此，转换另一种思路求解：用围线外的极点留数之和来代替求围线内的极点留数之和，则式（4-10）可写成

$$\sum_{k=1}^{N_1}\text{Res}[X(z)z^{n-1},z_{k1}]=-\sum_{k=1}^{N_2}\text{Res}[X(z)z^{n-1},z_{k2}] \tag{4-11}$$

式中，N_1 表示围线内极点的个数；N_2 表示围线外极点的个数；z_{k1}和 z_{k2}分别表示围线内和围线外的极点。

式（4-11）成立的前提条件是 $X(z)z^{n-1}$分母的阶次要高于分子两阶及以上。

例 4-4 已知 $X(z)=\dfrac{1}{1-az^{-1}}$，$|z|>a$，求其逆 z 变换。

解：设 $F(z)=X(z)z^{n-1}=\dfrac{z^{n-1}}{1-az^{-1}}=\dfrac{z^n}{z-a}$

根据留数定理，先要确定 $F(z)$ 极点的个数以及极点的位置，由于 $F(z)$ 表达式中 n 的值无法确定正负，因此，极点的个数就无法确定，需要讨论 n 的取值。

当 $n\geqslant 0$ 时，极点只有一个 $z=a$，由于 $|z|>a$，因此 $z=a$ 在围线内，用式（4-9）得

$$x(n)=\text{Res}[F(z),a]=\frac{z^n}{z-a}(z-a)|_{z=a}=a^n$$

当 $n<0$ 时，$z=0$ 是围线内的 n 阶极点，$z=a$ 是围线内的一阶极点，这时，改求围线外的极点留数之和，又由于围线外没有极点，因此，$x(n)=0$。

综上所述：$x(n)=a^n$，$n\geqslant 0$，或者表示为 $x(n)=a^n u(n)$。

其实，本题还有另外一种快捷解法。根据本章第一节内容，由 $X(z)$ 的收敛域 $|z|>a$ 可以确定其对应的序列一定是因果序列，即 $x(n)=0$，$n<0$。因此，无需讨论 $n<0$ 的情况。

例 4-5 求下式的逆 z 变换。

$$X(z)=\frac{1-a^2}{(1-az)(1-az^{-1})}\qquad |a|<1$$

(1) 当收敛域为 $|z|>|a^{-1}|$ 时，求 $X(z)$ 对应的 $x(n)$。

(2) 当收敛域为 $|z|<|a|$ 时，求 $X(z)$ 对应的 $x(n)$。

(3) 当收敛域为 $|a|<|z|<|a^{-1}|$ 时，求 $X(z)$ 对应的 $x(n)$。

解:

$$F(z)=X(z)z^{n-1}=\frac{1-a^2}{(1-az)(1-az^{-1})}z^{n-1}=\frac{1-a^2}{-a(z-a)(z-a^{-1})}z^n$$

(1) 由于 $|z|>|a^{-1}|$，$x(n)$ 一定是因果序列，只用考虑 $n\geqslant 0$ 的情况。$F(z)$ 的极点 $z_1=a$，$z_2=a^{-1}$，都在围线内。由式（4-9）得

$$\begin{aligned}x(n)&=\text{Res}[F(z),z_1]+\text{Res}[F(z),z_2]\\&=\frac{1-a^2}{-a(z-a)(z-a^{-1})}z^n(z-a)\Big|_{z=a}+\frac{1-a^2}{-a(z-a)(z-a^{-1})}z^n(z-a^{-1})\Big|_{z=a^{-1}}\\&=a^n-a^{-n}\end{aligned}$$

因此，$x(n)=(a^n-a^{-n})u(n)$。

(2) 由于 $|z|<|a|$，$x(n)$ 一定是非因果序列，只用考虑 $n<0$ 的情况。$F(z)$ 的极点 $z_1=a$，$z_2=a^{-1}$，$z_3=0$（n 阶），围线内的极点是 z_3，围线外的极点是 z_1 和 z_2，因为 z_3 是 n 阶极点，改求围线外极点的留数之和，由式（4-11）得

$$\begin{aligned}x(n)&=-\text{Res}[F(z),z_1]-\text{Res}[F(z),z_2]\\&=\frac{1-a^2}{a(z-a)(z-a^{-1})}z^n(z-a)\Big|_{z=a}+\frac{1-a^2}{a(z-a)(z-a^{-1})}z^n(z-a^{-1})\Big|_{z=a^{-1}}\\&=-a^n+a^{-n}\end{aligned}$$

因此，$x(n)=(a^{-n}-a^n)u(-n-1)$。

(3) 由于 $|a|<|z|<|a^{-1}|$，$x(n)$ 一定是双边序列。

当 $n\geqslant 0$ 时，围线内只有一个极点 $z=a$，$x(n)=\text{Res}[F(z),a]=a^n$；

当 $n<0$ 时，围线内有 2 个极点，分别为 $z_1=a$ 和 $z_2=0$，其中 $z_2=0$ 是 n 阶极点，改求围线外极点留数，围线外的极点为 $z=a^{-1}$，因此 $x(n)=-\text{Res}[F(z),a^{-1}]=a^{-n}$。

综上所述，$x(n)=a^nu(n)+a^{-n}u(-n-1)$，也可表示成 $x(n)=a^{|n|}$。

二、部分分式展开式

对于只有单阶极点的序列，用部分分式展开式将 $X(z)$ 展开成一些常用序列的 z 变换形式，通过查表很快可以得到对应的逆 z 变换。

设序列 $x(n)$ 的 z 变换是 $X(z)$，则 $X(z)$ 可表示成如下形式：

$$\frac{X(z)}{z}=\frac{A_0}{z}+\sum_{m=1}^{N}\frac{A_m}{z-z_m} \tag{4-12}$$

用留数定理的方法求解系数 A_0 和 A_m 为

$$A_0=\text{Res}[X(z)/z,0] \tag{4-13}$$

$$A_m=\text{Res}[X(z)/z,z_m] \tag{4-14}$$

根据收敛域对照表 4-2，查出对应的 $x(n)$。

表 4-2 常用序列的 z 变换及收敛域

序列	z 变换	收敛域
$\delta(n)$	1	全 z 平面
$u(n)$	$\frac{1}{1-z^{-1}}$	$\|z\|>1$
$a^n u(n)$	$\frac{1}{1-az^{-1}}$	$\|z\|>a$
$R_N(n)$	$\frac{1-z^{-N}}{1-z^{-1}}$	$\|z\|>0$
$-a^n u(-n-1)$	$\frac{1}{1-az^{-1}}$	$\|z\|<a$
$n u(n)$	$\frac{z^{-1}}{(1-z^{-1})^2}$	$\|z\|>1$
$na^n u(n)$	$\frac{az^{-1}}{(1-az^{-1})^2}$	$\|z\|>a$
$e^{j\omega_0 n}u(n)$	$\frac{1}{1-e^{j\omega_0}z^{-1}}$	$\|z\|>1$
$\sin(\omega_0 n)u(n)$	$\frac{z^{-1}\sin\omega_0}{1-2z^{-1}\cos\omega_0+z^{-2}}$	$\|z\|>1$
$\cos(\omega_0 n)u(n)$	$\frac{1-z^{-1}\cos\omega_0}{1-2z^{-1}\cos\omega_0+z^{-2}}$	$\|z\|>1$

下面用部分分式展开式求解例 4-5（题目略）。

解：

$$\frac{X(z)}{z}=\frac{1-a^2}{(1-az)(z-a)}=\frac{a-a^{-1}}{(z-a^{-1})(z-a)}=\frac{A_1}{z-a^{-1}}+\frac{A_2}{z-a}$$

$$A_1=\frac{X(z)}{z}(z-a^{-1})\Big|_{z=a^{-1}}=-1,\quad A_2=\frac{X(z)}{z}(z-a)\Big|_{z=a}=1$$

$$X(z)=\frac{-z}{z-a^{-1}}+\frac{z}{z-a}=\frac{-1}{1-a^{-1}z^{-1}}+\frac{1}{1-az^{-1}}$$

（1）由于 $|z|>|a^{-1}|$，查表 4-2 可得：$x(n)=(a^n-a^{-n})u(n)$。

（2）由于 $|z|<|a|$，查表 4-2 可得：$x(n)=(a^{-n}-a^n)u(-n-1)$。

（3）由于 $|a|<|z|<|a^{-1}|$，查表 4-2 可得：$x(n)=a^n u(n)+a^{-n}u(-n-1)$。

与留数法相比，部分分式展开式对于求解单阶极点的逆 z 变换更加简单。

下面介绍用 MATLAB 求解逆 z 变换的方法。

在 MATLAB 工具箱中提供了函数 residuez，可用来计算一个 z^{-1}有理多项式的留数部分和多项式项。假设

$$X(z)=\frac{b_0+b_1z^{-1}+b_2z^{-2}+\cdots+b_Mz^{-M}}{a_0+a_1z^{-1}+a_2z^{-2}+\cdots+a_Nz^{-N}}=\frac{B(z)}{A(z)}=\sum_{k=1}^{N}\frac{R_k}{1-p_kz^{-1}}+\sum_{k=0}^{M-N}C_kz^{-k}\quad (M\geqslant N)$$ 是一个有理式，

其中分子和分母多项式都是以 z^{-1} 升序排列。函数 residuez 的完整形式为：[$\boldsymbol{R}$,$\boldsymbol{p}$,$\boldsymbol{C}$] = residuez($\boldsymbol{b}$,$\boldsymbol{a}$)，其中 $\boldsymbol{b}$ 和 $\boldsymbol{a}$ 分别是 $B(z)$ 和 $A(z)$ 的系数向量。函数求出的 $\boldsymbol{R}$ 是含有留数的列向量，$\boldsymbol{p}$ 是极点的位置向量，$\boldsymbol{C}$ 包含直接项，它是行向量。如果 $p(k)=\cdots=p(k+r-1)$ 是阶次为 r 的极点，那么展开式中含有下列形式：

$$\frac{R_k}{1-p_k z^{-1}}+\frac{R_{k+1}}{(1-p_k z^{-1})^2}+\cdots+\frac{R_{k+r-1}}{(1-p_k z^{-1})^r}$$

类似地，函数[$\boldsymbol{b}$,$\boldsymbol{a}$]=residuez($\boldsymbol{R}$,$\boldsymbol{p}$,$\boldsymbol{C}$) 将部分分式展开式又转换回具有行向量 $\boldsymbol{b}$ 和 $\boldsymbol{a}$ 中系数的多项式。

例 4-6 核对有理函数 $X(z)=\dfrac{z}{3z^2-4z+1}$ 的部分分式展开式是否为

$$X(z)=\frac{0.5}{1-z^{-1}}-\frac{0.5}{1-\frac{1}{3}z^{-1}}$$

解：MATLAB 参考脚本如下：

```
>>b=[0,1];a=[3,-4,1];[R,p,C]=residuez(b,a)
R=
    0.5000
    -0.5000
p=
    1.0000
    0.3333
C=
    []
```

其结果与题目给出的部分分式展开式一致。反过来，也可以用计算的结果调用函数[$\boldsymbol{b}$,$\boldsymbol{a}$]=residuez($\boldsymbol{R}$,$\boldsymbol{p}$,$\boldsymbol{C}$)来验证是否正确。MATLAB 脚本如下：

```
>>[b,a]=residuez(R,p,C)
b=
    -0.0000    0.3333
a=
    1.0000  -1.3333    0.3333
```

用向量 $\boldsymbol{b}$ 和 $\boldsymbol{a}$ 组成的 $X(z)$ 为

$$X(z)=\frac{0+\frac{1}{3}z^{-1}}{1-\frac{4}{3}z^{-1}+\frac{1}{3}z^{-2}}=\frac{z}{3z^2-4z+1}$$，与题目给出的有理函数一致。

三、幂级数法

根据 $x(n)$ 的 z 变换 $X(z)$ 及其对应的收敛域，将 $X(z)$ 展开成如下形式的幂级数：

$$X(z)=\sum_{n=-\infty}^{\infty}C_n z^{-n} \tag{4-15}$$

上式收敛于给定的收敛域，对于所有的 n，对照式（4-1）可知 $x(n)=C_n$，当 $X(z)$ 是有理式时，展开可以通过幂级数法求得。

例 4-7　计算下式的逆 z 变换。

$$X(z)=\frac{1}{1-1.5z^{-1}+0.5z^{-2}},\quad |z|>1$$

解：因为 $|z|>1$，$x(n)$ 一定是因果序列。根据幂级数法，将 $X(z)$ 展开成 z 的负幂级数，即分子除以分母，得

$$X(z)=\frac{1}{1-\frac{3}{2}z^{-1}+\frac{1}{2}z^{-2}}=1+\frac{3}{2}z^{-1}+\frac{7}{4}z^{-2}+\frac{15}{8}z^{-3}+\frac{31}{16}z^{-4}+\cdots$$

因此，$x(n)=\left\{1,\frac{3}{2},\frac{7}{4},\frac{15}{8},\frac{31}{16},\cdots \mid n=0,1,2,\cdots\right\}$

计算过程如下：

$$\begin{array}{r|l}
 & 1+\frac{3}{2}z^{-1}+\frac{7}{4}z^{-2}+\frac{15}{8}z^{-3} \\
\hline
1-\frac{3}{2}z^{-1}+\frac{1}{2}z^{-2} & 1-\frac{3}{2}z^{-1}+\frac{1}{2}z^{-2} \\
 & \overline{\frac{3}{2}z^{-1}-\frac{1}{2}z^{-2}} \\
 & \frac{3}{2}z^{-1}-\frac{9}{4}z^{-2}+\frac{3}{4}z^{-3} \\
 & \overline{\frac{7}{4}z^{-2}-\frac{3}{4}z^{-3}} \\
 & \frac{7}{4}z^{-2}-\frac{21}{8}z^{-3}+\frac{7}{8}z^{-4} \\
 & \overline{\frac{15}{8}z^{-3}-\frac{7}{8}z^{-4}} \\
 & \frac{15}{8}z^{-3}-\frac{45}{16}z^{-4}+\frac{15}{26}z^{-5} \\
 & \overline{\frac{31}{16}z^{-4}-\frac{15}{16}z^{-5}}
\end{array}$$

由上面的例子可知，当 n 很大时，幂级数法通常不能得到 $x(n)$ 的完整形式。由于计算过程越来越冗长复杂，该方法只适用于求解信号开始的几个值。

第三节　z 变换的性质及定理

一、线性性质

如果 $Z\{x_1(n)\}=X_1(z)$，$Z\{x_2(n)\}=X_2(z)$，对于任何常数 a_1 和 a_2，有

$$\begin{cases}x(n)=a_1x_1(n)+a_2x_2(n)\\ Z\{x(n)\}=a_1X_1(z)+a_2X_2(z)\end{cases} \tag{4-16}$$

二、时移性质

如果 $Z\{x(n)\}=X(z)$，那么

$$Z\{x(n-n_0)\}=z^{-n_0}X(z) \tag{4-17}$$

除单独考虑 $n_0>0$ 时 $z=0$ 和 $n_0<0$ 时 $z=\pm\infty$ 这两种情况之外，其收敛域与 $X(z)$ 的收敛域一样。

例 4-8　设 $x(n)=\{1,2,3,4,5\mid n=0,1,2,3,4\}$，求 $y(n)=x(n+1)$ 的 z 变换。

解：$x(n)$ 的 z 变换为

$$X(z)=\sum_{n=0}^{4}x(n)z^{-n}=z^0+2z^{-1}+3z^{-2}+4z^{-3}+5z^{-4}$$

根据时移性质有

$$Y(z)=zX(z)=z^1+2z^0+3z^{-1}+4z^{-2}+5z^{-3}$$

收敛域为除 $z=0$ 和 $z=\pm\infty$ 以外的整个 z 平面。

例 4-9　求下列信号的 z 变换

$$x(n)=\begin{cases}1, & 0\leqslant n\leqslant N-1\\ 0, & 其他\end{cases}$$

解：方法一：用 z 变换公式直接求解

$$X(z)=\sum_{n=0}^{N-1}x(n)z^{-n}=\sum_{n=0}^{N-1}z^{-n}=\frac{1-z^{-N}}{1-z^{-1}}\quad(z\neq1)$$

当 $z=1$ 时，$X(z)=N$，所以

$$X(z)=\begin{cases}\dfrac{1-z^{-N}}{1-z^{-1}}, & z\neq1\\ N, & z=1\end{cases}$$

因为 $x(n)$ 是有限长序列，且 $0\leqslant n\leqslant N-1$，所以 $X(z)$ 的收敛域为除了 $z=0$ 以外的整个 z 平面。

方法二：利用时移性质有

$$x(n)=u(n)-u(n-N)$$

因为

$$Z\{u(n)\}=\frac{1}{1-z^{-1}}$$

收敛域为 $|z|>1$，根据时移性质有

$$Z\{u(n-N)\}=\frac{z^{-N}}{1-z^{-1}}$$

收敛域为 $|z|>1$，所以

$$X(z)=\frac{1}{1-z^{-1}}-\frac{z^{-N}}{1-z^{-1}}=\frac{1-z^{-N}}{1-z^{-1}}\quad(z\neq1)$$

$z=1$ 要单独考虑，当 $z=1$ 时，$X(z)=N$。

根据以上分析，虽然 $u(n)$ 和 $u(n-N)$ 的收敛域都是 $|z|>1$，但 $x(n)=u(n)-u(n-N)$ 的 z 变换的收敛域并非 $|z|>1$。这说明 $X(z)$ 的收敛域只与 $x(n)$ 本身的特性有关，并不能由 $x(n)$ 各部分 z 变换的收敛域决定。

三、尺度变换

如果 $Z\{x(n)\}=X(z)$，收敛域为 $r_1<|z|<r_2$，那么对于任意常数 a，都有 $Z\{a^n x(n)\}=X(a^{-1}z)$，收敛域为

$$|a|r_1<|z|<|a|r_2 \tag{4-18}$$

证明：

$$Z\{a^n x(n)\}=\sum_{n=-\infty}^{\infty}a^n x(n)z^{-n}=\sum_{n=-\infty}^{\infty}x(n)(a^{-1}z)^{-n}=X(a^{-1}z)$$

因为 $X(z)$ 的收敛域为

$$r_1<|z|<r_2$$

所以 $X(a^{-1}z)$ 的收敛域为

$$r_1<|a^{-1}z|<r_2$$

即

$$|a|r_1<|z|<|a|r_2$$

例 4-10 求下列信号的 z 变换。

(1) $x_1(n)=a^n u(n)$

(2) $x_2(n)=a^n\cdot\cos\omega_0 n\cdot u(n)$

解：(1) 因为

$$Z\{u(n)\}=\frac{1}{1-z^{-1}},\quad |z|>1$$

根据尺度变换性质有

$$X_1(z)=\frac{1}{1-(a^{-1}z)^{-1}}=\frac{1}{1-az^{-1}},\quad |z|>a$$

(2) 因为

$$x(n)=a^n\times\frac{1}{2}[\mathrm{e}^{\mathrm{j}\omega_0 n}+\mathrm{e}^{-\mathrm{j}\omega_0 n}]u(n)=\frac{1}{2}[(a\mathrm{e}^{\mathrm{j}\omega_0})^n+(a\mathrm{e}^{-\mathrm{j}\omega_0})^n]u(n)$$

所以

$$X_2(z)=\frac{1}{2}\left[\frac{1}{1-(ae^{j\omega_0})z^{-1}}+\frac{1}{1-(ae^{-j\omega_0})z^{-1}}\right]=\frac{1-az^{-1}\cos\omega_0}{1-2az^{-1}\cos\omega_0+a^2z^{-2}}$$

收敛域为

$$|z|>|a|$$

四、序列乘以 *n* 的 *z* 变换

如果 $Z\{x(n)\}=X(z)$，收敛域为 $r_1<|z|<r_2$，那么

$$Z\{nx(n)\}=-z\frac{dX(z)}{dz} \tag{4-19}$$

证明：

$$\frac{dX(z)}{dz}=\sum_{n=-\infty}^{\infty}x(n)(-n)z^{-n-1}=-z^{-1}\sum_{n=-\infty}^{\infty}[nx(n)]z^{-n}=-z^{-1}Z\{nx(n)\}$$

收敛域为 $r_1<|z|<r_2$。

例 4-11 求序列 $x(n)=na^nu(n)$ 的 z 变换。

解： 因为

$$Z\{a^nu(n)\}=\frac{1}{1-az^{-1}},\quad |z|>|a|$$

所以

$$X(z)=-z\frac{d}{dz}\left(\frac{1}{1-az^{-1}}\right)=\frac{az^{-1}}{(1-az^{-1})^2},\quad |z|>|a|$$

五、时间反转

如果 $Z\{x(n)\}=X(z)$，收敛域为 $r_1<|z|<r_2$，那么

$$z\{x(-n)\}=X(z^{-1}) \tag{4-20}$$

收敛域为 $1/r_2<|z|<1/r_1$。

证明：

$$Z\{x(-n)\}=\sum_{n=-\infty}^{\infty}x(-n)z^{-n}=\sum_{k=-\infty}^{\infty}x(k)(z^{-1})^{-k}=X(z^{-1})$$

收敛域为：$r_1<|z^{-1}|<r_2$，即 $1/r_2<|z|<1/r_1$。

例 4-12 求序列 $x(n)=a^nu(-n)$ 的 z 变换。

解： 设 $x_1(n)=a^{-n}u(n)$

$$Z\{x_1(n)\}=\frac{1}{1-a^{-1}z^{-1}},\quad |z|>|a|^{-1}$$

根据时间反转性质有

$$Z\{x(n)\}=\frac{1}{1-a^{-1}z},\quad |z|<|a|$$

六、复共轭的 *z* 变换

如果 $Z\{x(n)\}=X(z)$，收敛域为 $r_1<|z|<r_2$，那么

$$Z\{x^*(n)\}=X^*(z^*) \tag{4-21}$$

收敛域为 $r_1<|z|<r_2$。

证明：

$$Z\{x^*(n)\}=\sum_{n=-\infty}^{\infty}x^*(n)z^{-n}=\sum_{n=-\infty}^{\infty}[x(n)(z^*)^{-n}]^*=X^*(z^*)$$

收敛域为

$$r_1<|z|<r_2$$

将 $x(n)$ 写成：$x(n)=x_r(n)+jx_i(n)$

上式左右两边取共轭，得：$x^*(n)=x_r(n)-j\,x(n)$

则

$$x_r(n)=\frac{1}{2}[x(n)+x^*(n)]$$

$$jx_i(n)=\frac{1}{2}[x(n)-x^*(n)]$$

所以

$$z\{x_r(n)\}=\frac{1}{2}[X(z)+X^*(z^*)] \tag{4-22}$$

$$z\{jx_i(n)\}=\frac{1}{2}[X(z)-X^*(z^*)] \tag{4-23}$$

即

$$z\{\mathrm{Re}\{x(n)\}\}=\frac{1}{2}[X(z)+X^*(z^*)] \tag{4-24}$$

$$z\{j\mathrm{Im}\{x(n)\}\}=\frac{1}{2}[X(z)-X^*(z^*)] \tag{4-25}$$

七、卷积定理

如果 $Z\{x_1(n)\}=X_1(z)$，$Z\{x_2(n)\}=X_2(z)$，序列 $x(n)=x_1(n)*x_2(n)$，则 $x(n)$ 的 z 变换可表示为

$$Z\{x(n)\}=X_1(z)\cdot X_2(z) \tag{4-26}$$

证明：

$$x(n)=x_1(n)*x_2(n)=\sum_{m=-\infty}^{\infty}x_1(m)x_2(n-m)$$

$$X(z)=\sum_{n=-\infty}^{\infty}x(n)z^{-n}=\sum_{n=-\infty}^{\infty}\left[\sum_{m=-\infty}^{\infty}x_1(m)x_2(n-m)\right]z^{-n}$$

$$=\sum_{m=-\infty}^{\infty}x_1(m)\left[\sum_{n=-\infty}^{\infty}x_2(n-m)z^{-n}\right]$$

$$=\sum_{m=-\infty}^{\infty}x_1(m)z^{-m}X_2(z)=X_1(z)\cdot X_2(z)$$

例 4-13　已知 $x(n)=u(n)$，$h(n)=a^n u(n)$，$|a|<1$，求 $y(n)=x(n)*h(n)$。

解：方法一：按照第二章线性卷积的方法求解，略。

方法二：用 z 变换的卷积定理，查表 4-2 得

$$X(z)=\frac{1}{1-z^{-1}},\quad |z|>1$$

$$H(z)=\frac{1}{1-az^{-1}},\quad |z|>a$$

$$Y(z)=X(z)\cdot H(z)=\frac{1}{(1-z^{-1})(1-az^{-1})},\quad |z|>1$$

上式求逆 z 变换，可得

$$y(n)=\frac{1-a^{n+1}}{1-a}u(n)$$

八、两序列相乘

如果 $Z\{x_1(n)\}=X_1(z)$，$Z\{x_2(n)\}=X_2(z)$，序列 $x(n)=x_1(n)*x_2(n)$，则

$$x(n)=\frac{1}{2\pi \mathrm{j}}\oint_c X(z)z^{n-1}\mathrm{d}z=\sum_k \mathrm{Res}[X(z)z^{n-1},z_k] \tag{4-27}$$

式中，c 是围绕圆点的闭合曲线，位于 $X_1(v)$ 和 $X_1(1/v)$ 共同的收敛域内。

证明：$x(n)$ 的 z 变换为

$$X(z)=\sum_{n=-\infty}^{\infty}x(n)z^{-n}=\sum_{n=-\infty}^{\infty}x_1(n)\cdot x_2(n)z^{-n}$$

将 $x_1(n)=\frac{1}{2\pi \mathrm{j}}\oint_c X_1(v)v^{n-1}\mathrm{d}v$ 代入上式，得

$$X(z)=\frac{1}{2\pi \mathrm{j}}\oint_c X_1(v)\left[\sum_{-\infty}^{\infty}x_2(n)\left(\frac{z}{v}\right)^{-n}\right]v^{-1}\mathrm{d}v$$

$$=\frac{1}{2\pi \mathrm{j}}\oint_c X_1(v)X_2\left(\frac{z}{v}\right)v^{-1}\mathrm{d}v$$

如果 $X_1(z)$ 的收敛域为 $r_{11}<|v|<r_{22}$，$X_2(z)$ 的收敛域为 $r_1<|z|<r_2$，那么 $X(z)$ 收敛域为 $r_{11}r_1<|z|<r_{22}r_2$。

九、初值定理

如果 $x(n)$ 是因果序列，即 $x(n)=0$，$n<0$，那么

$$x(0)=\lim_{z\to\infty}X(z) \tag{4-28}$$

证明：因为 $x(n)$ 是因果序列，则

$$X(z)=\sum_{n=0}^{\infty}x(n)z^{-n}=x(0)+x(1)z^{-1}+x(2)z^{-2}+\cdots$$

当 $z\to\infty$ 时，$X(z)=x(0)$。

十、帕塞瓦尔定理

如果 $x_1(n)$ 和 $x_2(n)$ 都是复序列，那么

$$\sum_{n=-\infty}^{\infty} x_1(n)x_2^*(n)=\frac{1}{2\pi j}\oint_c X_1(v)X_2^*\left(\frac{1}{v^*}\right)v^{-1}dv \tag{4-29}$$

为了方便读者查阅，将上述性质和定理归纳在表 4-3 中。

表 4-3 z 变换的性质及定理

性质	z 变换	收敛域
线性	$a_1x_1(n)+a_2x_2(n)\leftrightarrow a_1X_1(z)+a_2X_2(z)$	$X_1(z)$ 和 $X_2(z)$ 收敛域交集
时移	$x(n-n_0)\leftrightarrow z^{-n_0}X(z)$	同 $X(z)$，$n_0>0$ 时 $z=0$ 和 $n_0<0$ 时 $z=\pm\infty$ 除外
尺度变换	$a^n x(n)\leftrightarrow X(a^{-1}z)$	$\|a\|r_1<\|z\|<\|a\|r_2$
序列乘以 n	$nx(n)\leftrightarrow -z\dfrac{dX(z)}{dz}$	$r_1<\|z\|<r_2$
时间反转	$x(-n)\leftrightarrow X(z^{-1})$	$\dfrac{1}{r_2}<\|z\|<\dfrac{1}{r_1}$
复共轭的 z 变换	$x^*(n)\leftrightarrow X^*(z^*)$ $\mathrm{Re}\{x(n)\}\leftrightarrow\dfrac{1}{2}[X(z)+X^*(z^*)]$ $\mathrm{jIm}\{x(n)\}\leftrightarrow\dfrac{1}{2}[X(z)-X^*(z^*)]$	$r_1<\|z\|<r_2$ $r_1<\|z\|<r_2$ $r_1<\|z\|<r_2$
卷积	$x_1(n)*x_2(n)\leftrightarrow X_1(z)\cdot X_2(z)$	$X_1(z)$ 和 $X_2(z)$ 收敛域交集
两序列相乘	$x(n)=x_1(n)\cdot x_2(n)\leftrightarrow X(z)=\dfrac{1}{2\pi j}\oint_c X_1(v)X_2\left(\dfrac{z}{v}\right)v^{-1}dv$	
初值定理	$x(0)=\lim\limits_{z\to\infty}X(z)$	
帕塞瓦尔定理	$\sum\limits_{n=-\infty}^{\infty}x_1(n)x_2^*(n)=\dfrac{1}{2\pi j}\oint_c X_1(v)X_2^*\left(\dfrac{1}{v^*}\right)v^{-1}dv$	

第四节 系统函数

一、系统函数的定义

一个时域离散信号 $x(n)$ 通过一个线性非时变系统（该系统的单位取样响应为 $h(n)$）时，输出 $y(n)$ 可表示成 $y(n)=x(n)*h(n)$。根据 z 变换的卷积定理，有 $Y(z)=X(z)\cdot H(z)$，即 $H(z)=Y(z)/X(z)$。$H(z)$ 称为该线性非时变系统的系统函数，它是系统单位取样响应 $h(n)$ 的 z 变换。

由第二章可知，$h(n)$ 的傅里叶变换表达式为

$$H(e^{j\omega}) = \sum_{n=-\infty}^{\infty} h(n) e^{-j\omega n}$$

将 $z=e^{j\omega}$代入上式，得

$$H(z)|_{z=e^{j\omega}} = \sum_{n=-\infty}^{\infty} h(n) z^{-n} = \sum_{n=-\infty}^{\infty} h(n) e^{-j\omega n} = H(e^{j\omega})$$

因为 $z=e^{j\omega}$表示复平面上的单位圆，所以当 $H(z)$ 的收敛域中包含单位圆时，系统函数 $H(z)$ 与频率响应函数 $H(e^{j\omega})$ 相等。

二、系统函数和差分方程的关系

在时域离散系统中，一个线性非时变系统可表示成差分方程的形式，即

$$\sum_{k=0}^{N} a_k y(n-k) = \sum_{r=0}^{M} b_r x(n-r) \tag{4-30}$$

假设系统初始状态为零，即信号输入前没有赋初值，对上式左右两边进行 z 变换，并利用 z 变换的时移性质，得

$$\sum_{k=0}^{N} a_k Y(z) z^{-k} = \sum_{r=0}^{M} b_r X(z) z^{-r} \tag{4-31}$$

由此得到系统函数为

$$H(z) = \frac{Y(z)}{X(z)} = \frac{\sum_{r=0}^{M} b_r z^{-r}}{\sum_{k=0}^{N} a_k z^{-k}} \tag{4-32}$$

式（4-32）说明，系统函数的分子和分母都是 z^{-1}的多项式，且系数为差分方程式（4-30）两边的系数。下面举例介绍用 Matlab 计算系统函数的方法。

在 Matlab 中，提供了求解 $H(z)$ 的函数 freqz，它有以下几种形式：

(1) $[H,\boldsymbol{\omega}]$=freqz($\boldsymbol{b}$,$\boldsymbol{a}$,N)。$\boldsymbol{b}$ 和 $\boldsymbol{a}$ 分别为差分方程 $x(n)$ 和 $y(n)$ 前面的系数向量，N 表示单位圆的上半圆的 N 个等分点，H 表示系统函数，$\boldsymbol{\omega}$ 表示 N 个点对应的频率向量。

(2) $[H,\boldsymbol{\omega}]$=freqz($\boldsymbol{b}$,$\boldsymbol{a}$,N,'whole')。此函数比第（1）条多了一个参数'whole'，它表示求解的是整个单位圆上的 N 等分点。

(3) H=freqz($\boldsymbol{b}$,$\boldsymbol{a}$,$\boldsymbol{\omega}$)。该函数频率 $\boldsymbol{\omega}$ 的范围为 $[0,\pi]$。

例 4-14 已知一个因果系统 $y(n)=0.6y(n-1)+2x(n)$，求：

(1) $H(z)$ 并画出零极点分布图。

(2) 画出系统的幅度特性图 $|H(e^{j\omega})|$ 和相位特性图 $\varphi(e^{j\omega})$。

(3) 单位取样响应 $h(n)$。

MATLAB 参考脚本如下：

```
>>b=[2,0];a=[1,-0.6];zplane(b,a);figure(2)
[H,W]=freqz(b,a,100);magH=abs(H);phaH=angle(H);
subplot(2,1,1);plot(W/pi,magH);
```

```
xlabel('\omega');ylabel('幅度');title('幅度响应');
subplot(2,1,2);plot(W/pi,phaH);
xlabel('\omega');ylabel('相位');title('相位响应');
```

运行结果如图 4-3 所示。

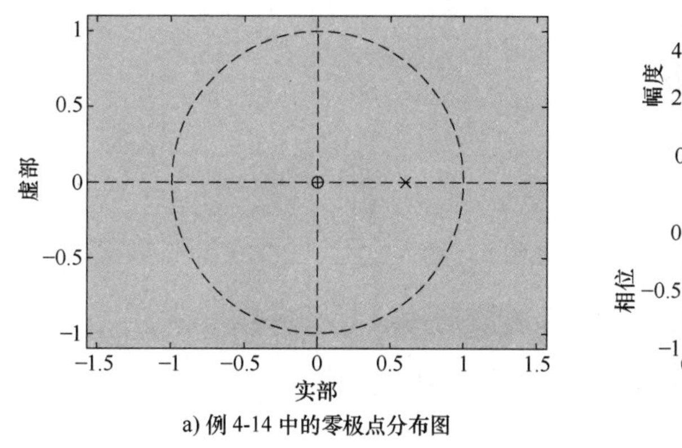

a) 例 4-14 中的零极点分布图

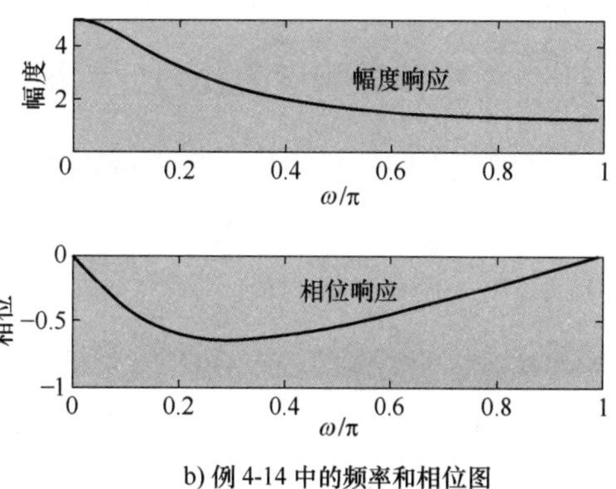

b) 例 4-14 中的频率和相位图

图 4-3 例 4-14 运行结果图

对该题的差分方程求 z 变换，得到系统函数

$$H(z)=\frac{2}{1-0.6z^{-1}},\quad |z|>0.6$$

查表 4-2 得：$h(n)=2(0.6)^n u(n)$。

三、因果稳定性

第二章介绍了在时域中如何判断一个线性非时变系统的因果稳定性，本节将在 z 域中对此进行讨论。

在时域中，因果系统的充分必要条件是 $h(n)=0$，$n<0$，收敛域是圆的外部，即 $|z|>R$。稳定性的充分必要条件是：

$$\sum_{n=-\infty}^{\infty}|h(n)|<\infty$$

因为

$$H(z)=\sum_{n=-\infty}^{\infty}h(n)z^{-n}$$

所以

$$|H(z)|\leqslant\sum_{n=-\infty}^{\infty}|h(n)z^{-n}|=\sum_{n=-\infty}^{\infty}|h(n)||z^{-n}|$$

如果 $z=e^{j\omega}$（即收敛域包含单位圆），那么 $|z|=1$，则

$$|H(z)|\leqslant\sum_{n=-\infty}^{\infty}|h(n)||z^{-n}|\leqslant\sum_{n=-\infty}^{\infty}|h(n)|<\infty$$

综上所述，在 z 域中，一个因果稳定系统的充分必要条件是 $R<|z|\leqslant\infty$，且 $0<R<1$，即

收敛域包含单位圆。

例 4-15 已知 $H(z)=\dfrac{1}{(1-az^{-1})(1-az)}$，$0<a<1$，分析其因果稳定性。

解： $H(z)$ 的极点为 $z_1=a$，$z_2=a^{-1}$。根据系统因果性的判断方法，当 $|z|>a^{-1}$ 时，系统是因果的，但收敛域不包括单位圆，所以系统不稳定；当 $a^{-1}<|z|<a$ 时，系统非因果，但是稳定；当 $|z|<a$ 时，系统非因果也非稳定。

四、系统频率响应的几何分析法

系统函数 $H(z)$ 可以用矢量的形式表示为

$$H(z)=\frac{\sum_{r=0}^{M} b_r z^{-r}}{\sum_{k=0}^{N} a_k z^{-k}}=A\frac{\prod_{r=1}^{M}(1-c_r z^{-1})}{\prod_{k=1}^{N}(1-d_k z^{-1})}=Az^{-(M-N)}\frac{\prod_{r=1}^{M}(z-c_r)}{\prod_{k=1}^{N}(z-d_k)} \tag{4-33}$$

设 $H(z)$ 的收敛域包含单位圆，则系统函数可以写成如下形式

$$H(\mathrm{e}^{\mathrm{j}\omega})=A\mathrm{e}^{-\mathrm{j}\omega(M-N)}\frac{\prod_{r=1}^{M}(\mathrm{e}^{\mathrm{j}\omega}-c_r)}{\prod_{k=1}^{N}(\mathrm{e}^{\mathrm{j}\omega}-d_k)} \tag{4-34}$$

式中，c_r 表示 $H(z)$ 的零点；$\mathrm{e}^{\mathrm{j}\omega}-c_r$ 表示零点 c_r 指向单位圆上的任意一点；d_k 表示 $H(z)$ 的极点；$\mathrm{e}^{\mathrm{j}\omega}-d_k$ 表示极点 d_k 指向单位圆上的任意一点。

下面用几何的方法表示这些关系：

$$\overrightarrow{C_rB}=\mathrm{e}^{\mathrm{j}\omega}-c_r \tag{4-35}$$

$$\overrightarrow{D_kB}=\mathrm{e}^{\mathrm{j}\omega}-d_k \tag{4-36}$$

将式（4-35）和式（4-36）代入式（4-34）中，得

$$H(\mathrm{e}^{\mathrm{j}\omega})=A\mathrm{e}^{-\mathrm{j}\omega(M-N)}\frac{\prod_{r=1}^{M}\overrightarrow{C_rB}}{\prod_{k=1}^{N}\overrightarrow{D_kB}} \tag{4-37}$$

式（4-35）和式（4-36）也可用极坐标表示为

$$\overrightarrow{C_rB}=|C_rB|\mathrm{e}^{\mathrm{j}\alpha_r} \tag{4-38}$$

$$\overrightarrow{D_kB}=|D_kB|\mathrm{e}^{\mathrm{j}\beta_k} \tag{4-39}$$

式（4-37）可表示为

$$H(\mathrm{e}^{\mathrm{j}\omega})=|H(\mathrm{e}^{\mathrm{j}\omega})|\mathrm{e}^{\mathrm{j}\varphi(\omega)} \tag{4-40}$$

则

$$|H(\mathrm{e}^{\mathrm{j}\omega})|=|A|\frac{\prod_{r=1}^{M}|C_rB|}{\prod_{k=1}^{N}|D_kB|} \tag{4-41}$$

$$\varphi(\omega)=\sum_{r=1}^{M}\alpha_r-\sum_{k=1}^{N}\beta_k-(M-N)\omega \tag{4-42}$$

式（4-41）表示系统的幅度特性，可描述为：所有零点与单位圆上任意点距离的乘积与所有极点与单位圆上任意点距离的乘积的比值。式（4-42）表示系统的相位特性，α_r 表示零点指向单位圆任意一点的矢量与水平轴正向的夹角，β_k 表示极点指向单位圆任意一点的矢量与水平轴正向的夹角。下面讨论零极点的分布对幅度和相位特性的影响。

（一）零极点位置与幅度之间的关系

从式（4-41）可以看出，零点的位置影响幅度函数的分子部分，极点的位置影响幅度函数的分母部分。假设极点用 d_k 表示，在单位圆上取任意一点 B，B 在单位圆上逆时针（正方向）移动，当 B 移动到与 d_k 距离最近时，此时 $|D_kB|$ 最小，即分母最小，幅度值最大，出现峰值。

零点的情况与极点正好相反，当 B 移动到与 c_r 距离最近时，此时 $|C_rB|$ 最小，即分子最小，幅度值最小，出现谷点。图 4-4 表示一个系统的零极点矢量图。

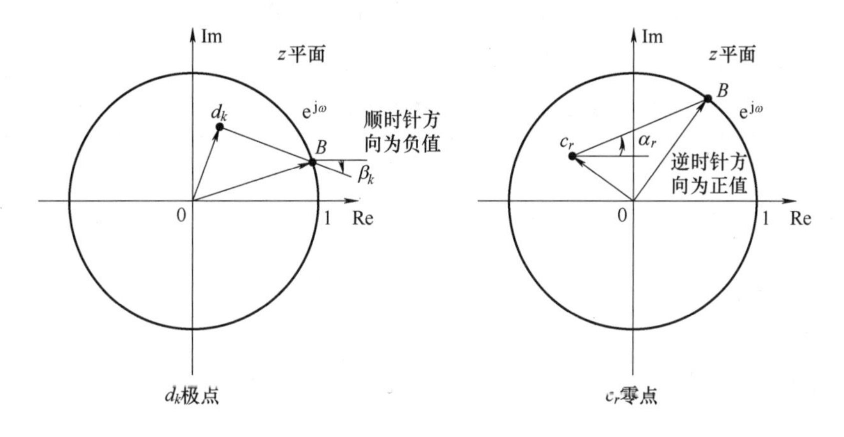

图 4-4　某系统的零极点矢量图

（二）零极点位置与相位之间的关系

由式（4-42）可知，单位圆上任意一点 B 处的系统函数的幅角等于各个零点到 B 点的矢量幅角之和，减去各极点到 B 点的矢量幅角和，再减去原点到 B 点的矢量幅角的 $(M-N)$ 倍。由图 4-4 可见，若零点或极点在单位圆内，当 B 点由 $\omega=0$ 逆时针旋转到 2π 时，零点或极点矢量幅角变化了 $+2\pi$；若零点或极点在单位圆外时，相位变化量为零（$\omega=2\pi$ 与 $\omega=0$ 的幅角进行比较）。

假设系统有 M 个零点，用 m_{i} 和 m_{o} 分别表示圆内和圆外的零点个数。有 N 个极点，用 p_{i} 和 p_{o} 分别表示圆内和圆外的极点个数，则

$$M=m_{\mathrm{i}}+m_{\mathrm{o}},\quad N=p_{\mathrm{i}}+p_{\mathrm{o}}$$

由于因果稳定系统的极点全部在单位圆内部，因此，系统的相位变化量为 $2\pi(m_{\mathrm{i}}-p_{\mathrm{i}})-2\pi(M-N)=-2\pi m_{\mathrm{o}}$，仅取决于单位圆外部的零点个数 m_{o}。

有两种极端的情况：一种是系统的零极点全部在单位圆内部，此时系统相位变化量为 0，称为最小相位系统；另一种是全部的零点在单位圆的外部，全部的极点在单位圆的内部，

这时系统的相位变化量为$-2\pi M$，称为因果性的最大相位系统。一般的因果稳定系统是极点都在单位圆内，零点在单位圆内外都有。

例 4-16 已知一阶系统的差分方程为 $y(n)=by(n-1)+x(n)$，用几何法分析其幅度和相位特性。

解： 由系统的差分方程可得

$$H(z)=\frac{1}{1-bz^{-1}}=\frac{z}{z-b},\quad |z|>|b|,\ 0<b<1$$

系统的零极点分别为：$c_r=0$，$d_k=b$。由式（4-41）和式（4-42）可得

$$|H(e^{j\omega})|=\frac{1}{bB},\quad \varphi(\omega)=\omega-\beta_r$$

其系统零极点矢量图如图 4-5 所示。

当 ω 从 0 开始逆时针旋转一周到 2π，其特殊点的幅度和相位的值可以计算出来，从而可以大致估计幅频特性曲线。这些特殊点的幅值和相位统计在表 4-4 中。

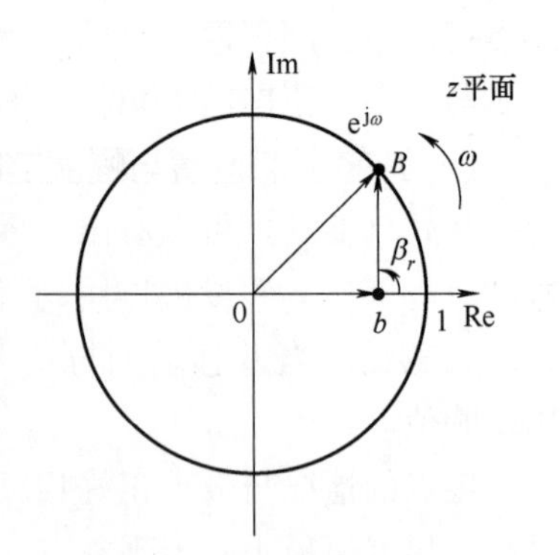

图 4-5 例 4-16 系统零极点矢量图

表 4-4 例 4-16 特殊点幅度和相位值

ω	0	$\pi/2$	π	$3\pi/2$	2π
$\|H(e^{j\omega})\|$	$\frac{1}{1-b}$	$\frac{1}{\sqrt{1+b^2}}$	$\frac{1}{1+b}$	$\frac{1}{\sqrt{1+b^2}}$	$\frac{1}{1-b}$
$\varphi(\omega)$	0	$-\arctan b$	0	$\arctan b$	0

根据表 4-4 中的数据可以大致绘出系统的幅度和相位特性曲线，如图 4-6 所示。

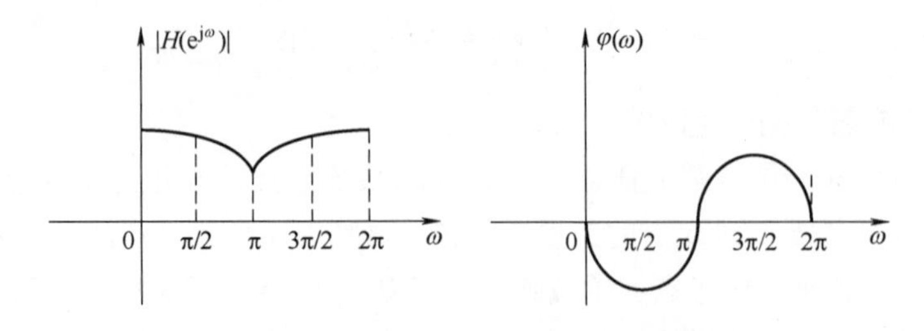

图 4-6 例 4-16 幅度和相位特性曲线

五、全通系统

全通系统是指系统的幅值为 1 的系统，即

$$|H(e^{j\omega})|=1,\quad 0\leqslant\omega\leqslant 2\pi \tag{4-43}$$

其系统函数可以表示成 $H(e^{j\omega})=e^{j\varphi(\omega)}$。这说明信号通过全通系统后，不改变幅度值，只改变相位值，起到相位滤波的作用。

设全通系统的系统函数用 $H_{ap}(z)$ 表示，则 $H_{ap}(z)$ 具有下面的形式：

$$H_{ap}(z)=\frac{z^{-1}-a^*}{1-az^{-1}} \tag{4-44}$$

式中，*表示复共轭，式（4-44）表示单零点、单极点的全通系统。实系数全通滤波器的系统函数的最普通形式，以极点和零点因子的方式可表示成

$$H_{ap}(z)=A\prod^{M_c}\frac{z^{-1}-d_k}{1-d_kz^{-1}}\cdot\prod^{M_r}\frac{(z^{-1}-e_k^*)(z^{-1}-e_k)}{(1-e_kz^{-1})(1-e_k^*z^{-1})} \tag{4-45}$$

式中，A 为一个正的常数，d_k 为实数极点，M_c 表示实数极点的个数；e_k 为复数极点，M_r 表示复数极点的个数。

图 4-7 是一个包含两个实数极点和一个复数极点的全通系统。

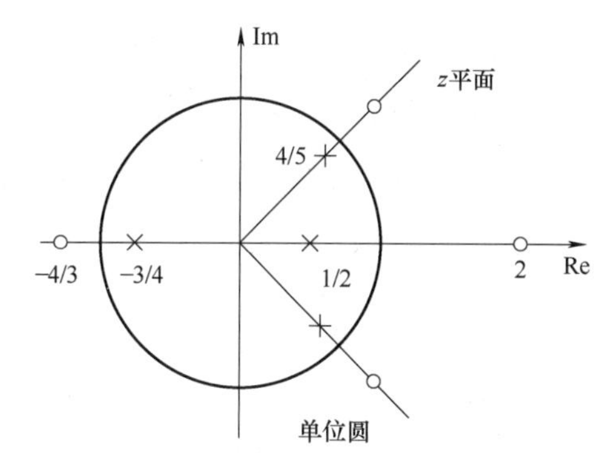

图 4-7 全通系统零极点分布（‘○’表示零点，‘×’表示极点）

第五节 案例学习

下面是一个简单的离散时间系统，该系统可以产生著名的斐波那契序列

$$y(k)=y(k-1)+y(k-2)+x(k)$$

该系统的脉冲响应就是斐波那契序列。注意到 $x(k)=\delta(k)$ 且是零初始条件，有 $y(0)=1$。对于 $k>0$，序列中的下一个数字都是它前两个数字之和，这样得到了下列脉冲响应：

$$h(k)=\{1,1,2,3,5,8,13,21,34,55,89,\cdots\}$$

斐波那契于 1202 年引入此模型，用来描述在理想环境下兔子的繁殖速度有多快。他假设初始有一对雌兔和雄兔，并假设每月月底它们繁殖。一个月后雌兔生产一对雌兔和雄兔，此过程继续。每个月月底的雌雄兔对数符合斐波那契序列的形式。斐波那契序列在自然界中以惊人的数量存在着。例如，不同花的花瓣数量通常见表 4-5 所示的一组斐波那契序列。

表 4-5 花瓣数中的斐波那契序列

花 名	花 瓣 数
鸢尾花	3
野玫瑰	5
飞燕草	8
鞘冠菊	13

（续）

花　　名	花 瓣 数
紫苑	21
除虫菊	34
米迦勒雏菊	55

用以生成斐波那契数列的系统是一个不稳定系统，$h(k)$ 随着 k 趋近于无穷大，是无界的。然而，分析相邻脉冲响应间的比值是很有意思的。该比值收敛于一个特殊的、被称为黄金分割比例的数。

$$\gamma \triangleq \lim_{k\to\infty}\left[\frac{h(k)}{h(k-1)}\right] \approx 1.618$$

黄金比例之所以值得注意，是因为帕特农神庙在设计时就使用了黄金比例。

下面考虑如何计算黄金比例的准确值的问题。从差分方程中可以看出，斐波那契系统的传递函数为

$$H(z)=\frac{1}{1-z^{-1}-z^{-2}}=\frac{z^2}{z^2-z-1}$$

分解该分母，得到该系统极点为

$$p_{1,2}=\frac{1\pm\sqrt{5}}{2}$$

由初始值 $h(0)=1$，得到两个极点的留数为

$$\mathrm{Res}(p_1,k)=\frac{p_1^{k+1}}{p_1-p_2}$$

$$\mathrm{Res}(p_2,k)=\frac{p_2^{k+1}}{p_2-p_1}$$

因此，脉冲响应为

$$\begin{aligned}h(k)&=h(0)\delta(k)+[\mathrm{Res}(p_1,k)+\mathrm{Res}(p_2,k)]u(k-1)\\&=\delta(k)+\frac{p_1^{k+1}-p_2^{k+1}}{p_1-p_2}u(k-1)\\&=\frac{p_1^{k+1}-p_2^{k+1}}{p_1-p_2}u(k)\end{aligned}$$

注意到 $|p_1|>1$ 且 $|p_2|<1$，因此，随着 k 趋近于无穷，p_2^{k+1} 也趋近于无穷，可得

$$\gamma=\lim_{k\to\infty}\left(\frac{p_1^{k+1}}{p_1^k}\right)=p_1$$

因此，黄金比例值为

$$\gamma=\frac{1+\sqrt{5}}{2}=1.6180339\cdots$$

计算斐波那契系统的脉冲响应的 MATLAB 参考脚本如下：

```
>>N=21;
gamma=(1+sqrt(5))/2;                    % golden ratio
g=zeros(N,1);                           % estimates of gamma
a=[1 -1 -1];                            % denominator coefficients
b=1;                                    % numerator coefficients
% Estimate golden ratio with pulse response
[h,k]=f_impulse (b,a,N);
h
for i=2 : N
g(i)=h(i)/h(i-1);
end
figure
hp=stem (k(2:N),g(2:N),'filled','.');
set (hp,'LineWidth',1.5)
f_labels ('The golden ratio','{k}','{h(k)/h(k-1)}')
axis ([k(1) k(N) 0 3])
hold on
plot (k,gamma*ones(N),'r')
golden=sprintf ('\\gamma=%.6f',gamma);
text (10,2.4,golden,'HorizontalAlignment','center')
box on
```

程序运行结果如图 4-8 所示，其中 $g(k)=h(k)/h(k-1)$，易见，$g(k)$ 很快收敛到黄金比 γ。

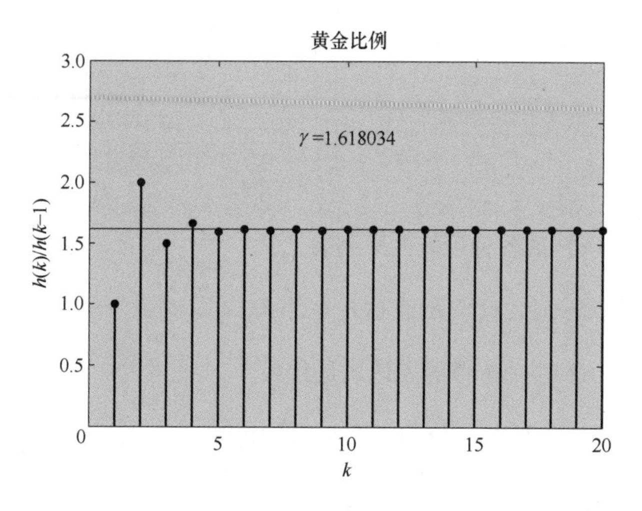

图 4-8 黄金比的近似值

习　题

【思考题】

习题 4-1　有限长序列的 DFT 与其 z 变换有什么关系？

习题 4-2　有限长序列、右边序列、左边序列和双边序列的 z 变换的收敛域各是多少？举例说明哪些列不存在 z 变换？

习题 4-3　试举例说明因果序列和非因果序列的定义，它们的 z 变换的收敛域各是什么？

习题 4-4　线性非时变系统的稳定性与系统函数的收敛域有什么关系？

习题 4-5　为使一个因果的线性非时变系统是稳定的，它的系统函数的极点在 z 平面上应如何分布；为使一个非因果线性非时变系统是稳定的，它的极点应如何分布？

习题 4-6　什么是全通系统？

【计算题】

习题 4-7　求下列序列的 z 变换和收敛域。

（1）$\delta(n-m)\ (m\neq 0)$

（2）$(1/2)^n u(n)$

（3）$a^n u(-n-1)$

（4）$(1/2)^n[u(n)-u(n-10)]$

（5）$\cos(\omega_0 n)u(n)$

习题 4-8　求下列序列的 z 变换、收敛域和零-极点分布图。

（1）$x(n)=a^{|n|}, 0<a<1$

（2）$x(n)=\mathrm{e}^{(a+\mathrm{j}\omega_0)n}u(n)$

（3）$x(n)=Ar^n\cos(\omega_0 n+\varphi)u(n)$

（4）$x(n)=(1/n!)u(n)$

（5）$x(n)=\sin(\omega_0 n+\theta)u(n)$

习题 4-9　已知

$$X(z)=\frac{3}{1-\frac{1}{2}z^{-1}}+\frac{2}{1-2z^{-1}}$$

求出对应 $X(z)$ 的各种可能的序列表达式。

（1）当 $|z|<\frac{1}{2}$ 时，$x(n)$ 的表达式是什么。

（2）当 $|z|>2$ 时，$x(n)$ 的表达式是什么。

（3）当 $\frac{1}{2}<|z|<2$ 时，$x(n)$ 的表达式是什么。

习题 4-10　已知 $x(n)=a^n u(n)$，$0<a<1$，分别求

（1）$x(n)$ 的 z 变换。

（2）$nx(n)$ 的 z 变换。

(3) $a^{-n}u(-n)$ 的 z 变换。

习题 4-11 已知 $X(z)=\dfrac{-3z^{-1}}{2-5z^{-1}+2z^{-2}}$，分别求：

(1) 收敛域 $1/2<|z|<2$ 对应的原序列 $x(n)$。

(2) 收敛域 $|z|>2$ 对应的原序列 $x(n)$。

习题 4-12 用部分分式展开式求下列 $X(z)$ 的逆变换。

(1) $X(z)=\dfrac{1-\dfrac{1}{3}z^{-1}}{2-5z^{-1}+2z^{-2}}$，$\dfrac{1}{2}<|z|<2$

(2) $X(z)=\dfrac{1-2z^{-1}}{1-\dfrac{1}{4}z^{-2}}$，$|z|<\dfrac{1}{2}$

习题 4-13 如果 $X(z)$ 是 $x(n)$ 的 z 变换，证明：

(1) $z^{-m}X(z)$ 是 $x(n-m)$ 的 z 变换。

(2) $X(a^{-1}z)$ 是 $a^{n}x(n)$ 的 z 变换。

(3) $-z\dfrac{\mathrm{d}X(z)}{\mathrm{d}z}$是 $nx(n)$ 的 z 变换。

习题 4-14 试证明：

(1) $Z[x^{*}(n)]=X^{*}(z^{*})$

(2) $Z[x(-n)]=X(1/z)$

(3) $Z[\mathrm{Re}[x(n)]]=\dfrac{1}{2}[X(z)+X^{*}(z^{*})]$

(4) $Z[\mathrm{Im}[x(n)]]=\dfrac{1}{2\mathrm{j}}[X(z)-X^{*}(z^{*})]$

习题 4-15 一个因果的线性非时变系统的系统函数如下：

$$H(z)=\frac{1-a^{-1}z^{-1}}{1-az^{-1}},\quad a\text{ 为实数}$$

(1) 在 z 平面上用几何法证明该系统是全通网络，即 $|H(\mathrm{e}^{\mathrm{j}\omega})|=$ 常数。

(2) 参数 a 如何取值，才能使系统因果稳定？画出其零-极点分布及收敛域。

习题 4-16 已知序列 $x(n)$ 的 z 变换 $X(z)$ 的零-极点分布如图 4-9 所示。

(1) 如果已知 $x(n)$ 的傅里叶变换是收敛的，试求 $X(z)$ 的收敛域，并确定 $x(n)$ 是右边序列、左边序列或双边序列？

(2) 如果不知道序列 $x(n)$ 的傅里叶变换是否收敛，但知道序列是双边序列，试问图 4-9 所示的零-极点分布图对应多少个不同的可能序列，并对每种可能的序列指出它的 z 变换收敛域。

习题 4-17 某稳定系统单位系统函数为

$$H(z)=\frac{(z-1)^{2}}{z-1/2}$$

试确定其收敛域，并说明该系统是否是因果系统？

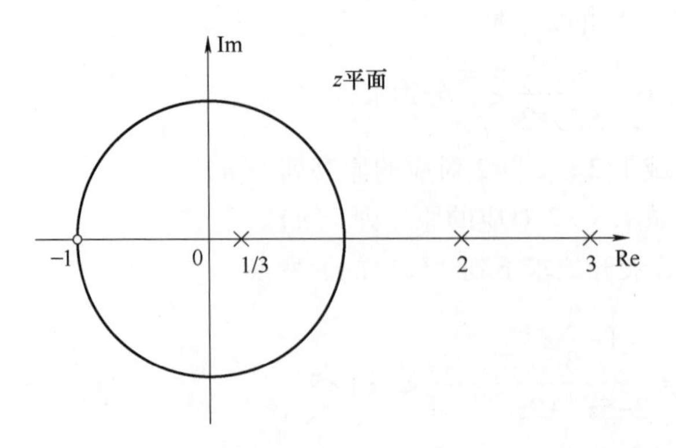

图 4-9　习题 4-16 图

习题 4-18　该系统由下面的差分方程描述：

$$y(n)=y(n-1)+y(n-2)+x(n-1)$$

（1）求系统的系统函数 $H(z)$，并画出零-极点分布图。

（2）限定系统是因果的，写出 $H(z)$ 的收敛域，并求出其单位脉冲响应 $h(n)$。

（3）限定系统是稳定的，写出 $H(z)$ 的收敛域，并求出其单位脉冲响应 $h(n)$。

习题 4-19　已知线性因果网络用下面差分方程描述：

$$y(n)=0.9y(n-1)+x(n)+0.9x(n-1)$$

（1）求网络的系统函数 $H(z)$ 及单位脉冲响应 $h(n)$。

（2）写出网络频率响应函数 $H(e^{j\omega})$ 的表达式，并定性画出其中频率特性曲线。

（3）设输入 $x(n)=e^{j\omega_0 n}$，求输出 $y(n)$。

习题 4-20　一个因果的线性非时变系统由下列差分方程描述：

$$y(n)-2r\cos\theta y(n-1)+r^2y(n-2)=x(n)$$

求这个系统对输入信号 $x(n)=a^nu(n)$（$0<a<1$，$0<r<1$，θ 为常数）的响应。

【编程题】

习题 4-21　在给定的区间上产生信号，使用 stem( ) 函数画图，其中（3）用 stem 和 plot 函数画图，（4）除画出信号图，还要求画出幅度、相位、实部和虚部的图形。

（1）$x(n)=2\delta(n+3)-\delta(n+2)+2\delta(n)$，$-4\leqslant n\leqslant 3$

（2）$x(n)=(0.6)^n[u(n)-u(n-5)]$，$0\leqslant n\leqslant 10$

（3）$x(n)=2\cos(0.03\pi n)$，$0\leqslant n\leqslant 50$

（4）$x(n)=e^{(-0.2+0.4j)n}$，$-10\leqslant n\leqslant 10$

习题 4-22　已知

$$x(n)=\{0,0.5,1,1.5\mid 0\leqslant n\leqslant 3\}$$
$$h(n)=\{1,1,1,1\mid 0\leqslant n\leqslant 3\}$$

编程计算 $y(n)=x(n)*h(n)$，并画出 $x(n)$、$h(n)$ 和 $y(n)$ 的图形。

习题 4-23　已知

$$x(n)=\{1,2,3,4,5\mid 0\leqslant n\leqslant 4\},h(n)=\{1,-2,1,3\mid 0\leqslant n\leqslant 3\}$$

编程计算 $y(n)=x(n)*h(n)$，并画出 $x(n)$、$h(n)$ 和 $y(n)$ 的图形。

习题 4-24 已知某线性时不变系统由下列差分方程描述：

$$y(n)-y(n-1)+0.9y(n-2)=x(n)$$

（1）编程计算并画出在$-20\leqslant n\leqslant 100$内的单位冲激响应$h(n)$。

（2）编程计算并画出在$-20\leqslant n\leqslant 100$内的单位阶跃响应$s(n)$。

（3）判断系统是否稳定。

习题 4-25 设某因果系统由下列差分方程描述，编程计算系统的频率响应$H(e^{j\omega})$，画出其幅度和相位函数的图形。

$$y(n)+0.5y(n-1)-0.3y(n-2)=x(n)+0.5x(n-1)$$

习题 4-26 一个线性时不变系统由下列差分方程描述：

$$y(n)-0.5y(n-1)+0.25y(n-2)=x(n)+2x(n-1)+x(n-3)$$

（1）编程求出并画出在$0\leqslant n\leqslant 100$内系统的冲激响应。

（2）如果系统输入为$x(n)=[5+3\cos(0.2\pi n)+4\sin(0.6\pi n)]u(n)$，求在$0\leqslant n\leqslant 200$内的响应$y(n)$。

（3）判断系统的稳定性。

习题 4-27 某线性非时变系统由下列差分方程描述：

$$y(n)-0.4y(n-1)+0.8y(n-2)=x(n)+0.7x(n-1)$$

（1）编程计算并画出冲激响应$h(n)$和阶跃响应$s(n)$，$-10\leqslant n\leqslant 8$。

（2）编程计算并画出输入$x(n)=(0.8)^n R_8(n)$时系统的响应$y(n)$，$0\leqslant n\leqslant 50$。

（3）判断系统的稳定性。

第五章

快速傅里叶变换（FFT）

离散傅里叶变换是对有限长离散信号进行频域分析的一种有效方法，它比信号在时域中分析更优越简单，因此，在实际中应用广泛。但离散傅里叶计算量太大，由它的计算公式不难看出这一点，直到1965年发现了DFT运算的一种快速方法之后，情况才发生了根本变化。

1965年库利（T. W. Cooley）和图基（J. W. Toky）在《计算数学》（*Mathematics of Compution*）杂志上发表了著名的《机器计算傅里叶级数的一种算法》论文后，桑德（G. Sande）-图基等快速算法相继出现，后经人们改进，很快形成了一套高效的计算方法，这就是现在普遍称之的快速傅里叶变换（Fast Fourier Transform，FFT）。这种算法的运算时间一般可缩短一二个数量级，它大大推动了数字信号处理技术的发展，现已成为数字信号处理强有力的工具。

本章主要介绍几种常用的快速傅里叶算法，重点介绍按时间抽取和按频域抽取的基2快速傅里叶算法。

第一节　直接计算DFT的问题及减少运算量的基本途径

有限长序列$x(n)$的N点DFT为

$$X(k)=\sum_{n=0}^{N-1}x(n)W_N^{kn},\quad k=0,1,\cdots,N-1 \tag{5-1}$$

考虑一般情况，式（5-1）中$x(n)$和W_N^{kn}都是复数，$X(k)$也为复数，因此，对于任意一个k值，要进行N次复数乘法运算和$N-1$次复数加法运算。一共有N个k值，则计算$X(k)$要进行N^2次复数乘法和$N(N-1)$次复数加法。在实际的计算机处理中，复数运算都是分解成实数运算来完成的，即式（5-1）可表示为

$$\begin{aligned}X(k)&=\sum_{n=0}^{N-1}x(n)W_N^{kn}=\sum_{n=0}^{N-1}[\mathrm{Re}x(n)+\mathrm{jIm}x(n)][\mathrm{Re}W_N^{kn}+\mathrm{jIm}W_N^{kn}]\\&=\sum_{n=0}^{N-1}\{\mathrm{Re}x(n)\cdot\mathrm{Re}W_N^{kn}-\mathrm{Im}x(n)\cdot\mathrm{Im}\ W_N^{kn}+\mathrm{j}[\mathrm{Re}x(n)\cdot\mathrm{Im}W_N^{kn}+\mathrm{Im}x(n)\cdot\mathrm{Re}W_N^{kn}]\}\end{aligned} \tag{5-2}$$

由式（5-2）可知，一个复数乘法可以分解成四个实数乘法和两个实数加法（实部和虚部分别相加）来实现。这样，每计算一个$X(k)$需要进行$4N$次实数乘法和$2(2N-1)$次实数加法。因此，一个DFT运算需要$4N^2$次实数乘法和$N\times2(2N-1)$次实数加法。

综上所述，直接计算 DFT 时，乘法和加法的运算量都与 N^2 成比例，当 N 很大时，所需的运算量很可观。例如，当 $N=10$ 时，计算 DFT 需要的复数乘法运算就多达 1048576 次。因此，对于实时信号处理，这样的计算量对计算机是很大的挑战，唯有通过减少计算量来提高运算速率。

如何减少运算量来提高运算速度呢？从式（5-1）可知，旋转因子 W_N^{kn} 具有许多特性，归纳如下：

（1）W_N^{kn} 具有对称性

$$W_N^{k(N-n)}=W_N^{-kn}=(W_N^{kn})^*$$

（2）W_N^{kn} 具有周期性

$$W_N^{kn}=W_N^{k(N+n)}=W_N^{(k+N)n}$$

利用 W_N^{kn} 的对称性，则 $\mathrm{Re}\,W_N^{k(N-n)}=\mathrm{Re}\,W_N^{kn}$，$\mathrm{Im}\,W_N^{k(N-n)}=-\mathrm{Im}\,W_N^{kn}$。因此，式（5-2）中的对称项可以合并为

$$\mathrm{Re}\,x(n)\cdot\mathrm{Re}\,W_N^{kn}-\mathrm{Re}\,x(N-n)\cdot\mathrm{Re}\,W_N^{k(N-n)}=[\mathrm{Re}\,x(n)+\mathrm{Re}\,x(N-n)]\mathrm{Re}\,W_N^{kn}$$

$$-\mathrm{Im}\,x(n)\cdot\mathrm{Im}\,W_N^{kn}-\mathrm{Im}\,x(N-n)\cdot\mathrm{Im}\,W_N^{k(N-n)}=-[\mathrm{Im}\,x(n)-\mathrm{Im}\,x(N-n)]\mathrm{Im}\,W_N^{kn}$$

这样，乘法次数可减少一半。由于 DFT 的运算量是 N^2 的比例，一个较大的 N 点 DFT，将其分解成较小点的 DFT，其运算量会显著降低。下面先介绍最简单也是应用最多的基 2 快速傅里叶变换算法。

第二节 按时间抽取（DIT）的 FFT 算法

一、算法原理

时间抽取（Decimation In Time，DIT）算法为：设序列 $x(n)$ 长度为 N，令 $N=2^M$，M 为自然数。当 $N\neq 2^M$ 时，可通过补零使其等于 2^M。按 n 的奇偶将 $x(n)$ 分解成两个 $N/2$ 点的子序列

$$\begin{cases}x_1(r)=x(2r), & r=0,1,\cdots,N/2-1\\ x_2(r)=x(2r+1), & r=0,1,\cdots,N/2-1\end{cases}\tag{5-3}$$

将式（5-3）代入式（5-1）中，得

$$\begin{aligned}X(k)&=\sum_{n=0}^{N-1}x(n)W_N^{kn}=\sum_{n=\text{偶数}}x(n)W_N^{kn}+\sum_{n=\text{奇数}}x(n)W_N^{kn}\\&=\sum_{r=0}^{\frac{N}{2}-1}x(2r)W_N^{2kr}+\sum_{r=0}^{\frac{N}{2}-1}x(2r+1)W_N^{k(2r+1)}\\&=\sum_{r=0}^{\frac{N}{2}-1}x_1(r)W_N^{2kr}+W_N^k\sum_{r=0}^{\frac{N}{2}-1}x_2(r)W_N^{2kr}\end{aligned}$$

由于

$$W_N^{2kr}=\mathrm{e}^{-\mathrm{j}\frac{2\pi}{N}\cdot 2kr}=\mathrm{e}^{-\mathrm{j}\frac{2\pi}{N/2}\cdot kr}=W_{N/2}^{kr}$$

所以

$$X(k)=\sum_{r=0}^{\frac{N}{2}-1}x_1(r)W_{N/2}^{kr}+W_N^k\sum_{r=0}^{\frac{N}{2}-1}x_2(r)W_{N/2}^{kr}$$
$$=X_1(k)+W_N^kX_2(k),\quad k=0,1,\cdots,N-1 \tag{5-4}$$

式（5-4）中，$X_1(k)$ 和 $X_2(k)$ 分别是 $x_1(r)$ 和 $x_2(r)$ 的 $N/2$ 点 DFT。因此，$X_1(k)$ 和 $X_2(k)$ 是周期为 $N/2$ 的周期函数，即 $X_1(k+N/2)=X_1(k)$，$X_2(k+N/2)=X_2(k)$。又由于

$$W_N^{k+\frac{N}{2}}=-W_N^k$$

因此，$X(k)$ 又可表示成当 $k=0$，1，…，$N/2-1$ 时，$X(k)$ 的前半部分为

$$X(k)=X_1(k)+W_N^kX_2(k) \tag{5-5}$$

当 $k=N/2$，…，$N-1$ 时，$X(k)$ 的后半部分为

$$X(k+N/2)=X_1(k+N/2)+W_N^{(k+N/2)}X_2(k+N/2),k=0,1,\cdots,N/2-1$$

即

$$X(k)=X_1(k)-W_N^kX_2(k),k=N/2,\cdots,N-1 \tag{5-6}$$

这样，N 点 DFT 可以分解成两个 $N/2$ 点 DFT 实现。式（5-5）和式（5-6）可用信号流图表示，如图 5-1 所示，称之为蝶形图。图 5-1 中，$X_1(k)$ 和 $X_2(k)$ 是输入信号，W_N^k 是增益，$X_1(k)+W_N^kX_2(k)$ 和 $X_1(k)-W_N^kX_2(k)$ 是输出信号，箭头表示信号的输入输出方向。

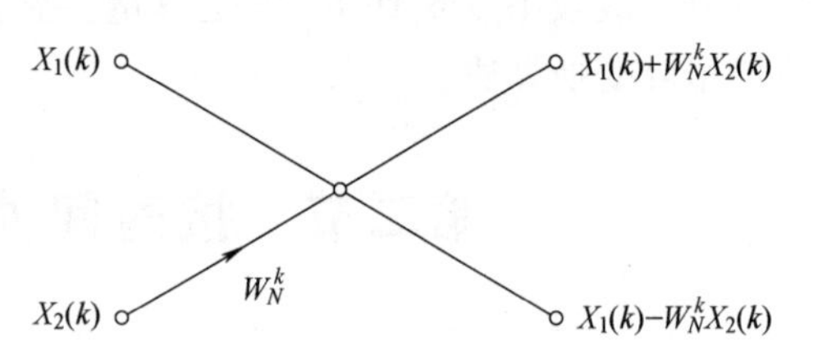

图 5-1　蝶形运算图

由图 5-1 可知，要运算一个蝶形，需要一次复数乘法（$W_N^kX_2(k)$）和两次复数加法（$X_1(k)+W_N^kX_2(k)$ 和 $X_1(k)-W_N^kX_2(k)$）。因此，用蝶形方法计算一个 N 点 DFT，先将 $x(n)$ 分解成奇偶两部分：$x_1(r)$ 和 $x_2(r)$，然后对它们分别进行 $N/2$ 点 DFT，得到 $X_1(k)$ 和 $X_2(k)$，最后用蝶形方法计算可得 $X(k)$。在整个过程中，需要计算两个 $N/2$ 点 DFT 和 $N/2$ 个蝶形运算。而计算一个 $N/2$ 点 DFT 需要 $(N/2)^2$ 次复数乘法和 $N/2(N/2-1)$ 次复数加法，计算一个蝶形运算需要一次复数乘法和两次复数加法，所以总的复数乘法和加法次数分别为

$$2\left(\frac{N}{2}\right)^2+\frac{N}{2}=\frac{N(N+1)}{2}\bigg|_{N>>1}\approx\frac{N^2}{2}$$

$$2\,\frac{N}{2}\left(\frac{N}{2}-1\right)+2\,\frac{N}{2}=\frac{N^2}{2}$$

由此可见，经过一次分解，运算量就减少了一半。如果 $N/2$ 仍然是偶数，可以进一步把 $N/2$ 点子序列按奇偶分解成两个 $N/4$ 点子序列。

与第一次分解类似，将 $x_1(r)$ 和 $x_2(r)$ 按 r 值的奇偶分别分解成 $x_3(l)$，$x_4(l)$ 和 $x_5(l)$ 和 $x_6(l)$，即

$$x_3(l)=x_1(2l),\quad l=0,1,\cdots,N/4-1$$
$$x_4(l)=x_1(2l+1),\quad l=0,1,\cdots,N/4-1$$
$$x_5(l)=x_2(2l),\quad l=0,1,\cdots,N/4-1$$
$$x_6(l)=x_2(2l+1),\quad l=0,1,\cdots,N/4-1$$

$X_1(k)$ 可表示成

$$X_1(k)=\sum_{l=0}^{\frac{N}{4}-1}x_1(2l)W_{N/2}^{2kl}+\sum_{l=0}^{\frac{N}{4}-1}x_1(2l+1)W_{N/2}^{k(2l+1)}$$
$$=\sum_{l=0}^{\frac{N}{4}-1}x_3(l)W_{N/4}^{kl}+W_{N/2}^{k}\sum_{l=0}^{\frac{N}{4}-1}x_4(l)W_{N/4}^{kl}$$
$$=X_3(k)+W_{N/2}^{k}X_4(k),\quad k=0,1,\cdots,N/2-1$$

当 $k=0，1，\cdots，N/4-1$ 时，利用 $W_{N/2}^{k}$的对称性（$W_{N/2}^{k+N/4}=-W_{N/2}^{k}$），上式可以分解成

$$X_1(k)=X_3(k)+W_{N/2}^{k}X_4(k),\quad k=0,1,\cdots,N/4-1 \tag{5-7}$$

$$X_1(k)=X_3(k)-W_{N/2}^{k}X_4(k),\quad k=N/4,\cdots,N/2-1 \tag{5-8}$$

同理，可得

$$X_2(k)=X_5(k)+W_{N/2}^{k}X_6(k),\quad k=0,1,\cdots,N/4-1 \tag{5-9}$$

$$X_2(k)=X_5(k)-W_{N/2}^{k}X_6(k),\quad k=N/4,\cdots,N/2-1 \tag{5-10}$$

图 5-2 是 $N=8$ 时，$x(n)$ 序列经过一次分解和两次分解的运算流图。

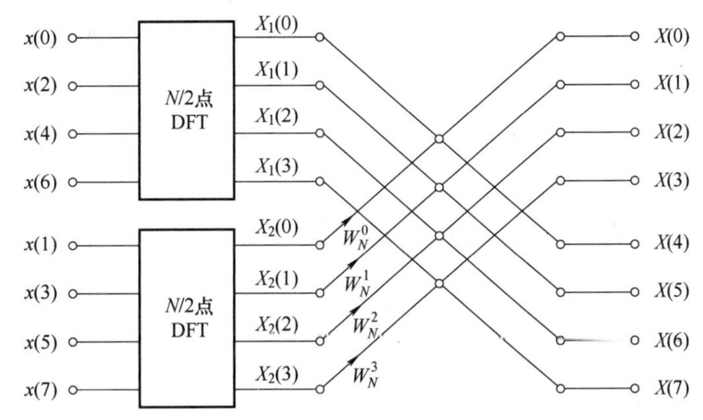

a) N=8 一次分解的运算流图

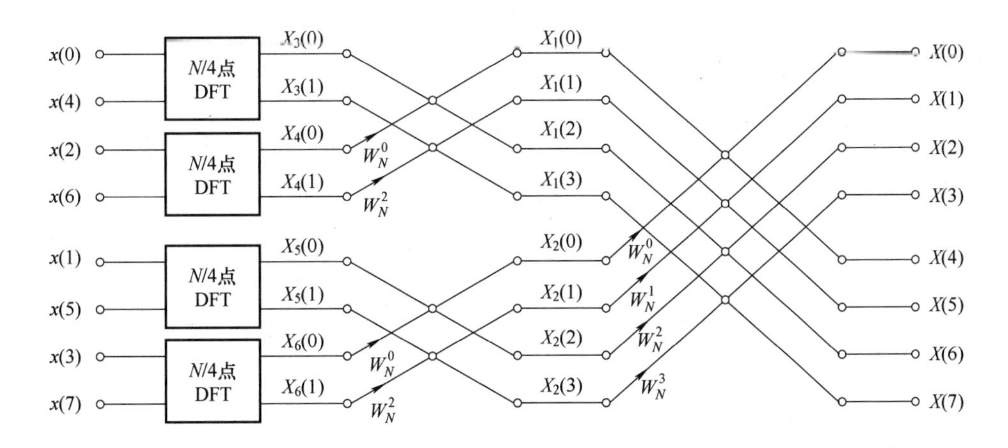

b) N=8 二次分解的运算流图

图 5-2 $N=8$ 时，$x(n)$ 序列经过一次分解和二次分解的运算流图

以 $X_3(k)$ 为例，因为

$$X_3(k)=\sum_{l=0}^{1}x_3(l)W_2^{kl},\quad k=0,1$$

所以

$$X_3(0)=x(0)+W_2^0x_3(1)=x(0)+W_2^0x(4)$$
$$X_3(1)=x(0)+W_2^1x_3(1)=x(0)+W_2^1x(4)=x(0)-W_2^0x(4)$$

图 5-2b 可画成如图 5-3 所示的完整形式。

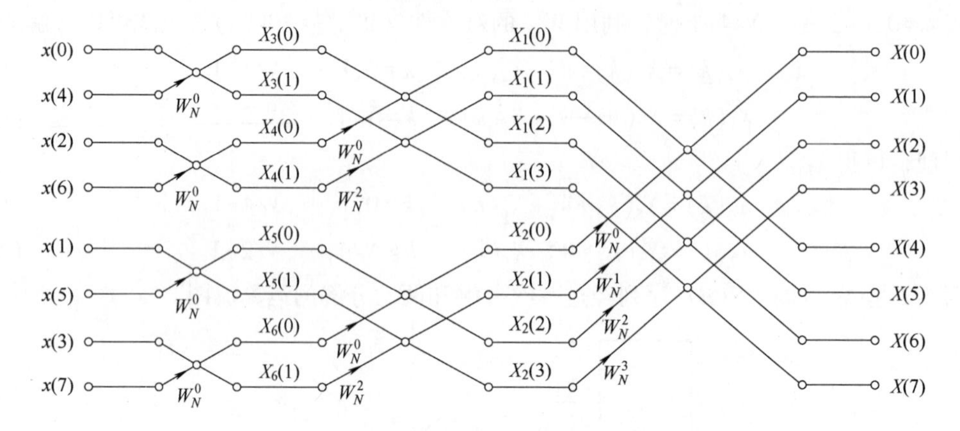

图 5-3　$N=8$ 时按时间抽取法 FFT 运算流图

二、按时间抽取的 FFT 算法与直接计算 DFT 运算量的比较

已知有限长序列 $x(n)$ 的长度为 N 且 $N=2^M$，其运算流图有 M 级蝶形，由前面分析可知，每一级都由 $N/2$ 个蝶形运算构成。因此，每一级运算都需要 $N/2$ 次复数乘法和 N 次复数加法，M 级运算总的复数乘法次数为

$$C_M=\frac{N}{2}M=\frac{N}{2}\log_2N \tag{5-11}$$

复数加法次数为

$$C_A=NM=N\log_2N \tag{5-12}$$

表 5-1 统计了 N 取不同值时，直接计算和采用时间抽取法计算的运算量的比较。当 N 越大时，其运算量明显减少，说明采用时间抽取的 FFT 算法是很有优越性的。

表 5-1　直接计算 DFT 与 FFT 算法的计算量比较

N	直接计算 DFT 复数乘法次数	FFT 计算复数乘法次数	两者的比值
4	16	4	4.0
8	64	12	5.3
16	256	32	8.0
32	1024	80	12.8
64	4096	192	21.3

（续）

N	直接计算 DFT 复数乘法次数	FFT 计算复数乘法次数	两者的比值
128	16384	448	36.6
256	65536	1024	64.0
512	262144	2304	113.8
1024	1048576	5120	204.8

三、DIT-FFT 的运算规律及编程思想

（一）原位运算

由图 5-3 可知，$N=8$ 时的信号流图很有规律性，每一级的两个节点做蝶形运算后的结果可平移到下一级的同等位置，即如果这两个节点存储在计算机的某两个寄存器中，则计算出来的结果仍然存储在这两个寄存器中。因此，只需 N 个寄存器分别存储输入的 N 个数据，每一级计算后的结果存储在上一级相应的位置，将原来的值覆盖。由此可见，每级运算都在原位上进行，这种结构可以节省存储单元，降低设备成本。

以 $N=8$ 为例，输入序列为 $x(n)$，按奇偶分开存储在存储单元中，顺序为：$x(0)$、$x(4)$、$x(2)$、$x(6)$、$x(1)$、$x(5)$、$x(3)$、$x(7)$，其二进制表示为：$x(000)$、$x(100)$、$x(010)$、$x(110)$、$x(001)$、$x(101)$、$x(011)$、$x(111)$。为便于研究，用 $x(n_2,n_1,n_0)$ 表示它们，对照图 5-3，可以发现，如 $x(3)=x(011)$ 被存储的位置是 110（即顺序为 6 的位置）的数组中。因此，$x(n)$ 被抽取后按逆位序存储，见表 5-2。

表 5-2　$N=8$ 时数据的序号和存储单元的序号之间的关系

原序号（n_2,n_1,n_0）	抽取序号（n_2,n_1,n_0）	存储单元序号（n_2,n_1,n_0）
0(000)	0(000)	0
1(001)	4(100)	1
2(010)	2(010)	2
3(011)	6(110)	3
4(100)	1(001)	4
5(101)	5(101)	5
6(110)	3(011)	6
7(111)	7(111)	7

在实际运算中，直接将输入数据 $x(n)$ 按原位运算所要求的“乱序”存储是很不方便的。因此，总是先按照自然顺序存储在存储单元中，再通过变址运算变换成按时间抽取运算所需要的顺序。见表 5-2，如果原序号为 $n(n_2,n_1,n_0)$，反序号为 $n'(n_2,n_1,n_0)$，当 $n=n'$时，数据的顺序不必改变；当 $n\neq n'$时，必须将存储单元 n'中的数据 $x(n')$ 与存储单元 n 中的数据 $x(n)$ 相互交换。

（二）编程思想

以 $N=8$ 为例，由图 5-3 可知，一共有 $N/2$ 个蝶形，每个蝶形都要乘以 W_N^P，而每一级

的 P 值都不同，应找出 W_N^P 与运算级数之间的关系。用 L 表示从左到右的运算级数（$L=1,2,\cdots,M$），观察图 5-3 可得，第 L 级有 2^{L-1} 个不同的旋转因子。以 $N=8$ 为例，则

$$L=1 \quad W_N^P=W_{N/4}^J=W_{2^L}^J, \quad J=0$$

$$L=2 \quad W_N^P=W_{N/2}^J=W_{2^L}^J, \quad J=0,1$$

$$L=3 \quad W_N^P=W_N^J=W_{2^L}^J, \quad J=0,1,2,3$$

因此，每级的旋转因子可统一表示为

$$W_N^P=W_{2^L}^J, \quad J=0,1,2,\cdots,2^{L-1}-1$$

又因为 $2^L=2^M\times 2^{L-M}=N\times 2^{L-M}$，所以

$$W_N^P=W_{N\cdot 2^{L-M}}^J=W_N^{J\times 2^{M-L}}, J=0,1,2,\cdots,2^{L-1}-1 \tag{5-13}$$

$$P=J\times 2^{M-L} \tag{5-14}$$

根据原位计算原理，将序列 $x(n)$ 经时间抽取的顺序存储在数组 X 中，如果蝶形运算的两个输入数据之间相隔 B 个点，则蝶形运算可表示为

$$X_L(J)\Leftarrow X_{L-1}(J)+X_{L-1}(J+B)W_N^P$$

$$X_L(J+B)\Leftarrow X_{L-1}(J)-X_{L-1}(J+B)W_N^P$$

其中

$$P=J\times 2^{M-L}, J=0,1,2,\cdots,2^{L-1}-1, L=1,2,\cdots,M$$

下面以 $N=8$ 为例，做图表示每级的计算过程，如图 5-4 所示。

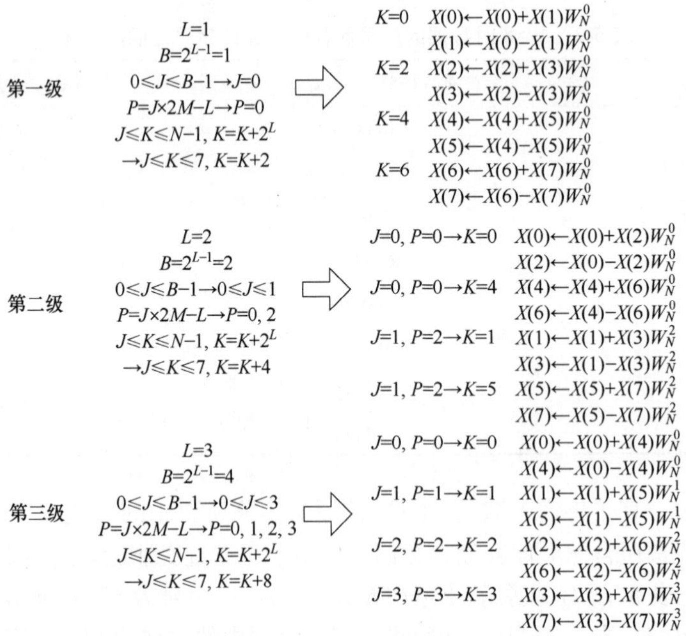

第一级
$L=1$
$B=2^{L-1}=1$
$0\leqslant J\leqslant B-1\rightarrow J=0$
$P=J\times 2M-L\rightarrow P=0$
$J\leqslant K\leqslant N-1,\ K=K+2^L$
$\rightarrow J\leqslant K\leqslant 7,\ K=K+2$
⇨
$K=0 \quad X(0)\leftarrow X(0)+X(1)W_N^0$
$X(1)\leftarrow X(0)-X(1)W_N^0$
$K=2 \quad X(2)\leftarrow X(2)+X(3)W_N^0$
$X(3)\leftarrow X(2)-X(3)W_N^0$
$K=4 \quad X(4)\leftarrow X(4)+X(5)W_N^0$
$X(5)\leftarrow X(4)-X(5)W_N^0$
$K=6 \quad X(6)\leftarrow X(6)+X(7)W_N^0$
$X(7)\leftarrow X(6)-X(7)W_N^0$

第二级
$L=2$
$B=2^{L-1}=2$
$0\leqslant J\leqslant B-1\rightarrow 0\leqslant J\leqslant 1$
$P=J\times 2M-L\rightarrow P=0,\ 2$
$J\leqslant K\leqslant N-1,\ K=K+2^L$
$\rightarrow J\leqslant K\leqslant 7,\ K=K+4$
⇨
$J=0,\ P=0\rightarrow K=0 \quad X(0)\leftarrow X(0)+X(2)W_N^0$
$X(2)\leftarrow X(0)-X(2)W_N^0$
$J=0,\ P=0\rightarrow K=4 \quad X(4)\leftarrow X(4)+X(6)W_N^0$
$X(6)\leftarrow X(4)-X(6)W_N^0$
$J=1,\ P=2\rightarrow K=1 \quad X(1)\leftarrow X(1)+X(3)W_N^2$
$X(3)\leftarrow X(1)-X(3)W_N^2$
$J=1,\ P=2\rightarrow K=5 \quad X(5)\leftarrow X(5)+X(7)W_N^2$
$X(7)\leftarrow X(5)-X(7)W_N^2$

第三级
$L=3$
$B=2^{L-1}=4$
$0\leqslant J\leqslant B-1\rightarrow 0\leqslant J\leqslant 3$
$P=J\times 2M-L\rightarrow P=0,\ 1,\ 2,\ 3$
$J\leqslant K\leqslant N-1,\ K=K+2^L$
$\rightarrow J\leqslant K\leqslant 7,\ K=K+8$
⇨
$J=0,\ P=0\rightarrow K=0 \quad X(0)\leftarrow X(0)+X(4)W_N^0$
$X(4)\leftarrow X(0)-X(4)W_N^0$
$J=1,\ P=1\rightarrow K=1 \quad X(1)\leftarrow X(1)+X(5)W_N^1$
$X(5)\leftarrow X(1)-X(5)W_N^1$
$J=2,\ P=2\rightarrow K=2 \quad X(2)\leftarrow X(2)+X(6)W_N^2$
$X(6)\leftarrow X(2)-X(6)W_N^2$
$J=3,\ P=3\rightarrow K=3 \quad X(3)\leftarrow X(3)+X(7)W_N^3$
$X(7)\leftarrow X(3)-X(7)W_N^3$

图 5-4　$N=8$ 时程序计算过程

由图 5-4 可归纳出程序运行流程图，如图 5-5 所示。

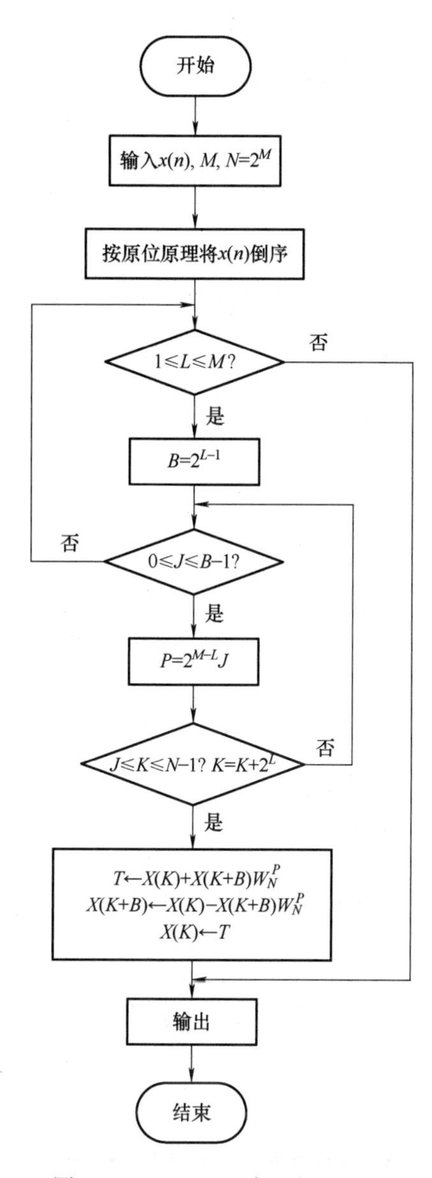

图 5-5　DIT-FFT 程序运行流程图

第三节　按频域抽取（DIF）的 FFT 算法

与第一节中按时间抽取的算法类似，还有一种是按频域抽取（Decimation In Frequency, DIF）方法，这种方法是将代表频域的输出序列 $X(k)$ 按 k 的取值奇数或偶数分开。

一、算法原理

若序列 $x(n)$ 长度为 N，且 $N=2^M$，将 $x(n)$ 按 n 的顺序分成前后两部分，前半部分序列 $x(n)$ 的取值范围是 $0\leqslant n\leqslant N/2-1$，后半部分序列 $x(n)$ 的取值范围是 $N/2\leqslant n\leqslant N-1$。

由 DFT 定义，可得

$$
\begin{aligned}
X(k) &= \sum_{n=0}^{N-1} x(n) W_N^{kn} = \sum_{n=0}^{\frac{N}{2}-1} x(n) W_N^{kn} + \sum_{n=\frac{N}{2}}^{N-1} x(n) W_N^{kn} \\
&= \sum_{n=0}^{\frac{N}{2}-1} x(n) W_N^{kn} + \sum_{n=0}^{\frac{N}{2}-1} x\left(n+\frac{N}{2}\right) W_N^{k\left(n+\frac{N}{2}\right)} \\
&= \sum_{n=0}^{\frac{N}{2}-1} x(n) W_N^{kn} + W_N^{\frac{N}{2}k} \sum_{n=0}^{\frac{N}{2}-1} x\left(n+\frac{N}{2}\right) W_N^{kn}, k=0,1,\cdots,N-1
\end{aligned} \tag{5-15}
$$

由于

$$
W_N^{\frac{N}{2}k} = e^{-j\frac{2\pi}{N}\cdot\frac{N}{2}k} = e^{-j\pi k} = (-1)^k
$$

所以式（5-15）可表示成

$$
\begin{aligned}
X(k) &= \sum_{n=0}^{\frac{N}{2}-1} x(n) W_N^{kn} + (-1)^k \sum_{n=0}^{\frac{N}{2}-1} x\left(n+\frac{N}{2}\right) W_N^{kn} \\
&= \sum_{n=0}^{\frac{N}{2}-1} \left[x(n) + (-1)^k x\left(n+\frac{N}{2}\right) \right] W_N^{kn}, k=0,1,\cdots,N-1
\end{aligned} \tag{5-16}
$$

由式（5-16）可知，当 k 为偶数时，令 $k=2r$，则

$$
\begin{aligned}
X(2r) &= \sum_{n=0}^{\frac{N}{2}-1} x(n) W_N^{2rn} + (-1)^{2r} \sum_{n=0}^{\frac{N}{2}-1} x\left(n+\frac{N}{2}\right) W_N^{2rn} \\
&= \sum_{n=0}^{\frac{N}{2}-1} \left[x(n) + x\left(n+\frac{N}{2}\right) \right] W_N^{2rn} \\
&= \sum_{n=0}^{\frac{N}{2}-1} \left[x(n) + x\left(n+\frac{N}{2}\right) \right] W_{N/2}^{rn}
\end{aligned} \tag{5-17}
$$

当 k 为奇数时，令 $k=2r+1$，则

$$
\begin{aligned}
X(2r+1) &= \sum_{n=0}^{\frac{N}{2}-1} x(n) W_N^{(2r+1)n} + (-1)^k \sum_{n=0}^{\frac{N}{2}-1} x\left(n+\frac{N}{2}\right) W_N^{(2r+1)n} \\
&= \sum_{n=0}^{\frac{N}{2}-1} \left[x(n) - x\left(n+\frac{N}{2}\right) \right] W_N^{(2r+1)n} \\
&= \sum_{n=0}^{\frac{N}{2}-1} \left[x(n) - x\left(n+\frac{N}{2}\right) \right] W_N^{n} W_{N/2}^{rn}
\end{aligned} \tag{5-18}
$$

由式（5-17）和式（5-18）看出，可将原序列分成两部分，分别为

$$
\begin{cases}
x_1(n) = x(n) + x\left(n+\frac{N}{2}\right) \\
x_2(n) = \left[x(n) - x\left(n+\frac{N}{2}\right) \right] W_N^{n}
\end{cases}
\quad n=0,1,\cdots,\frac{N}{2}-1 \tag{5-19}
$$

则

$$
\begin{cases} X(2r) = \sum_{n=0}^{\frac{N}{2}-1} x_1(n) W_{N/2}^{rn} \\ X(2r+1) = \sum_{n=0}^{\frac{N}{2}-1} x_2(n) W_{N/2}^{rn} \end{cases} \quad r=0,1,\cdots,\frac{N}{2}-1 \tag{5-20}
$$

式（5-19）可用运算流图表示，如图 5-6 所示。

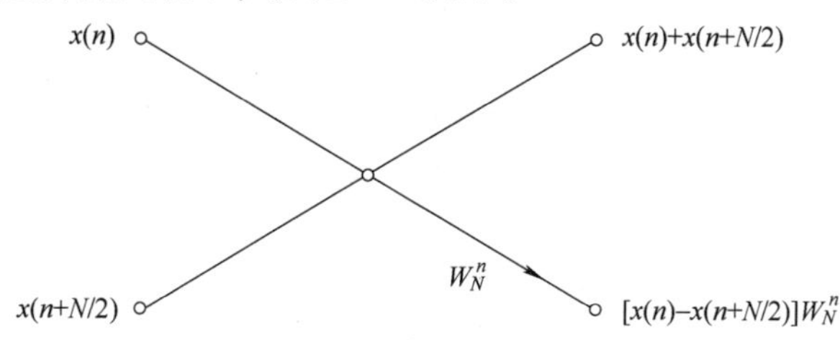

图 5-6　按频率抽取运算蝶形图

以上是将序列 $x(n)$ 经过一次分解。如果 $N=2^M$，则这样的分解可以继续下去，图 5-7 是 $N=8$ 时一次分解和两次分解的运算流图。

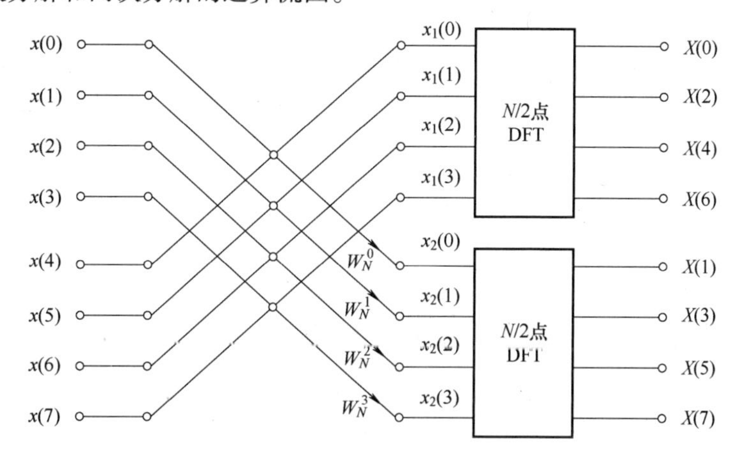

a) N=8 时按频域抽取一次分解流图

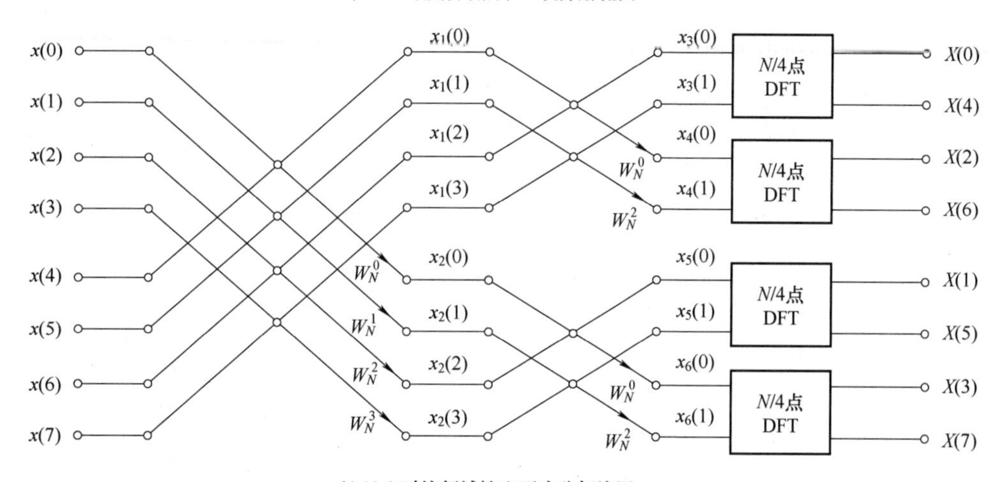

b) N=8 时按频域抽取两次分解流图

图 5-7　$N=8$ 时按频域抽取一次和两次分解的运算流图

由图 5-7 可知，$x_3(n)$、$x_4(n)$、$x_5(n)$、$x_6(n)$ 中的 n 只取 0 和 1 两个点，以 $x_3(n)$ 为例，则

$$X'(r)=\sum_{n=0}^{1}x_3(n)W_{N/4}^{rn},\quad r=0,1$$

当 $r=0$ 时

$$X'(0)=x_3(0)+x_3(1)W_{N/4}^{0}=x_3(0)+x_3(1)W_N^0=X(0)$$

当 $r=1$ 时

$$X'(1)=x_3(0)+x_3(1)W_{N/4}^{1}=x_3(0)+x_3(1)W_N^4=X(4)$$

因此，图 5-7b 可画成如图 5-8 所示的完整形式。

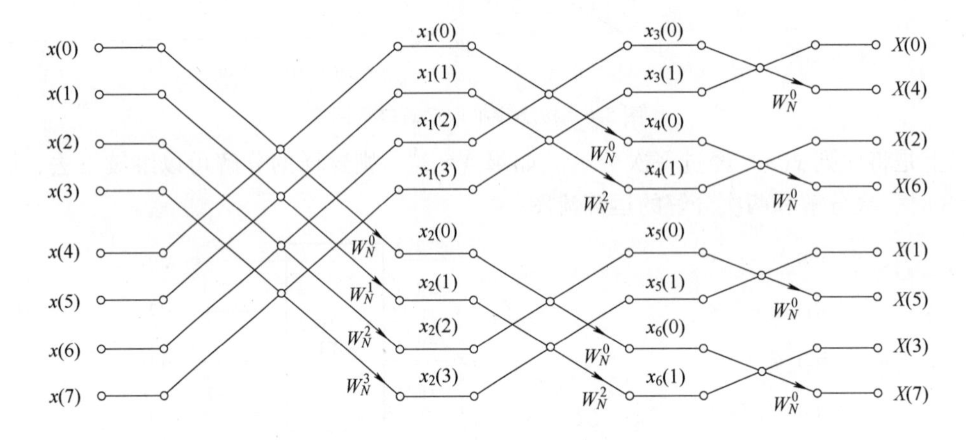

图 5-8　$N=8$ 时 DIF-FFT 运算流图

二、按时间抽取和按频域抽取算法的比较

比较图 5-3 和图 5-8 可知，DIT-FFT 和 DIF-FFT 存在两点区别：

(1) DIF 输入序列是自然顺序，输出是反序顺序，这与 DIT 正好相反。

(2) DIF 的蝶形运算是先计算复数加法，再计算复数乘法，DIT 正好相反。

DIT 与 DIF 又存在很多相似之处：

(1) 分解次数相同，因此运算量相同。

(2) 两种算法都可用原位运算。

将图 5-3 的输入向输出的方向改为相反方向，得到 DIT-FFT 的转置形式，即 DIT-IFFT（逆傅里叶变换）的运算流图，如图 5-9 所示。

三、离散傅里叶逆变换的快速算法（IFFT）

FFT 算法流图也可以用于计算 IDFT，比较 DFT 和 IDFT 的计算公式

$$X(k)=\sum_{n=0}^{N-1}x(n)W_N^{kn},\quad k=0,1,\cdots,N-1\tag{5-21}$$

$$x(n)=\frac{1}{N}\sum_{k=0}^{N-1}X(k)W_N^{-kr},\quad n=0,1,\cdots,N-1\tag{5-22}$$

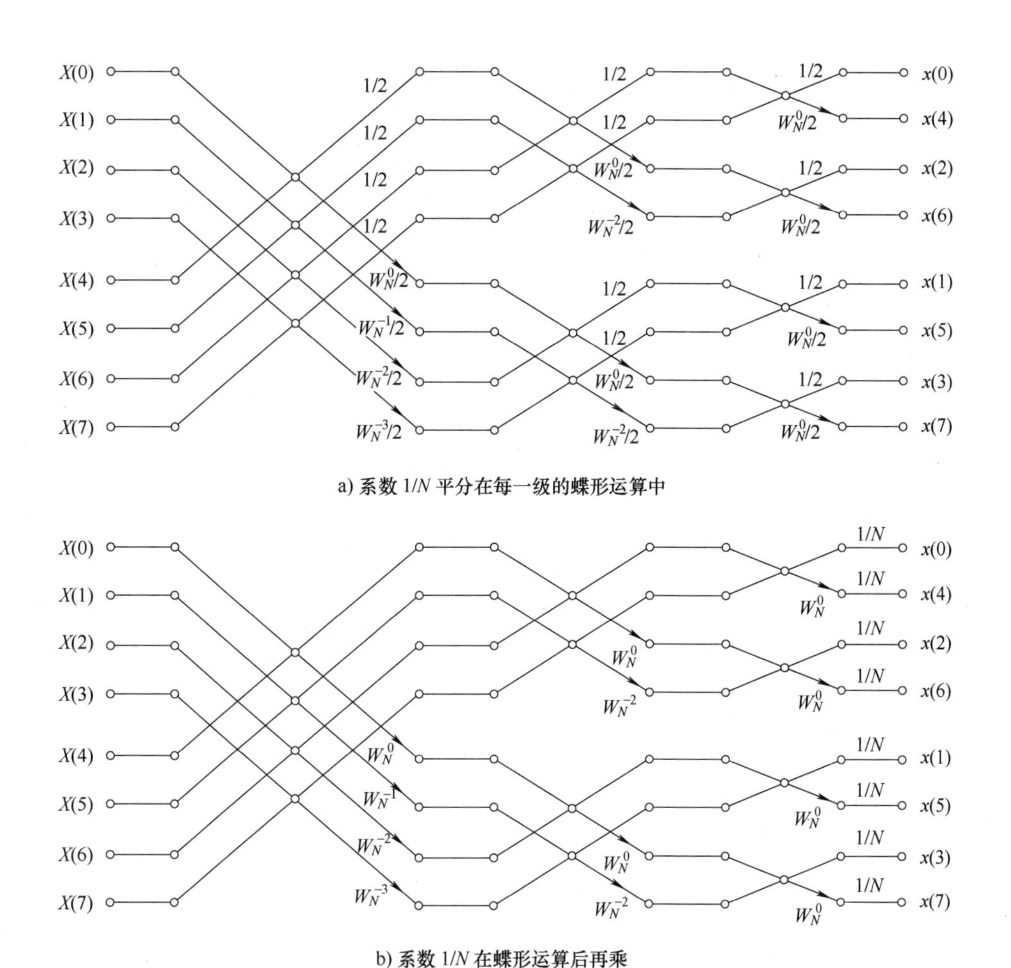

a) 系数 1/N 平分在每一级的蝶形运算中

b) 系数 1/N 在蝶形运算后再乘

图 5-9　$N=8$ 时间抽取 IFFT 运算流图

只要将 DFT 计算公式中的系数 W_N^{kn} 改为 W_N^{-kn}，最后乘以 $1/N$，就是 IDFT 的计算公式。因此，将 DIT-FFT 与 DIF-FFT 算法中的旋转因子 W_N^P 改为 W_N^{-P}，最后再乘以 $1/N$ 就可以用来计算 IDFT。在运算流图中，输入为 $X(k)$，输出为 $x(n)$，如图 5-9 所示。系数 $1/N$ 有两种处理形式：一种是平分到每一级的运算中，如图 5-9a；另一种是放在运算的最后，如图 5-9b。

以上所讨论的 IFFT 算法，虽然编程是在原来的 FFT 程序上稍作改动就可实现，但如果希望直接调用 FFT 子程序来计算 IFFT，可用以下的方法：

由于

$$x(n)=\frac{1}{N}\left[\sum_{k=0}^{N-1}X^*(k)W_N^{kn}\right]^*=\frac{1}{N}\{\mathrm{DFT}[X^*(k)]\}^*,\quad n=0,1,\cdots,N-1 \tag{5-23}$$

可以先将 $X(k)$ 取复数共轭，然后调用 FFT 子程序，计算结果再取复共轭并乘以 $1/N$ 就可得到 $x(n)$。这样就实现了 FFT 和 IFFT 运算调用同一个子程序，从而使用更方便。

第四节　*N* 为复合数的 FFT 算法

本章前两节讨论的是输入序列的长度为 N，且 $N=2^M$ 的情况。即使在 $N\neq 2^M$ 的情况下，也可通过补零使得 $N=2^M$，从而用基 2 快速傅里叶变换计算 DFT。这种方法并不影响频谱 $X(e^{j\omega})$，只是频谱的取样点增加了。如果要求在不补零的情况下计算 N 点 DFT（这里 N 是一个复合数），它可以分解成一些因子的乘积，则可以用 FFT 的统一算法。

一、算法原理

若序列 $x(n)$ 的长度为 N，计算其 N 点 DFT，则

$$X(k)=\sum_{n=0}^{N-1}x(n)W_N^{kn},\quad k=0,1,\cdots,N-1 \tag{5-24}$$

假设 N 是一复合数，即 $N=ML$，则 n 可表示为

$$n=Mn_1+n_0,\quad n_1=0,1,\cdots,L-1;\quad n_0=0,1,\cdots,M-1 \tag{5-25}$$

式（5-25）可将序列表示成矩阵的形式，n_0 为列序号，n_1 为行序号，M 为列的数目，L 为行的数目。

例如，当 $N=12$，$M=4$，$L=3$，则序列 $x(n)$ 排列成 3 行 4 列的矩阵，见表 5-3。

表 5-3　$N=12$ 时序列 $x(n)$ 排列成矩阵形式

L	M			
	0	1	2	3
0	0	1	2	3
1	4	5	6	7
2	8	9	10	11

同理，对应的输出频率序列的 k 值，也可用矩阵排列的形式表示

$$K=Lk_1+k_0,\quad k_1=0,1,\cdots,M-1;\quad k_0=0,1,\cdots,L-1 \tag{5-26}$$

其中，k_1 为列变量，k_0 为行变量，将式（5-25）和式（5-26）代入式（5-24）中，得

$$\begin{aligned}
X(k)=X(Lk_1+k_0)=X(k_1,k_0)&=\sum_{n=0}^{N-1}x(n)W_N^{kn}\\
&=\sum_{n_0=0}^{M-1}\sum_{n_1=0}^{L-1}x(Mn_1+n_0)W_N^{(Mn_1+n_0)(Lk_1+k_0)}\\
&=\sum_{n_0=0}^{M-1}\sum_{n_1=0}^{L-1}x(n_1,n_0)W_N^{Mn_1Lk_1}W_N^{Mn_1k_0}W_N^{n_0Lk_1}W_N^{n_0k_0}\\
&=\sum_{n_0=0}^{M-1}\sum_{n_1=0}^{L-1}x(n_1,n_0)W_N^{Mn_1k_0}W_N^{n_0Lk_1}W_N^{n_0k_0}
\end{aligned} \tag{5-27}$$

下面进一步将式（5-27）变形为

$$X(k_1,k_0)=\sum_{n_0=0}^{M-1}\left\{\left[\sum_{n_1=0}^{L-1}x(n_1,n_0)W_L^{n_1k_0}\right]W_N^{n_0k_0}\right\}W_M^{n_0k_1}$$

$$= \sum_{n_0=0}^{M-1} \{X_1(k_0,n_0)W_N^{n_0k_0}\} W_M^{n_0k_1}$$

$$= \sum_{n_0=0}^{M-1} X_1'(k_0,n_0)W_M^{n_0k_1} = X_2(k_0,k_1) \tag{5-28}$$

式中

$$X_1(k_0,n_0) = \sum_{n_1=0}^{L-1} x(n_1,n_0)W_L^{n_1k_0}, \quad k_0=0,1,\cdots,L-1 \tag{5-29}$$

$$X_2(k_0,k_1) = \sum_{n_0=0}^{M-1} X_1'(k_0,n_0)W_M^{n_0k_1}, \quad k_1=0,1,\cdots,M-1 \tag{5-30}$$

二、运算步骤

若序列 $x(n)$ 长度为 N，且 N 为复合数，即 $N=ML$，则其 DFT 运算步骤可归纳为：

（1）将 $x(n)$ 改写成 $x(n_1,n_0)$，其中 $n_1=0,\ 1,\ \cdots,\ L-1$，$n_0=0,\ 1,\ \cdots,\ M-1$（L 表示行数，M 表示列数），然后对 $x(n_1,n_0)$ 的 N 点 DFT 进行分解；

（2）对列作 M 个 L 点 DFT

$$X_1(k_0,n_0) = \sum_{n_1=0}^{L-1} x(n_1,n_0)W_L^{n_1k_0}, \quad k_0=0,1,\cdots,L-1$$

（3）把 N 个 $X_1(k_0,n_0)$ 乘以相应的旋转因子 $W_N^{k_0n_0}$ 组成一个新的序列 $X_1'(k_0,n_0)$。

（4）再对行作 L 个 M 点的 DFT

$$X_2(k_0,k_1) = \sum_{n_0=0}^{M-1} X_1'(k_0,n_0)W_M^{n_0k_1}, \quad k_1=0,1,\cdots,M-1$$

上面讨论了 $N=ML$，即 N 只被分解为两个数的情况。如果 M 与 L 还可以再分解，可通过多次分解，一直分解到最少点数的 DFT，从而得到最高效率。

三、运算量的估计

假设 $N=ML$，则根据前面的步骤，需要作 M 个 L 点 DFT，再把 N 个序列的值与旋转因子相乘，然后计算 L 个 M 点 DFT。因此所需的计算量可估算为：

M 个 L 点 DFT 的运算量包括 ML^2 次复数乘法和 $ML(L-1)$ 次复数加法；

乘以 N 个 $W_N^{k_0n_0}$ 需要 N 次复数乘法；

L 个 M 点 DFT 的运算量包括 LM^2 次复数乘法和 $LM(M-1)$ 次复数加法；

总运算量为 $ML^2+N+LM^2=N(M+L+1)$ 次复数乘法和 $ML(L-1)+LM(M-1)=N(M+L-2)$ 次复数加法。

可以举例比较采用复合数的算法与直接用 DFT 公式计算的运算量。例如：当 $N=80=16\times5=ML$ 时，N 为复合数的运算量为：

复数乘法次数：$80\times(16+5+1)=1760$

复数加法次数：$80\times(16+5-2)=1520$

而直接用 DFT 公式计算时：

复数乘法次数：80×80=6400

复数加法次数：80×(80-1)=6320

两种算法的比值分别为：

复数乘法比值：1760/6400=11/40

复数加法比值：1520/6320=19/79

经上面的计算可得，采用复合数的算法，计算量减少了2/3。若 N 继续分解，计算量将进一步减少。

第五节　实序列的 FFT 算法

本章前几节讨论的 FFT 算法都是基于复数的运算，但是在大多数场合，信号是实数序列。而任何实数都可以看作虚部补零的复数，然后再用 FFT 计算其频谱，但这样做，增加了计算量和存储单元。因此，探讨更简单的计算实数傅里叶变换的方法显得很有必要。下面介绍两种利用复数的 FFT 对实数进行傅里叶变换的有效方法。

一、一个 N 点 FFT 同时运算两个 N 点的实序列

设 $x_1(n)$ 和 $x_2(n)$ 是两个彼此独立的 N 点实序列，它们的离散傅里叶变换分别为

$$X_1(k)=\mathrm{DFT}[x_1(n)]$$

$$X_2(k)=\mathrm{DFT}[x_2(n)]$$

$X_1(k)$ 和 $X_2(k)$ 可通过 FFT 运算得到，下面将 $x_1(n)$ 和 $x_2(n)$ 组合成一个复数，即

$$x(n)=x_1(n)+\mathrm{j}x_2(n) \tag{5-31}$$

然后通过 FFT 计算 $x(n)$ 的 DFT，得到

$$X(k)=\mathrm{DFT}[x(n)]=\mathrm{DFT}[x_1(n)]+\mathrm{j}\mathrm{DFT}[x_2(n)]=X_1(k)+\mathrm{j}X_2(k) \tag{5-32}$$

根据第三章中序列的离散傅里叶变换的对称性质可知：一个序列如果写成实部和虚部相加的形式，则实部的傅里叶变换具有共轭对称的性质，虚部的傅里叶变换具有共轭反对称的性质，即

$$X_1(k)=X_{\mathrm{ep}}(k)=\frac{1}{2}[X(k)+X^*(N-k)]$$

$$X_2(k)=-\mathrm{j}X_{\mathrm{op}}(k)=-\mathrm{j}\,\frac{1}{2}[X(k)-X^*(N-k)]$$

因此，$x_1(n)$ 和 $x_2(n)$ 的 DFT 可通过 $x(n)$ 的 DFT 及其共轭来得到。

二、一个 N 点 FFT 计算一个 $2N$ 点的实序列

设 $x(n)$ 是一个 $2N$ 点的实序列，可以按照 n 是奇数或偶数将 $x(n)$ 分成两部分

$$x_1(n)=x(2n),\quad n=0,1,\cdots,N-1 \tag{5-33}$$

$$x_2(n)=x(2n+1),\quad n=0,1,\cdots,N-1 \tag{5-34}$$

然后将 $x_1(n)$ 和 $x_2(n)$ 组合成一个复数序列

$$y(n)=x_1(n)+\mathrm{j}x_2(n) \tag{5-35}$$

对 $y(n)$ 作 N 点 FFT，得

$$Y(k)=\mathrm{DFT}[y(n)]=\mathrm{DFT}[x_1(n)]+\mathrm{DFT}[x_2(n)]=X_1(k)+\mathrm{j}X_2(k) \tag{5-36}$$

根据式（5-33）和（5-34）可知

$$X_1(k)=\mathrm{DFT}[x_1(n)]=\frac{1}{2}[Y(k)+Y^*(N-k)] \tag{5-37}$$

$$X_2(k)=\mathrm{DFT}[x_2(n)]=-\mathrm{j}\frac{1}{2}[Y(k)-Y^*(N-k)] \tag{5-38}$$

由于要计算的 $x(n)$ 是 $2N$ 个点，所以要找到 $X(k)$ 与 $X_1(k)$ 和 $X_2(k)$ 之间的关系

$$X_1(k)=\mathrm{DFT}[x_1(n)]=\sum_{n=0}^{N-1}x(2n)W_N^{kn}=\sum_{n=0}^{N-1}x(2n)W_{2N}^{2kn}$$

$$X_2(k)=\mathrm{DFT}[x_2(n)]=\sum_{n=0}^{N-1}x(2n+1)W_N^{kn}=\sum_{n=0}^{N-1}x(2n+1)W_{2N}^{2kn}$$

$$\begin{aligned}X(k)&=\sum_{n=0}^{2N-1}x(n)W_{2N}^{kn}=\sum_{n=0}^{N-1}x(2n)W_{2N}^{2kn}+\sum_{n=0}^{N-1}x(2n+1)W_{2N}^{(2n+1)k}\\&=\sum_{n=0}^{N-1}x(2n)W_{2N}^{2kn}+W_{2N}^{k}\sum_{n=0}^{N-1}x(2n+1)W_{2N}^{2kn}\\&=X_1(k)+W_{2N}^{k}X_2(k),\quad n=0,1,\cdots,N-1\end{aligned} \tag{5-39}$$

或者

$$\begin{cases}X(k)=X_1(k)+W_{2N}^{k}X_2(k)\\X(k+N)=X_1(k)-W_{2N}^{k}X_2(k)\end{cases}\quad k=0,1,\cdots,N-1 \tag{5-40}$$

这样，由 $x_1(n)$ 和 $x_2(n)$ 组成的序列 $y(n)$，经过 FFT 计算求得 $Y(k)$，再经过式（5-37）和式（5-38）得到 $X_1(k)$ 和 $X_2(k)$，最后由式（5-39）或式（5-40）得到 $x(n)$ 的 DFT。

第六节　其他快速算法简介

快速傅里叶算法在信号处理领域具有非常重要的研究价值。从 1965 年提出基 2 FFT 算法以来，各种算法相继出现，且还在不断探索中。本节将介绍几种常用的快速算法，包括基 4 FFT 算法、分裂基算法，Goertzel 算法和调频 z 变换算法。

一、基 4 FFT 算法

当 DFT 中数据序列的长度 N 是 4 的幂（即 $N=4^v$）时，既可用基 2 FFT 算法计算，也可用以 4 为基数的算法，其效率更高。

基 4 算法的原理是基于复合数的思想：令 $L=4$，$M=N/4$，因此，$n=4m+1$，$m=0$，1，…，$N/4-1$；$l=0$，1，2，3；$k=(N/4)p+q$；$p=0$，1，2，3；$q=0$，1，…，$N/4-1$。将 N 点输入序列按时间抽取成 4 个子序列 $x(4n)$、$x(4n+1)$、$x(4n+2)$、$x(4n+3)$，$n=0$，1，…，$N/4-1$。所以

$$X(p,q)=\sum_{l=0}^{3}[W_N^{lp}F(l,q)]W_4^{lp},\quad p=0,1,2,3 \tag{5-41}$$

式中

$$F(l,q)=\sum_{m=0}^{N/4-1}x(l,m)W_{N/4}^{mq},\quad l=0,1,2,3;q=0,1,\cdots,N/4-1 \tag{5-42}$$

所以，$x(n)$ 的 N 点 FFT 可分解成 4 个 $N/4$ 点 DFT 构成，用矩阵形式可表示为

$$\begin{bmatrix}X(0,q)\\X(1,q)\\X(2,q)\\X(3,q)\end{bmatrix}=\begin{bmatrix}1&1&1&1\\1&-\mathrm{j}&-1&\mathrm{j}\\1&-1&1&-1\\1&\mathrm{j}&-1&-\mathrm{j}\end{bmatrix}\begin{bmatrix}W_N^0F(0,q)\\W_N^qF(1,q)\\W_N^{2q}F(2,q)\\W_N^{3q}F(3,q)\end{bmatrix} \tag{5-43}$$

这种按时间抽取的方法递归重复执行 v 次，每次包括 $N/4$ 个蝶形运算。因此，总运算量包括 $3vN/4=(3N/8)\log_2^N$ 次复数乘法和 $(3N/2)\log_2^N$ 次复数加法。

上面介绍的是按时间抽取的基 4 快速算法，也可按频域抽取，这里就不做详细介绍了。

二、分裂基 FFT 算法

观察基 2 按频域抽取的算法，偶数点的 DFT 计算和奇数点的 DFT 计算是无关的。因此，可采用不同的计算方法来达到减少计算次数的目的。在一次 FFT 运算中，混合使用基 2 分解和基 4 分解，这就是分裂基 FFT 算法。

在基 2 按频域抽取的算法中，奇数点 $X(2k+1)$ 的 DFT 运算要求先乘以旋转因子 W_N^n，对于这些样本，可使用基 4 分解来提高效率，即

$$X(4k+1)=\sum_{n=0}^{N/4-1}\left\{\left[x(n)-x\left(n+\frac{N}{2}\right)\right]-\mathrm{j}\left[x\left(n+\frac{N}{4}\right)-x\left(n+\frac{3N}{4}\right)\right]\right\}W_N^nW_{N/4}^{kn} \tag{5-44}$$

$$X(4k+3)=\sum_{n=0}^{N/4-1}\left\{\left[x(n)-x\left(n+\frac{N}{2}\right)\right]+\mathrm{j}\left[x\left(n+\frac{N}{4}\right)-x\left(n+\frac{3N}{4}\right)\right]\right\}W_N^{3n}W_{N/4}^{kn} \tag{5-45}$$

所以，序列 $x(n)$ 的 N 点 DFT 分解成一个 $N/2$ 点 DFT 和两个带旋转因子的 $N/4$ 点 DFT，反复使用此分解方法直到不能再分解，最终可得到 N 点 DFT。表 5-4 比较了基 2、基 4 和分裂基算法的运算量。

表 5-4　计算 N 点复数 DFT 的实数乘法次数和加法次数

	实数乘法次数			实数加法次数		
N	基 2	基 4	分裂基	基 2	基 4	分裂基
16	24	20	20	152	148	148
32	88		68	408		388
64	264	208	196	1032	976	964
128	712		516	2504		2308
256	1800	1392	1284	5896	5488	5380
512	4360		3076	13566		12292
1024	10248	7856	7172	28336	28336	27652

三、Goertzel 算法和调频 z 变换算法

在实际应用中，有时只需要计算 DFT 中选定的若干点而不需要计算整个 DFT，这种情况下，FFT 算法不比直接计算更有效。Goertzel 算法就是在这种情况下提出的，它表示对输入数据进行线性滤波。

利用旋转因子 W_N^k 的周期性，即 $W_N^{-kN}=1$，可以得到

$$X(k)=W_N^{-kN}\sum_{m=0}^{N-1}x(m)W_N^{km}=\sum_{m=0}^{N-1}x(m)W_N^{-k(N-m)} \tag{5-46}$$

将卷积定义为如下形式：

$$y_k(n)=\sum_{m=0}^{N-1}x(m)W_N^{-k(N-m)} \tag{5-47}$$

即 $y_k(n)$ 是有限长序列 $x(n)$ 与单位脉冲响应 $h_k(n)$ 的卷积得到的，$x(n)$ 的长度为 N，$h_k(n)$ 的表达式为

$$h_k(n)=W_N^{-kN}u(n) \tag{5-48}$$

则

$$X(k)=y_k(n)\big|_{n=N} \tag{5-49}$$

式（5-49）表示滤波器在 $n=N$ 点的输出时，在频率 $\omega_k=2\pi k/N$ 处 DFT 后的频率分量。

在有一些应用中，需要计算有限长序列在任意点上的 z 变换，而不是在单位圆上。如果所求的点集都在 z 平面上并以一定的规律排列，那么也可以表示为线性滤波操作。根据这一联系，引入另一种计算方法，称为调频算法，它可以计算 z 平面上不同等高线的 z 变换。

在前面的章节中讲过，N 点数据序列 $x(n)$ 的 DFT 可视为单位圆上均匀分布的 N 点 z 变换。现在考虑的不是单位圆，而是在 z 平面上的求值，因此就转化为求 z 平面上包括单位圆在内的等高线的求值问题。

假设要求 $x(n)$ 在点集 $\{z_k\}$ 上的 z 变换，那么

$$X(z_k)=\sum_{n=0}^{N-1}x(n)z_k^{-n},\quad k=0,1,\cdots,N-1 \tag{5-50}$$

如果等高线是一个以 r 为半径的圆，且 z_k 是 N 个等间隔的点，则

$$z_k=r\mathrm{e}^{\mathrm{j}2\pi kn/N},\quad k=0,1,\cdots,N-1 \tag{5-51}$$

$$X(z_k)=\sum_{n=0}^{N-1}[x(n)r^{-n}]\mathrm{e}^{-\mathrm{j}2\pi kn/N},\quad k=0,1,\cdots,N-1 \tag{5-52}$$

在这种情况下，FFT 算法可应用于修改过的序列 $x(n)r^{-n}$，其具体的计算过程这里不作详细介绍。

第七节　案 例 学 习

根据快速傅里叶变换可以知道信号序列中含有哪些频率成分，各频率成分的振幅有多大。根据快速傅里叶逆变换，可以把频率域的信号转化回时间域，从而得到与原信号长度相同的时间序列。那么，是否可以通过将频率域中的某些频率成分振幅设置为零，然后运用傅

里叶逆变换到时间域而达到滤波的效果呢？答案是肯定的。这时自然会提出一个问题：若将某些频率的振幅置为零，其相位信息不变，这样会不会有问题？可以想到，若该频率信号的振幅为零，其相位根本不起作用。同时也要注意，由于快速傅里叶变换的频率域一般只考虑奈奎斯特频率之前的频率，当采用傅里叶变换滤波时，必须考虑奈奎斯特频率之后的振幅和相位。下面采用案例来说明这种技术。

运用快速傅里叶变换对信号 $x(n)=0.5\sin(2\pi\times3ndt)+\cos(2\pi\times10ndt)$ 进行滤波，数据点数为 512，将频率为 8～15Hz 的波滤除。采样间隔 $dt=0.02s$。绘出滤波前和滤波后的振幅谱以及滤波后的时间域信号。

MATLAB 参考脚本如下：

```
>>dt=0.02;N=512;
n=0:N-1;t=n*dt;f=n/(N*dt);
f1=3;f2=10;
x=0.5*sin(2*pi*f1*t)+cos(2*pi*f2*t);
subplot(2,2,1);plot(t,x);
title('原始信号的时间域');xlabel(时间/s');
y=fft(x);
subplot(2,2,2);plot(f,abs(y)*2/N);
xlabel('频率/Hz');ylabel('振幅');
xlim([0 50]);title('原始振幅谱');
f1=8;f2=15;
yy=zeros(1,length(y));
for m=0:N-1
    if(m/(N*dt)>f1&m/(N*dt)<f2)|(m/(N*dt)>(1/dt-f2)&m/(N*dt)<(1/
dt-f1))
        yy(m+1)=0.;
    else
        yy(m+1)=y(m+1);
    end
end
subplot(2,2,4);plot(f,abs(yy)*2/N);
xlim([0 50]);xlabel('频率/Hz');ylabel('振幅');
gstext=sprintf('%[WTBZ]4.1f-%[WTBZ]4.1fHz 的频率被滤除',f1,f2);
title(gstext);
subplot(2,2,3);plot(t,real(ifft(yy)));
title('通过 IFFT 回到时间域');
xlabel('时间/s');
```

程序运行结果如图 5-10 所示。可见无论在时间域或频率域均滤除了 8～15Hz 的频率成

分。读者可以选择不同的滤波范围进行实验或设计其他的信号进行实验。时间域显示其滤波效果还是相当好的。这是最彻底、最干净的滤波；这种滤波的缺点是由于使用傅里叶变换，相比于后面所讲的滤波技术，这种技术运算相对较慢。

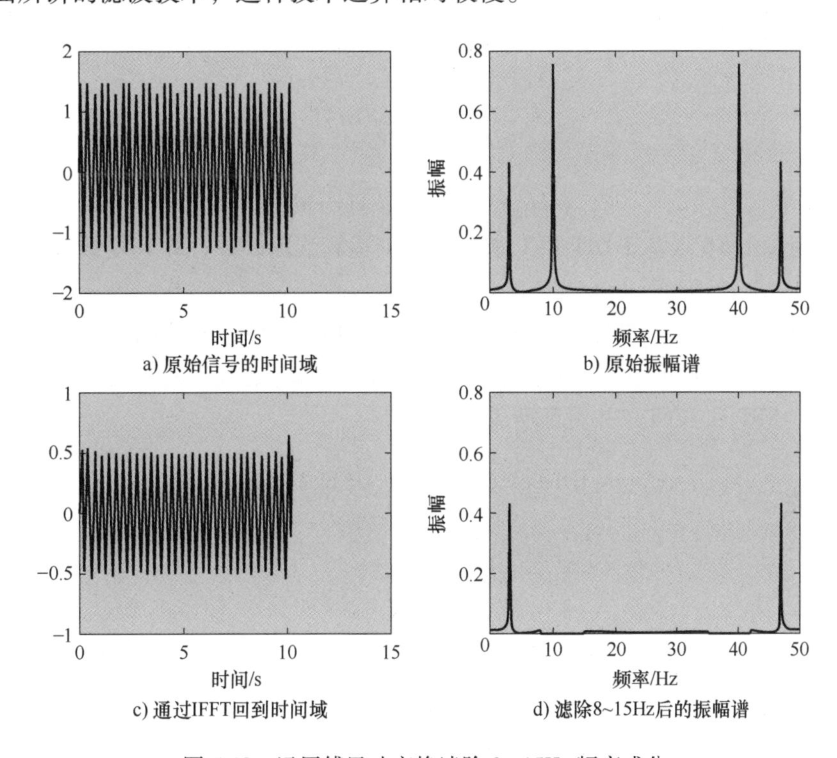

图 5-10　运用傅里叶变换滤除 8～15Hz 频率成分

【思考题】

习题 5-1　时域抽取和频域抽取 FFT 算法的推导各遵循什么样的规则？时域抽取和频域抽取 FFT 的信号流图各有什么特点？

习题 5-2　什么是蝶形运算？

习题 5-3　试说明用 FFT 计算线性卷积的步骤。

习题 5-4　在 MATLAB 信号处理工具箱中提供了哪些 FFT 内部函数来计算 DFT，它们的功能是什么？

【计算题】

习题 5-5　如果某通用单片计算机的速度为平均每次复数乘法需要 4μs，每次复数加法需要 1μs，用来计算 $N=1024$ 点 DFT，问直接计算需要多少时间？用 FFT 计算呢？照这样计算，用 FFT 进行快速卷积来对信号进行处理时，估计可实现实时处理的信号最高频率为多少？

习题 5-6　利用频率抽取 FFT 算法计算下面序列的 8 点 DFT：

$$x(n)=\begin{cases}1, & 0\leqslant n\leqslant 7\\ 0, & \text{其他}\end{cases}$$

习题 5-7 证明两个复数（a+jb）与（c+jd）之积可以通过三次实数乘法与五次实数加法实现，算法如下：

$$x_{\mathrm{R}}=(a-b)d+(c-d)a$$

$$x_{\mathrm{I}}=(a-b)d+(c+d)b$$

其中，

$$x=x_{\mathrm{R}}+\mathrm{j}\,x_{\mathrm{I}}=(a+\mathrm{j}b)(c+\mathrm{j}d)$$

习题 5-8 分别画出 16 点基 2 DIT-FFT 和 DIF-FFT 运算流图，并计算其复数乘法次数。

【编程题】

习题 5-9 按照下面的 IDFT 算法编写 MATLAB 语言 IFFT 程序，其中的 FFT 部分不用写出清单，可调用 FFT 函数。并分别对单位脉冲序列、矩形序列、三角序列和正弦序列进行 FFT 和 IFFT，并验证所编程序。

$$x(n)=\mathrm{IDFT}[X(k)]=\frac{1}{N}[\mathrm{DFT}[X^{*}(k)]]^{*}$$

第六章

离散时间系统的网络结构

线性非时变系统在时域中可以用线性常系数差分方程来表示，即

$$y(n)=\sum_{k=1}^{M}a_k y(n-k)+\sum_{k=0}^{N}b_k x(n-k) \tag{6-1}$$

对式（6-1）进行 z 变换，得到其系统函数为

$$H(z)=\frac{\sum_{k=0}^{N}b_k z^{-k}}{1-\sum_{k=1}^{M}a_k z^{-k}} \tag{6-2}$$

从式（6-2）可以得到系统的零极点，它们依赖于参数 $\{b_k\}$ 和 $\{a_k\}$ 的值。

本章主要讨论用硬件方式或者在计算机上以软件方式如何实现式（6-1）和式（6-2）。通过对两个式子进行变形可以产生各种不同的实现方式，这些实现方式可以用延迟单元、乘法器和加法器组成的信号流图来表示，称之为系统结构。

读者可能会有疑问，为什么要把式（6-1）或式（6-2）进行重写排列？这样做有什么好处吗？这个问题主要涉及计算的复杂度、内存需要和计算中的有限字长效应。本章只简单地介绍影响系统结构的计算复杂度问题，关于有限字长效应将在第九章中详细介绍。

根据式（6-1）和式（6-2）的特点，将系统分为两类：一类称为有限长脉冲响应网络；另一类称为无限长脉冲响应网络。下面的章节将对此详细介绍，在此之前，读者有必要先了解用于描述系统的信号流图如何定义及绘制。

第一节　信号流图及系统分类

一、信号流图

观察式（6-1）可知，数字信号处理中有三种基本运算，即乘法、加法和延迟，这三种运算的框图及流图如图 6-1 所示。

系数 a 和 z^{-1} 作为支路增益写在支路的箭头旁边，箭头表示信号流动的方向，如果箭头旁边没有标明增益，则默认为 1。在流图中，输入、输出及中间过程的计算结果都用“。”表示，称为节点。因此，信号流图实际上是由连接节点的一些有方向的支路构成，每个节点

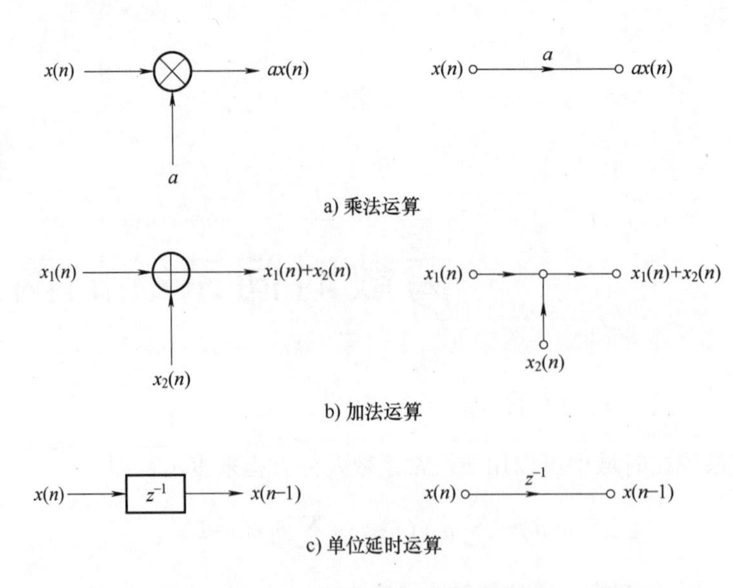

图 6-1　数字信号处理中三种基本运算的框图及对应流图

连接着有输入和输出的支路，节点处的值等于所有流向它的输入信号之和。

例如图 6-2 表示某一系统的信号流图，图中各节点之间的关系可表示成下面这些式子。

$$\begin{cases} w_1(n)=w_2(n-1) \\ w_2(n)=w_2'(n-1) \\ w_2'(n)=x(n)-a_1w_2(n)-a_2w_1(n) \\ y(n)=b_2w_1(n)+b_1w_2(n)+b_0w_2'(n) \end{cases} \tag{6-3}$$

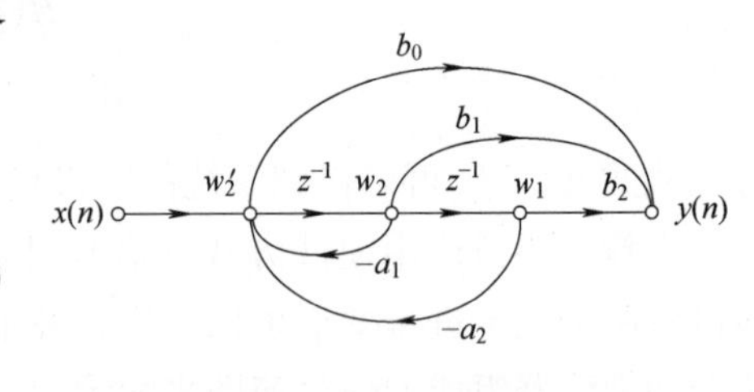

图 6-2　某一系统的基本信号流图

不同的信号流图代表不同的运算方法，而同一系统的信号流图也有多种表示方式，从基本运算考虑，满足以下条件的称为基本信号流图。

（1）所有支路都是基本的，支路增益是常数或者是 z^{-1}。

（2）流图环路中必须存在延迟支路。

（3）节点和支路的数目是有限的。

根据上面的描述，图 6-2 是基本信号流图，流图中有两个环路，环路增益分别为 $-a_1z^{-1}$ 和 $-a_2z^{-2}$。根据信号流图，可以求出系统函数，方法有两种：一种是建立节点之间的关系联立方程组；另一种是用梅逊公式求解。这里以图 6-2 为例，用第一种方法求解，对式（6-3）求 z 变换，得

$$\begin{cases} W_1(z)=W_2(z)z^{-1} \\ W_2(z)=W_2'(z)z^{-1} \\ W_2'(z)=X(z)-a_1W_2(z)-a_2W_1(z) \\ Y(z)=b_2W_1(z)+b_1W_2(z)+b_0W_2'(z) \end{cases} \tag{6-4}$$

由式（6-4）得

$$H(z)=\frac{Y(z)}{X(z)}=\frac{b_0+b_1z^{-1}+b_2z^{-2}}{1+a_1z^{-1}+a_2z^{-2}} \tag{6-5}$$

如果节点和环路太多，联立方程组计算较复杂，可采用第二种方法求解，其方法可参考本书附录 A。

二、系统分类

观察式（6-1），当 $a_k \neq 0$ 时，这样的系统网络称为无限长脉冲响应网络，简称 IIR（Infinite Impulse Response）网络。例如：$y(n)=ay(n-1)+x(n)$，其单位脉冲响应 $h(n)=a^nu(n)$，$h(n)$ 无限长。当 $a_k=0$ 时，式（6-1）可写成如下形式

$$y(n)=\sum_{k=0}^{N-1}b_kx(n-k) \tag{6-6}$$

其单位脉冲响应为

$$h(n)=\begin{cases}b_n, & 0\leqslant n\leqslant N-1\\0, & 其他\end{cases} \tag{6-7}$$

式（6-6）或式（6-7）描述的系统称为有限长脉冲响应（Finite Impulse Response，FIR）网络。

IIR 网络结构中存在反馈支路，即流图中存在环路，而 FIR 结构中没有环路。这两类网络各有不同的特点，下面分别研究它们的网络结构特点及实现方法。

第二节　FIR 系统网络结构

一个 FIR 系统的差分方程可表示为式（6-6），对它求 z 变换，得到其系统函数为

$$H(z)=\sum_{k=0}^{N-1}b_kz^{-k} \tag{6-8}$$

其单位脉冲响应为式（6-7），它说明 FIR 系统的单位脉冲响应与其差分方程的系数 $\{b_k\}$ 相等。下面将介绍 FIR 系统的各种网络结构，包括直接型、级联型、频率采样型和格型网络结构。

一、直接型

根据式（6-6）或式（6-8）可得到直接型的网络结构如图 6-3 所示。

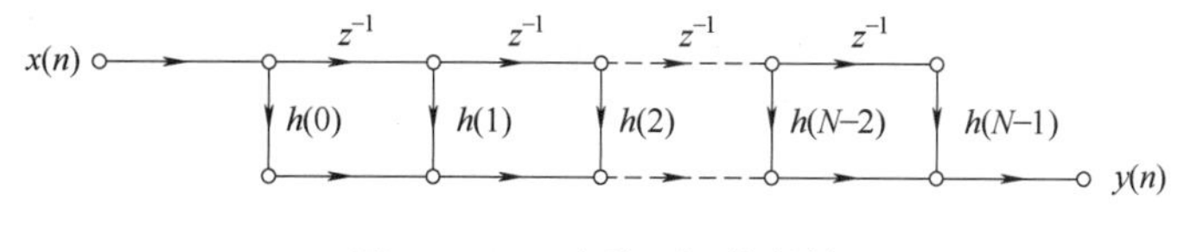

图 6-3　FIR 直接型网络结构

从图 6-3 可以看出，该结构需要 $N-1$ 个存储空间用来存放中间计算的 $N-1$ 个值，每个输出需要 N 次乘法和 $N-1$ 次加法。

如果 FIR 系统具有线性相位特性，即

$$h(n)=\pm h(N-1-n) \tag{6-9}$$

式（6-9）反映的数学含义是 $h(n)$ 关于 $(N-1)/2$ 点偶对称或奇对称，如果是偶对称，则称为第一线性相位，否则为第二线性相位。具有这样特性的系统乘法次数从 N 减少到 $N/2$（N 为偶数）或者 $(N-1)/2$（N 为奇数）。图 6-4 给出了 N 为偶数和奇数时的第一线性相位的网络结构图。

将式（6-7）和式（6-9）代入式（6-8）中得到具有线性相位特性的系统函数表达式：

当 N 为偶数时

$$H(z)=\sum_{n=0}^{N/2-1}h(n)\left[z^{-n}\pm z^{-(N-n-1)}\right] \tag{6-10}$$

当 N 为奇数时

$$H(z)=\sum_{n=0}^{\frac{N-1}{2}-1}h(n)\left[z^{-n}\pm z^{-(N-n-1)}\right]+h\left(\frac{N-1}{2}\right)z^{-\frac{N-1}{2}} \tag{6-11}$$

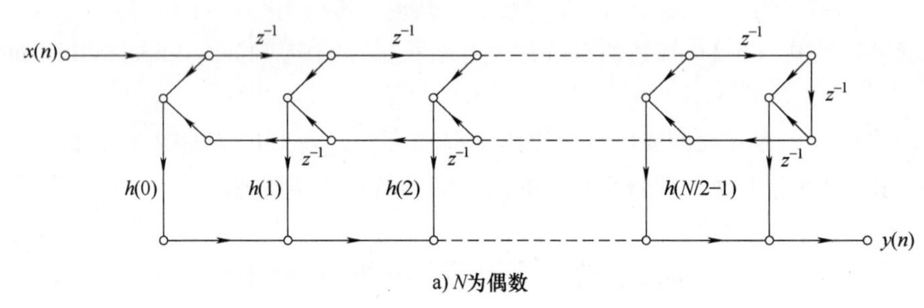

a) N为偶数

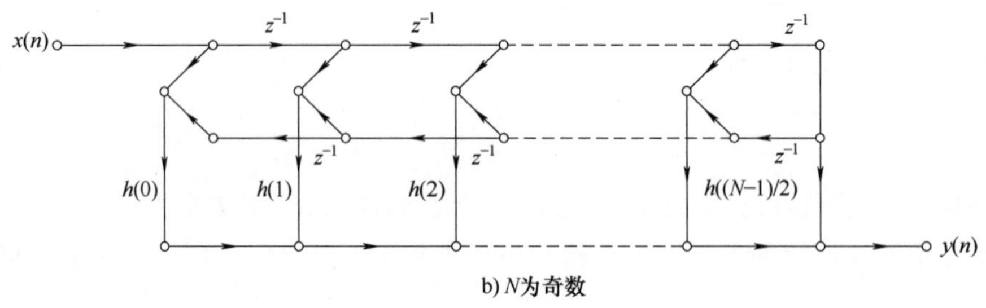

b) N为奇数

图 6-4　FIR 的第一线性相位网络结构图

二、级联型

将式（6-8）因式分解成如下形式

$$H(z)=\prod_{k=1}^{K}H_k(z) \tag{6-12}$$

式中

$$H_k(z)=b_{k0}+b_{k1}z^{-1}+b_{k2}z^{-2},k=1,2,\cdots,K \tag{6-13}$$

如果系数 $\{b_{ki}\}$ 都是实数，则 $H_k(z)$ 的零点都是共轭出现的。将每一个因式按照直接型结构画出网络流图，然后把它们连接起来，这种结构称级联型网络结构。

例 6-1　设 FIR 网络系统函数 $H(z)$ 为

$$H(z)=0.96+2.0z^{-1}+2.8z^{-2}+1.5z^{-3}$$

画出其直接型和级联型网络结构。

解：将 $H(z)$ 因式分解，得到

$$H(z)=(0.6+0.5z^{-1})(1.6+2z^{-1}+3z^{-2})$$

则其直接型和级联型结构如图 6-5 所示。

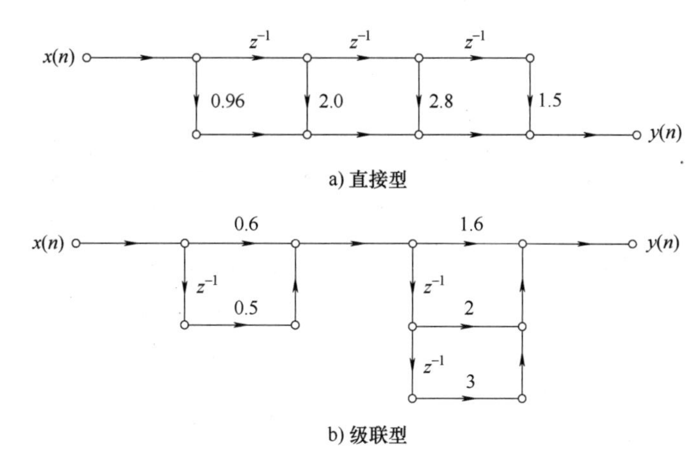

图 6-5　例 6-1 图

三、频率采样结构

假设单位脉冲响应 $h(n)$ 的长度为 M，且 $N\geqslant M$，则其频率响应可表示为

$$H(e^{j\omega})=\sum_{n=0}^{N-1}h(n)e^{-j\omega n} \tag{6-14}$$

将 $\omega_k=\frac{2\pi}{N}\cdot k$ 代入上式，得

$$H(k)=\sum_{n=0}^{N-1}h(n)e^{-j\frac{2\pi}{N}kn},\quad k=0,1,\cdots,N-1 \tag{6-15}$$

$\{H(k)\}$ 的集合通常称为 $H(e^{j\omega})$ 的频率采样，$H(k)$ 的离散傅里叶逆变换为

$$h(n)=\frac{1}{N}\sum_{k=0}^{N-1}H(k)e^{j\frac{2\pi}{N}kn},\quad n=0,1,\cdots,N-1 \tag{6-16}$$

下面用 $H(k)$ 来表示系统函数 $H(z)$，将式（6-16）进行 z 变换，得到

$$H(z)=\sum_{n=0}^{N-1}h(n)z^{-n}=\sum_{n=0}^{N-1}\left[\frac{1}{N}\sum_{k=0}^{N-1}H(k)e^{j\frac{2\pi}{N}kn}\right]z^{-n} \tag{6-17}$$

将式（6-17）中的求和顺序交换并对 n 求和，有

$$\begin{aligned}H(z)&=\sum_{k=0}^{N-1}H(k)\left[\frac{1}{N}\sum_{n=0}^{N-1}\left(e^{j\frac{2\pi}{N}k}z^{-1}\right)^{n}\right]\\&=\frac{1-z^{-N}e^{j2\pi}}{N}\cdot\sum_{k=0}^{N-1}\frac{H(k)}{1-e^{j\frac{2\pi}{N}k}z^{-1}}\\&=\frac{1-z^{-N}}{N}\sum_{k=0}^{N-1}\frac{H(k)}{1-e^{j\frac{2\pi}{N}k}z^{-1}}\end{aligned} \tag{6-18}$$

因此，系统函数 $H(z)$ 可以通过频率采样 $\{H(k)\}$ 来描述。将式（6-18）用两个子系统级联形成，即

$$H(z)=H_1(z)\cdot H_2(z) \tag{6-19}$$

式中

$$H_1(z)=\frac{1-z^{-N}}{N} \tag{6-20}$$

$$H_2(z)=\sum_{k=0}^{N-1}\frac{H(k)}{1-e^{j\frac{2\pi}{N}k}z^{-1}} \tag{6-21}$$

式（6-20）描述的是一个梳状滤波器，它的零点为 $z_k=e^{j\frac{2\pi}{N}k}$，$k=0, 1, \cdots, N-1$，等间隔分布在单位圆上。式（6-21）描述的是 IIR（本章第三节将会介绍）的一阶网络结构，只有单阶极点 $z_k=e^{j\frac{2\pi}{N}k}$，$k=0, 1, \cdots, N-1$，它们也等间隔分布在单位圆上。理论上，由于零极点相同，相互抵消，网络稳定，其频谱采样结构如图 6-6 所示。

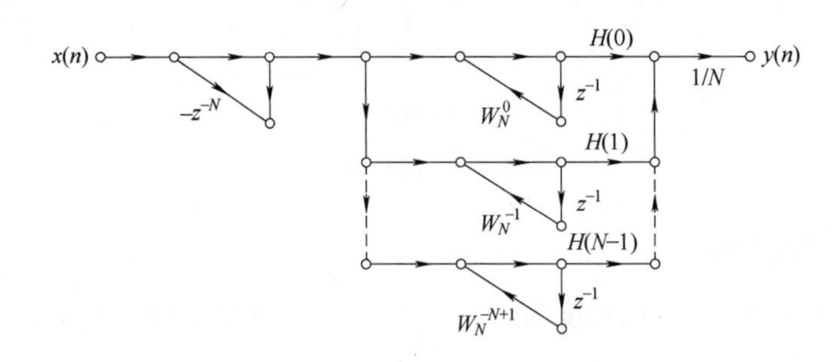

图 6-6 FIR 滤波器频率采样结构

当所需 FIR 滤波器的频率响应特性是窄带时，增益参数 $\{H(k)\}$ 绝大多数系数为零，从而，$H_2(z)$ 中对应的系数为零的部分可以去掉，只有系数非零的滤波器被保留，因此其结果是一个比直接型实现需要更少计算量的滤波器（乘法和加法）。

利用 $H(k)$ 的对称性，即 $H(k)=H^*(N-k)$，可以将频率采样滤波器结构进一步简化，有

$$H_2(k)=\frac{H(0)}{1-z^{-1}}+\sum_{k=1}^{(N-1)/2}\frac{A(k)+B(k)z^{-1}}{1-2\cos(2\pi k/N)z^{-1}+z^{-2}}, N\text{ 为奇数} \tag{6-22}$$

$$H_2(k)=\frac{H(0)}{1-z^{-1}}+\frac{H(N/2)}{1+z^{-1}}+\sum_{k=1}^{N/2-1}\frac{A(k)+B(k)z^{-1}}{1-2\cos(2\pi k/N)z^{-1}+z^{-2}}, N\text{ 为偶数} \tag{6-23}$$

式中

$$\begin{cases}A(k)=H(k)+H(N-k)\\B(k)=H(k)e^{-j2\pi k/N}+H(N-k)e^{j2\pi k/N}\end{cases} \tag{6-24}$$

例 6-2 假设有频率样本如下：

$$H\left(\frac{2\pi k}{32}\right)=\begin{cases}1, & k=0,1,2\\1/2, & k=3\\0, & k=4,5,\cdots,15\end{cases}$$

的线性相位（对称）FIR 滤波器。画出 $N=32$ 的直接型和频率采样结构，并比较它们之间的

计算复杂度。

解：由于具有线性相位结构，且 N 为偶数，则

$$H_1(z)=\frac{1-z^{-32}}{32}$$

$$\begin{aligned}H_2(k)&=\frac{H(0)}{1-z^{-1}}+\frac{H(16)}{1+z^{-1}}+\sum_{k=1}^{15}\frac{A(k)+B(k)z^{-1}}{1-2\cos(\pi k/16)z^{-1}+z^{-2}}\\&=\frac{1}{1-z^{-1}}+\sum_{k=1}^{15}\frac{A(k)+B(k)z^{-1}}{1-2\cos(\pi k/16)z^{-1}+z^{-2}}\\&=\frac{1}{1-z^{-1}}+\frac{A(1)+B(1)z^{-1}}{1-2\cos(\pi/16)z^{-1}+z^{-2}}+\frac{A(2)+B(2)z^{-1}}{1-2\cos(\pi/8)z^{-1}+z^{-2}}+\frac{A(3)+B(3)z^{-1}}{1-2\cos(3\pi/16)z^{-1}+z^{-2}}\end{aligned}$$

根据以上计算结果，对于直接型，乘法次数为 16 次，每个输出需要加法 31 次，其结构如图 6-7a 所示。在频率采样中，$H(0)=1$，故单极点滤波器不需要乘法，三个极点（$k=1$，2,3）滤波器每个需要 3 次乘法，一共 9 次乘法，加法次数总共 13 次，其结构如图 6-7b 所示。因此，FIR 的频率采样结构比直接型计算效率更高。

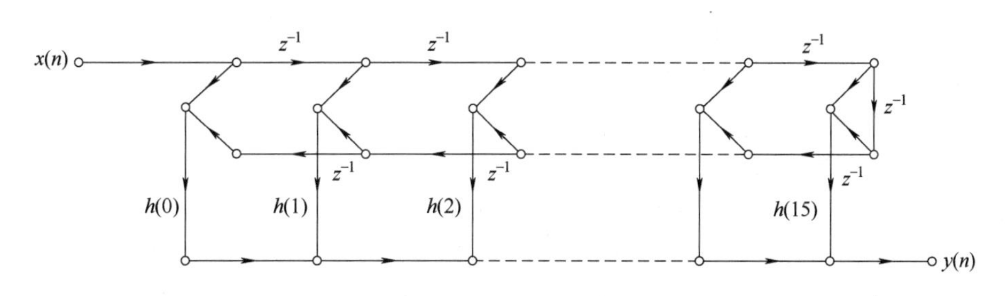

a) N=32 时 FIR 直接型

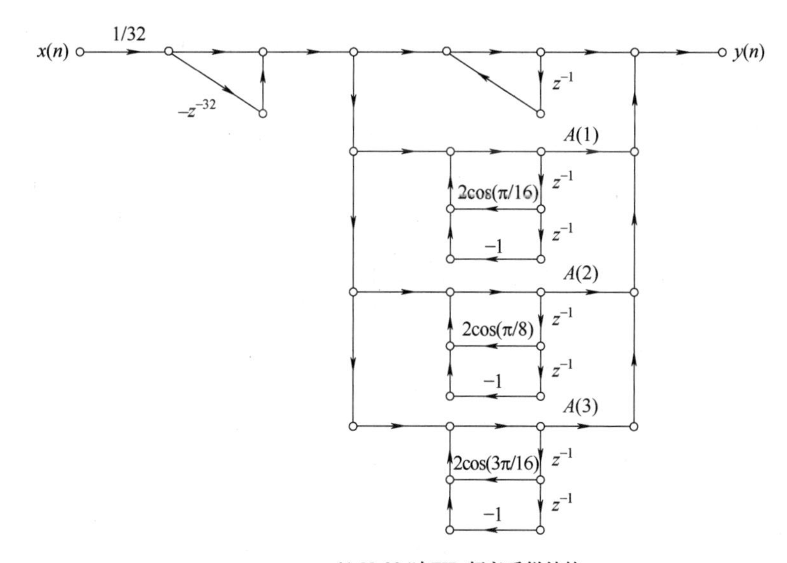

b) N=32 时 FIR 频率采样结构

图 6-7　例 6-2 图

四、格型结构

FIR 滤波器还有另一种结构，称为格型结构，它广泛应用于语音处理和自适应滤波器中。将 FIR 滤波器的系统函数表示为

$$H_m(z)=A_m(z),\quad m=0,1,\cdots,M-1 \tag{6-25}$$

由式（6-8）可知，$A_m(z)$ 多项式为

$$A_m(z)=1+\sum_{k=1}^{m}a_m(k)z^{-k},\quad m\geqslant 1 \tag{6-26}$$

式中，$A_0(z)=1$；多项式 $A_m(z)$ 的下标 m 表示多项式的阶数。

如果 $\{x(n)\}$ 是滤波器 $A_m(z)$ 的输入序列，$\{y(n)\}$ 为输出序列，则有

$$y(n)=x(n)+\sum_{k=1}^{m}a_m(k)x(n-k) \tag{6-27}$$

式（6-27）表示的 FIR 滤波器的直接型结构如图 6-8 所示。

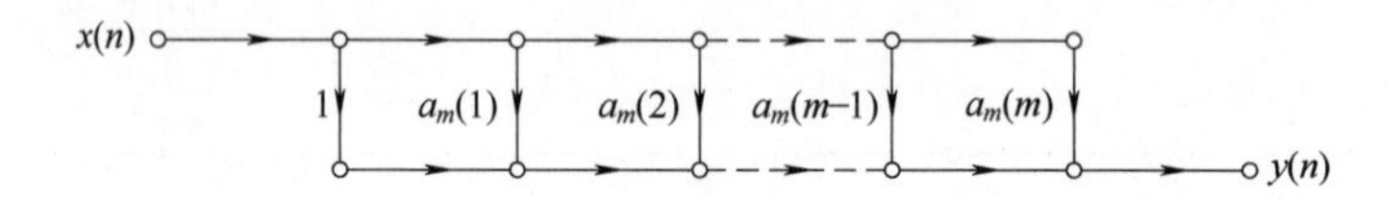

图 6-8 式（6-27）表示的 FIR 滤波器的直接型结构

假设式（6-27）中 $m=1$，则滤波器的输出为

$$y(n)=x(n)+a_1(1)x(n-1) \tag{6-28}$$

令 $k_1=a_1(1)$，那么式（6-28）的格型结构如图 6-9 中上半支路。

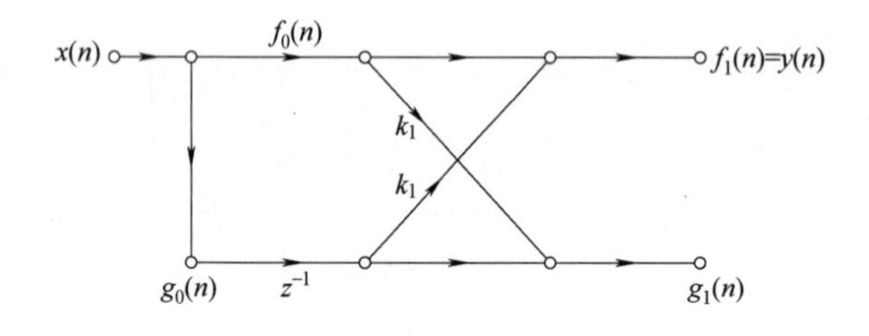

图 6-9 单段格型结构滤波器

在图 6-9 中

$$f_0(n)=g_0(n)=x(n) \tag{6-29}$$

$$f_1(n)=f_0(n)+k_1g_0(n-1)=x(n)+k_1x(n-1) \tag{6-30}$$

$$g_1(n)=k_1f_0(n)+g_0(n-1)=k_1x(n)+x(n-1) \tag{6-31}$$

当 $m=2$ 时，直接型结构的输出为

$$y(n)=x(n)+a_2(2)x(n-1)+a_2(1)x(n-2) \tag{6-32}$$

那么，格型结构的两个输出分别为

$$f_2(n)=f_1(n)+k_2g_1(n-1) \tag{6-33}$$

$$g_2(n)=k_2f_1(n)+g_1(n-1) \tag{6-34}$$

将式（6-30）和式（6-31）代入上面两个式子，得

$$f_2(n)=x(n)+k_1(1+k_2)x(n-1)+k_2x(n-2) \tag{6-35}$$

$$g_2(n)=k_2x(n)+k_1(1+k_2)x(n-1)+x(n-2) \tag{6-36}$$

对照式（6-32）和式（6-35），有

$$a_2(2)=k_2,\quad a_2(1)=k_1(1+k_2) \tag{6-37}$$

所以，格型滤波器的反射系数 k_1 和 k_2 可以通过直接型的系数 $\{a_m(k)\}$ 得到，其二段格型滤波器如图 6-10 所示。

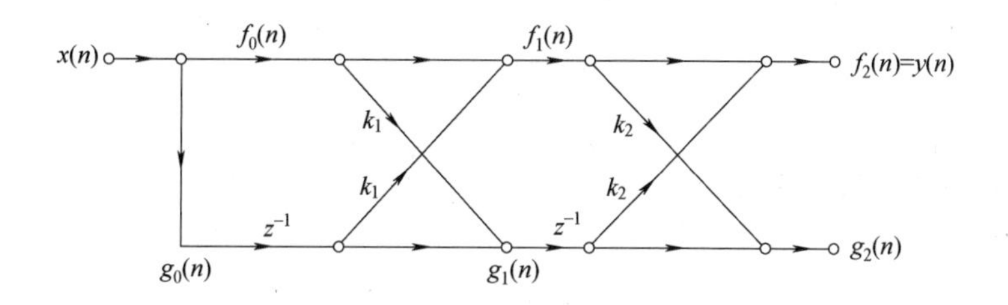

图 6-10　二段格型滤波器

对式（6-30）和式（6-31）求 z 变换，并写成矩阵形式，得

$$\begin{cases}F_1(z)=F_0(z)+k_1z^{-1}G_0(z)\\ G_1(z)=k_1F_0(z)+z^{-1}G_0(z)\end{cases} \tag{6-38}$$

$$\begin{bmatrix}F_1(z)\\ G_1(z)\end{bmatrix}=\begin{bmatrix}1 & k_1z^{-1}\\ k_1 & z^{-1}\end{bmatrix}\begin{bmatrix}F_0(z)\\ G_0(z)\end{bmatrix} \tag{6-39}$$

对式（6-35）和式（6-36）求 z 变换，并写成矩阵形式，得

$$\begin{bmatrix}F_2(z)\\ G_2(z)\end{bmatrix}=\begin{bmatrix}1 & k_2z^{-1}\\ k_2 & z^{-1}\end{bmatrix}\begin{bmatrix}F_1(z)\\ G_1(z)\end{bmatrix}=\begin{bmatrix}1 & k_2z^{-1}\\ k_2 & z^{-1}\end{bmatrix}\begin{bmatrix}1 & k_1z^{-1}\\ k_1 & z^{-1}\end{bmatrix}\begin{bmatrix}F_0(z)\\ G_0(z)\end{bmatrix} \tag{6-40}$$

观察式（6-39）和式（6-40），它们具有一定的规律性，因此，容易证明

$$\begin{bmatrix}F_m(z)\\ G_m(z)\end{bmatrix}=\begin{bmatrix}1 & k_mz^{-1}\\ k_m & z^{-1}\end{bmatrix}\begin{bmatrix}1 & k_{m-1}z^{-1}\\ k_{m-1} & z^{-1}\end{bmatrix}\cdots\begin{bmatrix}1 & k_1z^{-1}\\ k_1 & z^{-1}\end{bmatrix}\begin{bmatrix}F_0(z)\\ G_0(z)\end{bmatrix} \tag{6-41}$$

因为 $Y(z)=F_m(z)$，$F_0(z)=G_0(z)=X(z)$，所以，FIR 格型滤波器的输出为

$$Y(z)=\begin{bmatrix}1 & 0\end{bmatrix}\begin{bmatrix}F_m(z)\\ G_m(z)\end{bmatrix}=\begin{bmatrix}1 & 0\end{bmatrix}\left\{\prod_{i=m}^{1}\begin{bmatrix}1 & k_mz^{-1}\\ k_m & z^{-1}\end{bmatrix}\right\}\begin{bmatrix}1\\ 1\end{bmatrix}X(z) \tag{6-42}$$

由式（6-42）可知，FIR 格型滤波器的系统函数为

$$H(z)=\frac{Y(z)}{X(z)}=\begin{bmatrix}1 & 0\end{bmatrix}\left\{\prod_{i=m}^{1}\begin{bmatrix}1 & k_mz^{-1}\\ k_m & z^{-1}\end{bmatrix}\right\}\begin{bmatrix}1\\ 1\end{bmatrix} \tag{6-43}$$

下面进一步推导 $\{k_i\}$ 与 FIR 滤波器的系数 $\{a_m(k)\}$ 之间的关系。

（一）由格型滤波器的系数转换成直接型滤波器的系数

由前面的推导可知

$$F_m(z)=F_{m-1}(z)+k_m z^{-1}G_{m-1}(z),\quad m=1,2,\cdots,M-1 \tag{6-44}$$

$$G_m(z)=k_m F_{m-1}(z)+z^{-1}G_{m-1}(z),\quad m=1,2,\cdots,M-1 \tag{6-45}$$

根据式（6-35）和式（6-36），可将 $G_m(z)$ 写成类似式（6-6）的形式，即

$$G_m(n)=\sum_{k=0}^{m} b_m(k)x(n-k) \tag{6-46}$$

对上式求 z 变换，得

$$G_m(z)=B_m(z)X(z) \tag{6-47}$$

式中

$$B_m(z)=\frac{G_m(z)}{X(z)}=\sum_{k=0}^{m} b_m(k)z^{-k} \tag{6-48}$$

又因为 $\{b_m(k)\}$ 与产生 $f_m(n)=y(n)$ 的滤波器有关，但顺序相反，由式（6-35）和式（6-36）中 $f_2(n)$ 和 $g_2(n)$ 可以看出

$$b_m(k)=a_m(m-k),\quad k=0,1,\cdots,m \tag{6-49}$$

当 $k=m$ 时，$b_m(m)=1$。所以式（6-48）可写成

$$B_m(z)=\sum_{k=0}^{m} a_m(m-k)z^{-k}=\sum_{l=0}^{m} a_m(l)z^{l-m}$$

$$=z^{-m}\sum_{l=0}^{m} a_m(l)z^{l}=z^{-m}A_m(z^{-1}) \tag{6-50}$$

将式（6-44）和式（6-45）都除以 $X(z)$，得

$$A_m(z)=A_{m-1}(z)+k_m z^{-1}B_{m-1}(z),\quad m=1,2,\cdots,M-1 \tag{6-51}$$

$$B_m(z)=k_m A_{m-1}(z)+z^{-1}B_{m-1}(z),\quad m=1,2,\cdots,M-1 \tag{6-52}$$

又因为

$$F_0(z)=G_0(z)=X(z) \tag{6-53}$$

因此

$$A_0(z)=B_0(z)=1 \tag{6-54}$$

例 6-3 给出系数 $K_1=1/4$，$K_2=1/4$，$K_3=1/3$ 的一个三段格型滤波器，求直接型结果的 FIR 滤波器的系数。

解：根据式（6-51），当 $m=1$ 时，$A_1(z)=A_0(z)+K_1z^{-1}B_0(z)=1+K_1z^{-1}=1+\frac{1}{4}z^{-1}$

所以，单段格型滤波器的系数为 $a_1(0)=1$，$a_1(1)=K_1=1/4$

再根据式（6-52）可知，$B_1(z)=1/4+z^{-1}$

当 $m=2$ 时，$A_2(z)=A_1(z)+K_2z^{-1}B_1(z)=1+\frac{3}{8}z^{-1}+\frac{1}{2}z^{-2}$

所以，二段格型滤波器的系数为 $a_2(0)=1$，$a_2(1)=3/8$，$a_2(2)=1/2$

同样，$B_2(z)=1/2+\frac{3}{8}z^{-1}+z^{-2}$

当 $m=3$ 时，$A_3(z)=A_2(z)+K_3z^{-1}B_2(z)=1+\frac{13}{24}z^{-1}+\frac{5}{8}z^{-2}+\frac{1}{3}z^{-3}$

所以，直接型滤波器的系数为 $a_3(0)=1$，$a_3(1)=13/24$，$a_3(2)=5/8$，$a_3(3)=1/3$

（二）由直接型滤波器的系数转换成格型滤波器的系数

由式（6-51）和（6-52）可得

$$\sum_{k=0}^{m} a_m(k)z^{-k}=\sum_{k=0}^{m-1} a_{m-1}(k)z^{-k}+k_m\sum_{k=0}^{m-1} a_{m-1}(m-1-k)z^{-(k+1)} \tag{6-55}$$

又由前面内容可知 $a_m(0)=1$，$m=0$，1，…，$M-1$。

所以可以得到 FIR 滤波器的系数的递推公式为

$$a_m(0)=1 \tag{6-56}$$

$$a_m(m)=k_m \tag{6-57}$$

$$a_m(k)=a_{m-1}(k)+k_m\,a_{m-1}(m-k)=a_{m-1}(k)+a_m(m)a_{m-1}(m-k),1\leqslant k\leqslant m-1,m=1,2,\cdots,M-1 \tag{6-58}$$

由式（6-51）和式（6-52）可得

$$A_m(z)=A_{m-1}(z)+k_m z^{-1}B_{m-1}(z)=A_{m-1}(z)+k_m[B_m(z)-k_mA_{m-1}(z)]$$

所以

$$A_{m-1}(z)=\frac{A_m(z)-k_mB_m(z)}{1-k_m^2},\quad m=M-1,M-2,\cdots,1 \tag{6-59}$$

$$a_{m-1}(k)=\frac{a_m(k)-a_m(m)a_m(m-k)}{1-a_m^2(m)},\quad 1\leqslant k\leqslant m-1 \tag{6-60}$$

例 6-4　求下面 FIR 格型滤波器的系数，并画出其直接型和格型网络结构图。

$$H(z)=A_3(z)=1+\frac{13}{24}z^{-1}+\frac{5}{8}z^{-2}+\frac{1}{3}z^{-3}$$

解：由题目可知 $k_3=a_3(3)=1/3$，$a_3(2)=5/8$，$a_3(1)=13/24$

根据式（6-50）可得

$$B_3(z)=\frac{1}{3}+\frac{5}{8}z^{-1}+\frac{13}{24}z^{-2}+z^{-3}$$

又由式（6-59）得

当 $m=3$ 时

$$A_2(z)=\frac{A_3(z)-k_3B_3(z)}{1-k_3^2}=1+\frac{3}{8}z^{-1}+\frac{1}{2}z^{-2}$$

所以 $k_2=a_2(2)=1/2$，$a_2(1)=3/8$，故

$$B_2(z)=\frac{1}{2}+\frac{3}{8}z^{-1}+z^{-2}$$

当 $m=2$ 时

$$A_1(z)=\frac{A_2(z)-k_2B_2(z)}{1-k_2^2}=1+\frac{1}{4}z^{-1}$$

所以 $k_1=a_1(1)=1/4$

其直接型和格型网络结构如图 6-11 所示。

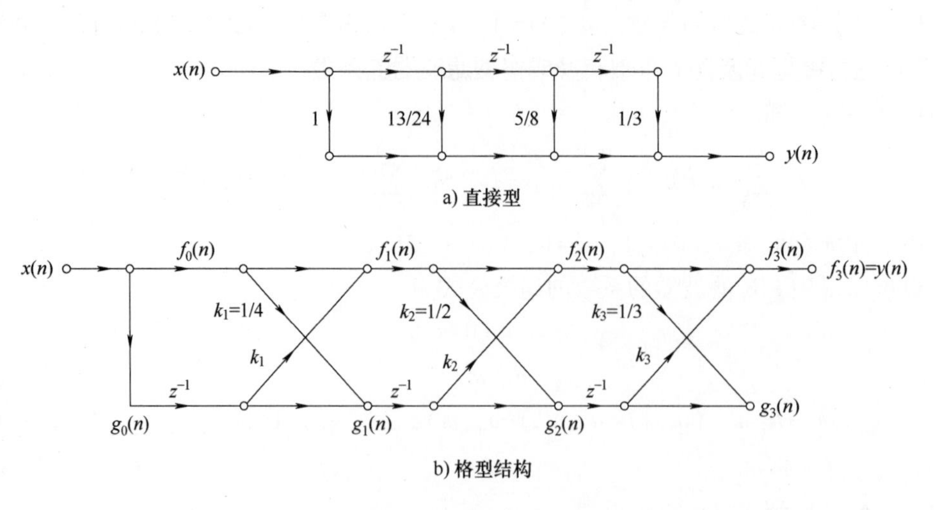

图 6-11　例 6-4 图

第三节　IIR 系统网络结构

本节将根据式（6-1）讨论无限冲击响应（Infinite Impulse Response，IIR）系统的不同网络结构，包括直接型、级联型、并联型以及格型，IIR 系统比 FIR 系统多了一个并联型结构。

一、直接型

式（6-1）和式（6-2）是 IIR 系统的常系数差分方程和系统函数。为讨论方便，以 $M=N=2$ 为例，称为二阶网络结构，将式（6-2）改写成如下形式：

$$H(z)=H_1(z)\cdot H_2(z) \tag{6-61}$$

式中

$$H_1(z)=\sum_{k=0}^{2} b_k z^{-k}=b_0+b_1z^{-1}+b_2z^{-2} \tag{6-62}$$

$$H_2(z)=\frac{1}{1-\sum\limits_{k=1}^{2} a_k z^{-k}}=\frac{1}{1-a_1z^{-1}-a_2z^{-2}} \tag{6-63}$$

式（6-62）是式（6-2）的分子部分，表示全零点滤波器结构，式（6-63）是式（6-2）的分母部分，表示全极点滤波器结构，这两个系统级联，得到图 6-12。将图 6-12a 中的 $H_1(z)$ 和 $H_2(z)$ 交换位置，得到图 6-12b，由于图 6-12b 中节点 w_1 和 w_2 相等，因此，两个节点可以合并，从而得到图 6-12c，这就是 IIR 系统网络的直接型结构。

例 6-5　设 IIR 数字滤波器的系统函数 $H(z)$ 为

$$H(z)=\frac{2-4z^{-1}+9z^{-2}}{1-z^{-1}+2z^{-2}}$$

画出其直接型结构。

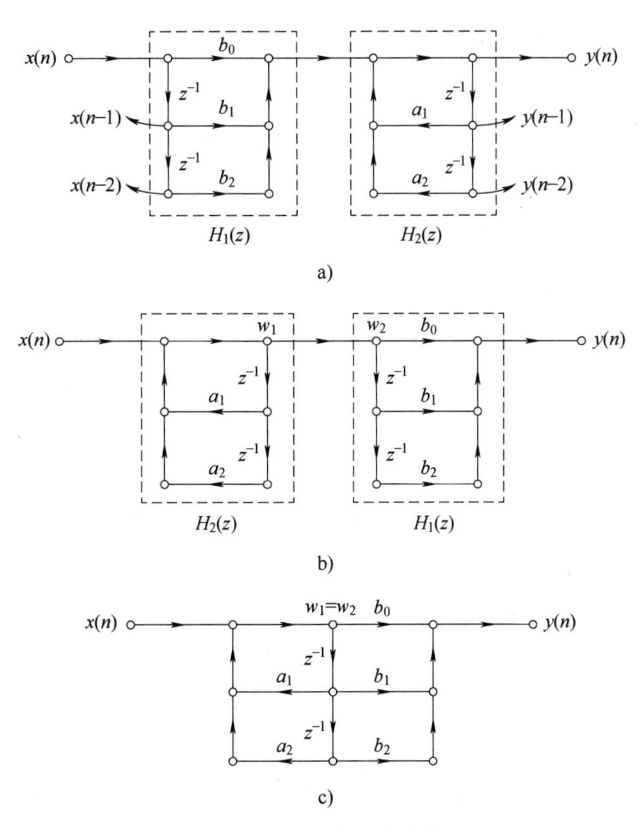

图 6-12　IIR 系统网络直接型

解：由题目可知，IIR 的差分方程可表示成

$$y(n)=y(n-1)-2y(n-2)+2x(n)-4x(n-1)+9x(n-2)$$

按照差分方程画出图 6-13 的直接型网络结构。

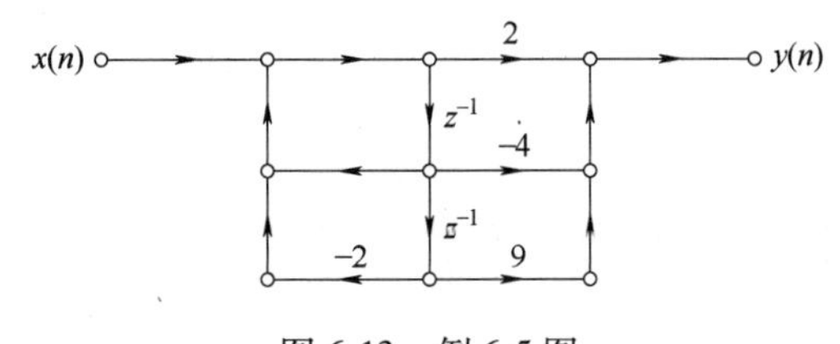

图 6-13　例 6-5 图

线性信号流图在网络处理中具有重要的地位，利用一种称为转置的过程可以将一个网络流图转换成另一个网络流图，而不改变基本的输入输出关系，其方法分三步完成：

（1）将全部支路的箭头改成相反方向。

（2）将全部支路节点用加法器替换，将全部加法器节点用支路节点替换。

（3）将输入和输出交换。

例 6-6　将图 6-13 变为转置结构，并证明转置后的系统函数与原系统函数相同。

解：根据转置的三个步骤将图 6-13 进行转换，得到图 6-14。然后联立方程组求解图 6-14b 的系统函数。

因为

$$\begin{cases}2x(n)-4x(n-1)+9x(n-2)=w\\ w+y(n-1)-2y(n-2)=y(n)\end{cases}$$

所以差分方程为

$$y(n)=2x(n)-4x(n-1)+9x(n-2)+y(n-1)-2y(n-2)$$

其系统函数为

$$H(z)=\frac{2-4z^{-1}+9z^{-2}}{1-z^{-1}+2z^{-2}}$$

说明转置后的系统函数与原系统函数相同。

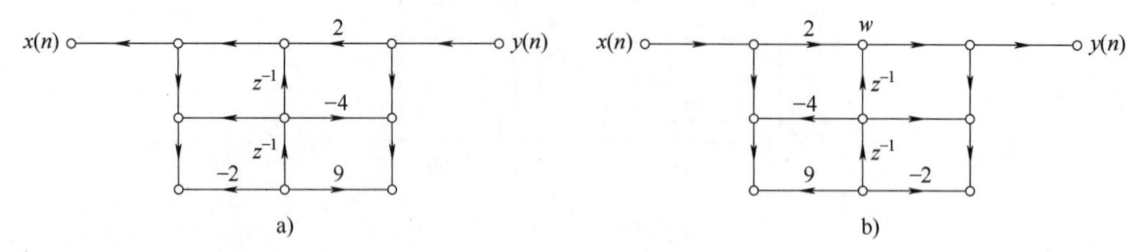

图 6-14 例 6-6 图

二、级联型

将式（6-1）的分子分母表示成因式乘积的形式，得

$$H(z)=A\frac{\prod_{r=1}^{M}(1-c_r z^{-1})}{\prod_{r=1}^{N}(1-d_r z^{-1})} \tag{6-64}$$

其中，A 是常数，c_r 和 d_r 分别是 $H(z)$ 的零点和极点。假设多项式的系数都是实数，则 c_r 和 d_r 是实数或者是共轭成对的复数。将共轭成对的零点（极点）放在一起，形成一个二阶多项式，再将这样的多项式组合成分式的分子和分母，形成一个二阶网络 $H_i(z)$，即

$$H_i(z)=\frac{b_{0i}+b_{1i}z^{-1}+b_{2i}z^{-2}}{1-a_{1i}z^{-1}-a_{2i}z^{-2}} \tag{6-65}$$

将式（6-64）分解成若干式（6-65）的形式，因此式（6-64）可表示成

$$H(z)=\sum_{i=1}^{M}H_i(z),\quad N\geqslant M \tag{6-66}$$

将 M 个 $H_i(z)$ 级联在一起就是 IIR 的级联型网络结构，如图 6-15 所示。

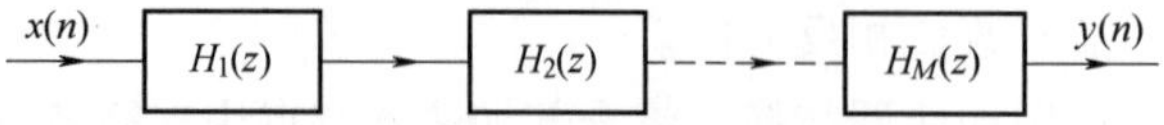

x(n) → H1(z) → H2(z) - - - → HM(z) → y(n)

图 6-15 IIR 级联型网络结构

例 6-7 设 IIR 系统函数 $H(z)$ 为

$$H(z)=\frac{2-3z^{-1}+z^{-2}}{3-11z^{-1}+6z^{-2}}$$

画出其级联型结构。

解：将系统函数的分子分母因式分解，得

$$H(z)=\frac{2-3z^{-1}+z^{-2}}{3-11z^{-1}+6z^{-2}}=\frac{(1-z^{-1})(2-z^{-1})}{(3-2z^{-1})(1-3z^{-1})}$$

将上式分子的两个因式与分母的两个因式自由组合成两个一阶网络，选取其中一种情况得到图 6-16。

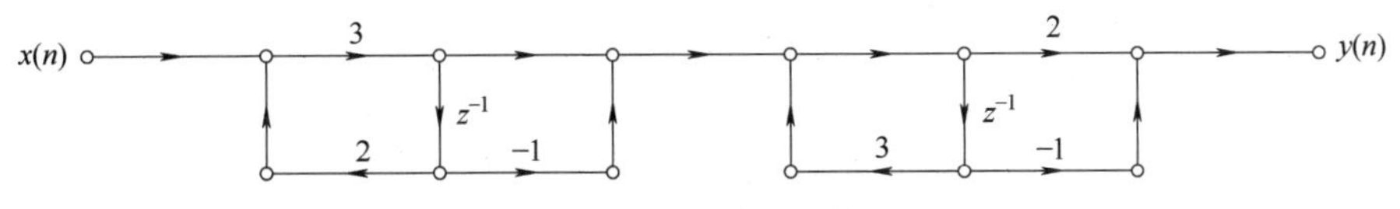

图 6-16 例 6-7 图

在级联型网络结构中，每一个一阶网络决定一个零点和一个极点，因此，通过分子分母的系数，很容易调整其零点和极点的值。另外，级联型结构中后面网络的输出不会流到前面，运算误差的积累相对直接型较小。

三、并联型

如果将级联型形式的 $H(z)$ 展开成几个分式相加的形式，即

$$H(z)=H_1(z)+H_2(z)+\cdots+H_k(z) \tag{6-67}$$

对应的网络结构由 k 个子系统并联，式中 $H_i(z)$ 一般为一阶网络或二阶网络，且系数为实数。

例 6-8 设 IIR 系统函数 $H(z)$ 为

$$H(z)=\frac{3-\frac{7}{8}z^{-1}}{1-\frac{7}{8}z^{-1}+\frac{3}{32}z^{-2}}$$

画出其并联型结构。

解：根据题目可知

$$H(z)=\frac{2}{1-\frac{3}{4}z^{-1}}+\frac{1}{1-\frac{1}{8}z^{-1}}$$

因此 IIR 系统的并联网络结构如图 6-17 所示。

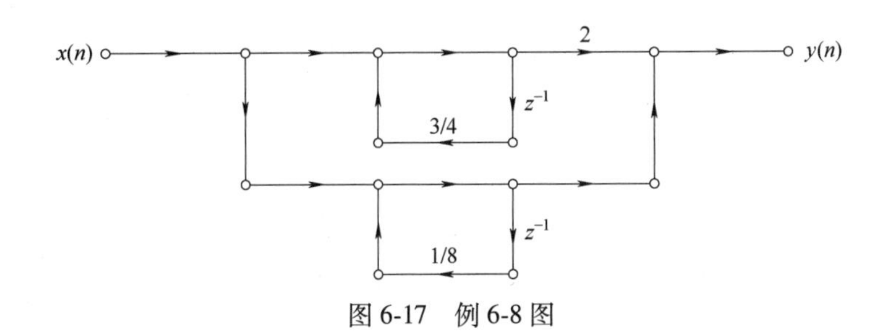

图 6-17 例 6-8 图

四、格型结构

本章第二节介绍了 FIR 系统的格型滤波器结构，IIR 系统也具有相似的结构。

先考虑全极点的 IIR 系统，其系统函数为

$$H(z)=\frac{1}{1+\sum_{k=1}^{N}a_N(k)z^{-k}}=\frac{1}{A_N(z)} \tag{6-68}$$

式（6-68）的差分方程可表示成

$$y(n)=-\sum_{k=1}^{N}a_N(k)y(n-k)+x(n) \tag{6-69}$$

如果将输入和输出互换，也就是将 $x(n)$ 和 $y(n)$ 交换，得到

$$x(n)=-\sum_{k=1}^{N}a_N(k)x(n-k)+y(n) \tag{6-70}$$

或者等价为

$$y(n)=x(n)+\sum_{k=1}^{N}a_N(k)x(n-k) \tag{6-71}$$

可以看出式（6-71）描述了一个系统函数为 $H(z)=A_N(z)$ 的 FIR 系统，而式（6-69）描述的是一个系统函数为 $H(z)=1/A_N(z)$ 的 IIR 系统。只需要将输入和输出交换，就可以从一个系统得到另一个系统。

基于这种观察，利用第二节介绍的 FIR 格型网络结构，通过交换输入和输出，来得到全零点的 IIR 系统格型网络结构。

将 FIR（或称为全零点）滤波器的输入和输出参数重新定义

$$x(n)=f_N(n) \tag{6-72}$$

$$y(n)=f_0(n) \tag{6-73}$$

它们正好与全零点格型滤波器的输入输出相反，这些定义要求量 $\{f_m(n)\}$ 按降序计算（即 $f_N(n)$，$f_{N-1}(n)$，…）。根据式（6-33）和式（6-34）的递推关系，得到

$$f_{m-1}(n)=f_m(n)-K_m g_{m-1}(n-1),\quad m=N,N-1,\cdots,1 \tag{6-74}$$

$$g_m(n)=k_m f_{m-1}(n)+g_{m-1}(n-1),\quad m=N,N-1,\cdots,1 \tag{6-75}$$

变化后的结果得到下面一组方程

$$\begin{cases}f_N(n)=x(n)\\ y(n)=f_0(n)=g_0(n)\\ f_{m-1}(n)=f_m(n)-K_m g_{m-1}(n-1),m=N,N-1,\cdots,1\\ g_m(n)=K_m f_{m-1}(n)+g_{m-1}(n-1),m=N,N-1,\cdots,1\end{cases} \tag{6-76}$$

其对应的格型网络结构如图 6-18 所示。

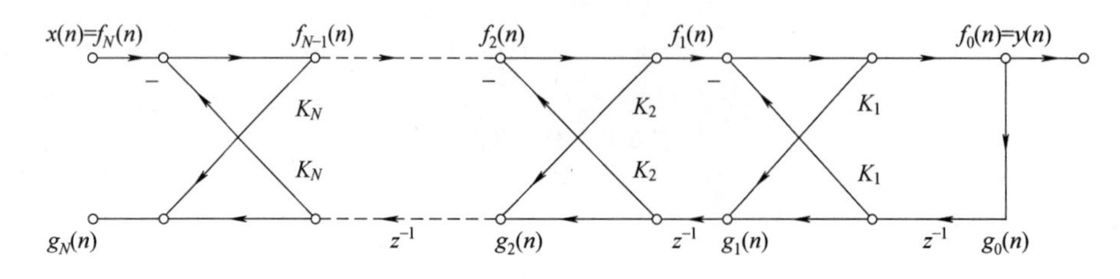

图 6-18　全零点 IIR 系统的格型网络结构

为了说明式（6-76）表示的是一个全零点的IIR系统，考虑$N=1$和$N=2$的情况，方程可表示为：

当$N=1$时，有下列方程组

$$\begin{cases}f_1(n)=x(n)\\ f_0(n)=f_1(n)-K_1g_0(n-1)\\ g_1(n)=K_1f_0(n)+g_0(n-1)\\ y(n)=f_0(n)=x(n)-K_1y(n-1)\end{cases}\tag{6-77}$$

所以

$$g_1(n)=K_1y(n)+y(n-1)\tag{6-78}$$

观察可知，式（6-77）表示一个一阶全极点IIR系统，而式（6-78）表示一个一阶FIR系统。

当$N=2$时，有下列方程组

$$\begin{cases}f_2(n)=x(n)\\ f_1(n)=f_2(n)-K_2g_1(n-1)\\ g_2(n)=K_2f_1(n)+g_1(n-1)\\ y(n)=f_0(n)=g_0(n)\end{cases}\tag{6-79}$$

由式（6-77）到式（6-79）可知

$$y(n)=-K_1(1+K_2)y(n-1)-K_2y(n-2)+x(n)\tag{6-80}$$

$$g_2(n)=K_2y(n)+K_1(1+K_2)y(n-1)+y(n-2)\tag{6-81}$$

很明显，式（6-80）表示一个双极点的IIR系统，式（6-81）表示一个双零点的FIR系统。注意到IIR系统的系数和FIR的系数相同，只是顺序相反而已。

$N=1$和$N=2$的格型结构如图6-19所示。

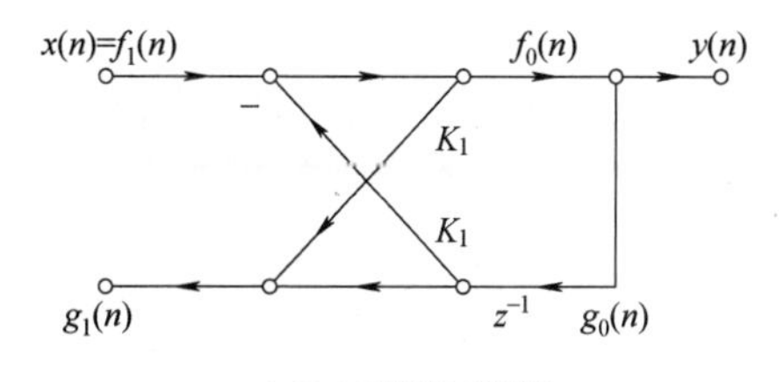

a) N=1时的格型结构

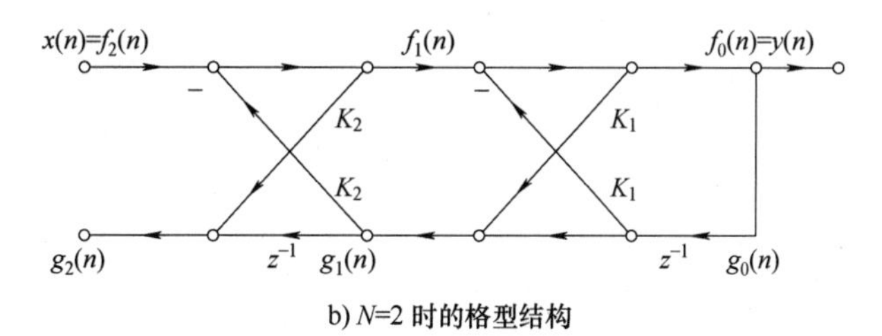

b) N=2时的格型结构

图6-19　单极点和双极点格型结构

第四节　各网络结构相互转换的 MATLAB 实现

MATLAB 信号处理工具箱提供了 14 种线性系统网络结构变换函数，实现各种结构之间的变换，但缺少并联结构与其他结构之间的变换函数。本节介绍三种常用结构（直接型、级联型和格型）之间的变换函数：

（1）tf2sos：直接型到级联型结构的转换。

（2）sos2tf：级联型到直接型结构的转换。

（3）tf2latc：直接型到格型结构的转换。

（4）latc2tf：格型到直接型结构的转换。

一、直接型和级联型结构之间的转换

函数 ［$\boldsymbol{S},G$］=tf2sos($\boldsymbol{B},\boldsymbol{A}$) 实现直接型到级联型结构的转换，其中参数 $\boldsymbol{B}$ 和 $\boldsymbol{A}$ 分别表示直接型系统的分子和分母多项式系数向量。当 $\boldsymbol{A}=1$ 时，表示 FIR 系统函数，返回值 $\boldsymbol{S}$，G 分别表示 L 个二阶级联型结构的系数矩阵 $\boldsymbol{S}$ 和增益常数 G。

$$\boldsymbol{S}=\begin{bmatrix} b_{01} & b_{11} & b_{21} & 1 & a_{11} & a_{21} \\ b_{02} & b_{12} & b_{22} & 1 & a_{12} & a_{22} \\ \vdots & \vdots & \vdots & \vdots & \vdots & \vdots \\ b_{0L} & b_{1L} & b_{2L} & 1 & a_{1L} & a_{2L} \end{bmatrix} \tag{6-82}$$

$\boldsymbol{S}$ 为 $L\times6$ 的矩阵，每一行表示一个二阶子系统函数的系数向量。例如第 k 行对应的二阶系统函数为

$$H_k(z)=\frac{b_{0k}+b_{1k}z^{-1}+b_{2k}z^{-2}}{1+a_{1k}z^{-1}+a_{2k}z^{-2}} \tag{6-83}$$

级联结构的系统函数为

$$H(z)=H_1(z)\cdot H_2(z)\cdots H_L(z) \tag{6-84}$$

例 6-9　用 MATLAB 程序实现将下列系统转换成级联型结构。

$$H(z)=\frac{8-4z^{-1}+11z^{-2}-2z^{-3}}{1-1.25z^{-1}+0.75z^{-2}-0.125z^{-3}}$$

解：MATLAB 参考脚本如下：

```
>> B=[8 -4 11 -2];
>> A=[1 -1.25 0.75 -0.125];
>> [S,G]=tf2sos(B,A)
```

运行结果如下：

```
S=
    1.0000   -0.1900         0    1.0000   -0.2500         0
    1.0000   -0.3100    1.3161    1.0000   -1.0000    0.5000
```

```
G=
    8
```

函数 [$\boldsymbol{B}$,$\boldsymbol{A}$]=sos2tf(S,G) 实现级联型到直接型结构的转换，其中参数 $\boldsymbol{B}$ 和 $\boldsymbol{A}$，$\boldsymbol{S}$ 和 G 的含义与前面介绍的函数 [$\boldsymbol{S}$,G]=tf2sos($\boldsymbol{B}$,$\boldsymbol{A}$) 相同。

二、直接型与全零点（FIR）格型结构之间的转换

函数 $\boldsymbol{K}$=tf2latc(**hn**) 用来求解 FIR 格型结构的系数向量 $\boldsymbol{K}=[K_1,K_2,\cdots,K_N]$，**hn** 是 FIR 滤波器的单位脉冲响应向量，并关于 **hn**(1)= **hn**(0)= 1 归一化。应当注意，当 FIR 系统函数在单位圆上有零极点时，可能发生转换错误。

例 6-10　当 FIR 系统的单位脉冲响应为 **hn**= {1,-0.9,0.64,-0.576 | n=0,1,2,3}，求其格型结构的系数。

解：MATLAB 参考脚本如下：

```
>> hn=[1,-0.9,0.64,-0.576];
>> K=tf2latc(hn)
```

运行结果为

```
K=
   -0.6728
    0.1820
   -0.5760
```

函数 **hn**=latc2tf(K) 是将 FIR 格型结构转换为 FIR 直接型结构，$\boldsymbol{K}$ 和 **hn** 的含义与前面介绍的函数 $\boldsymbol{K}$=tf2latc(**hn**) 相同。

三、直接型与全极点（IIR 的一种特殊情况）格型结构之间的转换

函数 $\boldsymbol{K}$=tf2latc(1,$\boldsymbol{A}$) 是用来求解 IIR 全极点系统格型结构的系数向量 $\boldsymbol{K}$，$\boldsymbol{A}$ 表示 IIR 系统函数的分母多项式 $\boldsymbol{A}(z)$ 的系数向量。

具有零点和极点的 IIR 格型结构称为格梯形网络结构。

[$\boldsymbol{K}$,$\boldsymbol{V}$]=tf2latc($\boldsymbol{B}$,$\boldsymbol{A}$) 用来求解具有零点和极点的 IIR 格型网络结构系数向量 $\boldsymbol{K}$，及其梯形网络系数向量 $\boldsymbol{V}$。应当注意，当 IIR 系统函数在单位圆上存在极点时，可能发生转换错误。

[$\boldsymbol{B}$,$\boldsymbol{A}$]=latc2tf($\boldsymbol{K}$,'allpole') 将 IIR 全极点系统格型结构转换为直接型网络结构，$\boldsymbol{K}$ 为 IIR 全极点系统格型结构的系数向量，$\boldsymbol{A}$ 为 IIR 全极点系统函数的分母多项式 $\boldsymbol{A}(z)$ 的系数向量。显然，该函数可以用于求解格型结构的系统函数，这时分子为常数 1，所以 $\boldsymbol{B}$=1。

[$\boldsymbol{B}$,$\boldsymbol{A}$]=latc2tf($\boldsymbol{K}$,$\boldsymbol{V}$) 将具有零点和极点的 IIR 格型网络结构转换为直接型结构。

例 6-11　某一 IIR 系统的分母多项式 $\boldsymbol{A}(z)$ 如下，求其全极点格型结构的系数向量 $\boldsymbol{K}$。

$$A(z)=1+\frac{13}{24}z^{-1}+\frac{5}{8}z^{-2}+\frac{1}{3}z^{-3}$$

解：MATLAB 参考脚本如下：

```
>> A=[1 13/24 5/8 1/3];
>>K=tf2latc(1,A)
```

运行结果如下：

```
K=
    0.2500
    0.5000
    0.3333
```

对上面所求格型结构的系数向量 $\boldsymbol{K}$，调用函数 latc2tf 求其对应的格型结构的系统函数的程序如下：

```
>> K=[0.2500,0.5000,0.3333];
>> [B,A]=latc2tf(K,'allpole')
```

运行结果如下：

```
B=
    1    0    0    0
A=
    1.0000    0.5416    0.6250    0.3333
```

运行得到的向量 $\boldsymbol{A}$ 与题目给出的系统函数的分母多项式系数完全相同。

根据运行结果可得系统函数为

$$H(z)=\frac{B(z)}{A(z)}=\frac{1}{1+0.5417z^{-1}+0.625z^{-2}+0.3333z^{-3}}$$

【思考题】

习题 6-1　数字滤波器分为哪几种类型？它们用差分方程来描述时有什么不同？各有什么特性？

习题 6-2　IIR 和 FIR 数字滤波器有哪些基本网络结构？

【计算题】

习题 6-3　画出下列系统的直接型、级联型和并联型结构。

(1) $y(n)=\frac{3}{4}y(n-1)-\frac{1}{8}y(n-2)+x(n)+\frac{1}{3}x(n-1)$

（2）$y(n)=\frac{1}{2}y(n-1)+\frac{1}{4}y(n-2)+x(n)+x(n-1)$

（3）$H(z)=\frac{2(1-z^{-1})(1+\sqrt{2}z^{-1}+z^{-2})}{(1+0.5z^{-1})(1-0.9z^{-1}+0.81z^{-2})}$

习题 6-4　画出下列系统的直接型结构。

（1）$h(n)=\{1,2,3,4,3,2,1 \mid 0\leqslant n\leqslant 6\}$

（2）$h(n)=\{1,2,3,3,2,1 \mid 0\leqslant n\leqslant 5\}$

习题 6-5　设系统的系统函数为

$$H(z)=4\frac{(1+z^{-1})(1-\sqrt{2}z^{-1}+z^{-2})}{(1-0.5z^{-1})(1+0.9z^{-1}+0.81z^{-2})}$$

试画出各种可能的级联型结构并指出哪一种最好？

习题 6-6　已知 FIR 滤波器的系统函数为

$$H(z)=\frac{1}{10}(1+0.9z^{-1}+2.1z^{-2}+0.9z^{-3}+z^{-4})$$

试画出该滤波器的直接型结构和线性相位结构。

习题 6-7　已知 FIR 滤波器的单位脉冲响应为：

（1）$N=6$；$h(0)=h(5)=10$，$h(1)=h(4)=2$，$h(2)=h(3)=1$。

（2）$N=7$；$h(0)=-h(6)=2$，$h(1)=-h(5)=-2$，$h(2)=-h(4)=1$，$h(3)=0$。

试画出它们的线性相位结构图，并分别说明它们的幅度特性和相位特性各有什么特点？

习题 6-8　图 6-20 给出 6 个系统，试确定它们的系统函数，并说明其中是否有系统函数相同的系统。

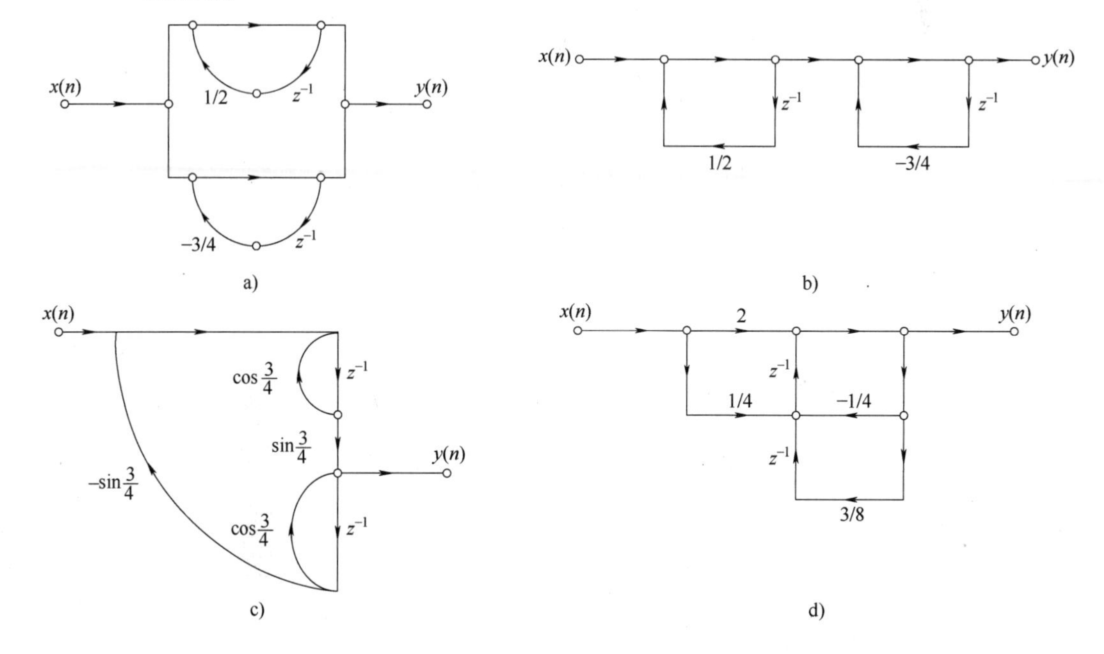

图 6-20　习题 6-8 图

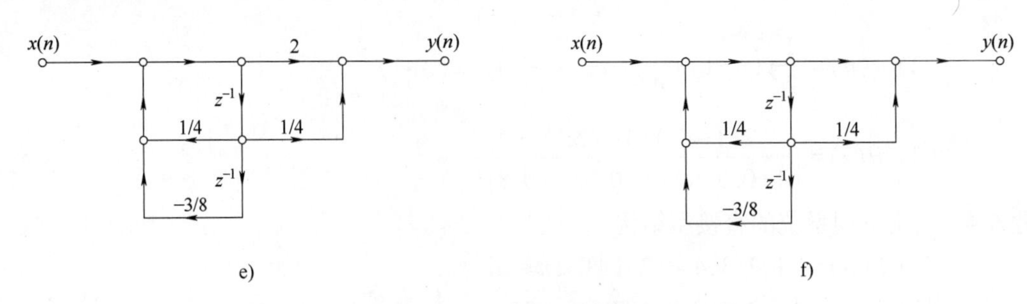

图 6-20　习题 6-8 图（续）

习题 6-9　求图 6-21 各系统的单位脉冲响应。

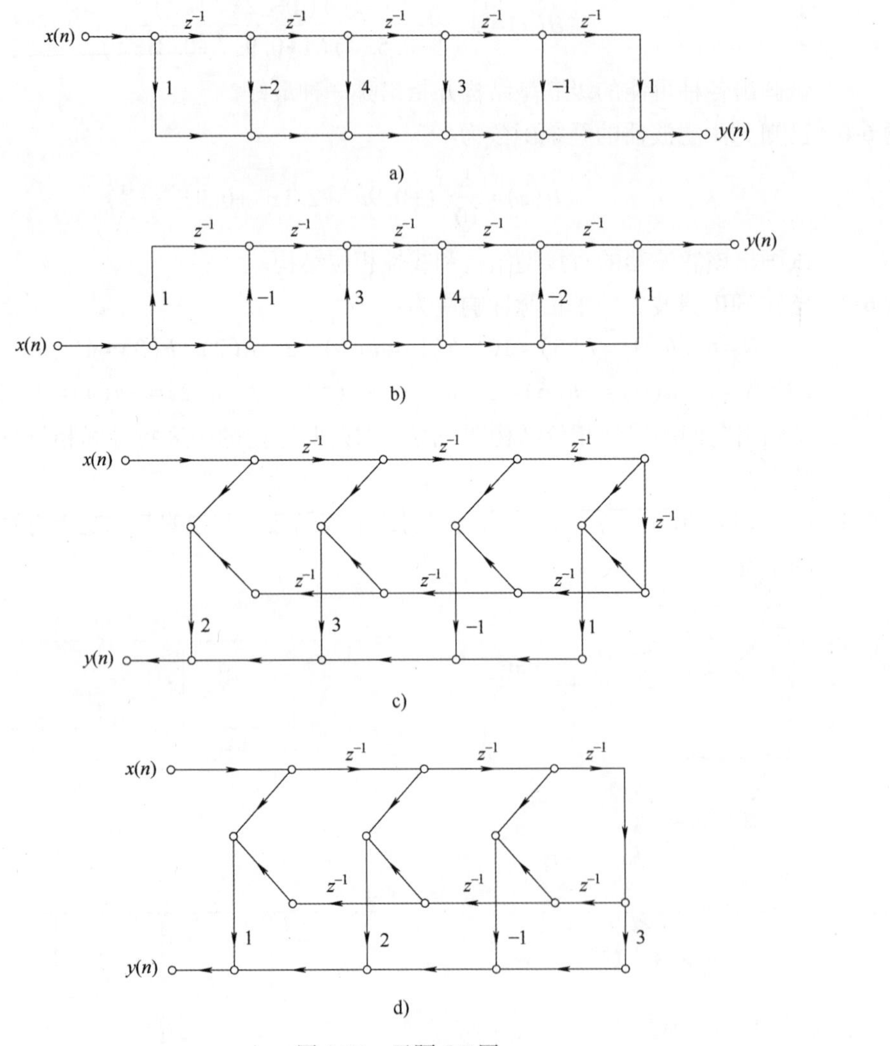

图 6-21　习题 6-9 图

习题 6-10　考虑一线性时变因果系统，其单位脉冲响应为 $h(n)$，系统函数为

$$H(z)=\frac{2(1-2z^{-1})(1-4z^{-1})}{z\left(1-\frac{1}{2}z^{-1}\right)}$$

（1）画出该系统直接型结构。

（2）画出（1）的转置结构。

习题 6-11　画出图 6-22 中系统的转置结构，并验证两者具有相同的系统函数。

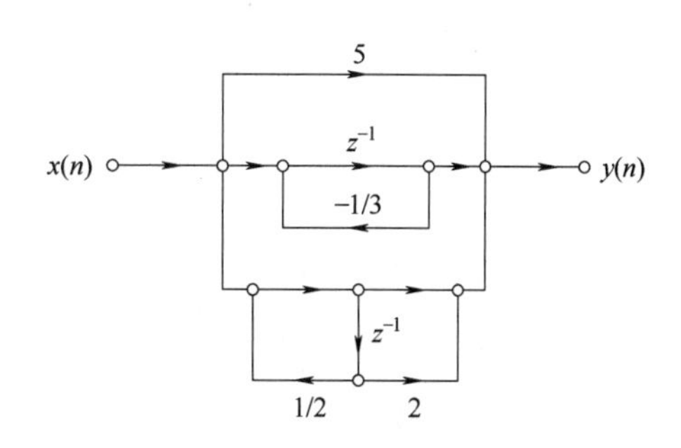

图 6-22　习题 6-11 图

习题 6-12　用 b_1 和 b_2 确定 a_1、a_2、c_1 和 c_0，使图 6-23中两个系统等效。

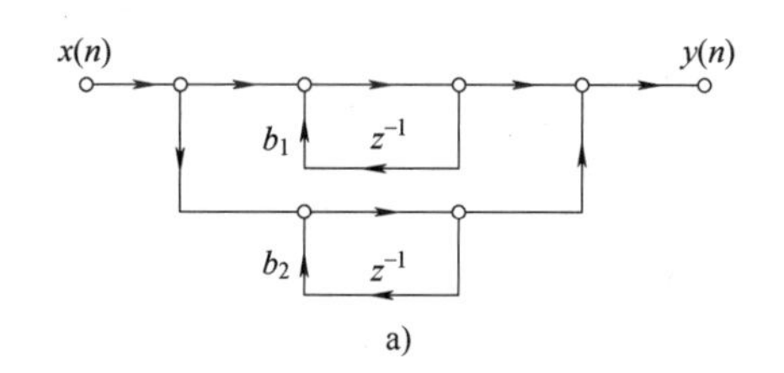

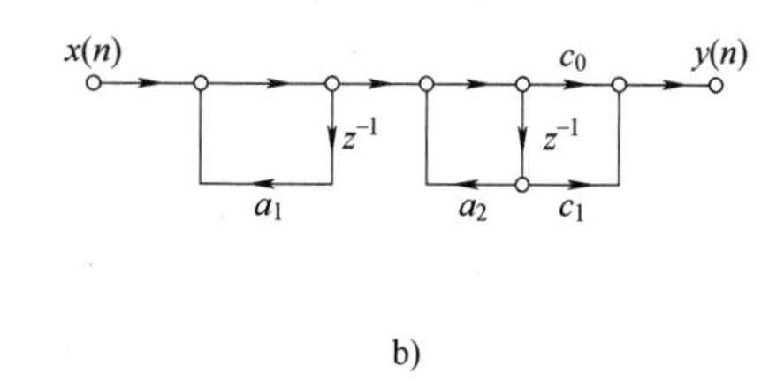

图 6-23　习题 6-12 图

习题 6-13　对于图 6-24 中的系统，要求：

（1）确定它的系统函数。

（2）如果系统参数为

① $b_0=b_2=1$，$b_1=2$，$a_1=1.5$，$a_2=-0.9$；

② $b_0=b_2=1$，$b_1=2$，$a_1=1$，$a_2=-2$；

画出系统的零极点分布图，并检验系统的稳定性。

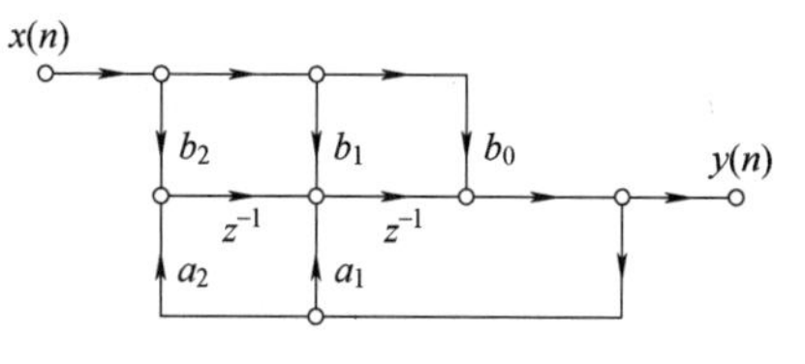

图 6-24　习题 6-13 图

习题 6-14　已知 FIR 滤波器的 16 个频率采样值为

$$H(0)=12,\quad H(3)\sim H(13)=0$$

$$H(1)=-3-\mathrm{j}\sqrt{3},\quad H(14)=1-\mathrm{j}$$

$$H(2)=1+\mathrm{j},\quad H(15)=-3+\mathrm{j}\sqrt{3}$$

试画出其频率采样结构，选择 $r=1$，可以用复数乘法器。

习题 6-15　已知 FIR 滤波器的系统函数为

（1）$H(z)=1+0.8z^{-1}+0.65z^{-2}$

（2）$H(z)=1-0.6z^{-1}+0.825z^{-2}-0.9z^{-3}$

试分别画出它们的直接型结构和格型结构，并求出格型结构的有关参数。

习题 6-16　假设 FIR 格型网络结构的参数为 $k_1=-0.08$，$k_2=0.217$，$k_3=1.0$，$k_4=0.5$，求系统的系统函数并画出 FIR 直接型结构。

习题 6-17　假设系统的系统函数为

$$H(z)=1+2.88z^{-1}+3.4048z^{-2}+1.74z^{-3}+0.4z^{-4}$$

要求：（1）画出系统的直接型结构并描述系统的差分方程。

（2）画出相应的格型结构，并求出它的系数。

（3）判断系统是否是最小相位系统。

第七章

无限脉冲响应（IIR）数字滤波器的设计

第一节　数字滤波器的基本概念

正如过滤器用于阻止管道中某些微粒的通过一样，离散时间系统可以作为数字滤波器用于阻止某些信号的通过。数字滤波器其实就是一个离散时间系统，它的引入是为了改造输入信号的频谱，以便产生所需要的输出信号频谱特性。因此，数字滤波器就是一个频率选择滤波器，通过选择或增强某些频谱的组成并抑制其他的部分去改变幅度谱和相位谱。

一、数字滤波器的分类

数字滤波器的分类方法有多种，但大体上可分为两类：经典滤波器和现代滤波器。经典滤波器指输入信号中有用的频率成分和希望滤波器滤除的频率成分各占不同的频带，通过一个合适的选频滤波器将其不需要的频率成分滤除，得到所需要的频率成分。图 7-1 中，原信号是由频率为 3Hz 和 10Hz 的两个正弦信号组成，通过一个合适的选频滤波器，将 10Hz 的频率成分去掉，留下频率为 3Hz 的单一正弦信号。

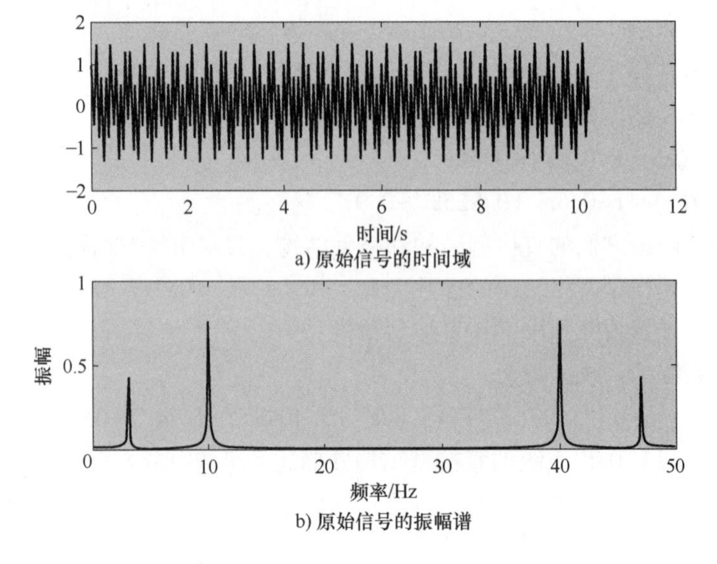

图 7-1　用经典滤波器滤除 10Hz 的频率成分

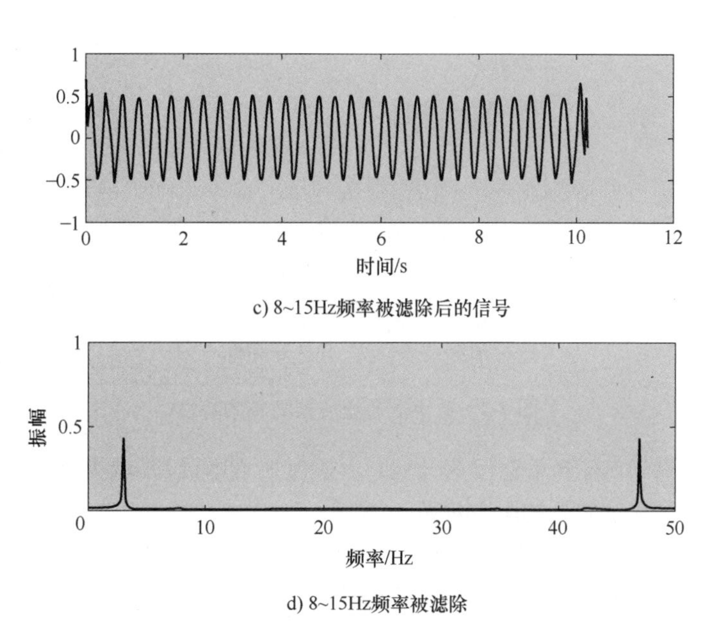

c) 8~15Hz频率被滤除后的信号

d) 8~15Hz频率被滤除

图 7-1　用经典滤波器滤除 10Hz 的频率成分（续）

如果信号中的有用频率成分和希望滤除的频率成分是相互叠加的，这类信号通常是随机信号，具有一定的统计特性，因此无法用经典滤波器来滤波，可以用现代滤波器，如维纳滤波器、卡尔曼滤波器、自适应滤波器等。

本章只讨论经典滤波器，经典滤波器根据滤波特性又可以分为低通、高通、带通和带阻滤波器，如图 7-2 所示。以数字低通滤波器为例，如图 7-3 所示，左上角的阴影区域是滤波器的通带，右下角的阴影区域代表滤波器的阻带。通带的宽度为 ω_p，高度为 δ_p，即所期望幅度响应必须满足如下的通带规范

$$1-\delta_p \leqslant |H(e^{j\omega})| \leqslant 1, \quad 0 \leqslant \omega \leqslant \omega_p$$

式中，$0<\omega_p<\pi$ 是通带截止频率；$\delta_p>0$ 是通带纹波。

通带纹波可以取得足够小，但对一个物理可实现滤波器而言必须是正的。

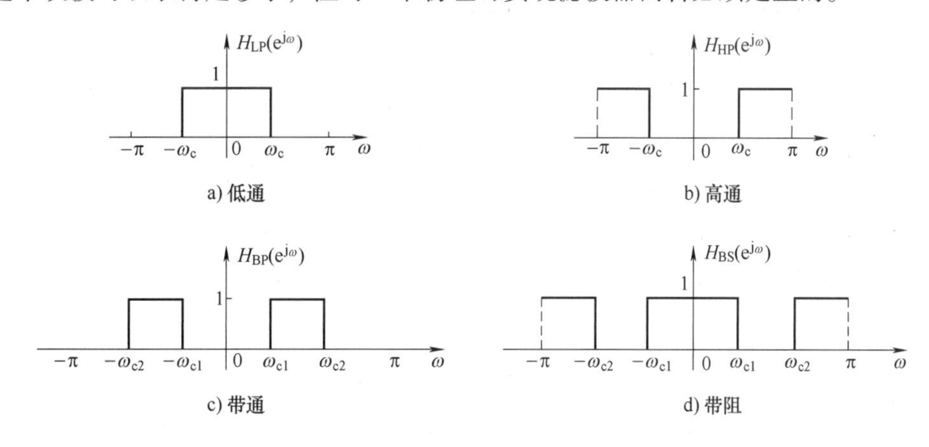

a) 低通　　b) 高通

c) 带通　　d) 带阻

图 7-2　四类理想经典滤波器

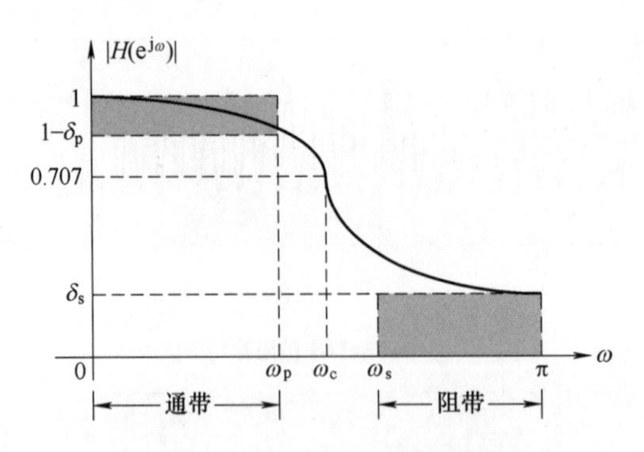

图 7-3　数字低通滤波器的幅频特性

与通带类似，图 7-3 右下角宽度为 $\pi-\omega_s$，高为 δ_s 的阴影区域为滤波器的阻带。因此，期望的幅度响应必须满足如下的阻带规范

$$0\leqslant |H(\mathrm{e}^{\mathrm{j}\omega})| \leqslant \delta_s, \omega_s \leqslant \omega \leqslant \pi$$

同样要说明的是，阻带衰减可以取得足够小，但是对一个物理可实现的滤波器而言必须是正的。

读者可能已经注意到图中还有一部分重要的频谱没有说明。将介于通带和阻带之间的频带［ω_p,ω_s］称为过渡带。过渡带的宽度可以选择足够小，但对于一个物理可实现的滤波器而言必须是正的。实际上，随着通带纹波、阻带衰减、过渡带宽度都趋于零，所需的滤波器阶数趋于无穷大。极限情况下，$\delta_p=0$，$\delta_s=0$ 并且 $\omega_s=\omega_p$ 的滤波器为理想低通滤波器。

数字滤波器按实现的网络结构或单位脉冲响应长度分类，可以分为无限长单位脉冲响应（IIR）滤波器和有限长单位脉冲响应（FIR）滤波器，它们的系统函数分别为

$$H(z)=\frac{\sum_{k=0}^{M} b_k z^{-k}}{1+\sum_{k=1}^{N} a_k z^{-k}} \tag{7-1}$$

$$H(z)=\sum_{n=0}^{N-1} h(n) z^{-n} \tag{7-2}$$

二、数字滤波器的技术指标

与设计模拟滤波器一样，在大多数应用中，要设计的数字滤波器的幅度或相位响应是指定的，都是用一个可实现的传输函数去逼近给定的滤波器幅度响应指标。本章只讨论幅度逼近问题，相位逼近将在第八章介绍。之前已经介绍了四类理想经典滤波器，这些滤波器对应的冲激响应都是非因果且无限长的，如理想低通滤波器的传输函数及单位脉冲响应分别为

$$H_{\mathrm{LP}}(\mathrm{e}^{\mathrm{j}\omega})=\begin{cases}1, & 0\leqslant\omega\leqslant\omega_c\\0, & 其他\end{cases} \tag{7-3}$$

$$h_{\mathrm{LP}}(n)=\frac{\sin\omega_c n}{\pi n},\ -\infty<n<\infty \tag{7-4}$$

因此，它们在现实中是无法实现的，必须生成一种可实现的逼近方法，对这些滤波器的冲激

响应截断，得到一个有限长的冲激响应。另外，由于在理想滤波器中，通带的幅值始终为1，阻带的幅值始终为0也是不可实现的。所以，允许幅度响应在通带和阻带内有一定的波动，并且在通带和阻带之间增加一个过渡带，使得幅度响应从通带的最大值逐渐衰减到阻带中某一个允许的最小值，如图7-3所示，ω_p 和 ω_s 分别为通带边界频率和阻带边界频率。因此，通带的频率范围为 $0 \leqslant \omega \leqslant \omega_p$，在通带中，要求幅度响应以误差 δ_p 逼近1，即

$$1-\delta_p \leqslant |H(e^{j\omega})| \leqslant 1,\ 0 \leqslant \omega \leqslant \omega_p \tag{7-5}$$

阻带频率范围为 $\omega_s \leqslant \omega \leqslant \pi$。在阻带中，要求幅度响应以误差 δ_s 逼近0，即

$$|H(e^{j\omega})| \leqslant \delta_s,\ \omega_s \leqslant \omega \leqslant \pi \tag{7-6}$$

数字滤波器的频率响应 $H(e^{j\omega})$ 是 ω 以 2π 为周期的周期函数，在大多数应用中，所研究的数字滤波器的传输函数 $H(e^{j\omega})$ 具有实系数，且其幅度响应 $|H(e^{j\omega})|$ 是 ω 的偶函数，因此本书仅在 $0 \leqslant \omega \leqslant \pi$ 范围内给出数字滤波器的指标。

为更有利于观察数字滤波器的幅频特性，通常将幅度函数通过对数运算转换成单位为dB的损益函数，即 $A(\omega)=-20\lg|H(e^{j\omega})|$，这样通带内的最大衰减用 α_p 表示，阻带内的最小衰减用 α_s 表示，它们分别定义为

$$\alpha_p=-10\lg|H(e^{j\omega_p})|^2=-20\lg(1-\delta_p) \tag{7-7}$$

$$\alpha_s=-10\lg|H(e^{j\omega_s})|^2=-20\lg\delta_s \tag{7-8}$$

由式（7-7）和式（7-8）可知，α_p 越小，通带内的纹波越小，通带逼近误差越小；α_s 越大，阻带内的纹波越小，阻带逼近误差越小；ω_p 和 ω_s 间距越小，过渡带越窄。所以，低通滤波器的设计指标完全由通带边界频率 ω_p、通带最大衰减 α_p、阻带边界频率 ω_s 和阻带最小衰减 α_s 来确定。

在大多数应用中，通带和阻带边界频率以及数字滤波的取样频率都是用赫兹（Hz）为单位，由于在很多的滤波器设计技术中都是按归一化频率来生成，有必要弄清边界频率和归一化频率之间的关系。设 f_T 为取样频率，其倒数为采样间隔，用 T 表示，f_p 和 f_s 分别表示通带和阻带的边界频率，则以弧度为单位的归一化频率可表示为

$$\omega_p=\Omega_p/f_T=2\pi f_p/f_T=2\pi f_p T \tag{7-9}$$

$$\omega_s=\Omega_s/f_T=2\pi f_s/f_T=2\pi f_s T \tag{7-10}$$

三、IIR数字滤波器设计方法

无限脉冲响应（Infinite Impulse Response，IIR）数字滤波器的设计方法主要有间接法和直接法两种。间接法将数字滤波器的设计指标转化成模拟滤波器的技术指标，根据这些指标先设计模拟滤波器的传输函数，然后再将它转换成所求数字滤波器的传输函数。这种方法被广泛应用，因为模拟逼近技术已经非常成熟，且有大量的图表供查阅。直接法直接在频域或时域中设计数字滤波器，由于要解方程组，设计时需要计算机辅助。

本章先介绍IIR模拟低通滤波器的设计，然后介绍通过脉冲响应不变法和双线性变换法来间接设计IIR数字滤波器，最后介绍通过频率变换法直接设计高通、带通和带阻数字滤波器。

第二节　IIR 模拟低通滤波器的设计

要设计一个 IIR 数字滤波器，可以先设计一个适当的 IIR 模拟滤波器，然后将模拟滤波器的系统函数 $H(s)$ 转换成数字滤波器的系统函数 $H(z)$，保留模拟滤波器的理想特性。

模拟滤波器的设计已经相当成熟，且有多种典型的模拟滤波器供选择，如巴特沃思（Butterworth）滤波器、切比雪夫（Chebyshev）滤波器、椭圆（Ellipse）滤波器、贝塞尔（Bessel）滤波器等，这些滤波器都有严格的设计公式以及现成的曲线和图表供查阅。下面分别介绍这几种模拟低通滤波器的设计。

一、巴特沃思低通滤波器的设计

巴特沃思低通滤波器的幅度平方函数如下

$$|H(\mathrm{j}\Omega)|^2=\frac{1}{1+\left(\dfrac{\Omega}{\Omega_c}\right)^{2N}} \tag{7-11}$$

这是一个全极点滤波器，其中 N 表示滤波器的阶数，Ω_c 是 3dB 截止频率，即 $|H(\mathrm{j}\Omega_c)|=1/\sqrt{2}$，幅度特性与 Ω 和 N 的关系如图 7-4 所示。幅度下降的速度与阶数 N 有关，N 越大，通带越平坦，过渡带越窄，过渡带与阻带幅度下降的速度越快。

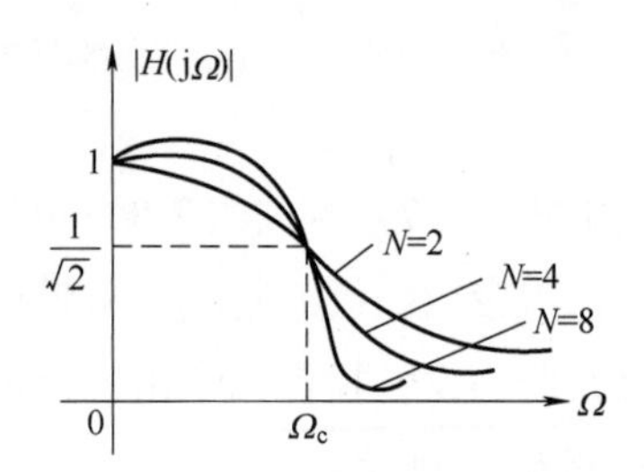

图 7-4　巴特沃思低通滤波器幅度特性与 Ω 和 N 的关系

将 $s=\mathrm{j}\Omega$ 代入式（7-11）中，得

$$H(s)H(-s)=\frac{1}{1+\left(\dfrac{s}{\mathrm{j}\Omega_c}\right)^{2N}} \tag{7-12}$$

$H(s)H(-s)$ 的极点以等间隔方式出现在半径为 Ω_c 的圆上，根据式（7-12）得

$$\left(\frac{s}{\mathrm{j}\Omega_c}\right)^2=(-1)^{1/N}=\mathrm{e}^{\mathrm{j}(2k+1)\pi/N},\quad k=0,1,\cdots,N-1 \tag{7-13}$$

由此可得

$$s_k=\Omega_c\mathrm{e}^{\mathrm{j}\pi/2}\mathrm{e}^{\mathrm{j}(2k+1)\pi/(2N)},\quad k=0,1,\cdots,N-1 \tag{7-14}$$

图 7-5 说明了 $N=3$ 时的巴特沃思滤波器的极点位置。

为了设计因果稳定的滤波器，$2N$ 个极点中只取 s 左半平面的 N 个极点构成 $H(s)$，而右半平面的 N 个极点构成 $H(-s)$，因此 $H(s)$ 的表达式为

$$H(s)=\frac{\Omega_c^N}{\prod\limits_{k=0}^{N-1}(s-s_k)} \tag{7-15}$$

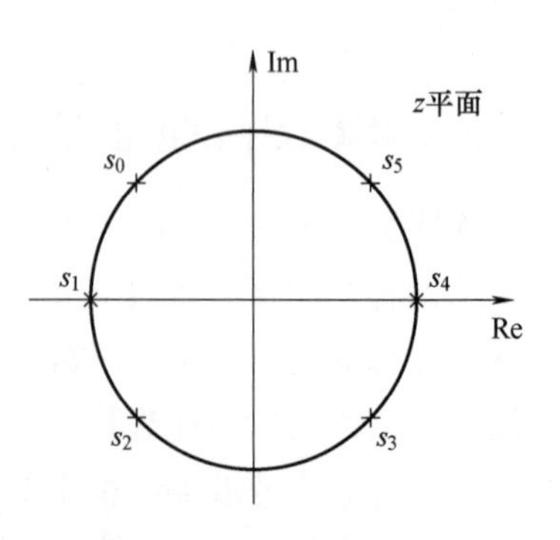

图 7-5　$N=3$ 时的巴特沃思滤波器的极点位置

将式（7-15）的分子分母同时除以 Ω_c，得

$$H\left(\frac{s}{\Omega_c}\right)=\frac{1}{\prod_{k=0}^{N-1}\left(\frac{s}{\Omega_c}-\frac{s_k}{\Omega_c}\right)} \tag{7-16}$$

令 $p=s/\Omega_c$，代入式（7-16）中，得

$$H(p)=\frac{1}{\prod_{k=0}^{N-1}(p-p_k)} \tag{7-17}$$

其中，$p_k=s_k/\Omega_c$，称为归一化极点，用式（7-18）表示为

$$p_k=e^{j\pi\left(\frac{1}{2}+\frac{2k+1}{2N}\right)},\quad k=0,1,\cdots,N-1 \tag{7-18}$$

这样，只要根据技术指标求出阶数 N，按照式（7-18）求出左半平面的极点，再根据式（7-17）即可求出巴特沃思滤波器的系统函数 $H(s)$。

现推导阶数 N 的求解公式。假设已知技术指标 Ω_p、Ω_s、α_p、α_s，将 $\Omega=\Omega_p$ 代入式（7-11）中，得

$$1+\left(\frac{\Omega_p}{\Omega_c}\right)^{2N}=\frac{1}{|H(j\Omega_p)|^2} \tag{7-19}$$

因为 $\alpha_p=-10\lg|H(j\Omega_p)|^2$，式（7-19）可写成如下形式

$$1+\left(\frac{\Omega_p}{\Omega_c}\right)^{2N}=10^{\frac{\alpha_p}{10}} \tag{7-20}$$

同理，将 $\Omega=\Omega_s$ 代入式（7-11）中，得

$$1+\left(\frac{\Omega_s}{\Omega_c}\right)^{2N}=10^{\frac{\alpha_s}{10}} \tag{7-21}$$

由式（7-20）和式（7-21）得

$$\left(\frac{\Omega_s}{\Omega_p}\right)^{N}=\sqrt{\frac{10^{\frac{\alpha_s}{10}}-1}{10^{\frac{\alpha_p}{10}}-1}} \tag{7-22}$$

令

$$\lambda_{sp}=\frac{\Omega_s}{\Omega_p} \tag{7-23}$$

$$k_{sp}=\sqrt{\frac{10^{\frac{\alpha_s}{10}}-1}{10^{\frac{\alpha_p}{10}}-1}} \tag{7-24}$$

则由式（7-22）可求出

$$N=\frac{\lg k_{sp}}{\lg\lambda_{sp}} \tag{7-25}$$

用式（7-25）求出的 N 可能有小数部分，应取大于或等于 N 的最小整数，根据式（7-20）或式（7-21）可求出 3dB 截止频率 Ω_c，即

$$\Omega_c=\Omega_p(10^{0.1\alpha_p}-1)^{-\frac{1}{2N}} \tag{7-26}$$

或

$$\Omega_c=\Omega_s(10^{0.1\alpha_s}-1)^{-\frac{1}{2N}} \tag{7-27}$$

归纳以上求解过程，可得巴特沃思低通滤波器的设计步骤为：

(1) 根据技术指标 Ω_p、Ω_s、α_p、α_s，用式（7-25）求解阶数 N。

(2) 根据式（7-18）求归一化的极点 p_k，然后由式（7-17）得到归一化系统函数 $H(p)$，或者根据第（1）步求出的 N 查表 7-1 得到归一化系统函数 $H(p)$。

(3) 将 $H(p)$ 去归一化，即将 $p=s/\Omega_c$ 代入 $H(p)$ 中，得到巴特沃思低通滤波器的实际系统函数 $H(s)$。

表 7-1　巴特沃思归一化低通滤波器参数

阶数 N	极点位置				
	P_0, P_{N-1}	P_1, P_{N-2}	P_2, P_{N-3}	P_3, P_{N-4}	P_4
1	-1.0000				
2	-0.7071±j0.7071				
3	-0.5000±j0.8660	-1.0000			
4	-0.3827±j0.9239	-0.9239±j0.3827			
5	-0.3090±j0.9511	-0.8090±j0.5878	-1.0000		
6	-0.2588±j0.9659	-0.7071±j0.7071	-0.9659±j0.2588		
7	-0.2225±j0.9749	-0.6235±j0.7818	-0.9091±j0.4339	-1.0000	
8	-0.1951±j0.9808	-0.5556±j0.8315	-0.8315±j0.5556	-0.9808±j0.1951	
9	-0.1736±j0.9848	-0.5000±j0.8660	-0.7660±j0.6428	-0.9397±j0.3420	-1.0000

阶数 N	分母多项式 $B(p)=p^N+b_{N-1}p^{N-1}+b_{N-2}p^{N-2}+\cdots+b_1p+b_0$								
	b_0	b_1	b_2	b_3	b_4	b_5	b_6	b_7	b_8
1	1.0000								
2	1.0000	1.4142							
3	1.0000	2.0000	2.0000						
4	1.0000	2.6131	3.4142	2.613					
5	1.0000	3.2361	5.2361	5.2361	3.2361				
6	1.0000	3.8637	7.4641	9.1416	7.4641	3.8637			
7	1.0000	4.4940	10.0978	14.5918	10.0978	4.4940			
8	1.0000	5.1258	13.1371	21.8462	25.6884	21.8642	13.1371	5.1258	
9	1.0000	5.7588	16.5817	31.1634	41.9864	41.9864	31.1634	16.5817	5.7588

阶数 N	分母因式 $B(p)=B_1(p)B_2(p)\cdots B_{[N/2]}(p)$　[N/2] 表示大于或等于 N/2 的最小整数
1	$(p+1)$
2	$(p^2+1.4142p+1)$
3	$(p^2+p+1)(p+1)$
4	$(p^2+0.7654p+1)(p^2+1.8478p+1)$
5	$(p^2+0.6180p+1)(p^2+1.6180p+1)(p+1)$

（续）

阶数 N	分母因式 $B(p)=B_1(p)B_2(p)\cdots B_{[N/2]}(p)$　［$N/2$］表示大于或等于 $N/2$ 的最小整数
6	$(p^2+0.5176p+1)(p^2+1.4142p+1)(p^2+1.9319p+1)$
7	$(p^2+0.4450p+1)(p^2+1.2470p+1)(p^2+1.8019p+1)(p+1)$
8	$(p^2+0.3902p+1)(p^2+1.1111p+1)(p^2+1.6629p+1)(p^2+1.9616p+1)$
9	$(p^2+0.3473p+1)(p^2+p+1)(p^2+1.5321p+1)(p^2+1.8974p+1)(p+1)$

例 7-1　假设巴特沃思滤波器在通带有 1dB 的波纹，截止频率为 1000π，阻带频率为 2000π，在 $\Omega\geqslant\Omega_s$ 的情况下，衰减为 40dB，请确定滤波器的阶数和系统函数。

解：根据题目已知条件有

$$\Omega_p=1000\pi,\Omega_s=2000\pi,\alpha_p=1,\alpha_s=40$$

根据式（7-25）求得

$$N=\frac{\lg k_{sp}}{\lg\lambda_{sp}}=\frac{\lg\sqrt{\dfrac{10^{\frac{\alpha_s}{10}}-1}{10^{\frac{\alpha_p}{10}}-1}}}{\lg\left(\dfrac{\Omega_s}{\Omega_p}\right)}=\frac{\lg196.52}{\lg2}=7.6$$

取 $N=8$，则

$$\Omega_c=\Omega_p(10^{0.1\alpha_p}-1)^{-\frac{1}{2N}}=1000\pi(10^{0.1}-1)^{-\frac{1}{16}}=1088\pi$$

查表 7-1 得到归一化系统函数

$$H(p)=\frac{1}{(p^2+0.3902p+1)(p^2+1.1111p+1)(p^2+1.6629p+1)(p^2+1.9616p+1)}$$

将 $p=s/\Omega_c$ 代入 $H(p)$ 中，得到巴特沃思模拟低通滤波器系统函数 $H(s)=$

$$\frac{\Omega_c^8}{(s^2+0.3902\Omega_cs+\Omega_c^2)(s^2+1.1111\Omega_cs+\Omega_c^2)(s^2+1.6629\Omega_cs+\Omega_c^2)(s^2+1.9616\Omega_cs+\Omega_c^2)}$$

二、切比雪夫低通滤波器的设计

由于具有最平坦的特性，巴特沃思滤波器的幅度响应很平滑。然而，平坦度最大化特性的缺点是巴特沃思滤波器并没有尽可能地减小过渡带宽度。减小过渡带宽度的一个有效办法是允许通带或阻带有纹波或是震荡。下面的 N 阶切比雪夫 I 型滤波器就被设计成了通带内允许有 N 个纹波的滤波器

$$|H(j\Omega)|^2=\frac{1}{1+\varepsilon^2C_N^2\left(\dfrac{\Omega}{\Omega_p}\right)}\tag{7-28}$$

式中，ε 是与通带波纹有关的参数；$C_N(x)$ 是一个 N 阶切比雪夫多项式，定义为

$$C_N(x)=\begin{cases}\cos(N\arccos x), & |x|\leqslant1\\ \cosh(N\,\mathrm{arcch}x), & |x|>1\end{cases}\tag{7-29}$$

很容易证明式（7-29）具有以下性质：

(1) 当 $|x|\leqslant 1$ 时，$|C_N(x)|\leqslant 1$。

(2) 对所有的 N，$C_N(1)=1$。

(3) 多项式 $C_N(x)$ 的所有根都在区间 $-1\leqslant |x|\leqslant 1$ 内。

根据以上性质可知式（7-28）在 $0\leqslant\Omega\leqslant\Omega_\mathrm{p}$ 内，$|H(\mathrm{j}\Omega)|$ 的最小值等于 $\dfrac{1}{\sqrt{1+\varepsilon^2}}$，最大值为 1，即切比雪夫 I 型滤波器在通带内等波纹波动。当 $\Omega>\Omega_\mathrm{p}$ 时，$|H(\mathrm{j}\Omega)|$ 随着 Ω 加大很快接近零，图 7-6 是切比雪夫 I 型滤波器当 N 取偶数和奇数时的图形。

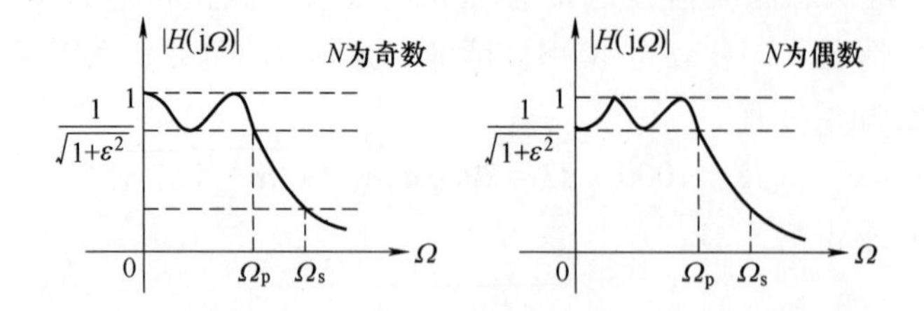

图 7-6 切比雪夫 I 型滤波器当 N 取偶数和奇数时的幅度特性

下面推导切比雪夫 I 型滤波器的系统函数。根据已知的技术参数 Ω_p、Ω_s、α_p、α_s，得

$$\alpha_\mathrm{p}=-10\lg(1+\varepsilon^2) \tag{7-30}$$

由式（7-30）可得

$$\varepsilon^2=10^{0.1\alpha_\mathrm{s}}-1 \tag{7-31}$$

由式（7-31）可求出 ε。

同理可得

$$\alpha_\mathrm{p}=-10\lg|H(\mathrm{j}\Omega_\mathrm{s})|^2 \tag{7-32}$$

则

$$\varepsilon^2C_N^2(\Omega_\mathrm{s}/\Omega_\mathrm{p})=10^{0.1\alpha_\mathrm{s}}-1 \tag{7-33}$$

由式（7-31）和式（7-33）可得

$$\mathrm{ch}\left(N\,\mathrm{arch}\frac{\Omega_\mathrm{s}}{\Omega_\mathrm{p}}\right)=\sqrt{\frac{10^{0.1\alpha_\mathrm{s}}-1}{10^{0.1\alpha_\mathrm{p}}-1}} \tag{7-34}$$

所以

$$N=\frac{\mathrm{arch}\sqrt{\dfrac{10^{0.1\alpha_\mathrm{s}}-1}{10^{0.1\alpha_\mathrm{p}}-1}}}{\mathrm{arch}\dfrac{\Omega_\mathrm{s}}{\Omega_\mathrm{p}}} \tag{7-35}$$

因为切比雪夫 I 型滤波器的极点位于 s 平面的中长轴上，长轴可表示为

$$r_1=\Omega_\mathrm{p}\frac{\beta^2+1}{2\beta} \tag{7-36}$$

短轴可表示为

$$r_2=\Omega_\mathrm{p}\frac{\beta^2-1}{2\beta} \tag{7-37}$$

式中

$$\beta=\left[\frac{\sqrt{1+\varepsilon^2}+1}{\varepsilon}\right]^{1/N} \tag{7-38}$$

在计算极点之前，可以先确定 N 阶滤波器的极点位置，其极点角度可定义为

$$\varphi_k=\frac{\pi}{2}+\frac{(2k+1)\pi}{2N},\ k=0,1,\cdots,N-1 \tag{7-39}$$

由于切比雪夫Ⅰ型滤波器的极点位于椭圆上，其坐标（x_k,y_k）（$k=0,1,\cdots,N-1$）可表示为

$$\begin{cases}x_k=r_2\cos\varphi_k,\ k=0,1,\cdots,N-1\\ y_k=r_1\sin\varphi_k,\ k=0,1,\cdots,N-1\end{cases} \tag{7-40}$$

极点可表示为 $s_k=x_k+\mathrm{j}y_k$，$k=0$，1，…，$N-1$。

类似于巴特沃思滤波器的设计，为了得到稳定的系统，用左半平面的极点构成系统函数 $H(p)$，即

$$H(p)=\frac{1}{C\prod_{i=1}^{N}(p-p_i)} \tag{7-41}$$

根据幅度平方函数式（7-28），可得 $C=\varepsilon\times2^{N-1}$，则归一化的系统函数为

$$H(p)=\frac{1}{\varepsilon\times2^{N-1}\prod_{i=1}^{N}(p-p_i)} \tag{7-42}$$

式中 $p_i=s_i/\Omega_\mathrm{p}$，将其代入式（7-42）中，得到去归一化的系统函数

$$H(s)=H(p)\big|_{p=\frac{s}{\Omega_\mathrm{p}}}=\frac{\Omega_\mathrm{p}^N}{\varepsilon\times2^{N-1}\prod_{i=1}^{N}(s-p_i\Omega_\mathrm{p})} \tag{7-43}$$

例 7-2　假设切比雪夫Ⅰ型滤波器在通带有 1dB 的波纹，截止频率为 1000π，阻带频率为 2000π，在 $\Omega\geqslant\Omega_\mathrm{s}$ 的情况下，衰减为 40dB，请确定滤波器的阶数和极点。

解：根据题目已知条件，有

$$\Omega_\mathrm{p}=1000\pi,\ \Omega_\mathrm{s}=2000\pi,\ \alpha_\mathrm{p}=1,\ \alpha_\mathrm{s}=40$$

根据式（7-31）求 ε，得 $\varepsilon=\sqrt{10^{0.1\alpha_\mathrm{p}}-1}=0.5088$

根据式（7-35）求 N，得 $N=\dfrac{\mathrm{arch}\sqrt{\dfrac{10^{0.1\alpha_\mathrm{s}}-1}{10^{0.1\alpha_\mathrm{p}}-1}}}{\mathrm{arch}\dfrac{\Omega_\mathrm{s}}{\Omega_\mathrm{p}}}=\dfrac{\mathrm{arch}196.5}{\mathrm{arch}2}=4.0$

根据式（7-38）~式（7-40）求极点，得

$$\beta=\left[\frac{\sqrt{1+\varepsilon^2}+1}{\varepsilon}\right]^{1/4}=1.429$$

$$r_1=\Omega_\mathrm{p}\frac{\beta^2+1}{2\beta}=1.06\Omega_\mathrm{p}$$

$$r_2=\Omega_{\mathrm{p}}\frac{\beta^2-1}{2\beta}=0.365\Omega_{\mathrm{p}}$$

$$\varphi_k=\frac{\pi}{2}+\frac{(2k+1)\pi}{8},\quad k=0,1,2,3$$

所以，左半平面的极点为 $s_1=x_1+\mathrm{j}y_1=-0.1397\Omega_{\mathrm{p}}\pm\mathrm{j}0.979\Omega_{\mathrm{p}}$，$s_2=x_2+\mathrm{j}y_2=-0.337\Omega_{\mathrm{p}}\pm\mathrm{j}0.4056\Omega_{\mathrm{p}}$。

既然有切比雪夫Ⅰ型滤波器的提法，言外之意就一定存在着切比雪夫Ⅱ型滤波器，实际情况确实如此。切比雪夫Ⅱ型滤波器是一个有阻带波纹而不是通带波纹的等波纹滤波器。它可以通过下面的模平方响应得到

$$|H(\mathrm{j}\Omega)|^2=\frac{\varepsilon^2C_N^2\left(\frac{\Omega_{\mathrm{s}}}{\Omega}\right)}{1+\varepsilon^2C_N^2\left(\frac{\Omega_{\mathrm{s}}}{\Omega}\right)}$$

切比雪夫Ⅱ型滤波器的设计参数和切比雪夫Ⅰ型滤波器的一样，然而，这种情况下它的幅度响应在阻带内震荡且在阻带外单调递减，与Ⅰ型的通带内震荡且阻带递减相反。两者之间的比较见本章第三节有关切比雪夫滤波器的 MATLAB 设计方法。

三、椭圆低通滤波器的设计

椭圆滤波器同时在通带和阻带内有波纹特性。这类滤波器包含零点和极点，其幅度平方函数定义如下：

$$|H(\mathrm{j}\Omega)|^2=\frac{1}{1+\varepsilon^2U_N\left(\frac{\Omega}{\Omega_{\mathrm{p}}}\right)}\tag{7-44}$$

式中，$U_N(x)$ 是 N 阶雅克比椭圆函数；ε 是与通带波纹有关的参数；零点在虚轴上。

假设给定通带边界频率 Ω_{p}，通带最大衰减 α_{p}，阻带边界频率 Ω_{s}，阻带最小衰减 α_{s}，则滤波器的阶数为

$$N=\frac{k(\Omega_{\mathrm{p}}/\Omega_{\mathrm{s}})k(\sqrt{1-(\varepsilon^2/\delta^2)})}{k(\varepsilon/\delta)k(\sqrt{1-(\Omega_{\mathrm{p}}^2/\Omega_s^2)})}\tag{7-45}$$

式中，$k(x)$ 为第一类完全椭圆积分，定义如下：

$$k(x)=\int_0^{\frac{\pi}{2}}\frac{\mathrm{d}\theta}{\sqrt{1-x^2\sin^2\theta}}\tag{7-46}$$

$$\varepsilon=\sqrt{10^{0.1\alpha_{\mathrm{p}}}-1}\tag{7-47}$$

$$\delta=\sqrt{10^{0.1\alpha_{\mathrm{s}}}-1}\tag{7-48}$$

由于椭圆滤波器在通带和阻带内都是等波纹的，其选频特性更好，且在满足技术指标的条件下，所需阶数最小，因此其性价比最高。但巴特沃思滤波器和切比雪夫滤波器比椭圆滤波器具有更好的相位特性。

四、贝塞尔低通滤波器的设计

贝塞尔低通滤波器的的系统函数可定义如下：

$$H(s)=\frac{1}{B_N(s)} \tag{7-49}$$

式中，$B_N(s)$ 是 N 阶贝塞尔多项式，它可表示为

$$B_N(s)=\sum_{k=0}^{N} a_k s^k \tag{7-50}$$

式中，系数 $\{a_k\}$ 可定义为

$$a_k=\frac{(2N-k)!}{2^{N-k}k!(N-k)!} \tag{7-51}$$

另外，贝塞尔多项式也可由下面的关系式递推产生

$$B_N(s)=(2N-1)B_{N-1}(s)+s^2B_{N-2}(s) \tag{7-52}$$

其初始条件为 $B_0(s)=1$ 和 $B_1(s)=s+1$。

贝塞尔滤波器在通带内具有线性相位响应且过渡带较宽，这里不作详细介绍。

第三节　IIR 模拟滤波器的 MATLAB 实现

一、MATLAB 编程实现模拟巴特沃思滤波器

MATLAB 信号处理工具箱提供了很多函数来实现巴特沃思滤波器，这里只介绍其中常用的几个函数。

（一）$[\boldsymbol{z},\boldsymbol{p},\boldsymbol{k}]$=buttap($N$)

该函数用来计算 N 阶巴特沃思归一化（3dB 截止频率，$\Omega_c=1$）模拟低通滤波器系统函数的零极点和增益，返回值 $\boldsymbol{z}$ 和 $\boldsymbol{p}$ 分别为 N 个零点和极点的位置向量，k 表示滤波器的增益，得到的系统函数为

$$H(p)=k\frac{(\boldsymbol{p}-\boldsymbol{z}(1))(\boldsymbol{p}-\boldsymbol{z}(2))\cdots(\boldsymbol{p}-\boldsymbol{z}(N))}{(\boldsymbol{p}-\boldsymbol{p}(1))(\boldsymbol{p}-\boldsymbol{p}(2))\cdots(\boldsymbol{p}-\boldsymbol{p}(N))} \tag{7-53}$$

（二）$[\boldsymbol{B},\boldsymbol{A}]$=butter($N$,$\omega_c$)

该函数用来设计一个归一化频率的 N 阶巴特沃思低通滤波器，返回值 $\boldsymbol{B}$ 和 $\boldsymbol{A}$ 分别为滤波器的分子和分母多项式系数向量，即

$$H(z)=\frac{\boldsymbol{B}(z)}{\boldsymbol{A}(z)}=\frac{b(1)+b(2)z^{-1}+\cdots+b(N+1)z^{-N}}{1+a(2)z^{-1}+\cdots+a(N+1)z^{-N}} \tag{7-54}$$

（三）$[\boldsymbol{B},\boldsymbol{A}]$=butter($N$,$\omega_c$,'ftype','s')

该函数计算巴特沃思滤波器的系统函数的分子分母多项式系数，$\boldsymbol{B}$ 和 $\boldsymbol{A}$ 分别为分子和分母多项式系数向量。参数‘ftype’有三种取值，当 ftype=high 时是高通滤波器；当 ftype=stop 时是带阻滤波器；当 ftype 缺省且 ω_c 是单个值时，表示设计的是低通滤波器；当 ftype 缺省且 ω_c 是二元向量时，表示设计的是带通滤波器。‘s’表示设计中使用的‘ω_c’是实际

角频率。

(四) $[N,\omega_c]$=buttord($\omega_p,\omega_s,R_p,R_s$)

该函数用于计算巴特沃思滤波器的阶数 N 和 3dB 的截止频率 ω_c。ω_p 和 ω_s 分别为通带和阻带边界频率的归一化值，即 $0\leqslant\omega_p\leqslant1$，$0\leqslant\omega_s\leqslant1$。$R_p$ 和 R_s 分别为通带最大衰减和阻带最小衰减（dB）。当 $\omega_s\leqslant\omega_p$ 时，为高通滤波器；当 ω_p 和 ω_s 为二元向量时，为带通或带阻滤波器，这时 ω_c 也是二元向量。

(五) $[N,\omega_c]$=buttord($\omega_p,\omega_s,R_p,R_s$,'s')

该函数用于计算巴特沃思滤波器的阶数 N 和 3dB 的截止频率，这里的 ω_c，ω_p 和 ω_s 都是实际角频率（rad/s），各参数的含义与（四）相同。

例 7-3 假设要求设计一个模拟低通滤波器的通带边界频率 $\omega_p=0.25\pi$，通带最大衰减为 0.25dB，阻带边界频率为 $\omega_s=0.55\pi$，阻带最小衰减为 15dB，试调用 buttord 和 butter 函数设计巴特沃思模拟低通滤波器。

解：MATLAB 参考脚本如下：

```
wp=0.25*pi;ws=0.55*pi;Rp=0.5;Rs=15;
[N,wc]=buttord(wp,ws,Rp,Rs,'s');[B,A]=butter(N,wc,'s');
k=0:511;ft=0:1/512:1;wt=2*pi.*ft;hk=freqs(B,A,wt);%计算系统函数 H(s)
subplot(2,1,1);plot(ft,abs(hk));
grid on;xlabel('频率(Hz)');ylabel('幅度');axis([0,0.4,0,1.2]);
subplot(2,1,2);plot(ft,20*log10(abs(hk)));
grid on;xlabel('频率(Hz)');ylabel('幅度(dB)');axis([0,0.4,-30,5]);
disp(['N=',num2str(N)]);
```

运行结果 $N=4$，生成的图形如图 7-7 所示。

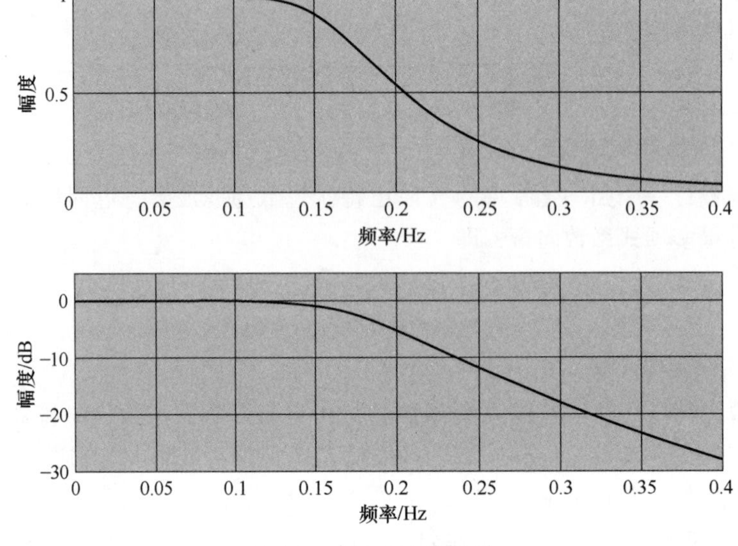

图 7-7 例 7-3 生成图形

二、MATLAB 编程实现模拟切比雪夫滤波器

MATLAB 信号处理工具箱提供了几种切比雪夫Ⅰ型滤波器的设计函数，主要有：

（1）$[z,p,k]$=cheblap(N,R_p)

（2）$[B,A]$=cheby1(N,R_p,w_{po},'ftype')

（3）$[B,A]$=cheby1(N,R_p,w_{po},'ftype','s')

（4）$[N,w_{po}]$=cheblord(w_p,w_s,R_p,R_s)

（5）$[N,w_{po}]$=cheblord(w_p,w_s,R_p,R_s,'s')

以上五种函数与巴特沃思滤波器的五种函数类似，所不同的是（4）和（5）中的返回值 w_{po}是切比雪夫Ⅰ型滤波器的通带截止频率，而不是 3dB 的截止频率 w_c，其他参数及含义与巴特沃思滤波器相同。

切比雪夫Ⅱ型滤波器的设计函数与Ⅰ型相似，具体如下：

（1）$[z,p,k]$=cheb2ap(N,R_p)

（2）$[B,A]$=cheby2(N,R_p,w_{po},'ftype')

（3）$[B,A]$=cheby2(N,R_p,w_{po},'ftype','s')

（4）$[N,w_{po}]$=cheb2ord(w_p,w_s,R_p,R_s)

（5）$[N,w_{po}]$=cheb2ord(w_p,w_s,R_p,R_s,'s')

下面以切比雪夫Ⅱ型滤波器的设计函数为例进行详细介绍。

（一）$[z,p,G]$=cheb2ap(N,R_s)

该函数用于计算 N 阶切比雪夫Ⅱ型滤波器的零极点增益，返回值 $\boldsymbol{z}$ 和 $\boldsymbol{p}$ 分别为零点和极点的向量，G 为增益，R_s 为阻带最小衰减（dB）。

（二）$[B,A]$=cheby2(N,R_s,w_{so},'ftype')

该函数用于计算 N 阶切比雪夫Ⅱ型滤波器系统函数的分子分母多项式向量 $\boldsymbol{A}$ 和 $\boldsymbol{B}$，w_{so} 是阻带截止频率的归一化值（关于 π 归一化）。

（三）$[B,A]$=cheby2(N,R_s,w_{so},'ftype','s')

该函数与（二）类似，区别在于多了一个参数‘s’，其中，w_{so}是阻带的截止频率（实际角频率）。‘ftype’ 的含义与巴特沃思滤波器的设计函数中的 ftype 相同。

（四）$[N,w_{so}]$=cheb2ord(w_p,w_s,R_p,R_s)

该函数用于计算切比雪夫Ⅱ型滤波器的阶数 N 和阻带截止频率 w_{so}，其频率 w_{so}、w_p 和 w_s 都是归一化频率，即要求 $0\leq w_p\leq 1$，$0\leq w_s\leq 1$。当 $w_s\leq w_p$ 时为高通滤波器；当 w_p 和 w_s 都是二元向量时，为带通或带阻滤波器。R_p 和 R_s 分别为滤波器的通带最大衰减和阻带最小衰减（dB）。

（五）$[N,w_{so}]$=cheb2ord(w_p,w_s,R_p,R_s,'s')

该函数用于计算切比雪夫Ⅱ型滤波器的阶数 N 和阻带截止频率 w_{so}，与（四）的函数相比多了一个参数‘s’，表示 w_{so}、w_p 和 w_s 均为实际模拟角频率（rad/s）。

例 7-4　与例 7-3 参数相同，设计切比雪夫Ⅰ型和Ⅱ型模拟低通滤波器。

解： MATLAB 参考脚本如下：

```
wp=0.25*pi;ws=0.55*pi;Rp=0.5;Rs=15;
[N,wp1]=cheb1ord(wp,ws,Rp,Rs,'s');[B1,A1]=cheby1(N,Rp,wp1,'s');
k=0:511;ft=0:0.6/512:0.6;wt=2*pi.*ft;hk1=freqs(B1,A1,wt);
subplot(2,2,1);plot(ft,abs(hk1);grid on
xlabel('频率 (Hz)');ylabel('幅度');axis([0,0.6,0,1.05]);
title('切比雪夫Ⅰ型滤波器');
subplot(2,2,3);plot(ft,20*log10(abs(hk1)));grid on;
xlabel('频率 (Hz)');ylabel('幅度 (dB)');axis([0,0.6,-45,5]);
[N,wp2]=cheb2ord(wp,ws,Rp,Rs,'s');[B2,A2]=cheby2(N,Rs,wp2,'s');
hk2=freqs(B2,A2,wt);
subplot(2,2,2);plot(ft,abs(hk2));grid on;
xlabel('频率 (Hz)');ylabel('幅度');axis([0,0.6,0,1.05]);
title('切比雪夫Ⅱ型滤波器');
subplot(2,2,4);plot(ft,20*log10(abs(hk2)));grid on;
xlabel('频率 (Hz)');ylabel('幅度 (dB)');axis([0,0.6,-45,5]);
disp(['N=',num2str(N)]);
```

程序运行结果 $N=3$，生成的图形如图 7-8 所示。

同样的参数，用切比雪夫Ⅰ型和Ⅱ型模拟低通滤波器设计的阶数 $N=3$，比用巴特沃思滤波器设计的阶数 $N=4$ 要低。

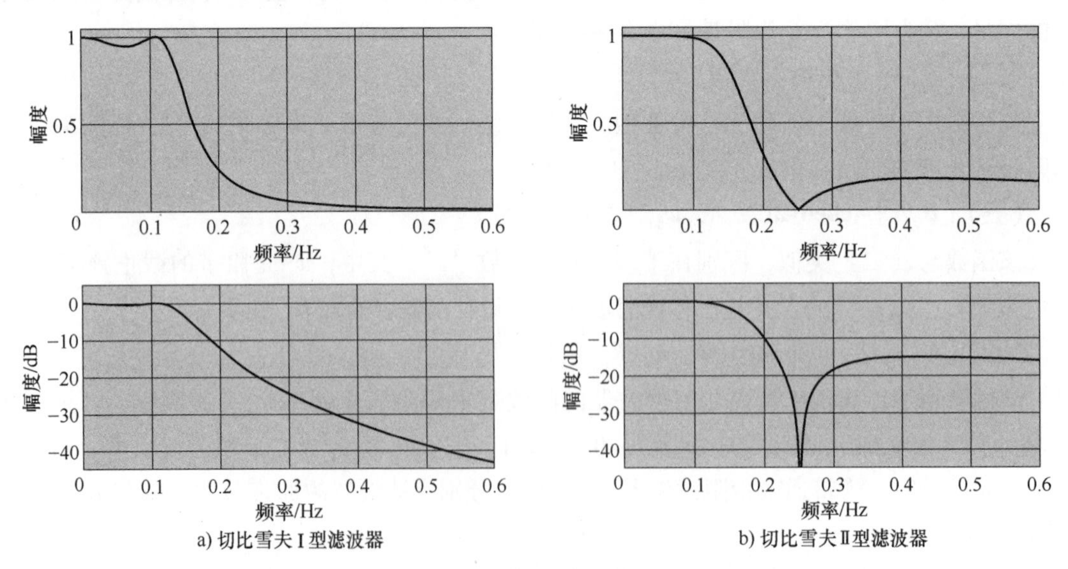

a) 切比雪夫Ⅰ型滤波器　　b) 切比雪夫Ⅱ型滤波器

图 7-8　例 7-4 生成图形

三、MATLAB 编程实现模拟椭圆滤波器

MATLAB 信号处理工具箱提供了几种椭圆滤波器的设计函数，下面介绍其中常用的函数。

（一）$[z,p,k]$=ellipap(N,R_p,R_s)

该函数用于计算 N 阶归一化（通带边界频率 $w_p=1$）模拟低通椭圆滤波器的零极点向量 $\boldsymbol{z}$ 和 $\boldsymbol{p}$ 以及增益 k。R_p 和 R_s 分别为通带最大衰减和阻带最小衰减（dB）。

（二）$[B,A]$=ellip(N,R_p,R_s,w_{po},'ftype')

该函数用于计算 N 阶椭圆滤波器的分子分母多项式系数向量 $\boldsymbol{B}$ 和 $\boldsymbol{A}$，w_{po}表示通带边界频率，ftype 缺省且 w_{po}为标量，表示设计的是低通滤波器；当 w_{po} 为二元矢量，表示设计的是带通滤波器；当 ftype=high，表示设计的是高通滤波器；当 ftype=stop，表示设计的是带阻滤波器。

（三）$[B,A]$=ellip(N,R_p,R_s,w_{po},'ftype''s')

该函数的用法与（二）一样，区别在于多了一个参数‘s’，表示 w_{po}是实际角频率（rad/s）。

（四）$[N,w_{po}]$=ellipord(w_p,w_s,R_p,R_s)

该函数用于计算椭圆滤波器的阶数 N 和通带边界频率 w_{po}。参数 w_p，w_s，R_p 和 R_s 的定义与巴特沃思滤波器的设计函数 buttord 中的相应参数相同。

（五）$[N,w_{po}]$=ellipord(w_p,w_s,R_p,R_s,'s')

该函数与（四）中函数类似，区别在于多了一个参数‘s’，它表示函数中的参数 w_p，w_s 和 w_{po}均为实际角频率（rad/s）。

例 7-5　设计一个椭圆模拟低通滤波器，其技术参数与例 7-3 相同。

解：MATLAB 参考脚本如下：

```
wp=0.25*pi;ws=0.55*pi;Rp=0.5;Rs=15;
[N,wp]=ellipord(wp,ws,Rp,Rs,'s');
[B,A]=ellip(N,Rp,Rs,wp,'s');
k=0:511;ft=0:1/512:1;wt=2*pi.*ft;
hk=freqs(B,A,wt);%计算系统函数 H(s)
subplot(2,1,1);
plot(ft,abs(hk));grid on
xlabel('频率(Hz)');ylabel('幅度');
axis([0,0.4,0,1]);
subplot(2,1,2);
plot(ft,20*log10(abs(hk)));grid on
xlabel('频率(Hz)');ylabel('幅度(dB)');
axis([0,0.4,-65,5]);
disp(['N=',num2str(N)]);
```

程序运行结果 $N=2$，生成的图形如图 7-9 所示。

当技术参数相同时，椭圆滤波器的阶数比切比雪夫滤波器和巴特沃思滤波器都低，因此椭圆滤波器的性价比最高。

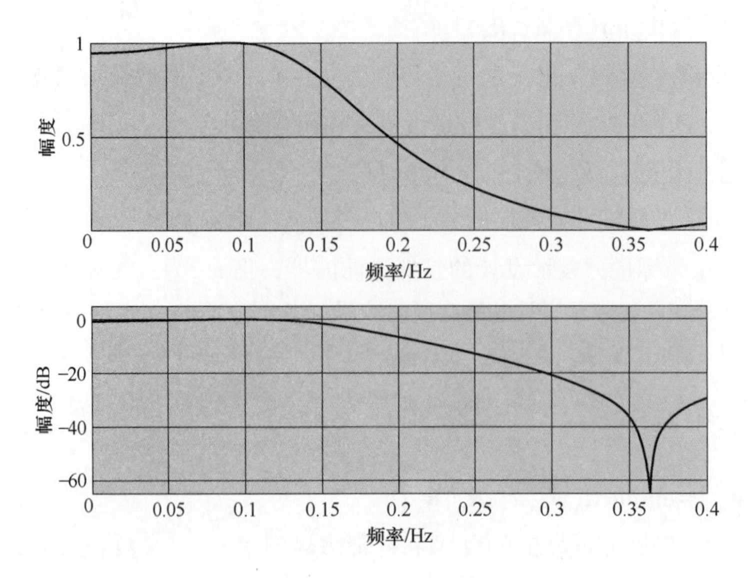

图 7-9 例 7-5 生成图形

第四节 用脉冲响应不变法设计 IIR 数字低通滤波器

脉冲响应不变法的目标是设计一个具有模拟滤波器冲激响应形式的单位样本响应 $h(n)$，即

$$h(n) \equiv h(nT), \quad n=0,1,2,\cdots \tag{7-55}$$

式中，T 为采样间隔。

为了研究式（7-55）的含义，参考第二章，回想一下，当按每秒 $F_s=1/T$ 个样本对具有谱 $X_a(F)$ 的连续时间信号 $x_a(t)$ 采样时，采样信号的频谱是 $F_sX_a(F)$ 的周期性重复，其中周期为 F_s。具体而言，两者之间有如下关系：

$$X(f)=F_s\sum_{k=-\infty}^{\infty}X_a[(f-k)F_s] \tag{7-56}$$

式中，$f=F/F_s$，是归一化频率。

如果采样率低于 $X_a(F)$ 最高频率的两倍，则会出现混叠现象。

在对频率响应为 $H_a(F)$ 的模拟滤波器采样时，单位样本为 $h(n)\equiv h_a(nT)$ 的数字滤波器的频率响应为

$$H(f)=F_s\sum_{k=-\infty}^{\infty}H_a[(f-k)F_s] \tag{7-57}$$

或者等效表示为

$$H(\omega)=F_s\sum_{k=-\infty}^{\infty}H_a[(\omega-2\pi k)F_s] \tag{7-58}$$

或者也可表示成

$$H(\Omega T)=\frac{1}{T}\sum_{k=-\infty}^{\infty}H_a\left(\Omega-\frac{2\pi k}{T}\right) \tag{7-59}$$

图 7-10 描绘了一个低通模拟滤波器的频率响应和相应的数字滤波器的频率响应。

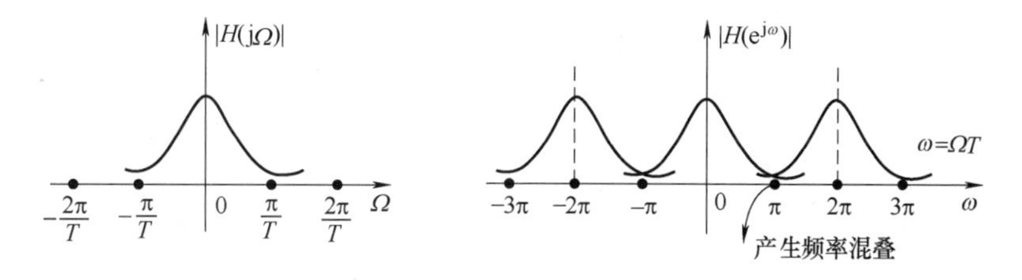

图 7-10　脉冲响应不变法设计数字滤波器产生的混叠现象

很明显，如果采样间隔 T 选得足够小，就可以完全避免或尽量最小化混叠效应，这时频率响应 $H(\omega)$ 的数字滤波器具有相应的模拟滤波器的频率响应特性。由于采样过程会引入混叠效应，故脉冲响应不变法不适合于高通滤波器和带阻滤波器。

为了研究 z 平面和 s 平面间采样过程所包含的点映射关系，通过式（7-60）将 $h(n)$ 的 z 变换和 $h_a(t)$ 的拉普拉斯变换联系起来。这一关系式为

$$H(z)\big|_{z=e^{sT}}=\frac{1}{T}\sum_{k=-\infty}^{\infty}H_a\left(s-j\frac{2\pi k}{T}\right) \tag{7-60}$$

式中

$$H(z)=\sum_{n=-\infty}^{\infty}h(n)z^{-n}$$

$$H(z)\big|_{z=e^{sT}}=\sum_{n=-\infty}^{\infty}h(n)e^{-sTn} \tag{7-61}$$

注意，当 $s=j\Omega$ 时，式（7-60）可以简化为式（7-59），其中 $H_a(\omega)$ 中的因子 j 简写到了符号中。

考虑由关系式

$$z=e^{sT} \tag{7-62}$$

所包含的从 s 平面到 z 平面的映射关系。如果用 $s=\sigma+j\Omega$ 替换 s，并按极坐标形式将复变量 z 表示成 $z=re^{j\omega}$，那么式（7-62）变为

$$re^{j\omega}=e^{\sigma T}e^{j\Omega T}$$

显然有

$$r=e^{\sigma T}$$

$$\omega=\Omega T \tag{7-63}$$

因此，σ 和 r 之间存在如下的映射关系

$$\begin{cases}\sigma=0, & r=1\\ \sigma<0, & r<1\\ \sigma>0, & r>1\end{cases} \tag{7-64}$$

式（7-64）说明当 $\sigma=0$ 时，s 平面的虚轴映射到 z 平面的单位圆上；当 $\sigma<0$ 时，s 平面的左半平面映射到 z 平面的单位圆内；当 $\sigma>0$ 时，s 平面的右半平面映射到 z 平面的单位圆外。

另外，如上面已指出的，$j\Omega$ 轴映射到 z 平面的单位圆，但该映射不是一一映射，因为

在 $(-\pi,\pi)$ 上，ω 是唯一的，映射 $\omega=\Omega T$ 意味着将区间 $-\pi/T\leqslant\Omega\leqslant\pi/T$ 映射成 $-\pi\leqslant\omega\leqslant\pi$ 中相应的值。此外，频率区间 $\pi/T\leqslant\Omega\leqslant 3\pi/T$ 也映射成区间 $-\pi\leqslant\omega\leqslant\pi$ 中相应的值，并且通常 k 为整数时，区间 $(2k-1)\pi/T\leqslant\Omega\leqslant(2k+1)\pi/T$ 的映射均是如此。因此，从模拟频率 Ω 到数字频率 ω 的映射是多对一的映射，这简单地反映了采样的混叠效应。图 7-11 说明了关系式（7-62）从 s 平面到 z 平面的映射。

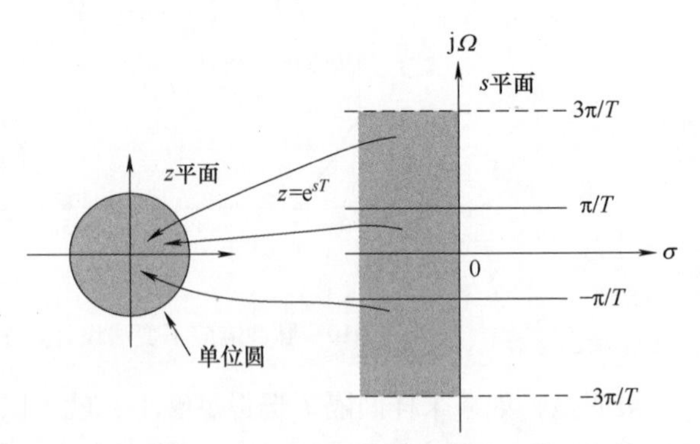

图 7-11　s 平面与 z 平面之间的映射关系

为了进一步探讨脉冲响应不变法对所得滤波器特性的影响，以部分分式的形式表示模拟滤波器的系统函数。假设模拟滤波器的极点互不相同，可以将 $H_a(s)$ 表示成

$$H(s)=\sum_{i=1}^{N}\frac{A_i}{s-s_i} \tag{7-65}$$

式中，s_i 为模拟滤波器的极点；A_i 为部分分式展开式的系数。因此

$$h(t)=\sum_{i=1}^{N}A_i \mathrm{e}^{s_i t}u(t) \tag{7-66}$$

如果按 $t=nT$ 对 $h_a(t)$ 进行周期性采样，有

$$h(n)=h(t)\big|_{t=nT}=\sum_{i=1}^{N}A_i \mathrm{e}^{s_i nT}u(n)=\sum_{i=1}^{N}A_i(\mathrm{e}^{s_i T})^n u(n) \tag{7-67}$$

再将式（7-67）进行 z 变换，得

$$\begin{aligned}H(z)&=\sum_{n=-\infty}^{\infty}h(n)z^{-n}=\sum_{n=0}^{\infty}\sum_{i=1}^{N}A_i \mathrm{e}^{s_i nT}z^{-n}\\&=\sum_{i=1}^{N}A_i\sum_{n=0}^{\infty}(\mathrm{e}^{s_i T}z^{-1})^n=\sum_{i=1}^{N}\frac{A_i}{1-\mathrm{e}^{s_i T}z^{-1}}\end{aligned} \tag{7-68}$$

比较式（7-60）和式（7-68）可知，$H(s)$ 和 $H(z)$ 之间的变换关系为

$$\frac{1}{s-s_i}\Leftrightarrow\frac{1}{1-\mathrm{e}^{s_i T}z^{-1}} \tag{7-69}$$

例 7-6　已知模拟滤波器的系统函数为

$$H(s)=\frac{s+a}{(s+a)^2+b^2}$$

求数字滤波器的系统函数。

解：

$$H(s)=\frac{s+a}{(s+a)^2+b^2}=\frac{1/2}{s+a+\mathrm{j}b}+\frac{1/2}{s+a-\mathrm{j}b}$$

根据式（7-68），数字滤波器的系统函数为

$$H(z)=\frac{\frac{1}{2}z}{z-\mathrm{e}^{-aT}\mathrm{e}^{-\mathrm{j}bT}}+\frac{\frac{1}{2}z}{z-\mathrm{e}^{-aT}\mathrm{e}^{\mathrm{j}bT}}=\frac{z(z-\mathrm{e}^{-aT}\cos bT)}{(z-\mathrm{e}^{-aT}\mathrm{e}^{-\mathrm{j}bT})(z-\mathrm{e}^{-aT}\mathrm{e}^{\mathrm{j}bT})}$$

例 7-7 用脉冲响应不变法设计一个巴特沃思数字低通滤波器，使其技术指标如下：

$$0.8912 \leqslant |H(e^{j\omega})| \leqslant 1 \quad 0 \leqslant |\omega| \leqslant 0.2\pi$$
$$|H(e^{j\omega})| \leqslant 0.1778 \quad 0.3\pi \leqslant |\omega| \leqslant \pi$$

解： 设 $T=1$，则 $\omega=T\Omega=\Omega$。

根据题目给出的技术指标，可得

$$\omega_p=0.2\pi,\omega_s=0.3\pi,\alpha_p=-20\lg0.8912=1,\alpha_s=-20\lg0.1778=15$$

（1）先将数字滤波器的技术指标转换成模拟滤波器的技术指标：

$$\Omega_p=\omega_p/T=0.2\pi,\Omega_s=\omega_s/T=0.3\pi,\alpha_p=1,\alpha_s=15$$

（2）计算阶数 N 和 Ω_c

$$N=\frac{\lg\sqrt{\dfrac{10^{\frac{\alpha_s}{10}}-1}{10^{\frac{\alpha_p}{10}}-1}}}{\lg\left(\dfrac{\Omega_s}{\Omega_p}\right)}=5.885$$

取 $N=6$

$$\Omega_c=\Omega_p(10^{0.1\alpha_p}-1)^{-\frac{1}{2N}}=0.703$$

（3）查表 7-1 得巴特沃思模拟低通滤波器的系统函数：

根据 $N=6$，查表可得模拟低通巴特沃思滤波器的系统函数为

$$H(p)=\frac{1}{(p^2+0.5176p+1)(p^2+1.4142p+1)(p^2+1.9319p+1)}$$

将 $p=s/\Omega_c$ 代入上式，得

$$H(s)=\frac{0.1209}{(s^2+0.3640s+0.4945)(s^2+0.9945s+0.4945)(s^2+1.3585s+0.4945)}$$

（4）利用脉冲响应不变法求巴特沃思数字低通滤波器的系统函数：

对照式（7-65），将第（3）步中的 $H(s)$ 展开成式（7-68）的形式，得

$$H(z)=\frac{0.2871-0.4466z^{-1}}{1-1.2971z^{-1}+0.6949z^{-2}}+\frac{-2.1428+1.1455z^{-1}}{1-1.0691z^{-1}+0.3699z^{-2}}+\frac{1.8557-0.6303z^{-1}}{1-0.9972z^{-1}+0.2570z^{-2}}$$

当 N 较大时，用上述方法计算很复杂，下面介绍用 MATLAB 工具箱函数来实现。参考脚本如下：

```
T=1;wp=0.2*pi/T;ws=0.3*pi/T;Rp=1;Rs=15;
[N,wc]=buttord(wp,ws,Rp,Rs,'s');
[B,A]=butter(N,wc,'s');
k=0:511;ft=0:0.5/512:0.5;wt=2*pi.*ft;
hk=freqs(B,A,wt);%计算系统函数 H(s)
subplot(2,2,1);plot(ft,abs(hk));grid on;
xlabel('频率(Hz)');ylabel('幅度');
```

```
    title('巴特沃斯模拟低通滤波器幅度响应');axis([0,0.5,0,1]);
    subplot(2,2,2);plot(ft,20 * log10(abs(hk)));grid on;xlabel('频率
(Hz)');ylabel('幅度(dB)');
    title('巴特沃斯模拟低通滤波器幅度衰减');axis([0,0.5,-90,5]);
    [Bz,Az]=impinvar(B,A);
    [hz,w]=freqz(Bz,Az,512);
    subplot(2,2,3);plot(w/pi,abs(hz));grid on;xlabel('\omega/\pi');yla-
bel('幅度');
    title('巴特沃斯数字低通滤波器幅度响应');axis([0,1,0,1]);
    subplot(2,2,4);plot(w/pi,20 * log10(abs(hz)));grid on;xlabel('\ome-
ga/\pi');ylabel('幅度(dB)');
    title('巴特沃斯数字低通滤波器幅度衰减');axis([0,1,-90,5]);
    disp(['N=',num2str(N)]);
```

程序运行结果 $N=6$，生成的图形如图 7-12 所示。

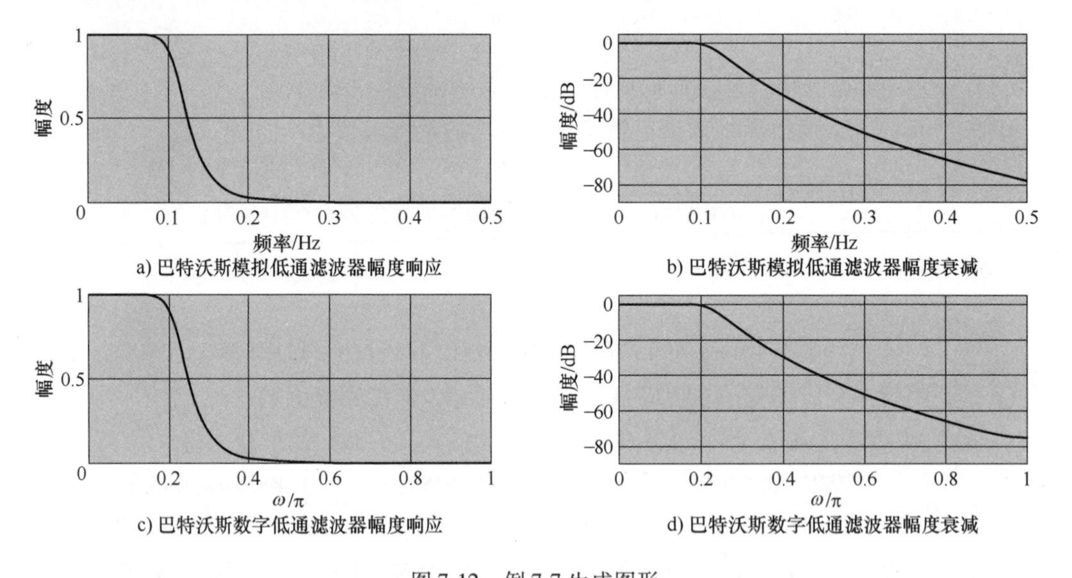

图 7-12 例 7-7 生成图形

第五节 用双线性变换法设计 IIR 数字低通滤波器

用脉冲响应不变法设计 IIR 数字滤波器时，由于多值映射的原因，此方法仅仅适合低通滤波器和带通滤波器。本节将介绍一种称为双线性变换的方法，它克服了脉冲响应不变法的局限性。双线性变换是一个保形映射，它仅仅将 $j\Omega$ 轴映射到 z 平面的单位圆周一次，从而避免了频率成分的混叠。在 s 平面左半平面上的所有点被映射到 z 平面的单位圆内，而在 s 平面右半平面上的所有点被映射到 z 平面单位圆以外的相应点。

双线性变换与数值积分的梯形公式有关，例如，考虑系统函数为

$$H(s)=\frac{b}{s+a} \tag{7-70}$$

的模拟线性滤波器。该系统也可以用微分方程来描述

$$\frac{\mathrm{d}y(t)}{\mathrm{d}t}+ay(t)=bx(t) \tag{7-71}$$

如果对导数积分，并利用梯形公式近似积分，而不是用有限微分分量替换导数，那么可得

$$y(t)=\int_{t_0}^{t}y'(\tau)\,\mathrm{d}\tau+y(t_0) \tag{7-72}$$

式中，$y'(\tau)$ 是 $y(t)$ 的导数，用 $t=nT$ 和 $t_0=nT-T$ 的梯形公式近似式（7-72）中的积分，可得

$$y(nT)=\frac{T}{2}[y'(nT)+y'(nT-T)]+y(nT-T) \tag{7-73}$$

现在计算式（7-71）在 $t=nT$ 处的值，可得

$$y'(nT)=-ay(nT)+bx(nT) \tag{7-74}$$

利用式（7-74）替换式（7-73）中的导数，可以得到等价离散时间系统的微分方程。令 $y(n)\equiv y(nT)$ 和 $x(n)\equiv x(nT)$，可得

$$\left(1+\frac{aT}{2}\right)y(n)-\left(1-\frac{aT}{2}\right)y(n-1)=\frac{bT}{2}[x(n)+x(n-1)] \tag{7-75}$$

对该方程进行 z 变换，得

$$\left(1+\frac{aT}{2}\right)Y(z)-\left(1-\frac{aT}{2}\right)z^{-1}Y(z)=\frac{bT}{2}(1+z^{-1})X(z)$$

因此，等效数字滤波器的系统函数是

$$H(z)=\frac{Y(z)}{X(z)}=\frac{\frac{bT}{2}(1+z^{-1})}{\left(1+\frac{aT}{2}\right)-\left(1-\frac{aT}{2}\right)z^{-1}}$$

或者等效为

$$H(z)=\frac{b}{\frac{2}{T}\left(\frac{1-z^{-1}}{1+z^{-1}}\right)+a} \tag{7-76}$$

显然，从 s 平面到 z 平面的映射为

$$s=\frac{2}{T}\left(\frac{1-z^{-1}}{1+z^{-1}}\right) \tag{7-77}$$

这就是双线性变换。虽然以上内容是在一阶微分方程的情况下导出双线性变换的，但是，一般来说，该变换对 N 阶微分方程也适用。

为了研究双线性变换的特性，令

$$z=r\mathrm{e}^{\mathrm{j}\omega}$$

$$s=\sigma+\mathrm{j}\Omega$$

则式（7-77）变为

$$s=\frac{2}{T}\left(\frac{r\mathrm{e}^{-\mathrm{j}\omega}-1}{r\mathrm{e}^{-\mathrm{j}\omega}+1}\right)=\frac{2}{T}\left(\frac{r^2-1}{1+r^2+2r\cos\omega}+\mathrm{j}\,\frac{2r\sin\omega}{1+r^2+2r\cos\omega}\right) \tag{7-78}$$

即

$$\begin{cases}\sigma=\dfrac{r^2-1}{1+r^2+2r\cos\omega}\\ \Omega=\mathrm{j}\,\dfrac{2r\sin\omega}{1+r^2+2r\cos\omega}\end{cases} \tag{7-79}$$

首先，注意到如果 $r<1$，则 $\sigma<0$；如果 $r>1$，则 $\sigma>0$。因此，s 平面的左半平面映射在 z 平面的单位圆内，而 s 平面的右半平面则映射在单位圆外。当 $r=1$ 时，则 $\sigma=0$，并且有

$$\Omega=\frac{2}{T}\frac{\sin\omega}{1+\cos\omega}=\frac{2}{T}\tan\frac{\omega}{2} \tag{7-80}$$

或者等效为

$$\omega=2\arctan\frac{\Omega T}{2} \tag{7-81}$$

关系式（7-81）建立了两个域中频率变量之间的联系，当 $0\leqslant\Omega\leqslant\infty$ 时，$0\leqslant\omega\leqslant\pi$；当 $-\infty\leqslant\Omega\leqslant0$ 时，$-\pi\leqslant\omega\leqslant0$，说明将 s 平面的虚轴映射到单位圆上，避免了脉冲响应不变法的混叠现象，如图 7-13 和图 7-14 所示。

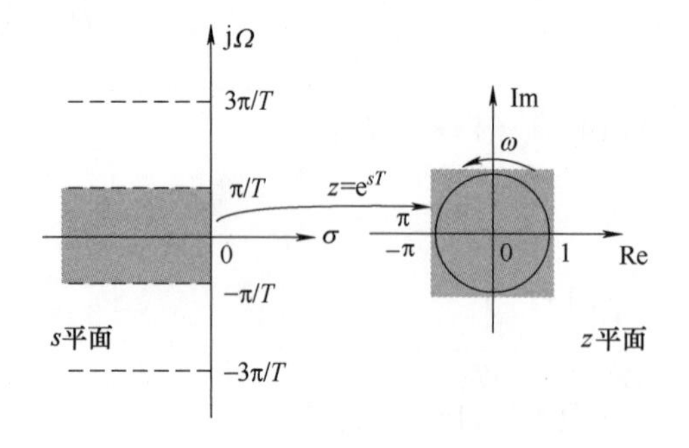

图 7-13 双线性变换法 s 平面与 z 平面的映射

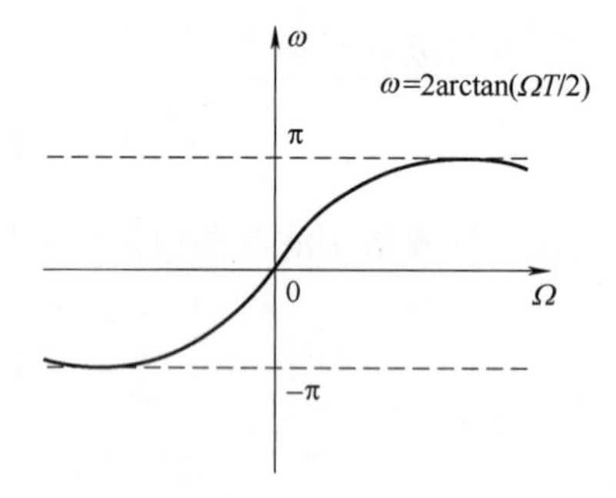

图 7-14 双线性变换法数字频率与模拟频率的映射

ω 与 Ω 之间的非线性关系是双线性变换法的缺点，因此数字滤波器频率响应曲线不能完全模仿模拟滤波器的频率响应，幅度特性与相位特性失真的情况如图 7-15 所示。

例 7-8 用双线性变换法设计巴特沃思数字低通滤波器，其技术参数与例 7-7 相同。

解： 为方便计算取 $T=1$

用式（7-80）计算模拟低通滤波器的频率为

$$\Omega_{\mathrm{p}}=2\tan\left(\frac{1}{2}\times0.2\pi\right)=2\tan(0.1\pi)\text{，}\Omega_{\mathrm{s}}=2\tan\left(\frac{1}{2}\times0.3\pi\right)=2\tan(0.15\pi)$$

$\alpha_{\mathrm{p}}=1\mathrm{dB}$，$\alpha_{\mathrm{s}}=15\mathrm{dB}$。

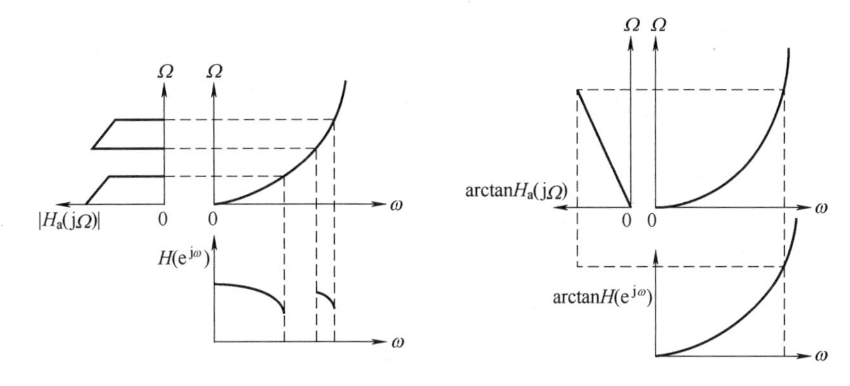

图 7-15　双线性变化法幅度和相位特性的非线性映射关系

$$N=\frac{\lg\sqrt{\dfrac{10^{\frac{\alpha_s}{10}}-1}{10^{\frac{\alpha_p}{10}}-1}}}{\lg\left(\dfrac{\Omega_s}{\Omega_p}\right)}=5.305$$

取 $N=6$，根据式（7-26），$\Omega_c=0.766$。

查表 7-1 可求出巴特沃思模拟低通滤波器的系统函数为

$$H(s)=\frac{0.20238}{(s^2+0.3996s+0.5871)(s^2+1.0836s+0.5871)(s^2+1.4802s+0.5871)}$$

将 $s=2\left(\dfrac{1-z^{-1}}{1+z^{-1}}\right)$ 代入上式，得

$$H(z)=\frac{0.0007378(1+z^{-1})^6}{(1-1.2686z^{-1}+0.7051z^{-2})(1-1.0106z^{-1}+0.3583z^{-2})(1-0.9044z^{-1}+0.2155z^{-2})}$$

用 MATLAB 工具箱函数来求解，参考脚本如下：

```
T=1;fs=1/T;wpz=0.2*pi;wsz=0.3*pi;Rp=1;Rs=15;wp=2*tan(wpz/2);
ws=2*tan(wsz/2);
[N,wc]=buttord(wp,ws,Rp,Rs,'s');
[B,A]=butter(N,wc,'s');
k=0:511;ft=0:0.5/512:0.5;wt=2*pi.*ft;
hk=freqs(B,A,wt);%求系统函数 H(s)
subplot(2,2,1);plot(ft,abs(hk));grid on;xlabel('频率(Hz)');ylabel
('幅度');
title('巴特沃斯模拟低通滤波器幅度响应');axis([0,0.5,0,1]);
subplot(2,2,2);plot(ft,20*log10(abs(hk)));grid on;xlabel('频率
(Hz)');ylabel('幅度(dB)');
title('巴特沃斯模拟低通滤波器幅度衰减');axis([0,0.5,-90,5]);
```

```
    [Bz,Az]=bilinear(B,A,fs);
    [hz,w]=freqz(Bz,Az,512);
    subplot(2,2,3);plot(w/pi,abs(hz));grid on;xlabel('\omega/\pi');yla-
bel('幅度');
    title('巴特沃斯数字低通滤波器幅度响应');axis([0,0.5,0,1]);
    subplot(2,2,4);plot(w/pi,20*log10(abs(hz)));grid on;xlabel('\ome-
ga/\pi');ylabel('幅度(dB)');
    title('巴特沃斯数字低通滤波器幅度衰减');axis([0,1,-90,5]);
    disp(['N=',num2str(N)]);
```

程序运行结果 $N=6$，生成的图形如图 7-16 所示。

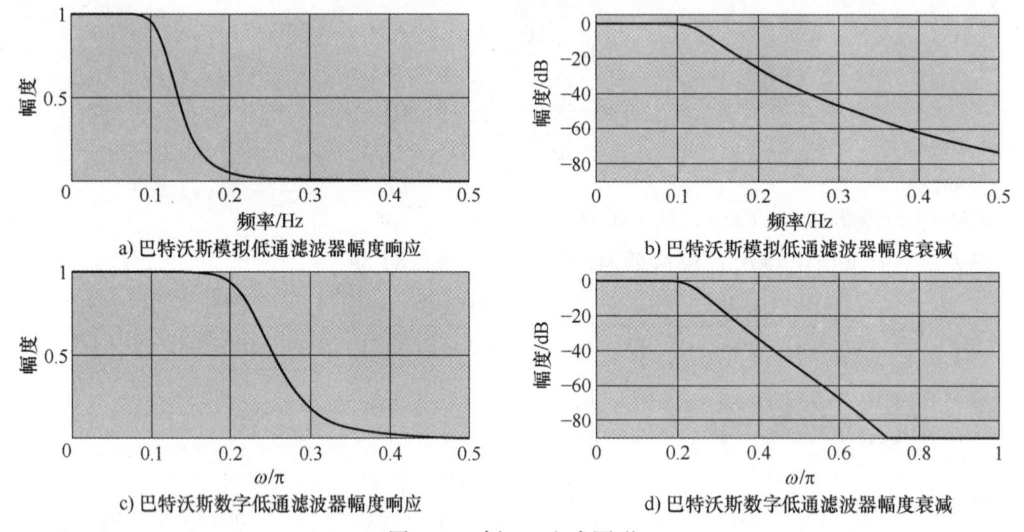

图 7-16　例 7-8 生成图形

现在总结一下设计 IIR 数字低通滤波器的步骤：

（1）确定数字低通滤波器的技术指标：通带边界频率 ω_p，通带最大衰减 R_p，阻带边界频率 ω_s，阻带最小衰减 R_s。

（2）将数字低通滤波器的技术指标转换成相应的模拟低通滤波器的技术指标。如果采用脉冲响应不变法，边界频率关系为

$$\begin{cases}\Omega_p=\dfrac{\omega_p}{T}\\\Omega_s=\dfrac{\omega_s}{T}\end{cases}\tag{7-82}$$

如果采用双线性变换法，边界频率的转换关系为

$$\begin{cases}\Omega_p=\dfrac{2}{T}\tan\dfrac{\omega_p}{2}\\\Omega_s=\dfrac{2}{T}\tan\dfrac{\omega_s}{2}\end{cases}\tag{7-83}$$

（3）根据第（2）步计算得到的频率及已知的 α_p 和 α_s 设计模拟低通滤波器。详细步骤参考第二节的内容。

（4）按照脉冲响应不变法或双线性变换法将模拟低通滤波器的系统函数 $H(s)$ 转换成数字低通滤波器的系统函数 $H(z)$。详细步骤参考第四节和第五节的内容。

第六节　频率转换及高通、带通、带阻滤波器的设计

本章前几节介绍的都是关于低通滤波器的设计方法。本节将介绍以低通滤波器为模板，通过频率变换的方法来设计高通、带通和带阻滤波器的传输函数。频率变换又分为模拟滤波器的频率变换和数字滤波器的频率变换，下面将具体阐述这两种方法。

一、模拟域频率变换

首先，考虑在模拟域中进行频率变换。假定有一个通带截止频率为 Ω_p 的低通滤波器，希望将其转换成另一个通带频率为 Ω_p' 的低通滤波器，将完成这种转换的变换记为

$$s \to \frac{\Omega_p}{\Omega_p'} s \quad \text{（低通到低通）} \tag{7-84}$$

于是，得到一个系统函数为 $H_l(s)=H_p[(\Omega_p/\Omega_p')s]$ 的低通滤波器，其中 $H_p(s)$ 是通带截止频率为 Ω_p 的原型低通滤波器的系统函数。

如果希望把一个低通滤波器转变为通带截止频率为 Ω_p 的高通滤波器，则所需变换为

$$s \to \frac{\Omega_p \Omega_p'}{s} \quad \text{（低通到高通）} \tag{7-85}$$

高通滤波器的系统函数为 $H_h(s)=H_p[(\Omega_p\Omega_p')/s]$。

如果希望把一个通带截止频率为 Ω_p 的低通滤波器转换成频带下限截止频率为 Ω_l 和频带上限为 Ω_u 的带通滤波器，则变换可分为两步完成。首先把低通滤波器转变成另一个截止频率为 $\Omega_p'=1$ 的低通滤波器，然后完成变换

$$s \to \frac{s^2+\Omega_l\Omega_u}{s(\Omega_u-\Omega_l)} \quad \text{（低通到带通）} \tag{7-86}$$

等价地，利用如下变换在单步内得到相同结果

$$s \to \Omega_p \frac{s^2+\Omega_l\Omega_u}{s(\Omega_u-\Omega_l)} \quad \text{（低通到带通）} \tag{7-87}$$

式中，Ω_l 为频带下限截止频率，Ω_u 为频带上限截止频率。

于是可得带通滤波器的系统函数为 $H_b(s)=H_p\left[\Omega_p \dfrac{s^2+\Omega_l\Omega_u}{s(\Omega_u-\Omega_l)}\right]$。

最后，如果希望把一个截止频率为 Ω_p 的低通模拟滤波器转变成一个带阻滤波器，则变换仅仅是式（7-86）的逆变换带上另一用于归一化低通滤波器的频带截止频率的因子 Ω_p。因此该变换为

$$s \to \Omega_p \frac{s(\Omega_u-\Omega_l)}{s^2+\Omega_l\Omega_u} \text{（低通到带阻）} \tag{7-88}$$

于是可得带阻滤波器的系统函数为 $H_{bs}(s)=H_p\left[\Omega_p\dfrac{s(\Omega_u-\Omega_l)}{s^2+\Omega_l\Omega_u}\right]$。

表 7-2 总结了式（7-84）、式（7-85）、式（7-87）和式（7-88）的映射。

表 7-2 模拟滤波器的频率变换

变换类型	变　换	新滤波器的频带截止频率
低通	$s\to\dfrac{\Omega_p}{\Omega_p'}s$	Ω_p'
高通	$s\to\dfrac{\Omega_p\Omega_p'}{s}$	Ω_p'
带通	$s\to\Omega_p\dfrac{s^2+\Omega_l\Omega_u}{s(\Omega_u-\Omega_l)}$	Ω_l,Ω_u
带阻	$s\to\Omega_p\dfrac{s(\Omega_u-\Omega_l)}{s^2+\Omega_l\Omega_u}$	Ω_l,Ω_u

例 7-9 考虑一个系统函数

$$H(s)=\frac{\Omega_p}{s+\Omega_p}$$

的单极点低通巴特沃思滤波器，请将其变换成一个上限截止频率和下限截止频率分别为 Ω_l 和 Ω_u 的带通滤波器。

解： 所需要的变换由式（7-87）给定，于是有

$$H(s)=\frac{1}{\dfrac{s^2+\Omega_l\Omega_u}{s(\Omega_u-\Omega_l)}+1}=\frac{(\Omega_u-\Omega_l)s}{s^2+(\Omega_u-\Omega_l)s+\Omega_l\Omega_u}$$

所得到的滤波器有一个零点位于 $s=0$ 处，有两个极点位于

$$s=\frac{-(\Omega_u-\Omega_l)\pm\sqrt{\Omega_u^2+\Omega_l^2-6\Omega_u\Omega_l}}{2}$$

二、数字域频率变换

如同模拟域一样，对数字低通滤波器也可以实行频率转换，将其转变为带通、带阻或高通滤波器。该变换涉及一个有理函数 $G(z^{-1})$ 替换变量 z^{-1} 的过程，而有理函数 $G(z^{-1})$ 必须满足下列性质：

（1）映射 $z\to G(z^{-1})$ 必须将 z 平面单位圆内的点映射成它自己。

（2）单位圆也必须映射成 z 平面的单位圆周。

条件（2）意味着对 $r=1$，有

$$e^{-j\omega}=G(e^{-j\omega})=|G(\omega)|e^{j\arg[G(\omega)]}$$

很明显，对所有的 ω，必须有 $|G(\omega)|=1$。也就是说，映射必须是全通的。因此它有形式

$$G(z^{-1})=\pm\prod_{k=1}^{N}\frac{z^{-1}-a_k}{1-a_k z^{-1}} \tag{7-89}$$

式中，N 表示全通函数的阶数；a_k 是 $G(z^{-1})$ 的极点，为了使系统稳定，必须保证 $G(z^{-1})$ 的极点 a_k 在单位圆内，即 $|a_k|<1$。

从式（7-89）的通用形式可以得到一组数字变换，将原型数字低通滤波器转换成高通、带通或带阻数字滤波器，见表 7-3。

表 7-3　数字滤波器的频率变换

变换类型	变换关系 $z^{-1}=G(z^{-1})$	参　数
低通	$z^{-1}\to\frac{z^{-1}-a}{1-az^{-1}}$	$a=\frac{\sin[(\omega_p-\omega_p')/2]}{\sin[(\omega_p+\omega_p')/2]}$ ω_p 为原型低通滤波器的通带截止频率 ω_p' 为新滤波器的通带截止频率
高通	$z^{-1}\to-\frac{z^{-1}+a}{1+az^{-1}}$	$a=-\frac{\cos[(\omega_p+\omega_p')/2]}{\cos[(\omega_p-\omega_p')/2]}$ ω_p 为原型低通滤波器的通带截止频率 ω_p' 为新滤波器的通带截止频率
带通	$z^{-1}\to-\frac{z^{-2}-a_1z^{-1}+a_2}{a_2z^{-2}-a_1z^{-1}+1}$	$a_1=2aK/(K+1)$ $a_2=(K-1)/(K+1)$ $a=\frac{\cos[(\omega_u+\omega_l)/2]}{\cos[(\omega_u-\omega_l)/2]}$ $K=\tan\frac{\omega_p}{2}\cot\frac{\omega_u-\omega_l}{2}$ ω_u 和 ω_l 分别为上频带截止频率和下频带截止频率
带阻	$z^{-1}\to\frac{z^{-2}-a_1z^{-1}+a_2}{a_2z^{-2}-a_1z^{-1}+1}$	$a_1=2a/(K+1)$ $a_2=(1-K)/(K+1)$ $a=\frac{\cos[(\omega_u+\omega_l)/2]}{\cos[(\omega_u-\omega_l)/2]}$ $K=\tan\frac{\omega_p}{2}\tan\frac{\omega_u-\omega_l}{2}$ ω_u 和 ω_l 分别为上频带截止频率和下频带截止频率

例 7-10　有系统函数为

$$H(z)=\frac{0.245(1-z^{-1})}{1+0.509z^{-1}}$$

的单极点低通巴特沃思数字滤波器，将其转换成上限和下限截止频率分别为 $\omega_u=3\pi/5$ 和 $\omega_l=2\pi/5$ 的带通滤波器，低通滤波器的通带截止频率为 $\omega_p=0.2\pi$。

解：根据表 7-3 可得带通滤波器的系统函数为

$$H(z)=\frac{0.245\left[1-\dfrac{z^{-2}-a_1z^{-1}+a_2}{a_2z^{-2}-a_1z^{-1}+1}\right]}{1+0.509\dfrac{z^{-2}-a_1z^{-1}+a_2}{a_2z^{-2}-a_1z^{-1}+1}}=\frac{0.245(1-a_2)(1-z^{-2})}{(1+0.509a_2)-1.509a_1z^{-1}+(a_2+0.509)z^{-2}}$$

因为 $\omega_u=3\pi/5$ 和 $\omega_l=2\pi/5$、$\omega_p=0.2\pi$，所以 $K=1$，$a_2=0$，$a_1=0$，代入上式，得

$$H(z)=\frac{0.245(1-z^{-2})}{1+0.509z^{-2}}$$

频率变换既可以在模拟域也可以在数字域中实现，而利用脉冲响应不变法设计数字滤波器存在频谱混叠现象，因此高通和带通滤波器不适合用模拟频率变换的方法，更好的方法是利用映射关系将模拟低通滤波器直接映射成数字低通滤波器，然后在数字域内完成频率变换，从而避免混叠问题。

在双线性变换法中，不存在混叠现象，因此无论采用模拟频率变换还是数字频率变换都无关紧要。

第七节　案例学习

本节将讨论 IIR 滤波器中全通滤波器的一个案例分析。在此先介绍全通滤波器的基本原理。顾名思义，全通滤波器可使全部频率以单位增益通过，它的作用在于处理输入信号的相位。全通滤波器常与非线性相位的 IIR 滤波器结合使用，可以改善一些非线性特性引起的问题。

若一个全通滤波器为

$$H_A(z)=K\frac{N_A(z)}{D_A(z)}$$

则

$$\left|K\frac{N_A(e^{j\Omega})}{D_A(e^{j\Omega})}\right|=1 \text{ 或 } K|N_A(e^{j\Omega})|=|D_A(e^{j\Omega})|$$

一个满足该条件的函数为

$$H_A(z)=K\frac{z-1/r}{z-r}$$

因为

$$|z-1/r|=\{[\cos(\Omega)-(1/r)]^2+\sin^2(\Omega)\}^{\frac{1}{2}}=(1/r)[r^2-2r\cos(\Omega)+1]^{\frac{1}{2}}$$

以及

$$|z-r|=\{[\cos(\Omega)-r]^2+\sin^2(\Omega)\}^{\frac{1}{2}}=[r^2-2r\cos(\Omega)+1]^{\frac{1}{2}}$$

所以有

$$\left|\frac{z-1/r}{z-r}\right|=1/r$$

若选 $K=r$，则在任何频率下，幅频响应 $|H_A(e^{j\Omega})|=1$。

一般地，全通滤波器可由如下传输函数表示

$$H_A(z)=K\prod_{i=1}^{L}\frac{z-(1/r_i)}{z-r_i} \tag{7-90}$$

r_i 可以是实数也可以是复数。若 r_i 是复数，为使滤波器系数为实数，则其共轭复数也应包含在此传输函数之中。增益常量 K 使滤波器在整个频带中的增益归一化。图 7-17 给出不同 r_i 值所对应的滤波器相移变化。

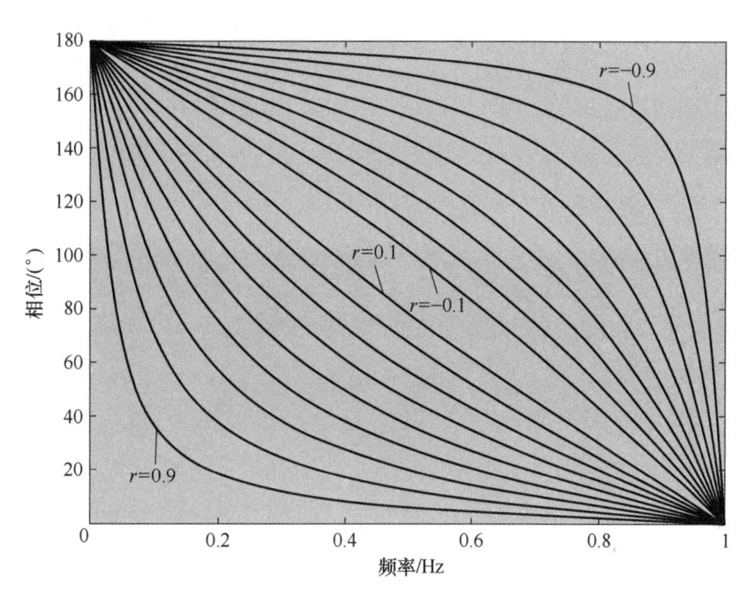

图 7-17　含一个实极点和一个实零点的全通滤波器的相移
（极点以 0.1 的步长从-0.9 移动到 0.9）

下面用一个案例说明全通滤波器如何实现相位的线性化。假设要设计一个满足以下指标的切比雪夫低通滤波器。抽样频率为 44.1kHz，通带为 0～8kHz，波动低于 0.001；阻带为 15kHz～$f_s/2$，波动低于 0.0001。试通过一阶全通滤波器，上述滤波器的相位曲线在通带部分可以线性化。取直线与相位曲线间的最大偏差作为线性的度量。迭代以确定全通滤波器参数 r 的最佳取值，该全通滤波器的传输函数类似式（7-90）表示的传输函数。

先利用 MATLAB 计算并画出滤波器的频率响应。参考程序如下，幅度和相位曲线如图 7-18 所示。相位曲线的通带部分加了一条直线对比其非线性。

```
fs=44100;
Rp=0.001;RpDB=-20*log10(1-Rp);
Rs=0.0001;RsDB=-20*log10(Rs);
fpass=8000;fstop=15000;
[N,Wn]=cheb1ord(fpass/(fs/2),fstop/(fs/2),RpDB,RsDB);
[num,den]=cheby1(N,RpDB,Wn);
[Hc,f]=freqz(num,den,512,fs);
f1=figure(1);
```

```
    subplot(2,1,1);
    plot(f,abs(Hc),'LineWidth',1,'Color','k');
    xlabel('频率(Hz)','fontsize',10);
    ylabel('增益','fontsize',10);
    title('切比雪夫滤波器幅度响应','fontsize',10);
    subplot(2,1,2);
    HcAngle=unwrap(angle(Hc))*180/pi;
    plot(f,HcAngle,'LineWidth',1,'Color','k');
    xlabel('频率(Hz)','fontsize',10);
    ylabel('度','fontsize',10);
    title('切比雪夫滤波器相位响应','fontsize',10);
    for j=1:length(f)-1
            if (f(j)<=8000 && f(j+1)>8000)
                Position=j;
                break;
            end
    end
    line([f(1) f(Position)],[HcAngle(1)  HcAngle(Position)],'LineWidth',1,
'Color','r');
    axis([0 8000 -600 0]);
    annotation(f1,'textarrow',[0.661 0.603],…
        [0.398 0.343],'TextEdgeColor','none',…
        'String',{'原相位曲线'});
    annotation(f1,'textarrow',[0.513671875 0.49140625],…
        [0.258859154929577 0.344366197183099],'TextEdgeColor','none',…
        'String',{'直线拟合'});
```

为了线性化通带的相位，应用一个一阶全通滤波器，传输函数为

$$H_{\mathrm{All}}(z)=r\frac{z-1/r}{z-r}$$

欲使相位曲线在通带线性，则要找到一个 r 值，使通带范围内相位曲线与直线之差的最大绝对值达到最小。尽管找不到闭形解，但可以通过 MATLAB 迭代连续改变 r 值以得到“最优”解。比较图 7-18 和图 7-17 中的相位曲线可知，需要一个正 r 值进行修正。在 MATLAB 中，可设定一个循环，从 $r=0.1$ 开始，以 0.0001 的增量进行迭代。在每次迭代中，都会得到全通滤波器新的传输函数，乘以原来切比雪夫滤波器的传输函数，得到相乘之后传输函数的频率响应。比较此相位响应与直线之间误差的最大绝对值，不断迭代 r 值，直到二者差的最大绝对值不再减小后停止迭代。通过 MATLAB 得到的最后结果为 $r=0.6960$，修正后的相位曲线与直线的最大差值为 17.6°。结果如图 7-19 所示。

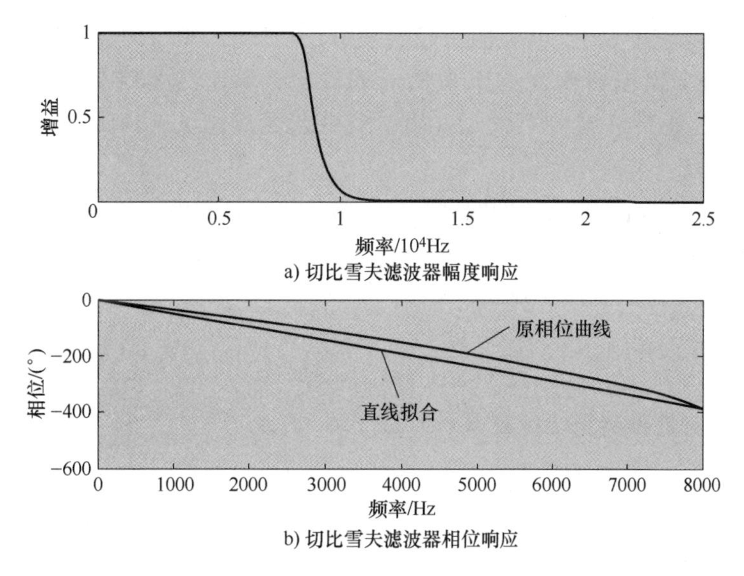

a) 切比雪夫滤波器幅度响应

b) 切比雪夫滤波器相位响应

图 7-18　案例学习运行图

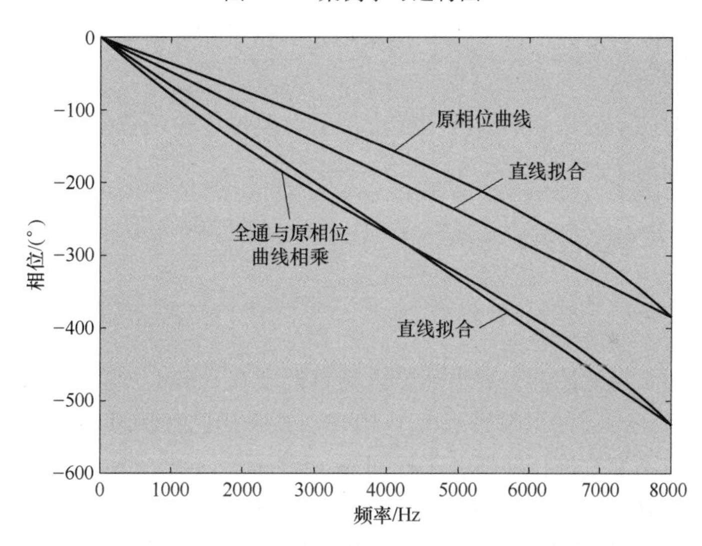

图 7-19　通带范围内，原切比雪夫滤波器以及它与全通结合的滤波器的相位曲线（两种情况下都通过阻带边缘的直线作比较）

【思考题】

习题 7-1　试写出设计数字巴特沃思和切比雪夫滤波器的步骤。

习题 7-2　用脉冲响应不变法和双线性变换法设计 IIR 滤波器时，在从模拟滤波器到数字滤波器的转换过程中，其幅度响应和相位响应各有什么特点？

【计算题】

习题 7-3　设计一个模拟巴特沃思低通滤波器，给定技术指标：通带最高频率 $f_p = 500\text{Hz}$，通带衰减要求不大于 3dB；阻带起始频率 $f_s=1\text{kHz}$，阻带内衰减要不小于 40dB。

习题 7-4 设计一个模拟切比雪夫 I 型低通滤波器，给定技术指标：通带最高频率 $f_p=500\text{Hz}$，通带衰减要不大于 1dB；阻带起始频率 $f_s=1\text{kHz}$，阻带内衰减要不小于 40dB。

习题 7-5 根据给定的模拟滤波器的幅度响应平方，确定模拟滤波器的传输函数 $H(s)$

(1) $|H(\mathrm{j}\Omega)|^2=\dfrac{1}{1+64\Omega^6}$

(2) $|H(\mathrm{j}\Omega)|^2=\dfrac{16(25-\Omega^2)^2}{(49+\Omega^2)(36+\Omega^2)}$

习题 7-6 已知模拟滤波器系统函数 $H_a(s)$ 如下：

(1) $H_a(s)=\dfrac{s+a}{(s+a)^2+b^2}$

(2) $H_a(s)=\dfrac{b}{(s+a)^2+b^2}$

其中 a 和 b 为常数，设 $H_a(s)$ 因果稳定，试采用脉冲响应不变法将其转换成数字滤波器 $H(z)$。

习题 7-7 用脉冲响应不变法和双线性变换法将下面模拟传输函数变为数字传输函数 $H(z)$，取样周期为 $T=0.5$。

(1) $H(s)=\dfrac{2}{s^2+4s+3}$

(2) $H(s)=\dfrac{3s+2}{2s^2+3s+1}$

习题 7-8 设计低通数字滤波器，要求通带内频率低于 $0.2\pi\text{rad}$，容许幅度误差在 1dB 之内；频率在 $0.3\pi\sim\pi$ 的阻带衰减大于 10dB，试采用巴特沃思模拟滤波器进行设计，用脉冲响应不变法进行转换，采样间隔 $T=1\text{ms}$。

习题 7-9 要求同习题 7-8，试采用双线性变换法设计数字低通滤波器。

习题 7-10 用双线性变换法设计一个切比雪夫数字低通滤波器，取样频率为 $f_s=20\text{kHz}$，通带边缘频率为 5kHz，其衰减为 1dB；阻带边缘频率为 7.5kHz，其衰减为 32dB。

习题 7-11 用双线性变换法设计一个 6 阶数字带通巴特沃思滤波器，取样频率为 $f_s=720\text{Hz}$，上下边缘截止频率分别为 $f_1=60\text{Hz}$，$f_2=300\text{Hz}$。

习题 7-12 用双线性变换法设计一个满足下面指标的数字高通巴特沃思滤波器：通带 2～4kHz，通带波动为 3dB，阻带 0～500Hz，阻带衰减 20dB，取样频率为 8kHz。

习题 7-13 用双线性变换法设计一个满足下面指标要求的数字带阻巴特沃思滤波器：通带上下边带各为 0～50Hz 和 450～500Hz，通带波动 3dB；阻带频率范围 200～300Hz，阻带衰减 20dB，取样频率 1kHz。

【编程题】

习题 7-14 设计巴特沃思数字带通滤波器，要求通带范围为 $0.25\pi\text{rad}\leqslant\omega\leqslant0.45\pi\text{rad}$，通带最大衰减为 3dB；阻带范围为 $0\leqslant\omega\leqslant0.15\pi\text{rad}$ 和 $0.55\pi\text{rad}\leqslant\omega\leqslant\pi\text{rad}$，阻带最小

衰减为 40dB。调用 MATLAB 工具箱函数 buttord 和 butter 设计，并显示数字滤波器系统函数 $H(z)$ 的系数，绘制数字滤波器的损耗函数和相频特性曲线。这种设计对应于脉冲响应不变法还是双线性变换法？

习题 7-15　设计一个工作于采样频率 80kHz 的巴特沃思低通数字滤波器，要求通带边界频率为 4kHz，通带最大衰减为 0.5dB，阻带边界频率为 20kHz，阻带最小衰减为 45dB。调用 MATLAB 工具箱函数 buttord 和 butter 设计，并显示数字滤波器系统函数 $H(z)$ 的系数，绘制损耗函数和相频特性曲线。

习题 7-16　设计一个工作于采样频率 80kHz 的切比雪夫 I 型低通数字滤波器，滤波器指标要求与习题 7-14 相同。调用 MATLAB 工具箱函数 cheb1ord 和 cheby1 设计，并显示数字滤波器系统函数 $H(z)$ 的系数，绘制损耗函数和相频特性曲线。与习题 7-15 的结果进行比较，简述巴特沃思滤波器和切比雪夫 I 型滤波器的特点。

习题 7-17　设计一个工作于采样频率 2500kHz 的椭圆高通数字滤波器，要求通带边界频率为 325kHz，通带最大衰减为 1dB；阻带边界频率为 225kHz，阻带最小衰减为 40dB。调用 MATLAB 工具箱函数 ellipord 和 ellip 设计，并显示数字滤波器系统函数 $H(z)$ 的系数，绘制损耗函数和相频特性曲线。

习题 7-18　设计一个工作于采样频率 5MHz 的椭圆带通数字滤波器，要求通带边界频率为 560kHz 和 780kHz，通带最大衰减为 0.5dB；阻带边界频率为 375kHz 和 1MHz，阻带最小衰减为 50dB。调用 MATLAB 工具箱函数 ellipord 和 ellip 设计，并显示数字滤波器系统函数 $H(z)$ 的系数，绘制损耗函数和相频特性曲线。

习题 7-19　设计一个工作于采样频率 5kHz 的椭圆带阻数字滤波器，要求通带边界频率为 500kHz 和 2125kHz，通带最大衰减为 1dB；阻带边界频率为 1050kHz 和 11400kHz，阻带最小衰减为 40dB。调用 MATLAB 工具箱函数 ellipord 和 ellip 设计，并显示数字滤波器系统函数 $H(z)$ 的系数，绘制损耗函数和相频特性曲线。

习题 7-20　用脉冲响应不变法设计一个巴特沃思低通数字滤波器，指标要求与习题 7-15 相同。编写程序先调用 MATLAB 工具箱函数 buttord 和 butter 设计过渡模拟低通滤波器，再调用脉冲响应不变法数字化转换函数 impinvar，将模拟低通滤波器转换成低通数字滤波器 $H(z)$，并显示模拟低通滤波器和数字滤波器系统函数的系数，绘制损耗函数和相频特性曲线。请归纳本题的设计步骤和所用的计算公式，比较本题与习题 7-15 的设计结果，观察双线性变换法的频率非线性失真和脉冲响应不变法的频谱混叠失真。

第八章

有限脉冲响应（FIR）数字滤波器的设计

有限脉冲响应（Finite Impulse Response，FIR）数字滤波器的线性常系数差分方程可表示为

$$y(n)=\sum_{k=0}^{N-1}h(k)x(N-k) \tag{8-1}$$

式（8-1）表示 $y(n)$ 是系统单位脉冲响应 $h(n)$ 与输入序列 $x(n)$ 的线性积分。对其进行 z 变换，得到 FIR 滤波器的系统函数，如下：

$$H(z)=\sum_{k=0}^{N-1}h(k)z^{-k} \tag{8-2}$$

对式（8-2）作如下变形：

$$H(z)=\sum_{n=0}^{N-1}h(n)z^{-n}=z^{-(N-1)}\sum_{n=0}^{N-1}h(n)z^{(N-1)-n}=\frac{f(z)}{z^{N-1}} \tag{8-3}$$

式（8-3）说明，系统函数 $H(z)$ 是 z^{-1}的 $N-1$ 次多项式，其零点要求 $f(z)=0$。根据代数理论，$f(z)$ 是 $N-1$ 次多项式，应有 $N-1$ 个根，所以 $H(z)$ 在 z 平面上有 $N-1$ 个零点。同时极点在 $z=0$ 处，为 $N-1$ 阶极点，由于极点全部在单位圆内部，因此 FIR 系统永远稳定。

FIR 滤波器的设计就是要确定式（8-2）中的单位脉冲响应 $h(n)$。第七章介绍的 IIR 滤波器一般是非线性相位的，而在实际应用中，例如图像处理，数据传输等，对波形要求严格，需要滤波器具有线性相位。FIR 滤波器可实现线性相位，同时由于其单位脉冲响应为有限长，因此可通过使用快速傅里叶变换算法来实现滤波器运算，从而大大提高运算效率。鉴于此，对于有相位要求的滤波器设计，通常用 FIR 滤波器实现。本章将对具有线性相位的 FIR 滤波器设计问题进行讨论。

第一节　线性相位 FIR 滤波器的条件和特点

一、FIR 数字滤波器具有线性相位成立的条件

对于长度为 N 的 $h(n)$，频率响应函数为

$$H(e^{j\omega})=\sum_{n=0}^{N-1}h(n)e^{-j\omega n} \tag{8-4}$$

将式（8-4）写成如下形式：

$$H(e^{j\omega})=H(\omega)e^{j\theta(\omega)} \tag{8-5}$$

式中，$H(\omega)$ 为幅度函数，它是一个可正可负的实函数；$\theta(\omega)=\arg[H(e^{j\omega})]$ 为相位函数，具有线性相位特性的 FIR 数字滤波器必须满足下列条件：

$$\theta(\omega)=-\tau\omega,\ \tau \text{ 为常数} \tag{8-6}$$

或

$$\theta(\omega)=\theta_0-\tau\omega,\ \theta_0 \text{ 是起始相位} \tag{8-7}$$

严格来讲，式（8-7）不具有线性相位特性，但以上两种情况都满足群时延为一个常数，即

$$\frac{d\theta(\omega)}{d\omega}=-\tau \tag{8-8}$$

满足式（8-6）称为第一类线性相位，满足式（8-7）称为第二类线性相位。$\theta_0=\pi/2$ 是第二类线性相位常用的起始值，本章仅介绍这种情况。

二、线性相位 FIR 数字滤波器时域约束条件

（一）$\theta(\omega)=-\tau\omega$ 时的时域约束条件

由于 $\theta(\omega)=-\tau\omega$，又因为

$$H(e^{j\omega})=H(\omega)e^{j\theta(\omega)}=\sum_{n=0}^{N-1}h(n)e^{-j\omega n}$$

所以

$$\theta(\omega)=\arg[H(e^{j\omega})]=\arg\left[\sum_{n=0}^{N-1}h(n)e^{-j\omega n}\right]$$

$$=\arctan\left[-\frac{\sum_{n=0}^{N-1}h(n)\sin\omega n}{\sum_{n=0}^{N-1}h(n)\cos\omega n}\right]=-\tau\omega$$

于是

$$\tan\tau\omega=\frac{\sin\tau\omega}{\cos\tau\omega}=\frac{\sum_{n=0}^{N-1}h(n)\sin\omega n}{\sum_{n=0}^{N-1}h(n)\cos\omega n}$$

$$\sum_{n=0}^{N-1}h(n)\sin\tau\omega\cos\omega n=\sum_{n=0}^{N-1}h(n)\cos\tau\omega\sin\omega n$$

即

$$\sum_{n=0}^{N-1}h(n)\sin(\tau\omega-n\omega)=0 \tag{8-9}$$

设 $F(n)=h(n)\sin(\tau\omega-n\omega)$，式（8-9）可写成 $\sum_{n=0}^{N-1}F(n)=0$，即 $F(n)$ 的 N 个值相加等于零，可以认为这 N 个值关于 $(N-1)/2$ 奇对称。由于函数 $\sin(\tau\omega-n\omega)$ 也是奇函数，且关于 $\tau=n$ 奇对称，则根据数学原理，满足以上条件下，$h(n)$ 必然关于 $(N-1)/2$ 偶对称。

根据以上推论，得

$$\tau=(N-1)/2 \tag{8-10}$$

$$h(n)=h(N-1-n),0\leqslant n\leqslant N-1 \tag{8-11}$$

由于 N 可取奇数或偶数，因此，需分两种情况讨论第一类线性相位 FIR 滤波器的频率响应特性。

1. N 为奇数（第一类线性相位）时的频率响应

由于 N 为奇数，因此 FIR 数字滤波器的频率响应函数可写成如下形式

$$H(\mathrm{e}^{\mathrm{j}\omega})=\sum_{n=0}^{N-1}h(n)\mathrm{e}^{-\mathrm{j}\omega n}=\sum_{n=0}^{\frac{N-1}{2}-1}h(n)\mathrm{e}^{-\mathrm{j}\omega n}+\sum_{n=\frac{N-1}{2}+1}^{N-1}h(n)\mathrm{e}^{-\mathrm{j}\omega n}+h\left(\frac{N-1}{2}\right)\mathrm{e}^{-\mathrm{j}\frac{N-1}{2}\omega} \tag{8-12}$$

将式（8-11）代入上式中第二项，得

$$\begin{aligned}
H(\mathrm{e}^{\mathrm{j}\omega})&=\sum_{n=0}^{N-1}h(n)\mathrm{e}^{-\mathrm{j}\omega n}=\sum_{n=0}^{\frac{N-1}{2}-1}h(n)\mathrm{e}^{-\mathrm{j}\omega n}+\sum_{n=\frac{N-1}{2}+1}^{N-1}h(n)\mathrm{e}^{-\mathrm{j}\omega n}+h\left(\frac{N-1}{2}\right)\mathrm{e}^{-\mathrm{j}\frac{N-1}{2}\omega}\\
&=\sum_{n=0}^{\frac{N-1}{2}-1}h(n)\mathrm{e}^{-\mathrm{j}\omega n}+\sum_{n=0}^{\frac{N-1}{2}-1}h(N-1-n)\mathrm{e}^{-\mathrm{j}\omega(N-1)}\mathrm{e}^{\mathrm{j}\omega n}+h\left(\frac{N-1}{2}\right)\mathrm{e}^{-\mathrm{j}\frac{N-1}{2}\omega}\\
&=\sum_{n=0}^{\frac{N-1}{2}-1}h(n)\left[\mathrm{e}^{-\mathrm{j}\omega n}+\mathrm{e}^{-\mathrm{j}\omega(N-1)}\mathrm{e}^{\mathrm{j}\omega n}\right]+h\left(\frac{N-1}{2}\right)\mathrm{e}^{-\mathrm{j}\frac{N-1}{2}\omega}\\
&=\mathrm{e}^{-\mathrm{j}\omega\frac{N-1}{2}}\left\{h\left(\frac{N-1}{2}\right)+\sum_{n=0}^{\frac{N-1}{2}-1}h(n)\left[\mathrm{e}^{-\mathrm{j}\omega n}\mathrm{e}^{\mathrm{j}\omega\frac{N-1}{2}}+\mathrm{e}^{-\mathrm{j}\omega\frac{N-1}{2}}\mathrm{e}^{\mathrm{j}\omega n}\right]\right\}\\
&=\mathrm{e}^{-\mathrm{j}\omega\frac{N-1}{2}}\left\{h\left(\frac{N-1}{2}\right)+\sum_{n=0}^{\frac{N-1}{2}-1}h(n)2\cos\left[\omega\left(\frac{N-1}{2}-n\right)\right]\right\}
\end{aligned} \tag{8-13}$$

令 $n'=(N-1)/2-n$，代入式（8-13），得

$$\begin{aligned}
H(\mathrm{e}^{\mathrm{j}\omega})&=\mathrm{e}^{-\mathrm{j}\omega\frac{N-1}{2}}\left\{h\left(\frac{N-1}{2}\right)+\sum_{n'=1}^{\frac{N-1}{2}}2h\left(\frac{N-1}{2}-n'\right)\cos(n'\omega)\right\}\\
&=\mathrm{e}^{-\mathrm{j}\omega\frac{N-1}{2}}\sum_{n=0}^{\frac{N-1}{2}}a(n)\cos(n\omega)=\mathrm{e}^{\mathrm{j}\theta(\omega)}H(\omega)
\end{aligned} \tag{8-14}$$

式中

$$a(n)=\begin{cases}h\left(\dfrac{N-1}{2}\right), & n=0\\ 2h\left(\dfrac{N-1}{2}-n\right), & n\neq 0\end{cases}\tag{8-15}$$

由以上推导可得相位函数和幅度函数如下：

$$\begin{cases}\theta(\omega)=-\tau\omega=-\dfrac{(N-1)}{2}\omega\\ H(\omega)=\displaystyle\sum_{n=0}^{\frac{N-1}{2}}a(n)\cos(n\omega)\end{cases}\tag{8-16}$$

由此可见，$h(n)$ 偶对称，且 N 为奇数时，滤波器的相位函数 $\theta(\omega)$ 是 ω 的线性函数，同时由于 $\cos(n\omega)$ 关于 $\omega=0$、π、2π 偶对称，因此滤波器的幅度函数 $H(\omega)$ 关于 $\omega=0$、π、2π 偶对称，可以实现各种低通、高通、带通和带阻滤波器。

2. N 为偶数（第一线性相位）时的频率响应

由于 N 为偶数，因此 FIR 数字滤波器的频率响应函数可写成如下形式：

$$H(e^{j\omega})=\sum_{n=0}^{N-1}h(n)e^{-j\omega n}=\sum_{n=0}^{\frac{N}{2}-1}h(n)e^{-j\omega n}+\sum_{n=\frac{N}{2}}^{N-1}h(n)e^{-j\omega n}\tag{8-17}$$

将式（8-11）代入上式，得

$$\begin{aligned}H(e^{j\omega})&=\sum_{n=0}^{\frac{N}{2}-1}h(n)e^{-j\omega n}+\sum_{n=0}^{\frac{N}{2}-1}h(N-1-n)e^{-j\omega(N-1)}e^{j\omega n}\\&=\sum_{n=0}^{\frac{N}{2}-1}h(n)\left[e^{-j\omega n}+e^{-j\omega(N-1)}e^{j\omega n}\right]\\&=e^{-j\omega\frac{N-1}{2}}\sum_{n=0}^{\frac{N}{2}-1}h(n)\left[e^{j\omega\frac{N-1}{2}}e^{-j\omega n}+e^{-j\omega\frac{N-1}{2}}e^{j\omega n}\right]\\&=e^{-j\omega\frac{N-1}{2}}\sum_{n=0}^{\frac{N}{2}-1}2h(n)\cos\left[\omega\left(\frac{N-1}{2}-n\right)\right]\end{aligned}\tag{8-18}$$

令 $n'=N/2-n$，代入上式，得

$$\begin{aligned}H(e^{j\omega})&=e^{-j\omega\frac{N-1}{2}}\sum_{n'=1}^{\frac{N}{2}}2h\left(\frac{N}{2}-n'\right)\cos\left[\omega\left(n'-\frac{1}{2}\right)\right]\\&=e^{-j\omega\frac{N-1}{2}}\sum_{n=1}^{\frac{N}{2}}b(n)\cos\left[\omega\left(n-\frac{1}{2}\right)\right]\\&=H(\omega)e^{j\theta(\omega)}\end{aligned}\tag{8-19}$$

式中

$$b(n)=2h\left(\frac{N}{2}-n\right),\quad n=1,2,\cdots,\frac{N}{2}\tag{8-20}$$

由以上推导可得相位函数和幅度函数如下：

$$\begin{cases}\theta(\omega)=-\tau\omega=-\dfrac{N-1}{2}\omega \\ H(\omega)=\displaystyle\sum_{n=1}^{\frac{N}{2}}b(n)\cos\left[\left(n-\frac{1}{2}\right)\omega\right]\end{cases} \tag{8-21}$$

由此可见，$h(n)$ 为偶函数且 N 为偶数时，滤波器的相位 $\theta(\omega)$ 是线性的。幅度函数在 $\omega=\pi$ 处有 $H(\pi)=0$，因此，这种情况只能用于设计低通、带通滤波器，不能用于设计高通和带阻滤波器。

（二）$\theta(\omega)=\theta_0-\tau\omega$ 时的时域约束条件

由于 $\theta(\omega)=\theta_0-\tau\omega$，又因为

$$H(\mathrm{e}^{\mathrm{j}\omega})=H(\omega)\mathrm{e}^{\mathrm{j}\theta(\omega)}=\sum_{n=0}^{N-1}h(n)\mathrm{e}^{-\mathrm{j}\omega n}$$

所以

$$\theta(\omega)=\arg[H(\mathrm{e}^{\mathrm{j}\omega})]=\arg\left[\sum_{n=0}^{N-1}h(n)\mathrm{e}^{-\mathrm{j}\omega n}\right]$$

$$=\arctan\left[-\frac{\displaystyle\sum_{n=0}^{N-1}h(n)\sin\omega n}{\displaystyle\sum_{n=0}^{N-1}h(n)\cos\omega n}\right]=\theta_0-\tau\omega$$

于是

$$\tan[\theta_0-\tau\omega]=\frac{\sin(\theta_0-\tau\omega)}{\cos(\theta_0-\tau\omega)}=-\frac{\displaystyle\sum_{n=0}^{N-1}h(n)\sin\omega n}{\displaystyle\sum_{n=0}^{N-1}h(n)\cos\omega n}$$

$$\sum_{n=0}^{N-1}h(n)\sin(\theta_0-\tau\omega)\cos\omega n=-\sum_{n=0}^{N-1}h(n)\cos(\theta_0-\tau\omega)\sin\omega n$$

即

$$\sum_{n=0}^{N-1}h(n)\sin[(n-\tau)\omega+\theta_0]=0 \tag{8-22}$$

与第一种情况类似，可证明得到一组下列条件

$$\tau=(N-1)/2 \tag{8-23}$$

$$h(n)=-h(N-1-n),\quad 0\leqslant n\leqslant N-1 \tag{8-24}$$

$$\theta_0=(2k+1)\pi/2,\quad k=0,\pm1,\pm2,\cdots,\pm\infty \tag{8-25}$$

对式（8-25）中 k 的取值，实际中只考虑 $k=0$，即 $\theta_0=\pi/2$ 这种情况。因为 $H(\omega)$ 可正可负，且具有周期性，因此 k 取其他值时的情况都可包含在 $k=0$ 情况中。

下面讨论 N 取奇数和偶数时，具有第二类线性相位的 FIR 滤波器频率响应特性。

1. N 为奇数（第二类线性相位）时的频率响应

与前面推导类似，当 N 为奇数时，$h[(N-1)/2]=0$，有

$$
\begin{aligned}
H(\mathrm{e}^{\mathrm{j}\omega}) &= \mathrm{e}^{-\mathrm{j}\omega\frac{N-1}{2}}\sum_{n=0}^{\frac{N-1}{2}-1}\mathrm{j}2h(n)\sin\left(\frac{N-1}{2}-n\right)\omega+h\left(\frac{N-1}{2}\right)\mathrm{e}^{-\mathrm{j}\omega\frac{N-1}{2}}\\
&=\mathrm{j}\mathrm{e}^{-\mathrm{j}\omega\frac{N-1}{2}}\left[\sum_{n=0}^{\frac{N-1}{2}-1}2h(n)\sin\left(\frac{N-1}{2}-n\right)\omega\right]\\
&=\mathrm{e}^{\mathrm{j}\left(\frac{\pi}{2}-\frac{N-1}{2}\omega\right)}\left[\sum_{n=0}^{\frac{N-1}{2}-1}2h(n)\sin\left(\frac{N-1}{2}-n\right)\omega\right]
\end{aligned}
\tag{8-26}
$$

令 $n'=(N-1)/2-n$，代入上式，得

$$
H(\mathrm{e}^{\mathrm{j}\omega})=\mathrm{e}^{\mathrm{j}\left(\frac{\pi}{2}-\frac{N-1}{2}\omega\right)}\sum_{n=1}^{\frac{N-1}{2}}c(n)\sin n\omega=H(\omega)\mathrm{e}^{\mathrm{j}\theta(\omega)}
\tag{8-27}
$$

式中

$$
c(n)=2h\left(\frac{N-1}{2}-n\right),\quad n=1,2,\cdots,\frac{N-1}{2}
\tag{8-28}
$$

由以上推导可得相位函数和幅度函数如下：

$$
\begin{cases}
\theta(\omega)=\dfrac{\pi}{2}-\dfrac{N-1}{2}\omega\\
H(\omega)=\displaystyle\sum_{n=1}^{\frac{N-1}{2}}c(n)\sin(n\omega)
\end{cases}
\tag{8-29}
$$

由于在 $\omega=0$、π、2π 处均有 $H(\omega)=0$，这种情况只适合设计带通滤波器。

2. N 为偶数（第二类线性相位）时的频率响应

当 N 为偶数时，同理可证，FIR 滤波器的频率响应为

$$
H(\mathrm{e}^{\mathrm{j}\omega})=\mathrm{e}^{\mathrm{j}\left(\frac{\pi}{2}-\frac{N-1}{2}\omega\right)}\sum_{n=1}^{\frac{N}{2}}d(n)\sin\left(n-\frac{1}{2}\right)\omega=H(\omega)\mathrm{e}^{\mathrm{j}\theta(\omega)}
\tag{8-30}
$$

式中

$$
d(n)=2h\left(\frac{N}{2}-n\right),\quad n=1,2,\cdots,\frac{N}{2}
\tag{8-31}
$$

由以上推导可得相位函数和幅度函数如下：

$$
\begin{cases}
\theta(\omega)=\dfrac{\pi}{2}-\dfrac{N-1}{2}\omega\\
H(\omega)=\displaystyle\sum_{n=1}^{\frac{N}{2}}d(n)\sin\left(n-\frac{1}{2}\right)\omega
\end{cases}
\tag{8-32}
$$

由于 $\sin(n-1/2)\omega$ 在 $\omega=0$，2π 处呈奇对称，因此幅度函数 $H(\omega)$ 在 $\omega=0$，2π 处也呈奇对称，又因为 $H(\omega)\big|_{\omega=0,2\pi}=0$，这种情况不适合设计低通和带阻滤波器。

综上所述，$h(n)$ 有四种不同类型，分别对应四种线性相位 FIR 数字滤波器，即 $h(n)$ 偶对称 N 为奇数，$h(n)$ 偶对称 N 为偶数，$h(n)$ 奇对称 N 为奇数，$h(n)$ 奇对称 N 为偶数。这四种情况归纳在表 8-1 中。

表 8-1　线性相位 FIR 数字滤波器的时域和频域特性

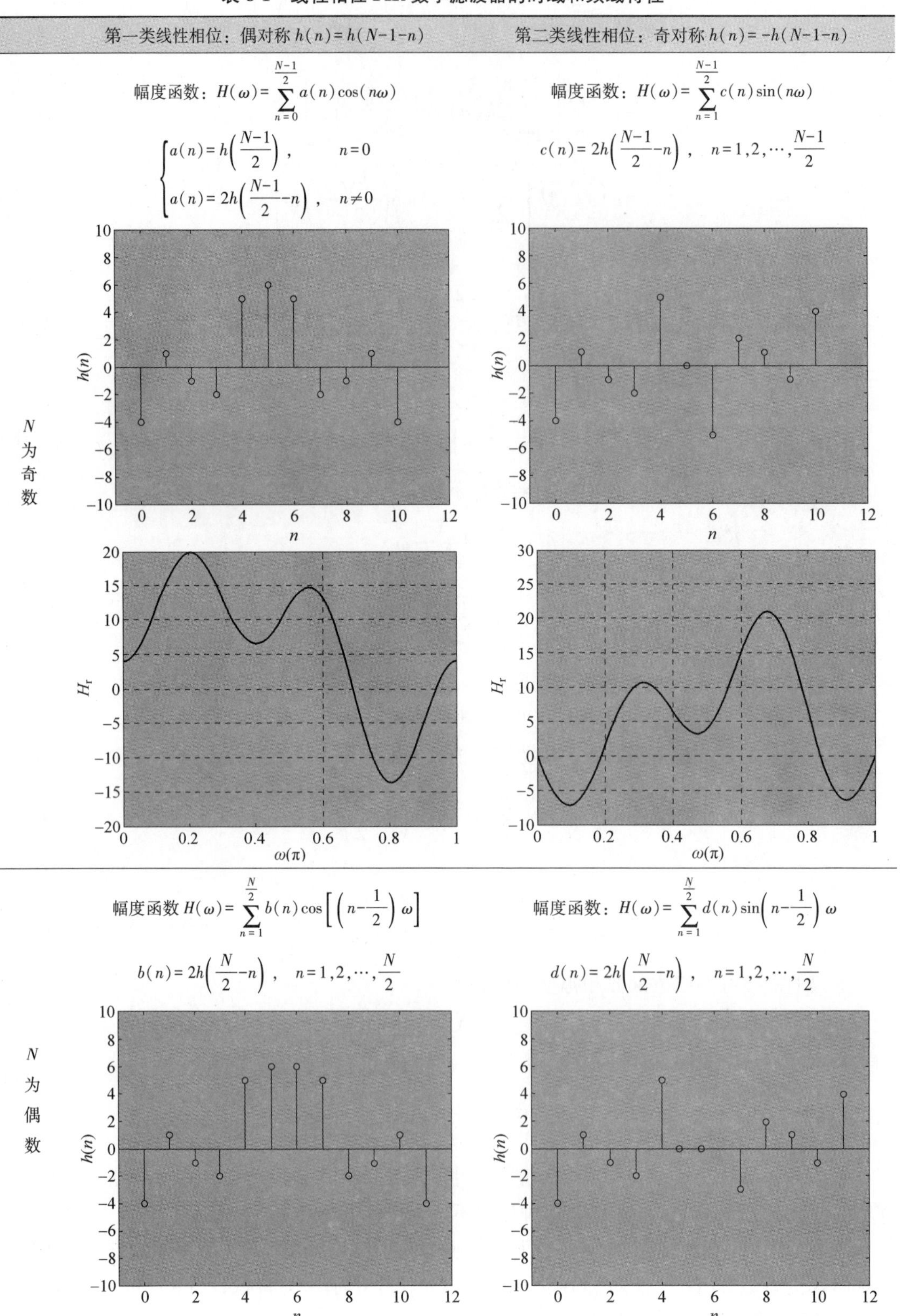

	第一类线性相位：偶对称 $h(n)=h(N-1-n)$	第二类线性相位：奇对称 $h(n)=-h(N-1-n)$
N为奇数	幅度函数：$H(\omega)=\sum_{n=0}^{\frac{N-1}{2}} a(n)\cos(n\omega)$ $\begin{cases} a(n)=h\left(\frac{N-1}{2}\right), & n=0 \\ a(n)=2h\left(\frac{N-1}{2}-n\right), & n\neq 0 \end{cases}$	幅度函数：$H(\omega)=\sum_{n=1}^{\frac{N-1}{2}} c(n)\sin(n\omega)$ $c(n)=2h\left(\frac{N-1}{2}-n\right),\quad n=1,2,\cdots,\frac{N-1}{2}$
N为偶数	幅度函数 $H(\omega)=\sum_{n=1}^{\frac{N}{2}} b(n)\cos\left[\left(n-\frac{1}{2}\right)\omega\right]$ $b(n)=2h\left(\frac{N}{2}-n\right),\quad n=1,2,\cdots,\frac{N}{2}$	幅度函数：$H(\omega)=\sum_{n=1}^{\frac{N}{2}} d(n)\sin\left(n-\frac{1}{2}\right)\omega$ $d(n)=2h\left(\frac{N}{2}-n\right),\quad n=1,2,\cdots,\frac{N}{2}$

（续）

	第一类线性相位：偶对称 $h(n)=h(N-1-n)$	第二类线性相位：奇对称 $h(n)=-h(N-1-n)$
N 为偶数	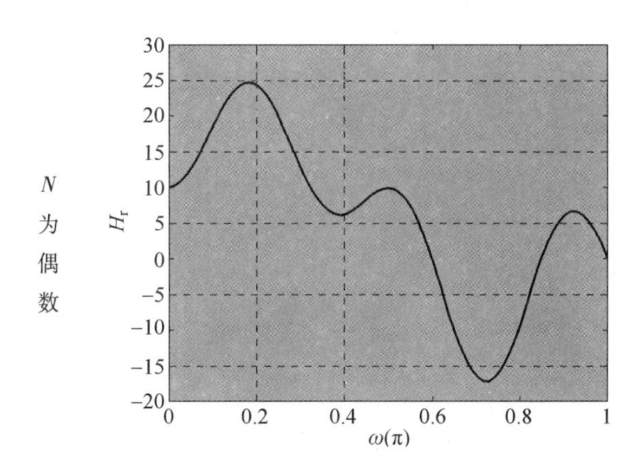	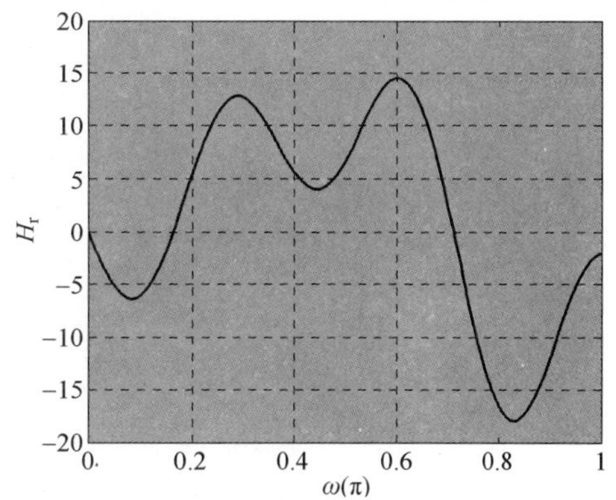
相位特性	相位函数： $\theta(\omega)=-\tau\omega=-(N-1)/2\cdot\omega$	相位函数： $\theta(\omega)=\pi/2-(N-1)/2\cdot\omega$ 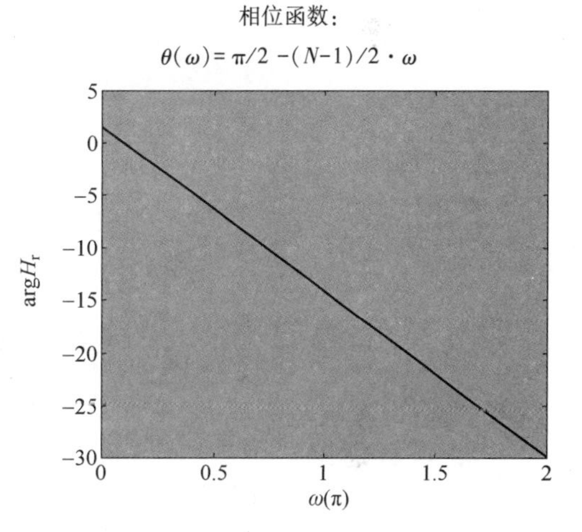

三、线性相位 FIR 数字滤波器的零点分布特点

线性相位 FIR 数字滤波器的系统函数可表示为

$$H(z)=\sum_{n=0}^{N-1}h(n)z^{-n} \tag{8-33}$$

将 $h(n)=\pm h(N-1-n)$ 代入上式，可得

$$\begin{aligned}H(z)&=\sum_{n=0}^{N-1}h(n)z^{-n}=\pm\sum_{n=0}^{N-1}h(N-1-n)z^{-n}\\&=\pm z^{-(N-1)}\sum_{m=0}^{N-1}h(m)z^{m}=\pm z^{-(N-1)}H(z^{-1})\end{aligned} \tag{8-34}$$

由式（8-34）可看出，$H(z)$ 和 $H(z^{-1})$ 具有相同的根。如果 z_i 是 $H(z)$ 的零点，则其倒数 z_i^{-1} 也必然是它的零点，又因为 $h(n)$ 是实序列，$H(z)$ 的零点必然是共轭成对出现，

因此，z_i^* 和 $(z_i^{-1})^*$ 也必然是它的零点。这样，确定其中一个零点，就可以求出另外三个零点，综上所述，具有线性相位的 FIR 数字滤波器的零点一共有 z_i、z_i^{-1}、z_i^* 和 $(z_i^{-1})^*$。零点分布如图 8-1 所示。

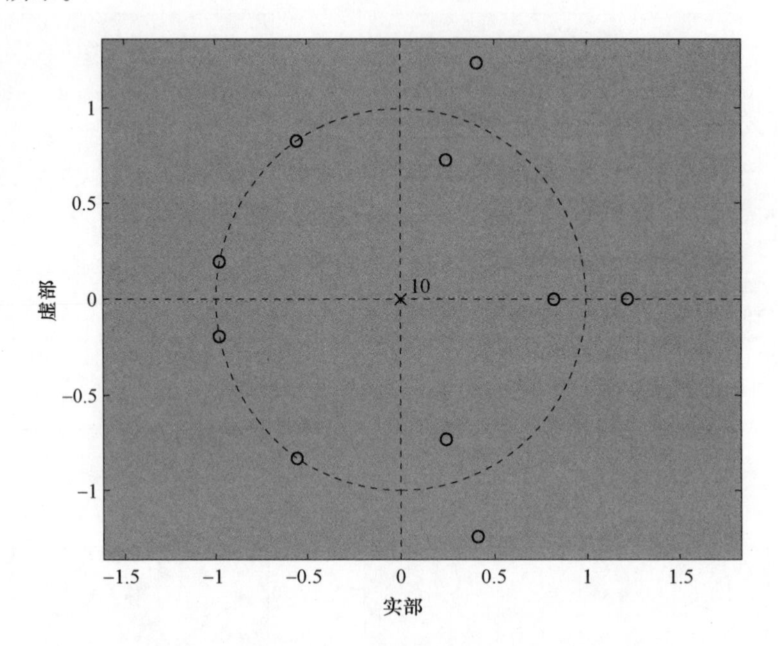

图 8-1　线性相位 FIR 数字滤波器的零点分布

第二节　利用窗函数设计 FIR 数字滤波器

一、设计思路

设理想数字滤波器频率响应函数为 $H_d(e^{j\omega})$，由于 $H_d(e^{j\omega})$ 一般是分段不连续的，其单位脉冲响应 $h_d(n)$ 是无限时宽的，因此，在现实中是不可实现的。如果对 $h_d(n)$ 进行截短，舍去响应值很小的样点项，从而得到有限长序列 $h(n)$，用 $h(n)$ 来近似代替单位脉冲响应 $h_d(n)$，这就是窗函数的基本设计思路。

理想数字滤波器的频率响应函数 $H_d(e^{j\omega})$ 可表示为

$$H_d(e^{j\omega})=\sum_{n=-\infty}^{\infty}h_d(n)e^{-j\omega n} \tag{8-35}$$

其单位脉冲响应 $h_d(n)$ 是 $H_d(e^{j\omega})$ 的逆傅里叶变换，即为

$$h_d(n)=\frac{1}{2\pi}\int_{-\pi}^{\pi}H_d(e^{j\omega})e^{j\omega n}d\omega \tag{8-36}$$

将 $h_d(n)$ 截短成长度为 N 的有限长序列，根据线性相位 FIR 滤波器的要求，保留 $h_d(n)$ 中 $n=-(N-1)/2\sim(N-1)/2$ 的项，然后将其截短后的序列向右平移 $(N-1)/2$ 个点，使之成为因果序列，且保证了该序列关于 $(N-1)/2$ 点偶对称。

将 $h_d(n)$ 截短成长度为 N 的有限长序列记为 $h(n)$，$h(n)$ 可表示为

$$h(n)=\begin{cases}h_{\mathrm{d}}(n), & |n|\leqslant\dfrac{N-1}{2}\\0, & 其他\end{cases}\tag{8-37}$$

这一过程等效于将无限长序列 $h_{\mathrm{d}}(n)$ 与一个有限长时宽的矩形窗函数 $w_{\mathrm{R}}(n)$ 相乘，如图 8-2 所示，即

$$h(n)=h_{\mathrm{d}}(n)w_{\mathrm{R}}(n)\tag{8-38}$$

式中，窗函数 $w_{\mathrm{R}}(n)$ 可定义为

$$w_{\mathrm{R}}(n)=\begin{cases}1, & |n|\leqslant\dfrac{N-1}{2}\\0, & 其他\end{cases}\tag{8-39}$$

矩形窗的频谱为

$$W_{\mathrm{R}}(\mathrm{e}^{\mathrm{j}\omega})=\sum_{n=-\infty}^{\infty}w_{\mathrm{R}}(n)\mathrm{e}^{-\mathrm{j}n\omega}=\sum_{n=-\frac{N-1}{2}}^{\frac{N-1}{2}}\mathrm{e}^{-\mathrm{j}n\omega}=\frac{\sin\dfrac{N\omega}{2}}{\sin\dfrac{\omega}{2}}\tag{8-40}$$

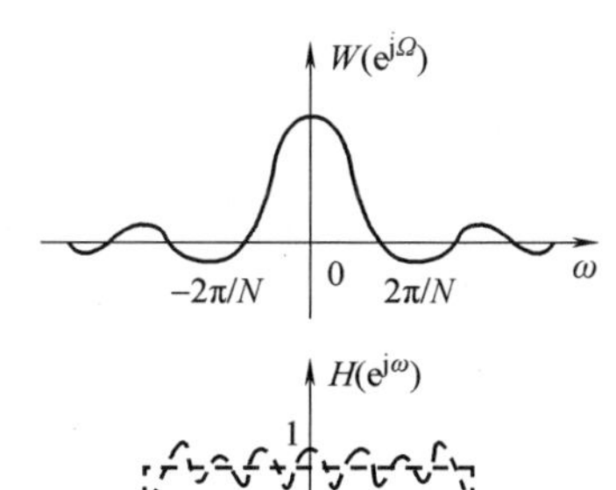

图 8-2　用矩形窗截短无限长序列 $h_{\mathrm{d}}(n)$ 的过程

矩形窗频谱是一个钟形偶函数，在 $\omega=\pm2\pi/N$ 之间为主瓣，宽度为 $\Delta\omega=4\pi/N$，在主瓣两侧有无数逐渐减小的旁瓣，如图 8-3 所示。

式（8-38）反映到频域中，可表示为

$$H(\mathrm{e}^{\mathrm{j}\omega})=\frac{1}{2\pi}[H_{\mathrm{d}}(\mathrm{e}^{\mathrm{j}\omega})*W_{\mathrm{R}}(\mathrm{e}^{\mathrm{j}\omega})]=\frac{1}{2\pi}\int_{-\pi}^{\pi}H_{\mathrm{d}}(\mathrm{e}^{\mathrm{j}\theta})W_{\mathrm{R}}[\mathrm{e}^{\mathrm{j}(\omega-\theta)}]\mathrm{d}\theta\tag{8-41}$$

假设 $H_{\mathrm{d}}(\mathrm{e}^{\mathrm{j}\omega})$ 是一个截止频率为 ω_{c} 的理想低通滤波器，即

$$H(\mathrm{e}^{\mathrm{j}\omega})=\begin{cases}1, & |\omega|\leqslant\omega_{\mathrm{c}}\\0, & 其他\end{cases}\tag{8-42}$$

如图 8-4 所示。

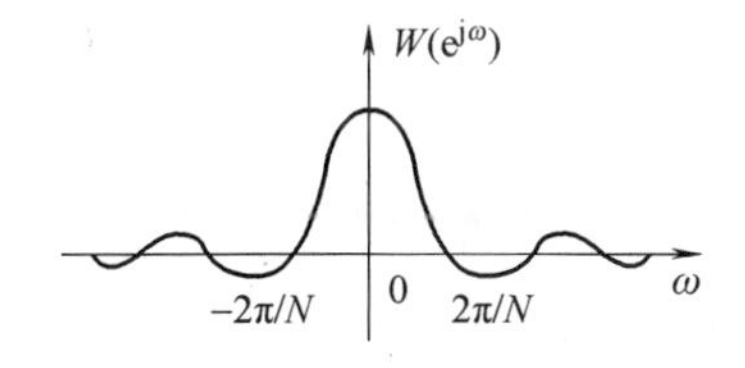

图 8-3　矩形窗频谱

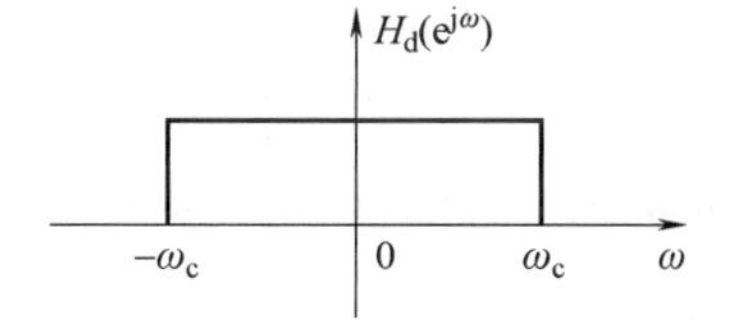

图 8-4　理想低通滤波器

此时式（8-41）可表示为

$$H(\mathrm{e}^{\mathrm{j}\omega})=\frac{1}{2\pi}\int_{-\omega_{\mathrm{c}}}^{\omega_{\mathrm{c}}}W_{\mathrm{R}}[\mathrm{e}^{\mathrm{j}(\omega-\theta)}]\mathrm{d}\theta\tag{8-43}$$

式（8-43）表示 θ 在 $-\omega_{\mathrm{c}}\sim\omega_{\mathrm{c}}$ 区间变化时函数 $W_{\mathrm{R}}[\mathrm{e}^{\mathrm{j}(\omega-\theta)}]$ 与 θ 轴围出来的面积，随着 ω 值的变化，该面积也随之变化，如图 8-5 所示。

在图 8-5 中，可以看出几个特殊点对滤波器特性的影响。

（1）当 $\omega=0$ 时，如图 8-5b 所示。

$$H(\mathrm{e}^{\mathrm{j}\omega})=\frac{1}{2\pi}\int_{-\omega_{\mathrm{c}}}^{\omega_{\mathrm{c}}}W_{\mathrm{R}}(\theta)\mathrm{d}\theta=H(0)$$

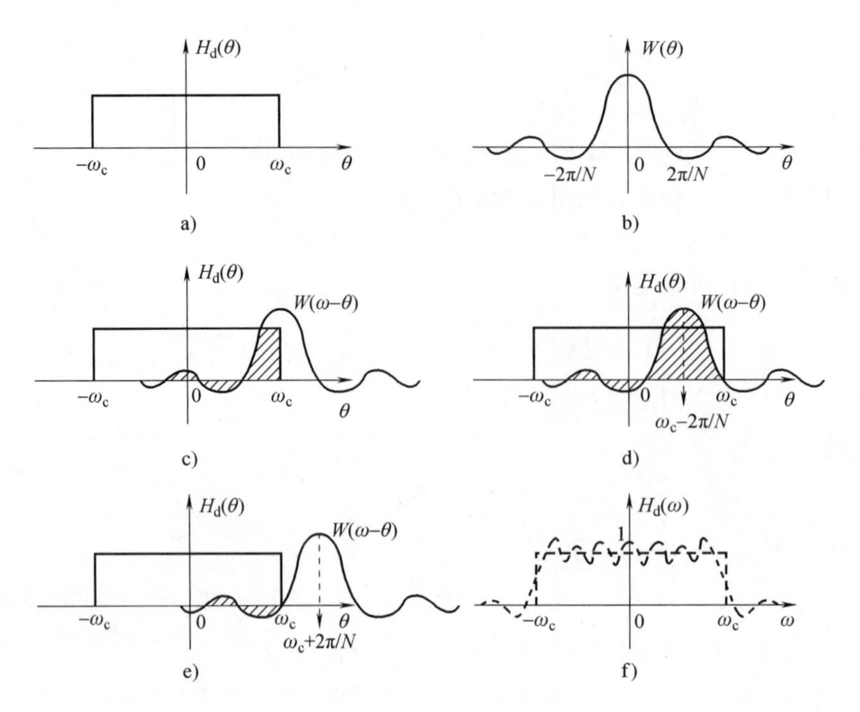

图 8-5　矩形窗加窗效应

由于 $\omega_c \gg 2\pi/N$，因此 $H(0)$ 近似等于窗谱函数 $W_R(e^{j\omega})$ 与 θ 轴围出来的整个面积，即 $H(0)\approx 1$。

（2）当 $\omega=\omega_c$ 时，如图 8-5c 所示。

$$H(e^{j\omega})=\frac{1}{2\pi}\int_{-\omega_c}^{\omega_c} W_R(\omega_c-\theta)\,d\theta$$

此时主瓣有一半在积分区间内，一半在积分区间外，因此，近似等于 $\omega=0$ 时面积的一半，即 $H(\omega_c)=H(0)/2\approx 1/2$。

（3）当 $\omega=\omega_c-2\pi/N$ 时，如图 8-5d 所示。此时主瓣全部在积分区间内，最大负瓣刚好在积分区间外，因此，得到最大 $H(e^{j\omega})$ 值，形成正肩峰。

（4）当 $\omega=\omega_c+2\pi/N$ 时，如图 8-5e 所示。此时主瓣刚好全部移出积分区间，最大负瓣全部在积分区间内，由此得到最小 $H(e^{j\omega})$ 值，形成负肩峰。

式（8-43）得到所期望的滤波器的频谱如图 8-5f 所示。比较图 8-5f 和图 8-4，可以看出加窗处理得到的滤波器的频率响应 $H(e^{j\omega})$ 与理想低通滤波器的频率响应 $H_d(e^{j\omega})$ 之间存在差异，具体表现为以下两个方面：

（1）过渡带。过渡带的宽度为窗函数的主瓣宽度，即 $4\pi/N$，当 N 增加时，过渡带宽度变小。

（2）波动。整个频谱都是波动的，它是由于窗函数频谱的波动造成的。波动幅度及多少分别取决于窗谱旁瓣的相对幅度及旁瓣的数量，旁瓣的相对幅度越大，波动的幅度也越大，旁瓣越多，波动越多。

现考虑 N 的取值大小对波动有无影响。对 N 取不同值，得到如图 8-6 的几个滤波器的频

谱图，由图可知增大 N 的值，只能使通带和阻带的起伏变密，但相对振荡幅度却没有改变，这种现象称为吉布斯（Gibbs）效应。当 N 增大时，只是使过渡带宽度 $\Delta\omega=4\pi/N$ 减小，因此增加 N 并不能有效减小吉布斯效应。考虑从窗函数的形状入手，下面介绍几种不同的窗函数，以根据具体设计需求选择使用。

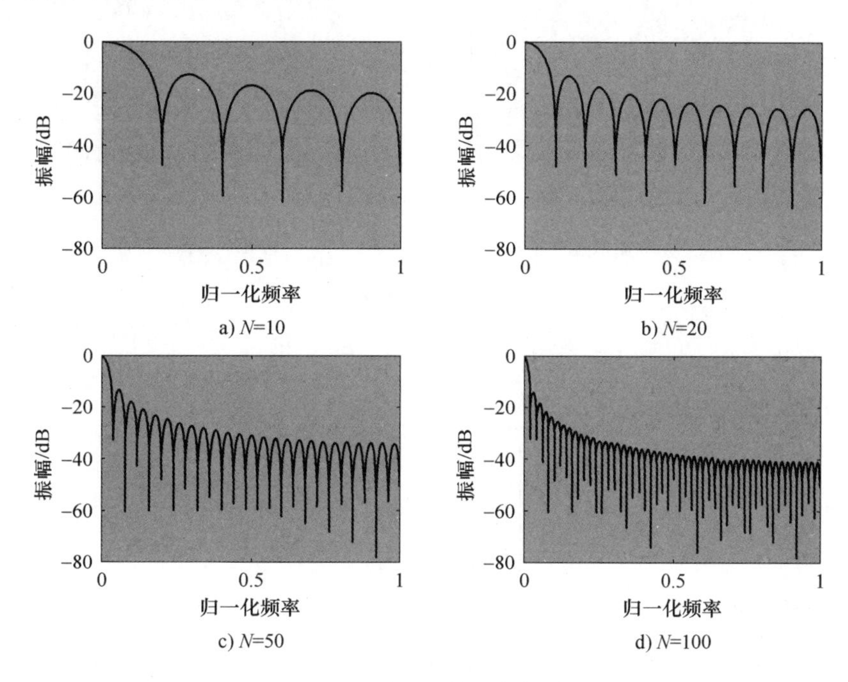

图 8-6　矩形窗函数长度的影响

二、常用窗函数介绍

设窗函数的宽度为 N（N 为奇数或偶数），且窗函数的对称中心点在（$N-1$）/2 处，以下均以低通为例介绍几种常用窗函数的时域表达式、时域波形以及幅度函数。

（一）矩形窗

长度为 N 的矩形窗函数可定义为

$$w(n)=\begin{cases}1, & 0\leqslant n\leqslant N-1\\0, & \text{其他}\end{cases} \tag{8-44}$$

其对应的频谱函数为

$$W_{\mathrm{R}}(\mathrm{e}^{\mathrm{j}\omega})=\mathrm{e}^{-\mathrm{j}\frac{N-1}{2}\omega}\frac{\sin\left(\frac{N\omega}{2}\right)}{\sin\left(\frac{\omega}{2}\right)} \tag{8-45}$$

幅度响应为

$$W_{\mathrm{R}}(\omega)=\frac{\sin\left(\frac{N\omega}{2}\right)}{\sin\left(\frac{\omega}{2}\right)} \tag{8-46}$$

矩形窗的主瓣宽度为 $4\pi/N$，最大旁瓣幅度为 13dB。$N=21$ 时的矩形窗和窗谱如图 8-7 所示。

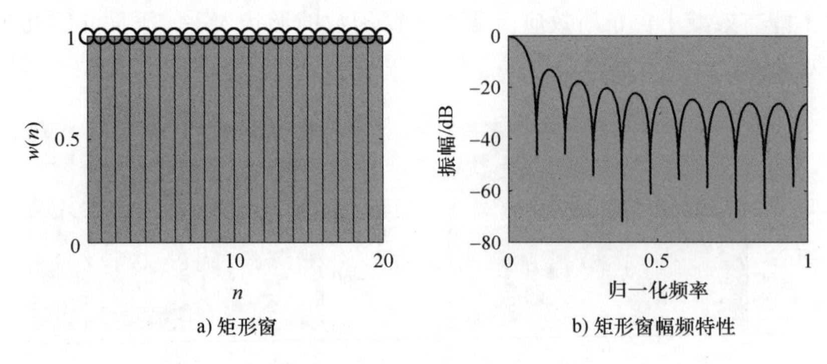

a) 矩形窗　　b) 矩形窗幅频特性

图 8-7　$N=21$ 时矩形窗和窗谱

(二) 三角形 (Rectwin) **窗** [或巴特利特 (Bartlett) 窗]

长度为 N 的三角形窗函数可定义为

$$w_{\mathrm{Br}}(n)=\begin{cases}\dfrac{2n}{N-1}, & 0\leqslant n\leqslant\dfrac{N-1}{2}\\ 2-\dfrac{2n}{N-1}, & \dfrac{N-1}{2}<n\leqslant N-1\end{cases}\tag{8-47}$$

其对应的频谱函数为

$$W_{\mathrm{Br}}(\mathrm{e}^{\mathrm{j}\omega})=\frac{2}{N}\left[\frac{\sin(\omega N/4)}{\sin(\omega/2)}\right]^2\mathrm{e}^{-\mathrm{j}\left(\omega+\frac{N-1}{2}\omega\right)}\tag{8-48}$$

幅度响应为

$$W_{\mathrm{Br}}(\omega)=\frac{2}{N}\left[\frac{\sin(\omega N/4)}{\sin(\omega/2)}\right]^2\tag{8-49}$$

主瓣宽度为 $8\pi/N$，第一副瓣比主瓣低 26dB，阻带内最小衰减为 25dB。$N=21$ 时的三角形窗和窗谱如图 8-8 所示。

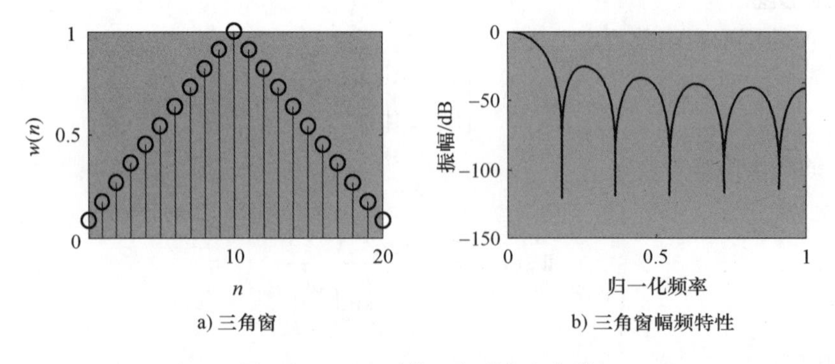

a) 三角窗　　b) 三角窗幅频特性

图 8-8　$N=21$ 时的三角形窗和窗谱

(三) 汉宁 (Hann) **窗** (或升余弦窗)

长度为 N 的三角形窗函数可定义为

$$w_{\mathrm{Hn}}(n)=0.5\left[1-\cos\left(\frac{2\pi n}{N-1}\right)\right]R_N(n) \tag{8-50}$$

其对应的频谱函数为

$$\begin{aligned}W_{\mathrm{Hn}}(\mathrm{e}^{\mathrm{j}\omega})&=\left\{0.5W_{\mathrm{R}}(\omega)+0.25\left[W_{\mathrm{R}}\left(\omega+\frac{2\pi}{N-1}\right)+W_{\mathrm{R}}\left(\omega-\frac{2\pi}{N-1}\right)\right]\right\}\mathrm{e}^{-\mathrm{j}\frac{N-1}{2}\omega}\\&=W_{\mathrm{Hn}}(\omega)\mathrm{e}^{-\mathrm{j}\frac{N-1}{2}\omega}\end{aligned} \tag{8-51}$$

幅度响应为

$$W_{\mathrm{Hn}}(\omega)=0.5W_{\mathrm{R}}(\omega)+0.25\left[W_{\mathrm{R}}\left(\omega+\frac{2\pi}{N-1}\right)+W_{\mathrm{R}}\left(\omega-\frac{2\pi}{N-1}\right)\right] \tag{8-52}$$

当 $N\gg1$ 时，$N-1\approx N$，式（8-52）可表示为

$$W_{\mathrm{Hn}}(\omega)=0.5W_{\mathrm{R}}(\omega)+0.25\left[W_{\mathrm{R}}\left(\omega+\frac{2\pi}{N}\right)+W_{\mathrm{R}}\left(\omega-\frac{2\pi}{N}\right)\right] \tag{8-53}$$

上式幅度谱中三个部分的求和结果，使得旁瓣相互抵消，从而使能量更有效地集中在主瓣之中，但付出的代价是主瓣宽度增加，比矩形窗宽出一倍。汉宁窗的最大旁瓣相对幅度为32dB，对应滤波器的过渡带宽度为 $8\pi/N$，最小阻带衰减为44dB，与矩形窗相比，最小阻带衰减性能明显提高，但过渡带也明显增大。如图 8-9 所示 $N=21$ 时的汉宁窗和窗谱。

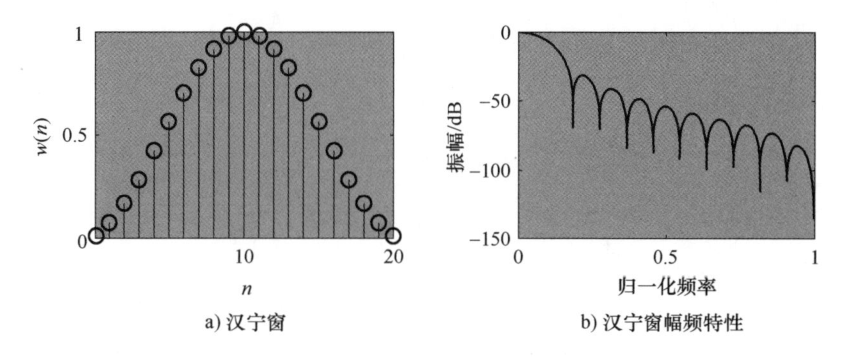

图 8-9　$N=21$ 时汉宁窗和窗谱

(四) 汉明（Hamming）窗（或改进的升余弦窗）

长度为 N 的三角形窗函数可定义为

$$w_{\mathrm{Hm}}(n)=\left[0.54-0.46\cos\left(\frac{2\pi n}{N-1}\right)\right]R_N(n) \tag{8-54}$$

其对应的频谱函数为

$$W_{\mathrm{Hm}}(\mathrm{e}^{\mathrm{j}\omega})=0.54W_{\mathrm{R}}(\mathrm{e}^{\mathrm{j}\omega})-0.23W_{\mathrm{R}}\left[\mathrm{e}^{\mathrm{j}\left(\omega-\frac{2\pi}{N-1}\right)}\right]-0.23W_{\mathrm{R}}\left[\mathrm{e}^{\mathrm{j}\left(\omega+\frac{2\pi}{N-1}\right)}\right] \tag{8-55}$$

幅度响应为

$$W_{\mathrm{Hm}}(\omega)=0.54W_{\mathrm{R}}(\omega)+0.23W_{\mathrm{R}}\left(\omega-\frac{2\pi}{N-1}\right)+0.23W_{\mathrm{R}}\left(\omega+\frac{2\pi}{N-1}\right) \tag{8-56}$$

当 $N\gg1$ 时，$N-1\approx N$，式（8-56）可表示为

$$W_{\mathrm{Hm}}(\omega)=0.54W_{\mathrm{R}}(\omega)+0.23W_{\mathrm{R}}\left(\omega-\frac{2\pi}{N}\right)+0.23W_{\mathrm{R}}\left(\omega+\frac{2\pi}{N}\right) \tag{8-57}$$

这种改进的升余弦窗，能量更集中在主瓣中，主瓣的能量约占 99.96%，主瓣宽度和汉宁窗相同，都为 $8\pi/N$，旁瓣幅度减小，为 43dB，最小阻带衰减为 53dB。可见汉明窗是一种高效的窗函数，所以在 MATLAB 窗函数设计中默认的窗函数就是汉明窗。图 8-10 所示 $N=21$ 时的汉明窗和窗谱。

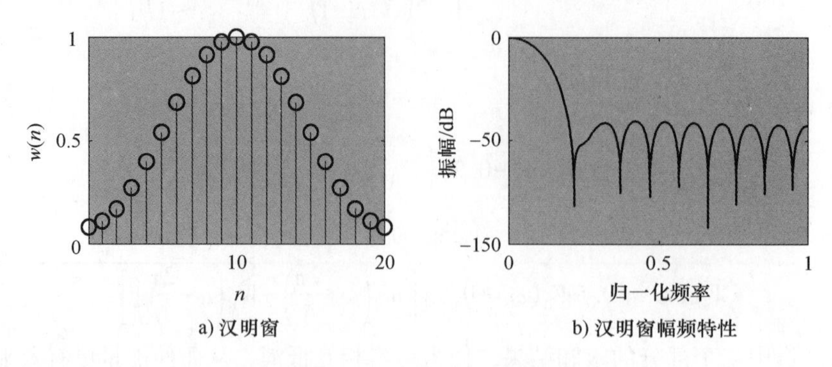

a) 汉明窗　　b) 汉明窗幅频特性

图 8-10　$N=21$ 时汉明窗和窗谱

（五）布莱克曼（Blackman）窗

长度为 N 的三角形窗函数可定义为

$$w_{\mathrm{Bl}}(n)=\left(0.42-0.5\cos\frac{2\pi n}{N-1}+0.08\cos\frac{4\pi n}{N-1}\right)R_N(n) \tag{8-58}$$

其对应的频谱函数为

$$\begin{aligned}W_{\mathrm{Bl}}(\mathrm{e}^{\mathrm{j}\omega})=&0.42W_{\mathrm{R}}(\mathrm{e}^{\mathrm{j}\omega})-0.25\left[W_{\mathrm{R}}\left(\mathrm{e}^{\mathrm{j}\left(\omega-\frac{2\pi}{N-1}\right)}\right)+W_{\mathrm{R}}\left(\mathrm{e}^{\mathrm{j}\left(\omega+\frac{2\pi}{N-1}\right)}\right)\right]+\\&0.04\left[W_{\mathrm{R}}\left(\mathrm{e}^{\mathrm{j}\left(\omega-\frac{4\pi}{N-1}\right)}\right)+W_{\mathrm{R}}\left(\mathrm{e}^{\mathrm{j}\left(\omega+\frac{4\pi}{N-1}\right)}\right)\right]\end{aligned} \tag{8-59}$$

幅度响应为

$$\begin{aligned}W_{\mathrm{Bl}}(\omega)=&0.42W_{\mathrm{R}}(\omega)+0.25\left[W_{\mathrm{R}}\left(\omega-\frac{2\pi}{N-1}\right)+W_{\mathrm{R}}\left(\omega+\frac{2\pi}{N-1}\right)\right]+\\&0.04\left[W_{\mathrm{R}}\left(\omega-\frac{4\pi}{N-1}\right)+W_{\mathrm{R}}\left(\omega+\frac{4\pi}{N-1}\right)\right]\end{aligned} \tag{8-60}$$

当 $N\gg1$ 时，$N-1\approx N$，式（8-60）可表示为

$$\begin{aligned}W_{\mathrm{Bl}}(\omega)=&0.42W_{\mathrm{R}}(\omega)+0.25\left[W_{\mathrm{R}}\left(\omega-\frac{2\pi}{N}\right)+W_{\mathrm{R}}\left(\omega+\frac{2\pi}{N}\right)\right]+\\&0.04\left[W_{\mathrm{R}}\left(\omega-\frac{4\pi}{N}\right)+W_{\mathrm{R}}\left(\omega+\frac{4\pi}{N}\right)\right]\end{aligned} \tag{8-61}$$

布莱克曼窗的幅度函数由五部分组成，旁瓣虽然得到了抑制，但主瓣宽度是矩形窗的主瓣宽度的四倍，为 $12\pi/N$，最小阻带衰减为 74dB。图 8-11 表示 $N=21$ 时的布莱克曼窗和窗谱。

（六）凯撒-贝塞尔（Kaiser-Basel）窗

以上五种窗函数都是以牺牲主瓣宽度为代价，来实现对旁瓣的抑制，两者之间无法协调兼顾。而凯撒-贝塞尔窗则能全面反映窗谱主瓣宽度和旁瓣衰减之间的互换关系，从而实现以同一种窗函数来满足不同窗性能需求的目的，是一种最优窗函数。其定义如下：

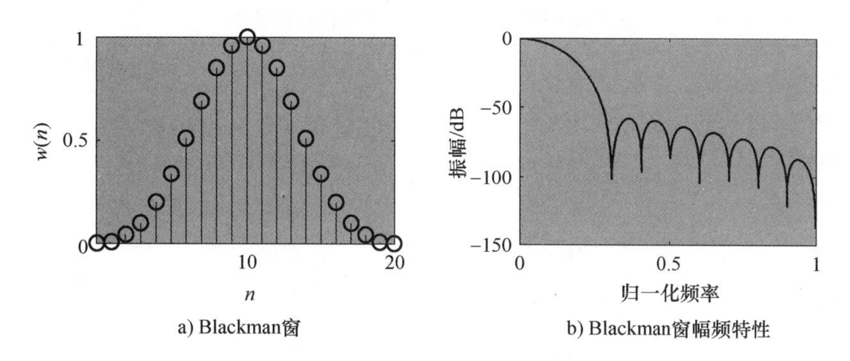

a) Blackman窗　　b) Blackman窗幅频特性

图 8-11　$N=21$ 时布莱克曼窗和窗谱

$$w_{\mathrm{K}}(n)=\frac{I_0\left(\beta\sqrt{1-\left(1-\frac{2n}{N-1}\right)^2}\right)}{I_0(\beta)},\quad 0\leqslant n\leqslant N-1 \tag{8-62}$$

由于 Bessel 函数的复杂性，这种窗函数的设计公式很难推导，为此，Kaiser 提出了使用凯塞窗函数设计 FIR 滤波器的经验公式。给定通带截止频率 ω_{p}，阻带截止频率 ω_{s}，阻带最小衰减 α_{s}，参数 β 定义如下：

$$\beta=\begin{cases}0.1102(\alpha_{\mathrm{s}}-8.7), & \alpha_{\mathrm{s}}>50\\ 0.5842(\alpha_{\mathrm{s}}-21)^{0.4}+0.07886(\alpha_{\mathrm{s}}-21), & 21\leqslant\alpha_{\mathrm{s}}\leqslant 50\\ 0, & \alpha_{\mathrm{s}}<21\end{cases} \tag{8-63}$$

滤波器阶数 N 为

$$N=\frac{\alpha_{\mathrm{s}}-7.95}{2.286(\omega_{\mathrm{s}}-\omega_{\mathrm{p}})}+1 \tag{8-64}$$

应该注意，式（8-64）是对阶数的估算，所以必须对设计结果进行校验。另外，凯塞窗函数没有独立控制通带波纹幅度，实际中通带波纹幅度近似等于阻带波纹幅度，凯塞窗的幅度函数为

$$W_{\mathrm{K}}(\omega)=w_{\mathrm{K}}(0)+2\sum_{n=1}^{(N-1)/2}w_{\mathrm{K}}(n)\cos(\omega n) \tag{8-65}$$

图 8-12 表示 $N=21$ 时的凯塞窗和窗谱。对 β 的 8 种典型值，将凯塞窗函数的性能列于表 8-2 中，供设计者参考。6 种窗函数基本参数归纳在表 8-3 中。

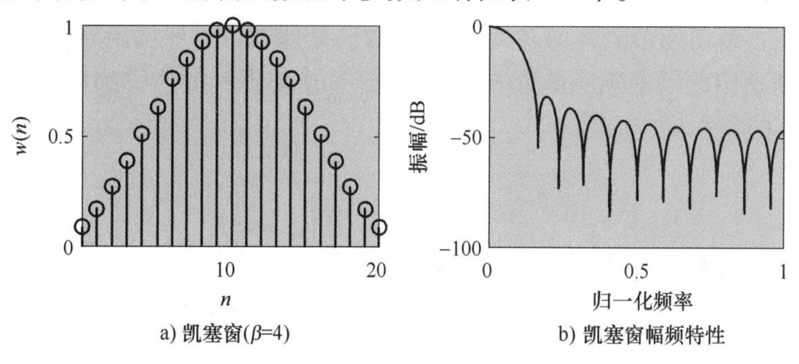

a) 凯塞窗(β=4)　　b) 凯塞窗幅频特性

图 8-12　$N=21$、$\beta=4$ 时凯塞窗和窗谱

表 8-2 凯塞窗参数对滤波器性能的影响

β	过 渡 带 宽	通带波纹/dB	阻带最小衰减/dB
2. 120	$3.00\pi/N$	±0. 27	-30
3. 384	$4.46\pi/N$	±0. 0864	-40
4. 538	$5.86\pi/N$	±0. 0274	-50
5. 568	$7.24\pi/N$	±0. 00868	-60
6. 764	$8.64\pi/N$	±0. 00275	-70
7. 865	$10.0\pi/N$	±0. 000868	-80
8. 960	$11.4\pi/N$	±0. 000275	-90
10. 056	$10.8\pi/N$	±0. 000087	-100

表 8-3 6 种窗函数的基本参数

窗函数类型	旁瓣峰值 a_n/dB	过渡带宽度 $B_t=\omega_s-\omega_p$		阻带最小衰减 α_s/dB
		近似值	精确值	
矩形窗	-13	$4\pi/N$	$1.8\pi/N$	-21
三角形窗	-25	$8\pi/N$	$6.1\pi/N$	-25
汉宁窗	-31	$8\pi/N$	$6.2\pi/N$	-44
汉明窗	-41	$8\pi/N$	$6.6\pi/N$	-53
布莱克曼窗	-57	$12\pi/N$	$11\pi/N$	-74
凯塞窗（β=7. 865）	-57		$10\pi/N$	-80

三、用窗函数设计 FIR 数字滤波器的步骤

用窗函数设计 FIR 数字滤波器的步骤可归纳如下：

（1）根据阻带最小衰减和过渡带宽度，查表 8-3 选择窗函数 $\omega(n)$ 的类型，通过下面公式计算窗函数的宽度 N。

$$N=\frac{\text{相应的窗函数精确过渡带宽度}}{\text{滤波器过渡带宽度}}$$

计算结果取大于或等于 N 的最小整数，然后，根据所要设计的线性相位 FIR 滤波器的类型（低通、高通、带通或带阻）来决定 N 取奇数还是偶数，一般情况取奇数。

（2）构造所期望的频率响应函数 $H_d(e^{j\omega})$，经过逆傅里叶变换得到单位脉冲响应 $h_d(n)$。

低通滤波器的频率响应函数为

$$H_d(e^{j\omega})=\begin{cases}e^{-j\omega\tau}, & |\omega|\leqslant\omega_c\\ 0, & \text{其他}\end{cases}\tag{8-66}$$

高通滤波器的频率响应函数为

$$H_d(e^{j\omega})=\begin{cases}e^{-j\omega\tau}, & \omega_c\leqslant|\omega|\leqslant\pi\\ 0, & 0\leqslant|\omega|\leqslant\omega_c\end{cases}\tag{8-67}$$

带通滤波器的频率响应函数为

$$H_{\mathrm{d}}(\mathrm{e}^{\mathrm{j}\omega})=\begin{cases}\mathrm{e}^{-\mathrm{j}\omega\tau}, & \omega_{\mathrm{l}}\leqslant|\omega|\leqslant\omega_{\mathrm{h}}\\ 0, & \text{其他}\end{cases} \tag{8-68}$$

带阻滤波器的频率响应函数为

$$H_{\mathrm{d}}(\mathrm{e}^{\mathrm{j}\omega})=\begin{cases}\mathrm{e}^{-\mathrm{j}\omega\tau}, & |\omega|\leqslant\omega_{\mathrm{l}},|\omega|\geqslant\omega_{\mathrm{h}}\\ 0, & \text{其他}\end{cases} \tag{8-69}$$

其中，ω_{c} 一般取过渡带的中心频率，即

$$\omega_{\mathrm{c}}=\frac{\omega_{\mathrm{p}}+\omega_{\mathrm{s}}}{2} \tag{8-70}$$

式中，ω_{p} 和 ω_{s} 分别为通带和阻带边界频率。

以低通滤波器为例，其单位脉冲响应计算公式为

$$h_{\mathrm{d}}(n)=\frac{1}{2\pi}\int_{-\omega_{\mathrm{c}}}^{\omega_{\mathrm{c}}}H_{\mathrm{d}}(\mathrm{e}^{\mathrm{j}\omega})\mathrm{e}^{\mathrm{j}\omega n}\mathrm{d}\omega \tag{8-71}$$

（3）计算要求设计的滤波器的单位脉冲响应 $h(n)$，即

$$h(n)=h_{\mathrm{d}}(n)\cdot\omega(n) \tag{8-72}$$

（4）利用 $h(n)$ 计算 FIR 数字滤波器的频率响应 $H(\mathrm{e}^{\mathrm{j}\omega})$，并检验各项技术指标是否满足要求，如不符合要求，重修修改 N 和 $\omega(n)$。

注意：在第（2）步中，要通过 $H_{\mathrm{d}}(\mathrm{e}^{\mathrm{j}\omega})$ 计算 $h_{\mathrm{d}}(n)$，如果 $h_{\mathrm{d}}(n)$ 不易求得，用窗函数法比较困难。另外，在选择窗函数时要尽可能满足阻带衰减要求，同时为了减小滤波器的设计成本，尽量减小窗的长度 N。

例 8-1　设计一个 FIR 数字滤波器，技术指标如下：

$$\omega_{\mathrm{p}}=0.2\pi \quad R_{\mathrm{p}}=0.25\mathrm{dB}$$
$$\omega_{\mathrm{s}}=0.3\pi \quad R_{\mathrm{s}}=50\mathrm{dB}$$

解：（1）根据阻带衰减选择窗函数类型，并计算窗的长度 N。

查表选择汉明窗，由于过渡带宽度为 $\omega_{\mathrm{s}}-\omega_{\mathrm{p}}=0.1\pi$，因此，$N=6.6\pi/0.1\pi=66$。

一般对 N 选择奇数，取 $N=67$，这时窗函数表达式为

$$\omega(n)=0.54-0.46\cos(2n\pi/66),\quad n=0,1,\cdots,66$$

（2）计算 $h_{\mathrm{d}}(n)$

$$\omega_{\mathrm{c}}=\frac{\omega_{\mathrm{p}}+\omega_{\mathrm{s}}}{2}=\frac{0.2\pi+0.3\pi}{2}=0.25\pi$$

$$h_{\mathrm{d}}(n)=\frac{1}{2\pi}\int_{-\omega_{\mathrm{c}}}^{\omega_{\mathrm{c}}}H_{\mathrm{d}}(\mathrm{e}^{\mathrm{j}\omega})\mathrm{e}^{\mathrm{j}n\omega}\mathrm{d}\omega=\frac{1}{2\pi}\int_{-0.25\pi}^{0.25\pi}\mathrm{e}^{-\mathrm{j}\omega\tau}\cdot\mathrm{e}^{\mathrm{j}n\omega}\mathrm{d}\omega=\frac{\sin[(n-33)\times0.25\pi]}{(n-33)\pi}$$

（3）计算 $h(n)$

$$h(n)=h_{\mathrm{d}}(n)\cdot\omega(n)=\frac{\sin[(n-33)\times0.25\pi]}{(n-33)\pi}\left[0.54-0.46\cos\left(\frac{n\pi}{33}\right)\right],\quad n=0,1,\cdots,66$$

例 8-2　给取样频率为 22kHz 的系统设计一个 FIR 数字带通滤波器，中心频率为 4kHz，通带边界频率为 3.5kHz 和 4.5kHz，过渡带宽度为 500Hz，阻带衰减为 50dB。

解：因为过渡带宽度为 500Hz，转换成数字频率为 $2\pi\Delta f/f_{\mathrm{s}}=2\pi\times0.5/22=0.0455\pi$

截止频率为：$f_L=f_{lc}-0.5\text{kHz}=(3.5-0.5)\text{kHz}=3\text{kHz}$

$f_H=f_{hc}+0.5\text{kHz}=(4.5+0.5)\text{kHz}=5\text{kHz}$

数字截止频率为：$\omega_L=2\pi f_L/f_s=0.2727\pi$，$\omega_H=2\pi f_H/f_s=0.4545\pi$

（1）根据阻带衰减确定窗函数类型，并计算窗的长度 N。由于阻带衰减为 50dB，查表 8-3可知选择汉明窗。

$N=6.6\pi/(0.0455\pi)=146$，一般取奇数，$N=147$，所以窗函数的表达式为

$$\omega(n)=0.54-0.46\cos[2n\pi/(N-1)]=0.54-0.46\cos(2n\pi/146),\quad n=0,1,\cdots,146$$

（2）计算 $h_d(n)$

$$h_d(n)=\frac{1}{2\pi}\int_{-\omega_h}^{-\omega_l}e^{-j\omega\tau}e^{jn\omega}d\omega+\frac{1}{2\pi}\int_{\omega_l}^{\omega_h}e^{-j\omega\tau}e^{jn\omega}d\omega=\frac{\sin[(n-\tau)\omega_h]-\sin[(n-\tau)\omega_l]}{(n-\tau)\pi}$$

式中，$\tau=(N-1)/2=146/2=73$

（3）计算 $h(n)$

$$h(n)=h_d(n)\cdot\omega(n)=\frac{\sin[(n-73)\times0.4545\pi]-\sin[(n-73)\times0.2727\pi]}{(n-73)\pi}\left[0.54-0.46\cos\left(\frac{n\pi}{73}\right)\right],$$

$n=0,1,\cdots,146$

四、窗函数的 MATLAB 实现

以上介绍的六种窗函数，在 MATLAB 工具箱里有对应的函数可以供用户调用。

（1）矩形窗函数：$\boldsymbol{w}$=rectwin(N)

输入参数：窗的长度 N

输出参数：窗序列向量 $\boldsymbol{w}$

（2）三角形窗 $\boldsymbol{w}$=triang(N)

输入参数：窗的长度 N

输出参数：窗序列向量 $\boldsymbol{w}$

（3）汉宁窗 $\boldsymbol{w}$=hann(N)

输入参数：窗的长度 N

输出参数：窗序列向量 $\boldsymbol{w}$

（4）汉明窗 $\boldsymbol{w}$=hamming(N)

输入参数：窗的长度 N

输出参数：窗序列向量 $\boldsymbol{w}$

（5）布莱克曼窗 $\boldsymbol{w}$=Blackman(N)

输入参数：窗的长度 N

输出参数：窗序列向量 $\boldsymbol{w}$

（6）凯塞窗 $\boldsymbol{w}$=kaiser(N,β)

输入参数：窗的长度 N，辅助参量 β

输出参数：窗序列向量 $\boldsymbol{w}$

要设计 FIR 数字滤波器，除了上面六种常用窗函数以外，MATLAB 工具箱还提供了两个基于窗函数法的 FIR 数字滤波器设计函数，可用来设计实现低通、高通、带通、带阻和通用

多带 FIR 数字滤波器。

1. $\boldsymbol{b}$=fir1(N,w_c,option) 用于设计单带 FIR 数字滤波器

输入参数：N 表示滤波器的阶数，w_c 表示 3dB 截止频率，option 表示其他参数，根据 option 取不同的参数，fir1 有以下几种形式：

$\boldsymbol{b}$=fir1(N,w_c)

$\boldsymbol{b}$=fir1(N,w_c,'ftype')

$\boldsymbol{b}$=fir1(N,w_c,window)

$\boldsymbol{b}$=fir1(N,w_c,'ftype',window)

$\boldsymbol{b}$=fir1(N,w_c',noscale')

返回向量 $\boldsymbol{b}$ 表示 N 阶 FIR 滤波器的系数，w_c 取 0~1 的数，1 对应于奈氏频率。当 ftye 缺省时，表示设计的是低通滤波器；当 ftye=high 时，表示设计的是高通滤波器；当 fype 缺省且 w_c 是二元向量时，表示设计的是带通滤波器；当 ftye=stop 时，表示设计的是带阻滤波器。

向量 window 表示设计 FIR 滤波器所采用的窗函数的类型，可以是以上六种窗函数。值得注意的是向量 window 的长度必须是 N+1，若 window 缺省，表示设计的是汉明窗。

注意：由于第二线性相位滤波器在高频段的频率响应为零，所以 fir1 函数在高通和带阻情况下不设计第二线性相位滤波器，因此，如果 N 为偶数，fir1 将阶次加 1 并返回第一类线性相位滤波器。

2. $\boldsymbol{b}$=fir2(N,$\boldsymbol{f}$,m,option)

该函数也能设计加窗的 FIR 数字滤波器，但它针对任意形状的 piece-wise 线性频率响应。向量 $\boldsymbol{f}$ 是由从 0 到 1 的频率点组成，其中 1 表示奈氏频率，第一个点必须是 0，最后一个点必须是 1，频率点必须是递增的。m 是对应频率点 f 处期望的频率幅值响应。f 和 m 的长度必须相等。

例 8-3　用 MATLAB 实现例 8-1 题。

解：MATLAB 参考脚本如下：

```
wp=0.2*pi;ws=0.3*pi;
width=ws-wp;
N=ceil(6.6*pi/width)
wc=(wp+ws)/2;
b=fir1(N,wc/pi);
[h,w]=freqz(b,1,512);
subplot(2,1,1);
plot(w/pi,20*log10(abs(h)));
xlabel('\omega/\pi');ylabel('振幅衰减(dB)');grid on
axis([0 1 -100 0]);
hn=ideal_lp(wc,N);
```

```
n=0:N-1;
subplot(2,1,2);
stem(n,hn);
xlabel('n');ylabel('h(n)');grid on
axis([0 66 -0.2 0.3]);
```

其中函数 ideal_lp(wc,M)表示理想低通滤波器的单位脉冲响应,程序如下:

```
function hd=ideal_lp(wc,M)
alpha=(M-1)/2;
n=[0:1:M-1];
m=n-alpha;
fc=wc/pi;
hd=fc*sinc(fc*m);
```

程序运行结果如图 8-13 所示。

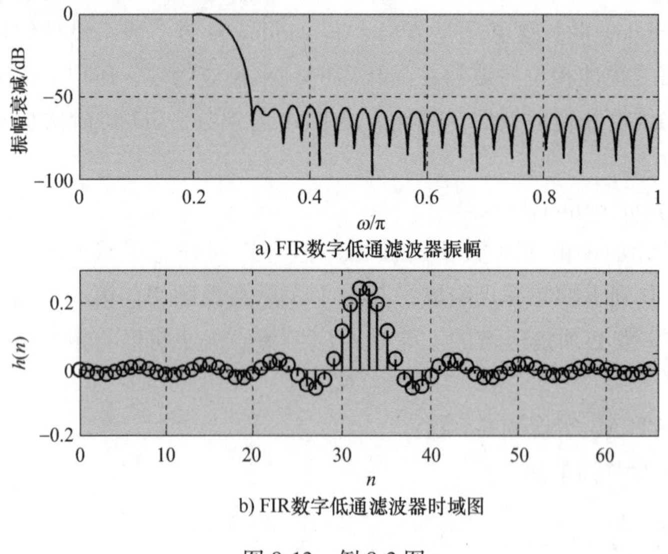

a) FIR数字低通滤波器振幅

b) FIR数字低通滤波器时域图

图 8-13　例 8-3 图

例 8-4　用布莱克曼窗设计满足下列技术指标的数字带通滤波器。

通带：$\omega_{p1}=0.2\pi$　$\omega_{p2}=0.35\pi$

阻带：$\omega_{s1}=0.6\pi$　$\omega_{s2}=0.7\pi$

阻带最小衰减 $\alpha_s=55\text{dB}$。

解： MATLAB 参考脚本如下：

```
wp1=0.2*pi;wp2=0.35*pi;
ws1=0.6*pi;ws2=0.7*pi;
as=55;
width=min((ws1-wp1),(ws2-wp2));
```

```
N=ceil(11*pi/width)+1
wc1=(wp1+ws1)/2;wc2=(wp2+ws2)/2;
wc=[wc1/pi,wc2/pi];
b=fir1(N,wc);
[h,w]=freqz(b,1,512);
subplot(2,1,1);
plot(w/pi,20*log10(abs(h)));
xlabel('\omega/\pi');ylabel('振幅衰减(dB)');grid on
axis([0 1 -100 0]);
hn=ideal_lp(wc2,N)-ideal_lp(wc1,N);
n=0:N-1;
subplot(2,1,2);
stem(n,hn);
xlabel('n');ylabel('h(n)');grid on
axis([0 33 -0.2 0.2]);
```

程序运行结果如图 8-14 所示。

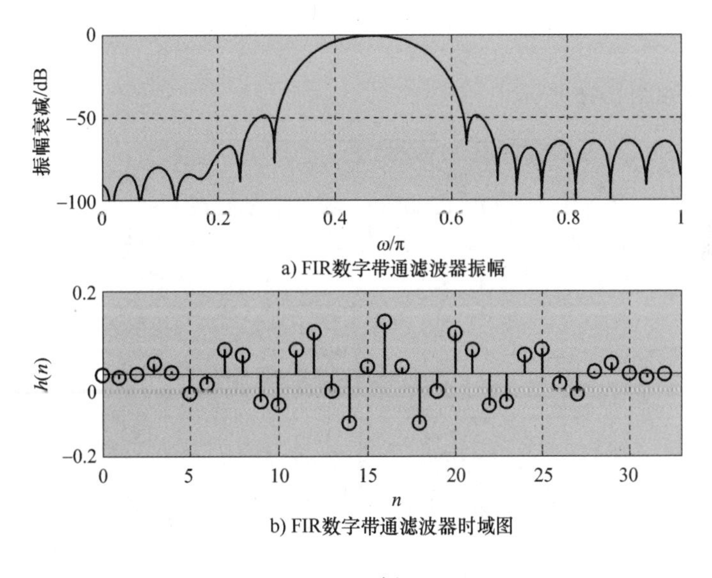

a) FIR数字带通滤波器振幅

b) FIR数字带通滤波器时域图

图 8-14　例 8-4

例 8-5　用凯塞窗设计高通滤波器，技术指标如下：

通带：$\omega_p=0.5\pi$

阻带：$\omega_s=0.25\pi$

阻带最小衰减 $\alpha_s=40\text{dB}$。

解： MATLAB 参考脚本如下：

```
wp=0.5*pi;ws=0.25*pi;
as=40;
B=wp-ws;
wc=(wp+ws)/2/pi;
N=ceil((as-8)/2.285/B);N
beta=0.5842*(as-21).^0.4+0.07886*(as-21);
b=fir1(N,wc,'high',kaiser(N+1,beta));
[h,w]=freqz(b,1,512);
subplot(2,1,1);
plot(w/pi,20*log10(abs(h))); grid on
xlabel('\omega/\pi');ylabel('振幅衰减(dB)');grid on
axis([0 1 -90 0]);
hn=ideal_lp(wc*pi,N);
n=0:N-1;
subplot(2,1,2);
stem(n,hn); grid on
xlabel('n');ylabel('h(n)');grid on
axis([0 N -0.2 0.4]);
```

程序运行结果如图 8-15 所示。

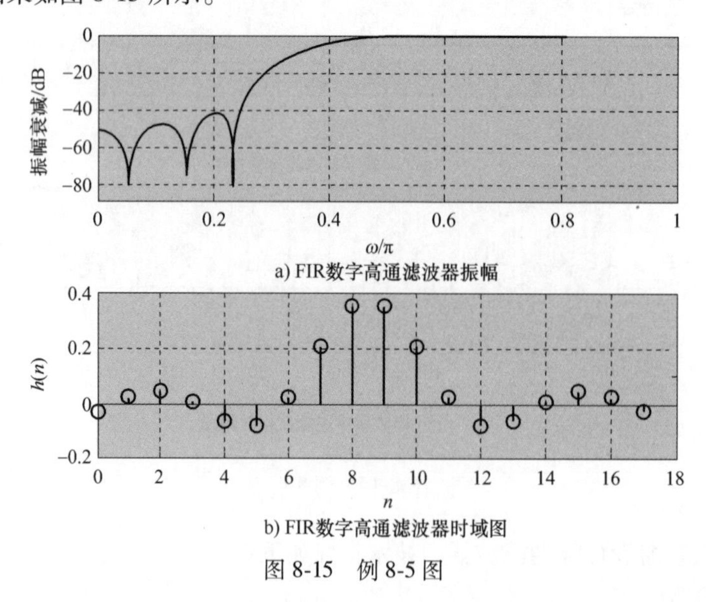

a) FIR数字高通滤波器振幅

b) FIR数字高通滤波器时域图

图 8-15 例 8-5 图

第三节 利用频率采样法设计 FIR 数字滤波器

本章第二节讨论的窗函数的设计方法是在时域内，以有限长脉冲响应 $h(n)$ 去逼近无限长脉冲响应，从而实现 FIR 数字滤波器的设计。本节将讨论在频域内取有限个样本，去逼近

所期望的理想频率响应函数，从而实现 FIR 滤波器的设计，这种方法称为频率采样法。

一、设计思路

FIR 数字滤波器的传输函数 $H(z)$ 和单位脉冲响应 $h(n)$ 的 DFT 值 $H(k)$ 之间，满足下面的关系：

$$H(z)=\frac{1-z^{-N}}{N}\sum_{k=0}^{N-1}\frac{H(k)}{1-W_N^{-k}z^{-1}}=\frac{1}{N}\sum_{k=0}^{N-1}H(k)\frac{1-z^{-N}}{1-W_N^{-k}z^{-1}} \tag{8-73}$$

将 $z=\mathrm{e}^{\mathrm{j}\omega}$ 代入上式，得

$$H(\mathrm{e}^{\mathrm{j}\omega})=\mathrm{e}^{-\mathrm{j}\frac{N-1}{2}\omega}\sum_{k=0}^{N-1}H(k)\mathrm{e}^{\mathrm{j}(N-1)k\pi/N}\frac{\sin[N(\omega-2\pi k/N)/2]}{N\sin[(\omega-2\pi k/N)/2]} \tag{8-74}$$

又因为 $H(k)$ 是对频率响应函数取样得到的序列，即

$$H(k)=H(z)\big|_{z=W_N^{-k}}=H(\mathrm{e}^{\mathrm{j}\omega})\big|_{\omega=\frac{2\pi}{N}k}=H\left(\mathrm{e}^{\mathrm{j}\frac{2\pi}{N}k}\right) \tag{8-75}$$

因此，先对期望的频率响应函数 $H_{\mathrm{d}}(\mathrm{e}^{\mathrm{j}\omega})$ 进行 N 点取样，确定 $H(k)$ 的值，即

$$H(k)=H_{\mathrm{d}}\left(\mathrm{e}^{\mathrm{j}\frac{2\pi}{N}k}\right),\quad k=0,1,\cdots,N-1 \tag{8-76}$$

然后根据式（8-74）得到 FIR 滤波器的频率响应函数 $H(\mathrm{e}^{\mathrm{j}\omega})$。

由于在两个频率取样点之间，频率响应值是由各取样点间内插函数的加权确定，因此，存在逼近误差，并且误差取决于理想频率响应 $H_{\mathrm{d}}(\mathrm{e}^{\mathrm{j}\omega})$ 的曲线形状和取样点数 N 的大小。$H_{\mathrm{d}}(\mathrm{e}^{\mathrm{j}\omega})$ 的特性曲线越平坦，取样点数 N 越多，则由内插所引入的误差就越小，反之，误差越大。

为了减小逼近误差，可以在理想滤波器频率响应的不连续点边缘增加一定的过渡带取样点，增加过渡带宽，来减小频带边缘的起伏振荡，从而增大阻带衰减。过渡带采样点数的个数 m 与滤波器的阻带衰减 α_{s} 的经验数据见表 8-4。

表 8-4　过渡带采样点数的个数 m 与滤波器的阻带衰减 α_{s} 的经验数据

m	1	2	3
α_{s}	44～54dB	65～75dB	85～95dB

二、线性相位约束条件

如果要保证所设计的 FIR 数字滤波器具有线性相位，就必须对频域取样值 $H(k)$ 提出相应的约束条件。

由本章第一节可知，当线性相位 FIR 滤波器的单位脉冲响应 $h(n)$ 是偶对称，长度 N 为奇数时，其频率响应为

$$H(\mathrm{e}^{\mathrm{j}\omega})=H(\omega)\mathrm{e}^{-\mathrm{j}\frac{N-1}{2}\omega} \tag{8-77}$$

其幅度函数为

$$H(\omega)=\sum_{n=0}^{\frac{N-1}{2}}a(n)\cos n\omega \tag{8-78}$$

由式（8-78）可知，$H(\omega)$ 是关于 ω 的偶函数，且以 2π 为周期，即

$$H(\omega)=H(-\omega)=H(2\pi-\omega) \tag{8-79}$$

令 $H(k)=H_k e^{j\theta k}$，则

$$\begin{cases} H(k)=H\left(\dfrac{2\pi}{N}k\right) \\ \theta_k=-\dfrac{N-1}{2}\cdot\dfrac{2\pi}{N}k=-k\pi\left(1-\dfrac{1}{N}\right) \end{cases} \tag{8-80}$$

取 $\omega=\dfrac{2\pi}{N}k$，当 $k=0$ 时，$\omega=0$；当 $k=N$ 时，$\omega=2\pi$。

由于幅度函数是偶对称的，所以

$$H\left(\frac{2\pi}{N}k\right)=H\left(2\pi-\frac{2\pi}{N}k\right) \tag{8-81}$$

式（8-81）又可以简写成

$$H_k=H_{N-k} \tag{8-82}$$

由上述讨论可得线性相位 FIR 滤波器的一组约束条件：

当 $h(n)$ 为偶对称，且 N 为奇数时

$$\begin{cases} H_k=H_{N-k} \\ \theta_k=-k\pi\left(1-\dfrac{1}{N}\right) \end{cases} \tag{8-83}$$

同理可得其他三种情况线性相位 FIR 滤波器的 $H(k)$ 约束条件：

当 $h(n)$ 为偶对称，且 N 为偶数时

$$\begin{cases} H_k=-H_{N-k} \\ \theta_k=-k\pi\left(1-\dfrac{1}{N}\right) \end{cases} \tag{8-84}$$

当 $h(n)$ 为奇对称，且 N 为奇数时

$$\begin{cases} H_k=-H_{N-k} \\ \theta_k=\dfrac{\pi}{2}-k\pi\left(1-\dfrac{1}{N}\right) \end{cases} \tag{8-85}$$

当 $h(n)$ 为奇对称，且 N 为偶数时

$$\begin{cases} H_k=H_{N-k} \\ \theta_k=\dfrac{\pi}{2}-k\pi\left(1-\dfrac{1}{N}\right) \end{cases} \tag{8-86}$$

三、频率采样法设计步骤

频率采样法的设计步骤可归纳如下：

（1）根据阻带最小衰减 α_s，查表 8-4 选择过渡带采样点的个数 m。

（2）确定过渡带宽度 B，估算频域采样点数 N。如果增加 m 个过渡带采样点，则过渡带宽度近似变成$(m+1)\times\dfrac{2\pi}{N}$，当 N 确定时，m 越大，过渡带越宽。如果给定过渡带宽度 B，

则要求$(m+1)\times\frac{2\pi}{N}\leqslant B$，滤波器长度 N 必须满足如下估算公式：

$$N\geqslant(m+1)\times\frac{2\pi}{B} \tag{8-87}$$

（3）构造一个希望逼近的频率响应函数

$$H_d(e^{j\omega})=H_d(\omega)e^{-j\frac{N-1}{2}\omega} \tag{8-88}$$

（4）根据式（8-76）进行频率采样，并加入过渡带采样。

（5）对 $H(k)$ 进行 N 点逆傅里叶变换，得到第一类线性相位 FIR 数字滤波器的单位脉冲响应

$$h(n)=\frac{1}{N}\sum_{k=0}^{N-1}H(k)W_N^{-kn},\quad n=0,1,\cdots,N-1 \tag{8-89}$$

（6）检验设计结果。如果阻带的最小衰减没有达到指标要求，则要改变过渡带采样值，一直到满足要求为止。

例 8-6　利用频率采样法，设计一个低通 FIR 数字滤波器，要求通带截止频率为 0.3π，阻带最小衰减为 45dB，过渡带宽度 $B\leqslant0.1\pi$。

解：这里仅介绍用 MATLAB 编程实现。

由于 $\alpha_s=45\text{dB}$，查表 8-4 可得过渡带采样点 $m=1$，将 $m=1$ 和 $B\leqslant0.1\pi$ 代入式（8-87），得到 $N=40$，留一点富余量，取 $N=41$。下面用 MATLAB 程序实现。

```
B=0.1*pi;wp=0.3*pi;m=1;
t=0.4;%过渡带采样值
N=ceil((m+1)*2*pi/B);
N=N+mod(N+1,2);%N 取奇数
Np=fix(wp/(2*pi/N));%通带采样点数
Ns=N-2*Np-1;%阻带采样点数
Hk=[ones(1,Np+1),t,zeros(1,Ns-2),t,ones(1,Np)];
theta=-pi*(N-1)*(0:N-1)/N;%相位
Hdk=Hk.*exp(j*theta);%构造频域采样向量
hn=real(ifft(Hdk));
Hw=fft(hn,1024);
wk=2*pi*[0:1023]/1024;
Hg=Hw.*exp(j*wk*(N-1)/2);
subplot(3,1,1);
n=0:N-1;
stem(n,hn); grid on
xlabel('n');ylabel('hn');
subplot(3,1,2);
plot(wk/pi,abs(Hg)); grid on
```

```
xlabel('\omega/\pi');ylabel('Hg');axis([0 1 0 1.2]);
subplot(3,1,3);
plot(wk/pi,20*log10(abs(Hg))); grid on
xlabel('\omega/\pi');ylabel('20*lgHg');axis([0 1-70 5 ])
```

程序运行结果如图 8-16 所示。

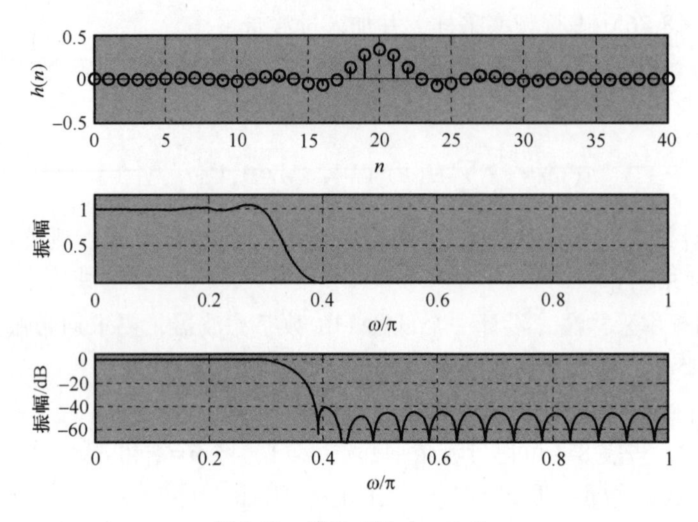

图 8-16　例 8-6 图（$t=0.4$）

这里的过渡带采样值取 $t=0.4$，如果 t 取 0~1 之间的其他值得到的通带和阻带的衰减各不相同，因此，绘制的幅度特性图与理想的图形之间的误差也不同。图 8-17 为 $t=0.3$ 时的运行结果。

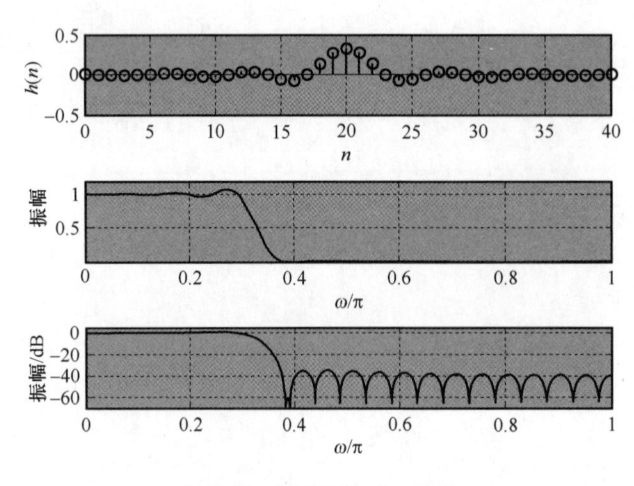

图 8-17　例 8-6 图（$t=0.3$）

窗函数法和频率法简单方便，但是也存在很明显的缺点：①滤波器边界频率不易控制；②窗函数设计方法总是保证通带和阻带是等波纹的，频率采样法只能依靠优化过渡带采样点的取值控制阻带的波纹幅度，所以这两种方法都不能很有效地控制通带和阻带的波纹幅

度；③所设计的滤波器在阻带边界频率附近的衰减最小，距离阻带边界频率越远，衰减越大，所以，如果在阻带边界频率附近的衰减刚好达到设计指标要求，则阻带中其他频段的衰减就有很大的富余量。说明这两种方法存在较大的资源浪费，或者说所设计的滤波器的性价比不高。下一节将介绍能克服上述缺点的最优逼近设计方法。

第四节　最优 FIR 数字滤波器的设计

一、设计思路

窗函数法和频率采样法设计 FIR 数字滤波器都是常用的方法，但它们也都有自己的缺点。窗函数法不容易设计出预先给出截止频率的滤波器，也不容易得到已知滤波器阶数前提下的最优解。频率采样法采用的是插值法，也不是一种优化设计。本节介绍的最优设计是对通带和阻带的误差进行加权，使所设计的滤波器的频率响应 $H_d(\omega)$ 逼近于权系数向量为 $\boldsymbol{W}(\omega)$ 的线性相位 FIR 滤波器的频率响应 $H(\omega)$。简而言之，使各个频带上的最大值 $|W(\omega)[H_d(\omega)-H(\omega)]|$ 最小化（等波纹滤波器）或 $\int\{W(\omega)[H_d(\omega)-H(\omega)]\}^2 d\omega$ 最小化（约束最小二乘法），从而达到最优滤波器的设计。

MATLAB 信号处理工具箱提供了比基于窗函数法 FIR 滤波器设计工具函数 fir1 和 fir2 更为通用的函数 firls 和 remez。它们采用不同的优化设计方法设计最优的标准多频带 FIR 数字滤波器。

函数 remez 实现 Parks-McClellan 算法，这种算法利用 Remez 交换算法和 Cheby-shev 近似理论来设计滤波器，使实际频率响应拟合期望频率响应达到最优。从实际频率响应和理想频率响应之间最大误差最小化的观点来看，函数 remez 设计的滤波器是最优的，因此，又称为最优滤波器。在频率域内，滤波器呈现等波纹特点，因此又称为等波纹滤波器。Parks-McClellan 滤波器的设计方法是 FIR 滤波器设计中最流行且应用最广的设计方法。

二、等波纹最佳逼近法的 MATLAB 实现

函数 firls 和 remez 的调用格式语法规则相同，只是优化算法不同。函数基本调用格式为

$$b=\mathrm{firls}(n,\boldsymbol{f},\boldsymbol{a})$$

$$b=\mathrm{remez}(n,\boldsymbol{f},\boldsymbol{a})$$

式中，n 为滤波器阶数；$\boldsymbol{f}$ 为滤波器期望频率特性归一化频率向量，范围为 0~1，为递增向量，允许定义重复频率点；$\boldsymbol{a}$ 为滤波器期望频率特性的幅值向量，向量 $\boldsymbol{a}$ 和 $\boldsymbol{f}$ 必须长度相同，且为偶数；b 为返回的滤波器系数，长度为 $n+1$，且具有偶对称的关系，即 $b(k)=b(n+2-k)$。

若滤波器的阶数为奇数，则在奈奎斯特频率处（对应于归一化频率 1），幅频响应为 0，滤波器的阶数为偶数则无此限制。

例 8-7　分别用函数 firls 和 remez 设计一个 20 阶 FIR 低通滤波器，通带边界频率为 0.4，幅值为 1，阻带边界频率为 0.5，幅值为 0。输入一个采样频率为 50Hz，频率为 5Hz 和 15Hz 的合成振动，比较运用两种设计方法的输出差异。

解：MATLAB 参考脚本如下：

```
close  all;
n=20;
f=[0,0.4,0.5,1];
a=[1,1,0,0];
b=firls(n,f,a);
[h,w1]=freqz(b);
bb=remez(n,f,a);
[hh,w2]=freqz(bb);
figure(1);
plot(w1/pi,abs(h),'LineWidth',1,'Color','k');hold on
plot(w2/pi,abs(hh),'--','LineWidth',2,'Color','k');
xlabel('归一化频率','fontsize',10);ylabel('振幅','fontsize',10);
legend('firls','remez');
figure(2);
fs=50;t=0:1/fs:2;
f1=5;f2=15;
x1=sin(2*pi*f1*t)+8.*cos(2*pi*f2*t);
subplot(2,1,1);plot(t,x1,'LineWidth',1,'Color','k');
title('原始信号','fontsize',10);
y1=filter(b,1,x1);
y2=filter(bb,1,x1);
subplot(2,1,2);
plot(t,y1,'LineWidth',1,'Color','k');hold on
plot(t,y2,'--','LineWidth',1.5,'Color','k');
legend('firls','remez');
title('输出信号','fontsize',10);
xlabel('时间/s','fontsize',10);
```

程序运行结果如图 8-18 和图 8-19 所示。比较两种设计方法所设计的滤波器的幅频响应可见，用 firls 设计的滤波器在整个频率范围内（包括通带和阻带）均具有较好的响应，但理想频率响应和实际频率响应的误差在带内不均匀，且在边界频率处误差较大；而函数 remez 设计的滤波器在通带内具有等波纹特性，在边界频率 0.4 和 0.5 处及过渡带内更接近于理想频响。由图 8-19 可见，输入 5Hz 和 15Hz 的两个频率的振动信号，5Hz 的信号对应的采样频率为 50Hz 的归一化频率为 0.2[5/(50/2)]，15Hz 的信号对应的采样频率为 0.6[15/(50/2)]，对应于该滤波器的幅频响应，归一化频率为 0.2 的振动能通过滤波器，而归一化为 0.6 的振动不能通过滤波器，输出结果也可以看到这一点，只有 5Hz 的振动通过了滤波器。但通过两种类型的滤波器滤波，输出结果略有不同，这是由于两种滤波器的幅频特性略微不同造成的。

运用 firls 函数设计幅频响应在归一化为 0.2 的频率处略小于 remez 函数的设计，因此运用 firls 函数设计滤波器的归一化频率为 0.2 的振幅也略小于 remez 函数的设计。运用 firls 函数设计幅频响应在归一化为 0.6 的频率处比 remez 函数设计的幅频响应衰减更大，因此运用 firls 函数设计滤波器的输出更为平滑，即高频成分更小，而 remez 函数设计的滤波器的输出具有较多的高频成分，使得输出结果不对称。这些特征完全可以根据滤波器的幅频响应分析出来。

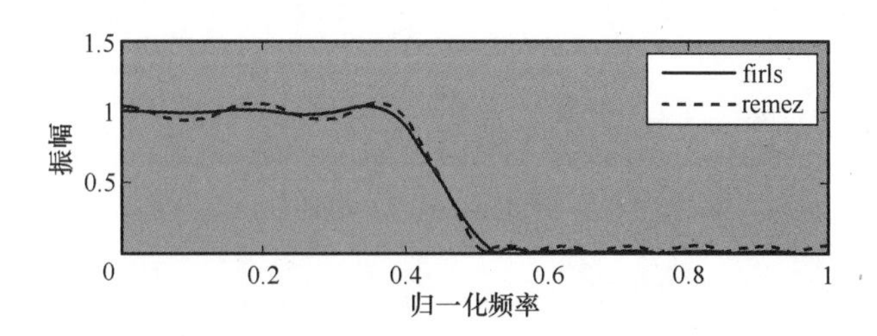

图 8-18　例 8-7 所设计滤波器的幅频响应

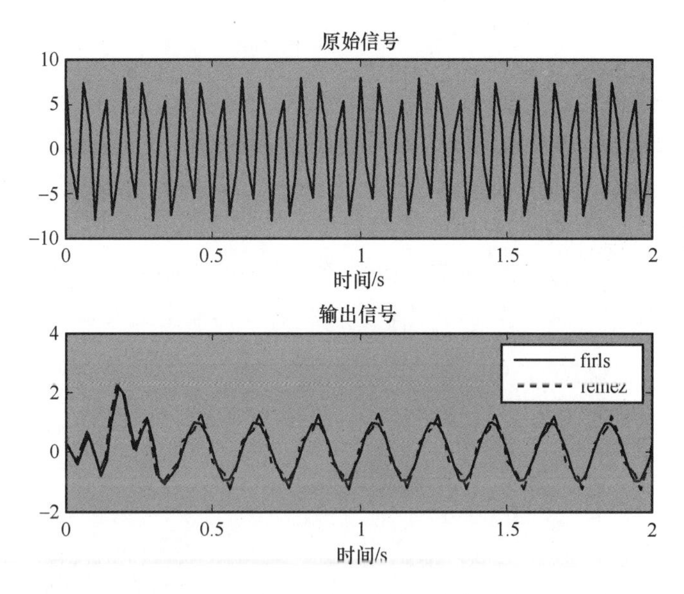

图 8-19　例 8-7 所设计滤波器的输入和输出信号的比较

函数 firls 和 remez 还可以增加输入参数设置权向量 $\boldsymbol{w}$。在不同频段设置不同权值，使不同频段的误差值最小化得到不同程度的重视。具有权向量输入的函数 firls 和 remez 实现滤波器每个频率段加权处理。其调用格式为

$$b=\text{firls}(n,\boldsymbol{f},\boldsymbol{a},\boldsymbol{w})$$

$$b=\text{remez}(n,\boldsymbol{f},\boldsymbol{a},\boldsymbol{w})$$

式中，$\boldsymbol{w}$ 为权向量，其长度为 $\boldsymbol{f}$ 和 $\boldsymbol{a}$ 向量长度的一半。

另外，一个频带必须对应一个权值。

例 8-8　设计一个 30 阶的低通等波纹滤波器，通带边界频率为 0.4，阻带边界频率为 0.5，均为归一化频率，阻带波纹约为通带波纹的 1/10。

解：MATLAB 参考脚本如下：

```
n=30;
f=[0,0.4,0.5,1];
a=[1,1,0,0];
weit=[1,10];
b=firls(n,f,a,weit);
[h,w1]=freqz(b);
bb=remez(n,f,a,weit);
[hh,w2]=freqz(bb);
f1=figure(1);
plot(w1/pi,abs(h),'.','LineWidth',0.3,'Color','k');hold on
plot(w2/pi,abs(hh),'--','LineWidth',1,'Color','k');hold on
plot(f,a,'LineWidth',1,'Color','k');
xlabel('归一化频率','fontsize',10);ylabel('振幅','fontsize',10);
legend('firls','remez','理想特性');
```

程序运行结果如图 8-20 所示。该滤波器对阻带和通带波纹进行了控制，得到了符合要求的滤波器。由于 remez 要求等波纹的特点，因此，其在通带内的振动振幅较大，在阻带内的振动振幅确实较小，约为通带内振动振幅的 1/10，符合设计要求。如果滤波器的阶数足够高，则可以获得更为理想的幅频响应，请读者自己修改程序进行实验。另外，读者可以自己设计一个输入信号，并观察其输出，比较这两种滤波器输出结果是否有差异。

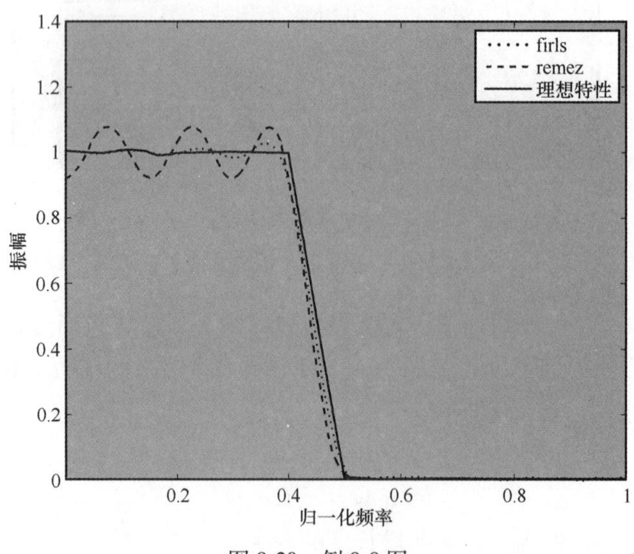

图 8-20　例 8-8 图

remez 是常用的一种设计方法，通常在满足滤波性能的情况下，滤波器的阶数越小越容易实现，运算速度越快。为方便使用该函数，MATLAB 中还给出了给定频率域设计性能的情况下 remez 函数所需的阶数、归一化频率、幅频向量和加权向量的函数 remezord，其调用方

式为 $[n,\boldsymbol{f}_o,\boldsymbol{a}_o,\boldsymbol{w}_o]$=remezord($\boldsymbol{f},\boldsymbol{a},\boldsymbol{w},[f_s]$)，其中 f 为频带边界频率向量，取值为 $0\sim f_s/2$。输入参数 $\boldsymbol{a}$ 是由 $\boldsymbol{f}$ 指定的各个频带上的幅值向量，其长度满足 length($\boldsymbol{f}$) = 2length($\boldsymbol{a}$)-2，并且第一个频带必须从 $f=0$ 开始，最后一个频带在 $f_s/2$ 结束。输入参数 $\boldsymbol{w}$ 指定各个通带和阻带上的最大波动误差，其长度必须和 $\boldsymbol{a}$ 相等。输出的 n 为滤波器的最小阶数，$\boldsymbol{f}$、$\boldsymbol{a}$、$\boldsymbol{w}$ 的意义与输出参数 $\boldsymbol{f}_o$、$\boldsymbol{a}_o$、$\boldsymbol{w}_o$ 的意义一致，但这里的 $\boldsymbol{f}_o$ 为归一化频率。

例 8-9　设计一个最小阶数的低通 FIR 数字滤波器，性能指标为：通带 0～1500Hz，阻带边界频率为 2000Hz，通带波动 1%，阻带波动 10%，采样频率为 6000Hz。

解：MATLAB 参考脚本如下：

```
fs=6000;
f=[1500,2000];
a=[1,0];
w=[0.01,0.1];
[n,fo,ao,wo]=remezord(f,a,w,fs);
b1=remez(n,fo,ao,wo);
b2=firls(n,fo,ao,wo);
[H1,f1]=freqz(b1,1,1024,fs);
[H2,f2]=freqz(b2,1,1024,fs);
plot(f1,20*log10(abs(H1)));hold on
plot(f2,20*log10(abs(H2)),'--');
legend('remez','firls');
xlabel('频率/Hz');ylabel('振幅/dB');
```

程序运行结果见图 8-21，可见采用滤波器的最小阶数法设计的频率特性与 firls 设计的滤波器的特性同前面的分析较为一致，并且采用这种方法可以设计运算较快的滤波器。

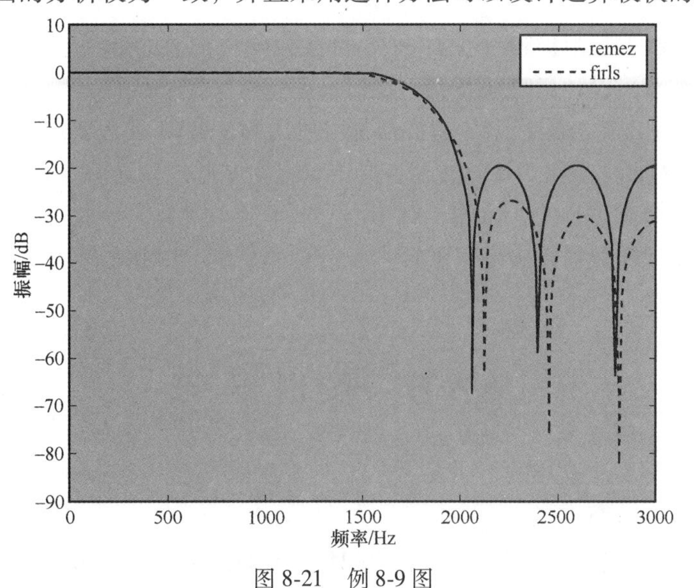

图 8-21　例 8-9 图

第五节　IIR 和 FIR 数字滤波器的比较

一、系统稳定性的比较

IIR 滤波器的系统函数是有理式，其分母多项式对应于反馈支路，因此这种滤波器的网络结构是递归的，只有当极点全部在单位圆内部，滤波器才稳定。但实际中由于存在有限字长（将在第九章中介绍）效应，滤波器有可能不稳定。而 FIR 滤波器的系统函数是多项式，其网络结构是非递归的，原点处有一个 N 阶极点，因此系统永远稳定，并且有限字长效应对其影响较小。另外，FIR 滤波器可以用快速傅里叶变换来实现，在阶数相等的条件下，运算速度比 IIR 滤波器快得多。

二、滤波器的阶数和相位特性的比较

在满足相同的技术指标的条件下，IIR 滤波器所用的存储单元和所需要的运算次数都比 FIR 滤波器少。但是 FIR 滤波器可以得到严格的线性相位，而 IIR 滤波器无法得到。如果要求 IIR 滤波器具有线性相位，同时又要满足幅度响应要求，那么需要一个全通网络进行校正，这必然会大大增加滤波器的阶数和复杂性。因此，在需要严格线性相位的情况下，一般选用 FIR 滤波器。

三、设计复杂度的比较

IIR 滤波器可以用模拟滤波器现成的公式表格，因而计算工作量较小，对计算工具要求不高。FIR 滤波器的设计没有现成的公式，窗函数法只给出窗函数计算公式，但计算通带和阻带的衰减仍然无法显示表示。FIR 滤波器的设计一般要借助计算机辅助完成。

四、设计适用范围的比较

IIR 滤波器主要用来设计规格化的、频率特性为分段常数的低通、高通、带通和带阻滤波器，而 FIR 滤波器可设计出理想正交变换器、理想微分器、线性调频器等各种网络，适应性广。不过，现在 IIR 滤波器和 FIR 滤波器都可使用 MATLAB 编程实现，十分方便。

综上所述，IIR 滤波器和 FIR 滤波器各有特点，在实际应用中如何选择要根据具体情况综合考虑。例如，用于语音的滤波器，对相位要求不是主要的，因此选用 IIR 滤波器经济高效，而图像信号处理和数据传输等以波形携带信息的系统，对相位要求较高，因此采用 FIR 滤波器较好。

第六节　案 例 学 习

为了详细说明 FIR 滤波器的不同设计方法，假定采样频率 $f_s=2000\text{Hz}$，考虑满足如下规范的带阻滤波器设计问题。

$$(F_{p1},F_{s1},F_{p2},F_{s2})=(200\text{Hz},300\text{Hz},700\text{Hz},800\text{Hz})$$

$$(\delta_p,\delta_s)=(0.04,0.02)$$

对应的以 dB 为单位的通带衰减和阻带衰减为

$$A_p=0.36\text{dB}$$

$$A_s=33.98\text{dB}$$

为了方便不同滤波器的比较，对所有情况均使用相同的滤波器阶数 $m=80$。运行下面的程序可以得到相应滤波器的幅度响应曲线。

```
function xinhao806
% FIR bandstop filter design
deltap=0.04
deltas=0.02
Ap=-20*log10(1-deltap)
As=-20*log10(deltas)
fs=2000;
T=1/fs;
Fp=[200 800]
Fs=[300 700]
sym=0;
filt=3;
win=1;
m=80;

% Compute windowed filter
p=[Fp(1),Fs(1),Fs(2),Fp(2)];
b=f_firwin (@bandstop,m,fs,win,sym,p);
show_filter(b,m,fs,Fp,Fs,Ap,As,'窗函数滤波器')

% Compute frequency-sampled filter
M=floor(m/2)+1;
F=linspace (0,fs/2,M);
A=bandstop (F,fs,p);
b=f_firsamp (A,m,fs,sym);
show_filter(b,m,fs,Fp,Fs,Ap,As,'频率采样滤波器')

% Compute least-squares filter
w=(deltas/deltap)*ones(size(F));
istop=(F >=Fs(1)) & (F <=Fs(2));
w(istop)=1;
```

```
b=f_firls (F,A,m,fs,w);
show_filter(b,m,fs,Fp,Fs,Ap,As,'最小二乘法滤波器')

% Compute equiripple filter
b=f_firparks (m,Fp,Fs,deltap,deltas,filt,fs);
show_filter(b,m,fs,Fp,Fs,Ap,As,'等波纹滤波器')

% Compute quadrature filter
win=3;
deltaS=.0001;
b=f_firquad (@bandstop,m,fs,win,deltaS,p);
show_filter(b,m,fs,Fp,Fs,Ap,As,'布拉克曼窗滤波器')

function [A,theta]=bandstop (f,fs,p)
% BANDSTOP: Amplitude response of bandstop filter
%
%          p(1)=Fp1
%          p(2)=Fs1
%          p(3)=Fs2
%          p(4)=Fp2
A=zeros(size(f));
for i=1:length(f)
    if (f(i)<=p(1)|f(i)>=p(4))
        A(i)=1;
    elseif (f(i)>p(1)& f(i)<p(2))
        A(i)=1-(f(i)-p(1))/(p(2)-p(1));
    elseif (f(i)>p(3) & f(i)<p(4))
        A(i)=(f(i)-p(3))/(p(4)-p(3));
    end
end
theta=zeros(size(f));

function show_filter(b,m,fs,Fp,Fs,Ap,As,caption)
% SHOW_FILTER: Display the magnitude response in dB
figure
N=250;
Amin=80;
```

```
Amax=20;
[H,f]=f_freqz (b,1,N,fs);
AdB=20 * log10(max(abs(H),eps));
istop=(f >=Fs(1)) & (f <=Fs(2));
Astop=-max(AdB(istop))
cap2=sprintf ([caption'{m}=%d,{As}=%.1f dB'],m,Astop);
f_labels (cap2,'{f} (Hz)','{A(f)} (dB)')
axis ([0 fs/2 -Amin Amax])
hold on
box on
fill ([0 Fs(1) Fs(1) 0],[-Ap -Ap Ap Ap],'c')
fill ([Fs(1) Fs(2) Fs(2) Fs(1)],[-Amin -Amin -As -As],'c')
fill ([Fs(2) fs/2 fs/2 Fs(2)],[-Ap -Ap Ap Ap],'c')
plot (f,AdB,'LineWidth',1.5)
```

由程序生成的第一条曲线为使用窗函数法设计的滤波器的幅度响应，如图 8-22 所示。本例中使用的是汉宁窗。显然，由于过渡带太宽，所得到的滤波器不满足阻带要求。本例中的阻带衰减为 22.6dB。

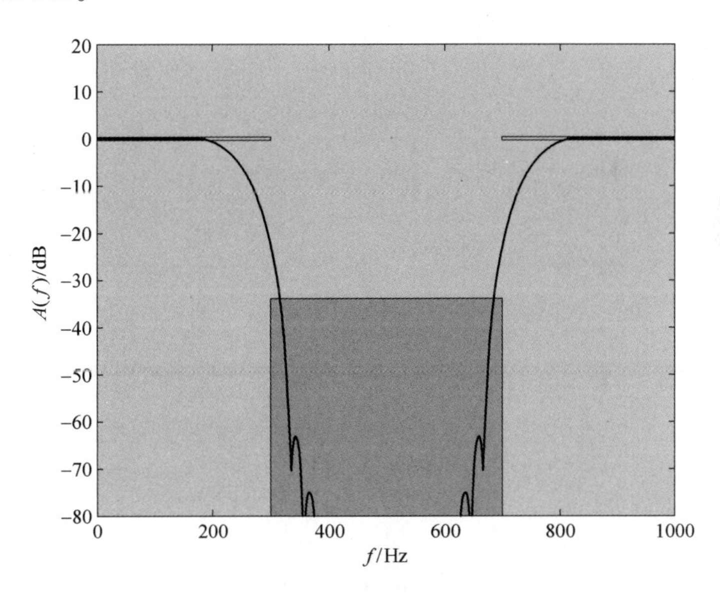

图 8-22　使用汉宁窗的 80 阶阻带滤波器的幅度响应（$A_s=22.6\mathrm{dB}$）

由程序生成的第二条曲线为用频率采样法设计的滤波器的幅度响应，如图 8-23 所示。其中，频率采样间隔为

$$\Delta F=\frac{f_s}{m}=25\mathrm{Hz}$$

过渡带宽度 $B=100\mathrm{Hz}$。因此，在每个过渡带内有三个采样点。表面上看，似乎用频

率采样法设计的滤波器的幅度响应满足阻带要求。然而仔细观察图 8-23，可以看出在$f_s = F_{s2}$附近，幅度响应的值大于规范所要求的A_s，所以在此情况下最终的阻带衰减仅为 24. 5dB。

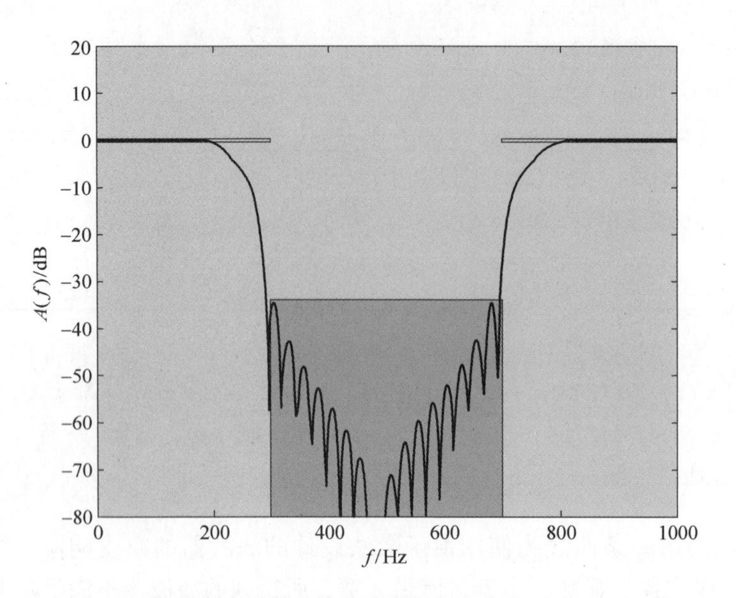

图 8-23　80 阶频率采样阻带滤波器的幅度响应（A_s = 24. 5dB）

由程序生成的第 3 条曲线为用最小二乘法设计的滤波器的幅度响应，如图 8-24 所示，图中，阻带衰减为 34. 5dB，与要求的 33. 98dB 相比，用最小二乘法设计的滤波器满足设计要求。

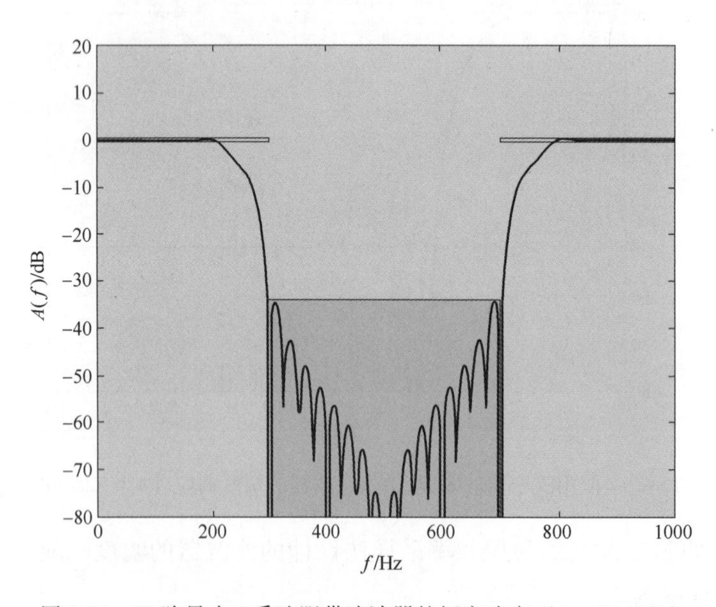

图 8-24　80 阶最小二乘法阻带滤波器的幅度响应（A_s = 34. 5dB）

由程序生成的第 4 条曲线为用最优等波纹法设计的滤波器的幅度响应，如图 8-25 所示，从图中可以明显地看出，等波纹滤波器不仅满足，而且实际上超过了阻带设计要求。本例中

的阻带衰减为 72.8dB，注意到每 20dB 对应于增益减小了 10 倍，因此该滤波器的阻带增益介于 10^{-4} 和 10^{-3} 之间。

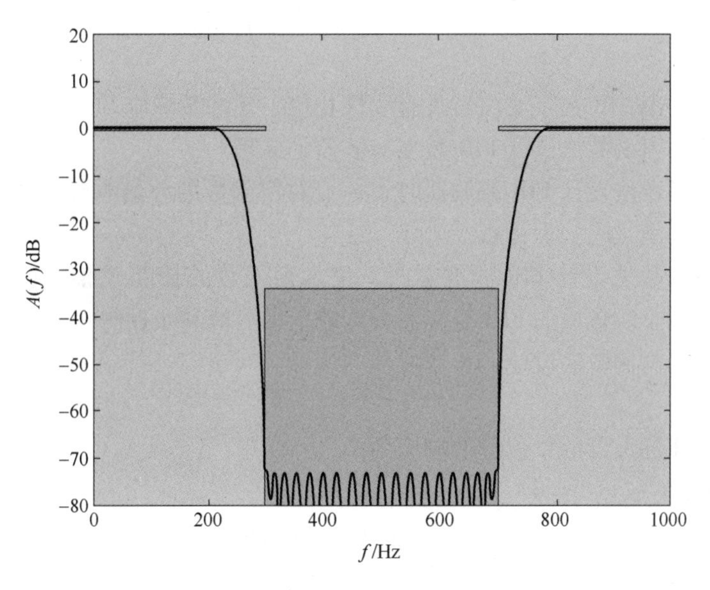

图 8-25　80 阶等波纹带阻滤波器的幅度响应（$A_s=72.8$dB）

由程序生成的最后一条曲线为用正交法设计的滤波器的幅度响应。如图 8-26 所示。由于可以指定残留相位响应，正交法比其他方法更通用。为了便于比较，将残留相位响应设置为零，所得到幅度响应如图 8-26 所示。滤波器为 80 阶布莱克曼窗函数，为了说明可以使用小的阻带衰减值，将阻带衰减设为 $\delta_s=0.0001$。注意到阻带衰减在大多数阻带内都可以准确地跟踪技术要求，然而在阻带边缘的阻带衰减为 20.7dB，不满足设计要求。

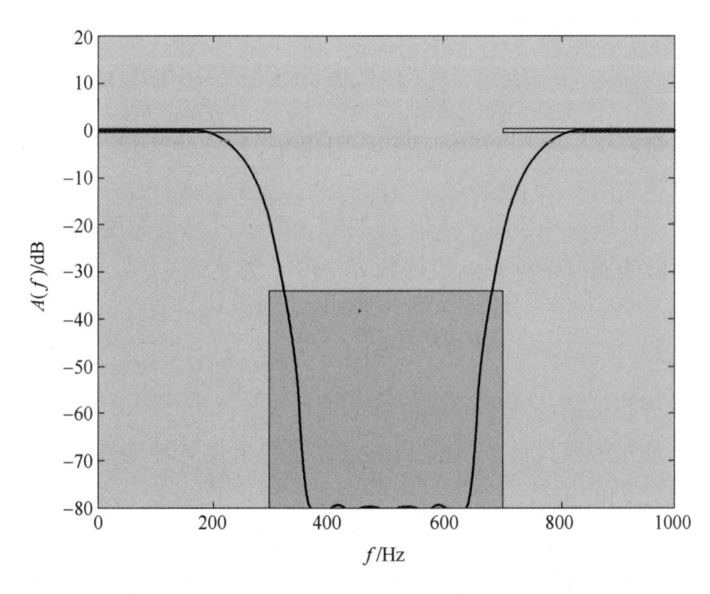

图 8-26　80 阶布莱克曼窗正交滤波器的幅度响应（$\delta_s=0.0001$，$A_s=20.7$dB）

【思考题】

习题 8-1 若要求一个 FIR 数字滤波器具有线性相位，其冲激响应 $h(n)$ 应具有什么特点？

习题 8-2 试说明用窗函数法设计 FIR 数字滤波器的原理。

习题 8-3 使用窗函数法设计 FIR 滤波器时，一般对窗函数的频谱有什么要求？这些要求能同时得到满足吗？为什么？

习题 8-4 使用窗函数法设计 FIR 滤波器时，增加窗函数的长度 N 值，会产生什么样的效果？能减小所形成的 FIR 滤波器幅度响应的肩峰和余振吗？为什么？

习题 8-5 试写出用窗函数法设计 FIR 滤波器的步骤。

【计算题】

习题 8-6 已知 FIR 滤波器的单位脉冲响应为

（1）$h(n)$ 长度 $N=6$

$$h(0)=h(5)=1.5$$
$$h(1)=h(4)=2$$
$$h(2)=h(3)=3$$

（2）$h(n)$ 长度 $N=7$

$$h(0)=-h(6)=3$$
$$h(1)=-h(5)=-2$$
$$h(2)=-h(4)=1$$
$$h(3)=0$$

试分别说明它们的幅度特性和相位特性各有什么特点。

习题 8-7 设 FIR 滤波器的系统函数为

$$H(z)=\frac{1}{10}(1+0.9z^{-1}+2.1z^{-2}+0.9z^{-3}+z^{-4})$$

求出滤波器的单位脉冲响应 $h(n)$，判断其是否为线性相位，求出其幅度特性函数和相位特性函数。

习题 8-8 用矩形窗设计线性相位低通 FIR 滤波器，要求过渡带宽度不超过 $\pi/8$rad，希望逼近的理想低通滤波器频率响应函数 $H_d(e^{j\omega})$ 为

$$H_d(e^{j\omega})=\begin{cases}e^{-j\omega a}, & 0\leqslant|\omega|\leqslant\omega_c\\ 0, & \omega_c<|\omega|\leqslant\pi\end{cases}$$

（1）求出理想低通滤波器的单位脉冲响应 $h_d(n)$。

（2）求出加矩形窗设计的低通 FIR 滤波器的单位脉冲响应 $h(n)$ 表达式，确定 a 与 N 之间的关系。

（3）简述 N 取奇数或偶数对滤波器的特性影响。

习题 8-9 设计满足下列指标的低通 FIR 滤波器，指标为：阻带衰减 40dB、通带边缘频率 3kHz、阻带边缘频率 3.5kHz、取样频率 12kHz。

习题 8-10　用习题 8-9 的数据设计一个线性相位高通滤波器：

$$H_d(e^{j\omega})=\begin{cases}e^{-j(\omega-\pi)a}, & \pi-\omega_c\leqslant|\omega|\leqslant\pi\\0, & 0<|\omega|\leqslant\pi-\omega_c\end{cases}$$

求出 $h(n)$ 的表达式，并确定 a 与 N 关系（$\omega_c=0.5\pi$，$N=51$）。

习题 8-11　用汉宁窗设计一个线性相位带通滤波器：

$$H_d(e^{j\omega})=\begin{cases}e^{-j\omega a}, & \omega_0-\omega_c\leqslant|\omega|\leqslant\omega_0+\omega_c\\0, & 0<|\omega|\leqslant\omega_0-\omega_c,\omega_0+\omega_c\leqslant|\omega|\leqslant\pi\end{cases}$$

求出 $h(n)$ 的表达式，并确定 a 与 N 关系（$\omega_c=0.2\pi$，$\omega_0=0.5\pi$，$N=51$）。

习题 8-12　用矩形窗设计一个线性相位高通滤波器，其中

$$H_d(e^{j\omega})=\begin{cases}e^{-j(\omega-\pi)a}, & \pi-\omega_c\leqslant|\omega|\leqslant\pi\\0, & 0<|\omega|\leqslant\pi-\omega_c\end{cases}$$

（1）求出 $h(n)$ 的表达式。

（2）改用汉宁窗设计，求 $h(n)$ 的表达式。

习题 8-13　如果一个线性相位带通滤波器的频率响应为 $H_B(e^{j\omega})=H_B(\omega)e^{j\theta(\omega)}$，试证明：

（1）一个线性相位带阻滤波器可以按下式构成

$$H_R(e^{j\omega})=[1-H_B(\omega)]\ e^{j\theta(\omega)},0\leqslant\omega\leqslant\pi$$

（2）试用带通滤波器的冲激响应 $h_B(n)$ 来表示带阻滤波器的冲激响应 $h_R(n)$。

【编程题】

习题 8-14　设计一个数字 FIR 低通滤波器，技术指标如下：

$$\omega_p=0.2\pi,\ R_p=0.25\text{dB}$$

$$\omega_s=0.2\pi,\ A_s=0.25\text{dB}$$

选择合适的 N 值和窗函数，程序运行后，显示 R_p 和 A_s 的值，并画出已经设计好的 FIR 滤波器的冲激响应和频率响应的图形。

习题 8-15　试设计下面 FIR 带通滤波器：

下阻带边缘：$\omega_{1s}=0.2\pi$，$A_s=60\text{dB}$

下通带边缘：$\omega_{1p}=0.35\pi$，$R_p=1\text{dB}$

上通带边缘：$\omega_{2p}=0.65\pi$，$R_p=1\text{dB}$

程序运行显示 R_p 和 A_s 的值，并画出已经设计好的 FIR 滤波器的冲激响应和频率响应的图形。

习题 8-16　调用 MATLAB 工具箱函数 fir1 设计线性相位低通 FIR 滤波器，要求希望逼近的理想低通滤波器通带截止频率 $\omega_c=\pi/4$，滤波器长度为 $N=21$。分别选用矩形窗、汉宁窗、汉明窗和布莱克曼窗进行设计，绘制用每种窗函数设计的单位脉冲响应 $h(n)$ 以及其损耗函数曲线；并进行比较，观察各种窗函数的设计性能。

习题 8-17　将要求改成设计线性相位高通 FIR 滤波器，重做习题 8-16。

习题 8-18　调用 MATLAB 工具箱函数 remezord 和 remez 设计线性相位低通 FIR 滤波器，实现对模拟信号的采样序列 $x(n)$ 的数字低通滤波器。指标要求：采样频率为

16kHz，通带截止频率为 4.5kHz，通带最小衰减为 1dB，阻带截止频率为 6kHz，阻带最小衰减为 75dB，列出 $h(n)$ 的序列数据，并画出损耗函数曲线。

习题 8-19 调用 MATLAB 工具箱函数 remezord 和 remez 设计线性相位高通 FIR 滤波器，实现对模拟信号的采样序列 $x(n)$ 的数字高通滤波器。指标要求：采样频率为 16kHz，通带截止频率为 5.5kHz，通带最小衰减为 1dB，过渡带宽度小于 3.5kHz，阻带最小衰减为 75dB，列出 $h(n)$ 的序列数据，并画出损耗函数曲线。

第九章

数字信号处理中的有限字长效应分析

上述章节中均未讨论数字信号与系统的精度问题，但在实际应用中，无论是采用专用硬件还是用计算机软件来实现，数字信号处理系统的有关参数和运算过程中的结果都是存储在有限字长的存储单元中，因此都是有限精度的，这就与原来理想的数值有偏差，将这种情况称为数字信号处理中的有限字长效应。

在数字信号处理中，由于有限字长带来的误差有以下几种情况：

（1）A/D 转换中的量化。

（2）用有限位二进制表示数字信号处理系统的参数带来的误差。

（3）在运算过程中为限制位数对尾数进行处理。

下面对以上三种情况分别进行讨论分析。

第一节　数的表示及运算对量化的影响

一、定点表示

在整个运算中，二进制小数点在数码中的位置固定不变，称为定点制。通常定点值把数据限制在±1 之间，用小数点分开符号位和数据位，小数点的左边为符号位，分别用 0 和 1 表示数是正值和负值，数的本身只有小数部分，称为“尾数”。定点值表示方法如下所示：

$$x = \underset{\text{符号位}}{b_0} \quad \underset{\text{二进制点}}{\Delta} \quad \underset{\text{数据位}}{b_1 b_2 \cdots b_L} \tag{9-1}$$

式中，当 $b_0=0$ 时，表示 x 为非负数；当 $b_0=1$ 时，表示 x 为负数。

下标 L 是 x 的位数，它表示数据存储在计算机中的存储器的长度为 $L+1$ 位（或字长为 $L+1$ 位）。定点值在整个运算过程中的数值都在±1 之间，但在实际中，数可能很大，这时应对运算过程中的各数乘以一个比例因子，使得整个运算过程的数的绝对值都不超过 1，运算完毕后，再除以这个比例因子。定点表示的加法运算不会增加字长，但是如果比例因子选择不当，则可能出现溢出。定点表示的乘法运算不会造成溢出，因而绝对值小于 1 的两数相乘，结果仍然小于 1，但是字长会增加一倍。为了使结果维持原来的字长，要么对乘法后的数据截尾，即直接去掉后面超过字长的数位；要么舍去超过字长的数位后，再舍去部分的值（大于或等于保留部分最低值的权值的一半），然后再给最低位加 1，相当于十进制中的四舍五入。不管用哪种方法都会因为截尾造成数值的误差。

二、定点的原码、补码和反码表示

定点的表示，具体来讲分为原码、补码和反码三种表示方法，下面分别讨论。

(一) 原码表示法

原码可用下式表示：

$$[x]_{原}=\begin{cases}0.x_1x_2\cdots x_b, & x\geqslant 0\\ 1.x_1x_2\cdots x_b, & x\leqslant 0\end{cases} \tag{9-2}$$

例如：当 $x=0.101$，表示十进制的$+0.625$；当 $x=1.101$，表示十进制的-0.625。对于零，原码中有两种表示方法 0.00…0 或 1.00…0。原码表示的数做加法运算很不方便，因为运算前要判断两数的正负：同号直接相加，异号作减法。在作减法时还要判断两数绝对值的大小，以便用大数减去小数，因而造成设备复杂，增加运算时间。为此，人们在实践中找到了补码的方法，从而解决了加法和减法的运算问题。

(二) 补码和反码表示法

如果原码是正数，则补码与原码相同；如果原码是负数，先将原码换算成二进制，然后将数据位逐位取反后加 1，最后换算成十进制。例如：$x=-0.625$，其二进制表示为 1.1010，将数据位逐位取反加 1 得到 1.0110，最后将其换算成十进制。

补码表示的十进制数值可表示为

$$x=-b_0+\sum_{n=1}^{L}b_n\times 2^{-n} \tag{9-3}$$

负数的反码是将原码中的数据位逐位取反。例如：$x=-0.625$，其反码表示为 1.0101，反码与补码之间存在一个简单的关系，即补码等于反码的最低位加 1。因此，反码的十进制数值可由下面公式表示：

$$x=-b_0(1-2^{-L})+\sum_{n=1}^{L}b_n\times 2^{-n} \tag{9-4}$$

原码的优点是乘法运算简单方便，不论正负数，乘法运算都一样。但加减运算不方便，采用补码运算，正负可以直接相加，而符号位同样参加计算。如果符号位发生了进位，把进位加 1 去掉，余下的即为结果。

三、浮点表示

定点表示的缺点是动态范围小，有溢出的麻烦。浮点表示克服了这个缺点，动态范围大，可避免溢出，不需要比例因子。浮点表示是将一个数表示为尾数和指数的乘积形式，即

$$x=\pm 2^{j}S \tag{9-5}$$

S 称为 x 的尾数，尾数的第一位表示浮点数的符号位，尾数一般满足关系式 $1/2\leqslant S<1$，2^j 是 x 的指数部分，j 是阶数，称为“阶码”。阶码表示小数点的位置。例如二进制数 1011.01 可依照式 (9-5) 表示为 $2^{011}\times 0.101101$。

浮点数寄存在寄存器中分为两段，一段用于存放带有符号的尾数，另一段存放带有符号的指数。两个浮点数相加，先是将较小的一个数的尾数右移几位，直到两数的指数相同，然

后尾数相加。例如，求 $x_1=4$ 和 $x_2=5/4$ 两数相加，先将它们写成式（9-5）的形式：$x_1=0.1000\times2^{11}$，$x_2=0.1010\times2^{01}$，然后将较小的数 x_2 的尾数右移 2 位，使其和 x_1 的指数相同，即 $x_2=0.001010\times2^{11}$，这样两数可以直接相加了。浮点数的乘法运算是：尾数相乘，指数相加。由上述可见，浮点运算的尾数字长决定它的运算精度，而指数字长决定了它的动态范围。因此，浮点运算可以增加动态范围和提高处理精度。但是在运算时，尾数和指数都要使用，使得硬件成本增加，因而通常用于计算机上软件的非实时处理。

四、截尾效应和舍入效应

（一）定点运算的舍入和截尾

当定点系统采取截尾处理时，对于正数，三种码的表示法是一样的，因而量化的影响也是一样。一个 b_1 位的正数 x 为

$$x=\sum_{i=1}^{b_1}X_i\times2^{-i} \tag{9-6}$$

设 b_1 表示截尾前小数点右边的位数，b 表示截尾后小数点右边的位数，显然 $b<b_1$。用 $[\cdot]_T$ 表示截尾处理，$[\cdot]$ 表示量化处理，则

$$[x]_T=\sum_{i=1}^{b}X_i\times2^{-i} \tag{9-7}$$

若用 E_T 表示截尾误差，则

$$E_T=[x]_T-x=-\sum_{i=b+1}^{b_1}X_i\times2^{-i} \tag{9-8}$$

上式表示 E_T 为负值或零，E_{Tmax} 发生在所有被弃位 X_i 均为 1 时，此时

$$E_T=E_{Tmax}=-\sum_{i=b+1}^{b_1}2^{-i}=-(2^{-b}-2^{-b_1}) \tag{9-9}$$

因为一般情况下 $2^{-b}\gg2^{-b_1}$，令 $q=2^{-b}$，称为“量化宽度”或“量化阶”。因此正数的截尾误差 E_T 为

$$-(2^{-b}-2^{-b_1})\leqslant E_T\leqslant0 \tag{9-10}$$

或

$$-q<E_T\leqslant0 \tag{9-11}$$

对于负数，截尾误差 E_T 与负数的表达方式有关，如果用原码（$X_0=1$）表示，b_1 位原码所代表的十进制真值和截尾误差分别为

$$x=-\sum_{i=1}^{b_1}X_i\times2^{-i}$$

$$E_T=[x]_T-x=\sum_{i=b+1}^{b_1}X_i\times2^{-i}$$

这时 E_T 为正值，它的取值范围为

$$0\leqslant E_T\leqslant(2^{-b}-2^{-b_1}) \tag{9-12}$$

或者写为

$$0 \leqslant E_T < q \tag{9-13}$$

如果用补码（$X_0=1$）表示，b_1 位补码所代表的十进制真值和截尾误差分别为

$$x=-1+\sum_{i=1}^{b_1} X_i \times 2^{-i}$$

$$E_T=[x]_T-x=-\sum_{i=b+1}^{b_1} X_i \times 2^{-i}$$

这个误差与正数时一样，即

$$-(2^{-b}-2^{-b_1}) \leqslant E_T \leqslant 0 \tag{9-14}$$

或

$$-q < E_T \leqslant 0 \tag{9-15}$$

如果用反码（$X_0=1$）表示，b_1 位反码所代表的十进制真值和截尾误差分别为

$$x=-1+\sum_{i=1}^{b_1} X_i \times 2^{-i}+2^{-b_1}$$

$$E_T=[x]_T-x=-\sum_{i=b+1}^{b_1} X_i \times 2^{-i}+(2^{-b}-2^{-b_1})$$

E_T 的取值范围为

$$0 \leqslant E_T \leqslant (2^{-b}-2^{-b_1}) \tag{9-16}$$

或者写为

$$0 \leqslant E_T < q \tag{9-17}$$

例 9-1 有三个数，原码分别为 1.0100，1.0101，1.0111，十进制分别为-1/4，-5/16，7/16。将它们截尾后为 1.01，十进制为-1/4。请求出它们分别用原码、补码和反码表示时的截尾误差。

解：(1) 用原码表示时：

截尾误差分别为：$E_T=0$，$E_T=-1/4-(-5/16)=1/16$，$E_T=-1/4-(-7/16)=3/16$

(2) 用补码表示时：

截尾误差分别为：$E_T=0$，$E_T=-1/16$，$E_T=-3/16$

(3) 用反码表示时：

截尾误差分别为：$E_T=3/16$，$E_T=1/8$，$E_T=0$

由此可知，补码的截尾误差都是负值，补码截尾处理的量化特性如图 9-1a 所示。原码和反码的截尾误差与数的正负有关，正数时为负，负数时为正，其量化特性如图 9-1b 所示。

当定点系统对尾数采取舍入处理时，设 b_1 为舍入前小数点右边的位数，b 表示舍入后小数右边留下的位数。舍入之后各数值按 2^{-b} 的间距被量化，即两个数间最小非零差是 2^{-b}。舍入相当于选择靠得最近的量化层标准值为舍入后的数，因此，最大误差的绝对值是 $(1/2)\times 2^{-b}$。假若用 $[\cdot]_R$ 表示舍入处

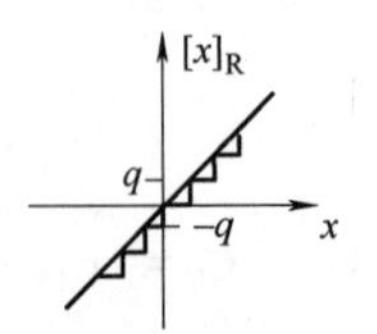

a) 补码截尾处理的特性

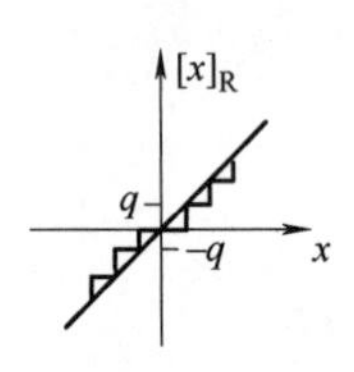

b) 原码和反码截尾处理的特性

图 9-1 定点表示截尾处理的量化特性

理，E_R 表示舍入误差，则

$$-\frac{1}{2}\times 2^{-b}<E_R\leqslant\frac{1}{2}\times 2^{-b} \tag{9-18}$$

或写成

$$-\frac{q}{2}<E_R\leqslant\frac{q}{2} \tag{9-19}$$

由于舍入是根据数的绝对值进行的，所以不论是正数、负数，也不论负数是按原码、补码、反码表示，其误差总是在$\pm q/2$之间。有时被舍入的数恰好处在两个量化层标准正中间，这时可规定恒取上入，恒取下入，或者采用随机舍入。例如：$x=0.1001$，$[x]_R=0.10$，舍入 0.0001，误差为-2^{-4}，又例如：$x=0.1011$，$[x]_R=0.11$，舍入 0.0011，取入为 0.01，误差为 2^{-4}。

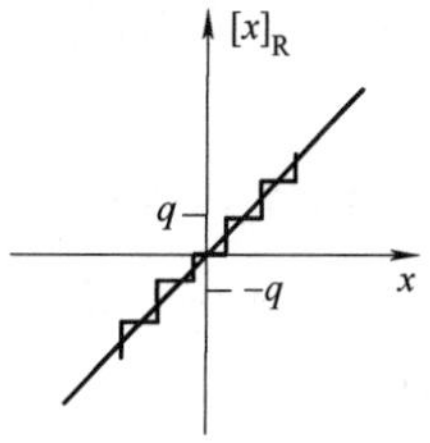

定点舍入处理的量化特性如图 9-2 所示，比较图 9-1 和图 9-2 可见，虽然截尾误差和舍入误差的区间大小相同，但舍入误差是对称分布的，而截尾误差是单极性分布的，因而它们的统计特性是不同的。一般看来截尾误差要比舍入误差影响大，所以应用较少。

图 9-2　定点表示舍入处理量化特性

（二）浮点运算的舍入和截尾误差

浮点运算的舍入或截尾处理只影响尾数部分，因而可运用定点误差分析的结果。但所产生误差的大小却与阶码有关，所以用相对误差比用绝对误差更能反映它的特点，以 ε 表示相对误差，则

$$\varepsilon=\frac{[x]-x}{x} \tag{9-20}$$

而绝对误差为

$$E=[x]-x=\varepsilon x \tag{9-21}$$

这是相乘性误差，而不是像定点系统那样为相加性误差。

当采用舍入处理时，尾数误差在$\pm 2^{-b}$之间，若浮点数 x 之阶码为 j，则浮点数的舍入误差为

$$-2^{j}\times\frac{1}{2}\times 2^{-b}<[x]_R-x\leqslant 2^{j}\times\frac{1}{2}\times 2^{-b} \tag{9-22}$$

也就是

$$-2^{j}\times\frac{1}{2}\times 2^{-b}<\varepsilon_R x\leqslant 2^{j}\times\frac{1}{2}\times 2^{-b} \tag{9-23}$$

由于浮点数 $x=\pm 2^{j}S$，其尾数部分是规格化的，即 $1/2\leqslant S<1$，因此

$$2^{j-1}\leqslant|x|\leqslant 2^{j} \tag{9-24}$$

x 分正负两种情况讨论，如下：

1）当 x 为正数时，$2^{j-1}\leqslant x\leqslant 2^{j}$，此时，如果 ε_R 也为正数，则 $\varepsilon_R\times 2^{j-1}\leqslant\varepsilon_R x$。利用式（9-23），有 $\varepsilon_R\times 2^{j-1}\leqslant 2^{j}\times(1/2)\times 2^{-b}$，即 $\varepsilon_R\leqslant 2^{-b}=q$。如果 ε_R 为负数，则 $\varepsilon_R\times 2^{j-1}\geqslant\varepsilon_R x$。利用式（9-23），有 $\varepsilon_R\times 2^{j-1}\geqslant -2^{j}\times(1/2)\times 2^{-b}$，即 $\varepsilon_R>-2^{-b}=-q$。

2）当 x 为负数时，$-2^{j-1}\geqslant x\geqslant -2^{j}$，此时，$\varepsilon_{\mathrm{R}}$ 为正数和负数时，$-2^{-b}\leqslant\varepsilon_{\mathrm{R}}\leqslant 2^{-b}$，即$-q\leqslant\varepsilon_{\mathrm{R}}\leqslant q$。浮点截尾处理分为正数和负数两种情况考虑，同样可利用定点的结果。正数时截尾误差为$-q<E_{\mathrm{T}}\leqslant 0$，因此，$-2^{j}\times 2^{-b}<\varepsilon_{\mathrm{T}}x\leqslant 0$，$x>0$。考虑到 $2^{j-1}\leqslant x\leqslant 2^{j}$，因为 $x>0$，必有 $\varepsilon_{\mathrm{T}}\leqslant 0$，所以 $\varepsilon_{\mathrm{T}}x\leqslant 2^{j-1}\varepsilon_{\mathrm{T}}$。从而可以得出，浮点运算正数截尾相对误差为

$$-2q<\varepsilon_{\mathrm{T}}\leqslant 0,\ x>0 \tag{9-25}$$

当 x 为原码、反码负数时，尾数截尾误差为 $0\leqslant E_{\mathrm{T}}<q$，因此，$0\leqslant\varepsilon_{\mathrm{T}}x\leqslant 2^{j}q$，$x<0$。因为 x 为负数，所以$-2^{j}<x\leqslant -2^{j-1}$。$x<0$，必有 $\varepsilon_{\mathrm{T}}\leqslant 0$，所以 $\varepsilon_{\mathrm{T}}x\geqslant -2^{j-1}\varepsilon_{\mathrm{T}}$。从而可以得出，浮点原码、反码负数截尾相对误差为

$$-2q<\varepsilon_{\mathrm{T}}\leqslant 0,\ x<0 \tag{9-26}$$

当 x 为补码负数，尾数的截尾误差为$-q<E_{\mathrm{T}}\leqslant 0$，因而$-2^{j}q<\varepsilon_{\mathrm{T}}x\leqslant 0$。由于 $x<0$，有$-2^{j}<x\leqslant -2^{j-1}$。$x<0$，必有 $\varepsilon_{\mathrm{T}}\geqslant 0$，所以 $\varepsilon_{\mathrm{T}}x\leqslant -2^{j-1}\varepsilon_{\mathrm{T}}$。从而可以得出，浮点补码负数截尾相对误差为

$$0\leqslant\varepsilon_{\mathrm{T}}<2q,\ x<0 \tag{9-27}$$

综上所述，浮点数的截尾相对误差如下：

原码、反码时：$-2q<\varepsilon_{\mathrm{T}}\leqslant 0$；

补码时：当 $x>0$ 时，$-2q<\varepsilon_{\mathrm{T}}\leqslant 0$；当 $x<0$ 时，$0\leqslant\varepsilon_{\mathrm{T}}<2q$。

第二节　A/D 转换的字长效应

A/D 转换是将输入的模拟信号经过取样和量化编码得到数字信号。如图 9-3 所示，模拟信号 $x_{\mathrm{a}}(t)$ 表示一个带限信号，经过取样后得到时域离散信号 $x(n)=x_{\mathrm{a}}(nT)$，它仍然是一个模拟信号，对它进行截尾或舍入处理后，转换成有限字长的数字信号 $\hat{x}(n)$，以便存放在对应字长的寄存器中。正如本章第一节所述，量化的过程必然产生截尾或舍入误差，这里就不做介绍了。

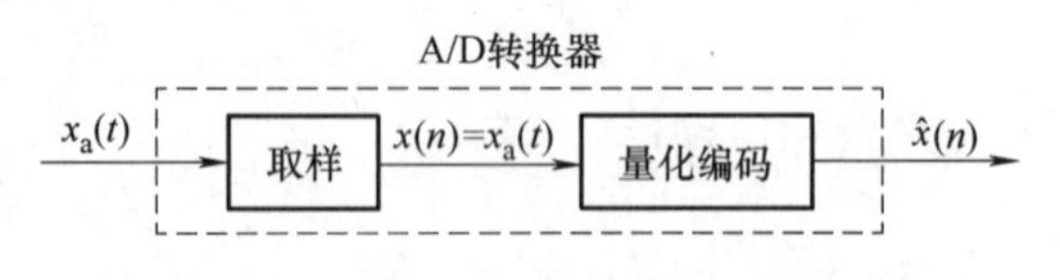

图 9-3　A/D 转换器的非线性模型

一、量化误差的统计分析

量化过程是一个非线性过程，其等效的线性过程如图 9-4 所示。将量化的取样值表示为

$$\hat{x}(n)=x(n)+e(n) \tag{9-28}$$

式中，$x(n)$ 是精确取样值；$e(n)$ 是量化误差。

为进行统计分析，对误差 $e(n)$ 的统计特性作如下假设：

1）$e(n)$ 是平稳随机序列。

2）$e(n)$ 与 $x(n)$ 不相关。

3）$e(n)$ 序列本身的任意两个值不相关，即它是白噪声序列。

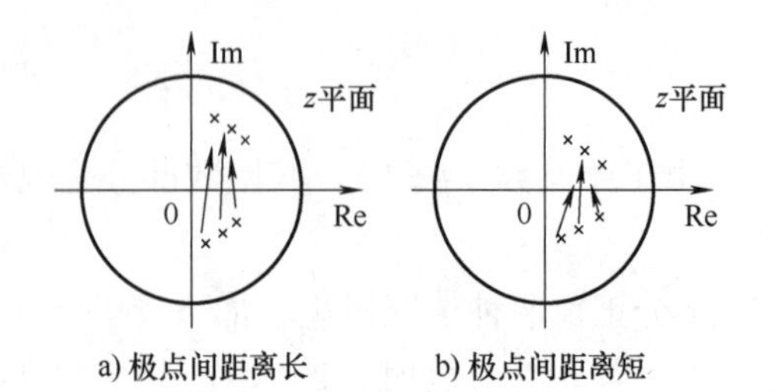

图 9-4　极点位置灵敏度与极点间距离的关系

4）$e(n)$ 在误差范围内均匀分布。

上述假设说明，量化误差是一个与信号完全不相关的白噪声序列，它与信号的关系是相加的，这些假设是为了简化分析过程，但是有些情况并不满足这些假设，例如直流或正弦信号被取样量化时，显然不能认为误差是统计独立和白色的。实验证明，只要信号足够复杂，且量化间隔足够小（不小于 8 位时），则以上假设成立。对于反码和原码截尾来说，不能假设误差与信号相互独立，因为误差的符号与信号的符号总是相反。

在上述假设下，可用统计的方法，例如用平均值、方差等来描述误差序列 $e(n)$。对于定点舍入情况，误差序列 $e(n)$ 的均值和方差分别为

$$m_e=0,\sigma_e^2=2^{-2b}/12 \tag{9-29}$$

对于定点补码截尾情况，误差序列 $e(n)$ 的均值和方差分别为

$$m_e=-2^{-b}/2,\sigma_e^2=2^{-2b}/12 \tag{9-30}$$

对于定点原码和反码截尾情况，误差序列 $e(n)$ 的均值和方差分别为

$$m_e=0,\sigma_e^2=2^{-2b}/3 \tag{9-31}$$

在量化中一般使用定点制表示数，且常用补码来表示取样信号，因此，截尾和舍入带来的误差均值不同，方差是相同的。另外，量化误差可看成是加性噪声信号，信号功率和噪声功率之比（即信噪比）是衡量量化影响大小的一个重要指标。舍入处理时信号比为

$$\frac{S}{N}=\frac{\sigma_x^2}{\sigma_e^2}=12\times2^{2b}\sigma_x^2 \tag{9-32}$$

表示成对数形式为

$$\mathrm{SNR}=10\lg\left(\frac{\sigma_x^2}{\sigma_e^2}\right)=10.79+6.02b+10\lg(\sigma_x^2)(\mathrm{dB}) \tag{9-33}$$

从式（9-33）看出，当寄存器字长增加一位，信噪比就提高 6dB。

二、量化误差通过系统

当量化的信号通过一个线性系统时，输入的误差也会在最后的输出中，以误差的形式表现出来。例如一个序列 $\hat{x}(n)=x(n)+e(n)$ 通过一个线性非时变系统，因为 $x(n)$ 和 $e(n)$ 是独立不相关的，且系统是线性的，所以系统输出为

$$y(n)=\sum_{k=0}^{\infty}h(k)\hat{x}(n-k)=\sum_{k=0}^{\infty}h(k)x(n-k)+\sum_{k=0}^{\infty}h(k)e(n-k)=y(n)+e_{\mathrm{f}}(n) \tag{9-34}$$

输出噪声为

$$e_{\mathrm{f}}(n)=\sum_{k=0}^{\infty}h(k)e(n-k) \tag{9-35}$$

如果 $e(n)$ 是舍入噪声，则输出噪声的方差为

$$\begin{aligned}\sigma_{\mathrm{f}}^2&=E[e_{\mathrm{f}}^2(n)]=E\left[\sum_{m=0}^{\infty}h(m)e(n-m)\sum_{l=0}^{\infty}h(l)e(n-l)\right]\\&=\sum_{m=0}^{\infty}\sum_{l=0}^{\infty}h(m)h(l)E[e(n-m)e(n-l)]\end{aligned} \tag{9-36}$$

由于 $e(n)$ 是白色的，因此

$$E[e(n-m)e(n-l)]=\delta(m-l)\sigma_e^2 \tag{9-37}$$

所以

$$\sigma_{\mathrm{f}}^2=\sigma_e^2\sum_{m=0}^{\infty}h^2(m) \tag{9-38}$$

根据帕斯维尔定理，考虑到 $h(n)$ 为实序列，上式可表示为

$$\sigma_{\mathrm{f}}^2=\sigma_e^2\frac{1}{2\pi\mathrm{j}}\oint_c z^{-1}H(z)H(z^{-1})\,\mathrm{d}z \tag{9-39}$$

或

$$\sigma_{\mathrm{f}}^2=\frac{\sigma_e^2}{2\pi}\int_{-\pi}^{\pi}|H(\mathrm{e}^{\mathrm{j}\omega})|^2\mathrm{d}\omega \tag{9-40}$$

若 $e(n)$ 是截尾噪声，则输出噪声除了以上方差外，还有一个直流分量 m_{f}。

$$m_{\mathrm{f}}=E[e_{\mathrm{f}}(n)]=E\left[\sum_{m=0}^{\infty}h(m)e(n-m)\right]=m_e\sum_{m=0}^{\infty}h(m)=m_eH(\mathrm{e}^{\mathrm{j}0}) \tag{9-41}$$

例 9-2 设有一个 9bit 的 A/D 转换器，它的输出 $\hat{x}(n)$ 经过下列传输函数的一阶 IIR 滤波器，有

$$H(z)=\frac{z}{z-0.9}$$

求此滤波器输出端的量化噪声功率。

解： 由于 A/D 转换器的量化效应，输入此滤波器的噪声功率 σ_e^2 为

$$\sigma_e^2=2^{-18}/3$$

滤波器的噪声功率为

$$\sigma_{\mathrm{f}}^2=\sigma_e^2\frac{1}{2\pi\mathrm{j}}\oint_c z^{-1}H(z)H(z^{-1})\,\mathrm{d}z=\frac{2^{-18}}{3}\oint_c\frac{z^{-1}\mathrm{d}z}{(z-0.9)(z^{-1}-0.9)}=0.00000669$$

第三节 系数量化误差

按照理论设计方法所求的理想数字滤波器系统函数的系数被认为是无限精度的，但在实际中，如果用计算机编程来实现系统，则系数的精度可能受到计算机存储器字长的限制，如果用硬件实现，希望最大限度地减少用来存放系数的寄存器长度。所以必须对理想的系数进行量化，这样必然带来误差，使得传输函数零极点的位置发生偏差，结果使频率响应和要求的频率响应之间有差别。如果系数量化误差很大，在无限冲激响应滤波器情况下，一个或几个极点可能移出单位圆，结果使得系统不稳定而不能正常使用。

系数量化对滤波器特性的影响除了与字长有关，同时也与滤波器的结构有很大关系，因此，选择合适的网络结构，对系数量化的影响也是十分重要的。下面从这两个方面讨论系数量化的影响。

一、系数量化时字长的影响

理想滤波器的系统函数为

$$H(z)=\frac{\sum_{i=0}^{M} b_i z^{-i}}{1-\sum_{i=i}^{N} a_i z^{-i}} \tag{9-42}$$

极点由分母决定，如果系数 a_i 量化后变为 $a_i+\Delta a_i$，则式（9-42）的分母变为

$$1-\sum_{i=i}^{N} a_i z^{-i}-\Delta a_i z^{-i}=0 \tag{9-43}$$

当极点 $z=1$ 时，代入上式，得

$$\Delta a_i=1-\sum_{i=i}^{N} a_i \tag{9-44}$$

通过 Δa_i 和最大的 a_i 的比较，就可以求出维持系统稳定的信号处理器系数的最小字长。

例 9-3　设 $H(z)=0.0373z/(z^2-1.7z+0.745)$，求维持系统稳定的最小字长，并假设滤波器系数作舍入处理。

解：由式（9-44）可得

$$\Delta a_i=1-\sum_{i=i}^{N} a_i=1-1.7-0.745=0.045$$

相应的量化宽度为 $2\times0.045=0.09$，用最大的系数与之相除，得到

$$1.7/0.09\leqslant 2^{b-1}$$

因此，为了维持系统的稳定，系数的最小字长 $b=6$，如果系数不是舍入处理，而是截尾处理，则最小字长为 $b=7$。

凯塞等发表了保持稳定性的最小字长的另一种计算方法，对于各极点在 $k=1$，2，…，N 处的 N 阶滤波器，假定系数作截尾处理，则信号处理器的二进制位数为

$$b>\left[-\log_2\left(\frac{5\sqrt{N}}{2^{N+2}}\prod_{k=1}^{N}\omega_k T\right)\right]_{\mathrm{I}}+1 \tag{9-45}$$

式中，N 表示滤波器的阶数；ω_k 表示数字频率；T 表示采样间隔，$[\ ]_{\mathrm{I}}$ 表示内部量的正数部分。

二、系统对系数量化的灵敏度

系统对系数量化的灵敏度是指当系统的结构形式不同时，系统在系数的“量化宽度”值相同的情况下受系数量化影响的大小不同。系数量化后使得零极点的位置偏离预定的位置，特别是极点的位置会直接影响系统的稳定性，因此，研究不同系统结构下，系数量化对极点位置的影响非常重要。

假设系统函数如式（9-42）的形式，系数量化后为

$$\hat{a}_i=a_i+\Delta a_i \qquad \hat{b}_i=b_i+\Delta b_i$$

式中，Δa_i 和 Δb_i 是量化造成的系数误差，则实际系统函数为

$$\hat{H}(z)=\frac{\sum_{i=0}^{M} \hat{b}_i z^{-i}}{1-\sum_{i=i}^{N} \hat{a}_i z^{-i}} \tag{9-46}$$

这里只讨论极点的情况，假设系统 $H(z)$ 的极点为 $z=z_k$，$k=1$，2，…，N，系统函数分母多项式为

$$A(z)=1-\sum_{i=i}^{N}\hat{a}_i z^{-i}=\prod_{i=1}^{N}(1-z_i z^{-1}) \tag{9-47}$$

假设 $\hat{H}(z)$ 的极点为 $z_k+\Delta z_k$，$k=1$，2，…，N，则极点 z_k 的位置误差 Δz_k 与各系数误差 Δa_i 的关系为

$$\Delta z_k=\sum_{i=1}^{N}\frac{\partial z_k}{\partial a_i}\Delta a_i,\quad k=1,2,\cdots,N \tag{9-48}$$

$\frac{\partial z_k}{\partial a_i}$就是极点 z_k 对系数 a_i 变化的灵敏度，可以根据式（9-47）求出极点位置灵敏度的表达式。根据复合函数的微分法则可得

$$\left(\frac{\partial A(z)}{\partial z_k}\right)_{z=z_k}\cdot\left(\frac{\partial z_k}{\partial a_i}\right)=\left(\frac{\partial A(z)}{\partial a_i}\right)_{z=z_k} \tag{9-49}$$

所以

$$\frac{\partial z_k}{\partial a_i}=\left(\frac{\partial A(z)}{\partial a_i}\right)\bigg/\left(\frac{\partial A(z)}{\partial z_k}\right)\bigg|_{z=z_k} \tag{9-50}$$

根据式（9-47）可以求出

$$\frac{\partial A(z)}{\partial a_i}=-z^{-i} \tag{9-51}$$

根据式（9-47）的因式分解形式（假设 z_k 全是单根），可求得

$$\frac{\partial A(z)}{\partial a_i}=-z^{-1}\prod_{i=1,k\neq i}^{N}(1-z_i z^{-1})=-z^{-N}\prod_{i=1,k\neq i}^{N}(z-z_i) \tag{9-52}$$

将式（9-51）和式（9-52）代入式（9-50）中，得到极点位置灵敏度为

$$\frac{\partial z_k}{\partial a_i}=\frac{z_k^{N-i}}{\prod\limits_{i=1,k\neq i}^{N}(z_k-z_i)} \tag{9-53}$$

式（9-53）的分母中每一个因子（z_k-z_i）是由一个极点 z_i 指向极点 z_k 的矢量，而整个分母是所有极点指向该极点 z_k 的矢量积。这些矢量越长，即极点彼此间距离越远，极点位置的灵敏度越低；反之，灵敏度越高。例如图 9-4a 与图 9-4b 所示的滤波器的极点分布，前者的极点间距离比后者长，因此前者的极点位置灵敏度比后者小，亦即在相同程度的系数量化下所造成的极点位置误差，前者比后者要小。

高阶直接型结构滤波器极点数目多而密集，低阶直接型滤波器极点数目少而稀疏，因此，高阶直接型滤波器极点位置比低阶的对系数量化敏感得多。同理，并联结构和级联结构比直接型结构要好很多。在级联和并联结构中，每一对共轭复数极点是单独用一个二阶子系统实现，其他二阶子系统的系数变化对本节子系统的极点位置不产生任何影响。由于每对极点仅受相应的系数影响，每个子系统的极点密度比直接型高阶网络要稀疏多了，因此极点位置受系数量化的影响比直接型结构要小得多。

例 9-4 某二阶数字滤波器的系统函数为

$$H(z)=\frac{z^2}{z^2-7z+12}=\frac{-3}{1-3z^{-1}}+\frac{4}{1-4z^{-1}}$$

比较其直接型和级联型系数的量化敏感度。

解：系统的极点分别为 $z_1=3$，$z_2=4$

直接型：系数分别为 $d_1=z_1+z_2=7$，$d_2=z_1z_2=12$，根据式（9-53）可得

$$\frac{\partial z_1}{\partial d_1}=\frac{z_1}{z_1-z_2}=-3\qquad\frac{\partial z_1}{\partial d_2}=\frac{z_1^0}{z_1-z_2}=-1$$

$$\frac{\partial z_2}{\partial d_1}=\frac{z_2}{z_2-z_1}=4\qquad\frac{\partial z_2}{\partial d_2}=\frac{z_2^0}{z_2-z_1}=1$$

级联型：系数分别为 $a_1=z_1=3$，$a_2=z_2=4$，根据式（9-53）可得

$$\frac{\partial z_1}{\partial a_1}=1\qquad\frac{\partial z_1}{\partial a_2}=0$$

$$\frac{\partial z_2}{\partial a_1}=0\qquad\frac{\partial z_2}{\partial a_2}=1$$

因此

$$\left|\frac{\partial z_1}{\partial d_1}\right|>\left|\frac{\partial z_1}{\partial a_1}\right|\qquad\left|\frac{\partial z_1}{\partial d_2}\right|>\frac{\partial z_1}{\partial a_2}\qquad\frac{\partial z_2}{\partial d_1}>\frac{\partial z_2}{\partial a_1}\qquad\frac{\partial z_2}{\partial d_2}=\frac{\partial z_2}{\partial a_2}$$

综上所述，滤波器直接型结构中系数 d_1 和 d_2 变化时，极系 z_1 和 z_2 产生的变化比级联型系数 a_1 和 a_2 时产生的变化大一些。因此，直接型结构的系数量化效应更敏感。

第四节　数字滤波器的运算误差

一、IIR 滤波器乘积的舍入误差

在数字滤波器的设计中，有三个基本操作：延迟、乘积和相加，其中延迟不会造成字长变化，但是相加和乘积会发生字长的变化。乘积运算可表示为

$$y(n)=ax(n)\tag{9-54}$$

式中，$x(n)$ 表示滤波器的输入序列；a 为滤波器的系数；$y(n)$ 是输出序列。

在有限字长情况下，如果 a 和 $x(n)$ 的字长分别为 B 位和 C 位，乘积 $y(n)$ 就是 $B+C$ 位。但是由于寄存器的长度与输入序列 $x(n)$ 的字长相同，为 C 位，因此，必须将结果作舍入或截尾处理。根据本章第二节的分析可知，假设作舍入运算后的输出为

$$\hat{y}(n)=y(n)+e(n)=ax(n)+e(n)$$

式中，$e(n)$ 是舍入量化误差。

以上等效模型同样是基于以下的假设：

（1）误差序列是白噪声序列。

（2）误差序列在一个量化间隔上呈均匀分布。

（3）误差序列 $e(n)$ 与输入序列 $x(n)$ 不相关。

如果寄存器的长度是 $L+1$ 位，则舍入误差为

$$-\frac{1}{2}\times 2^{-L}<e(n)\leqslant\frac{1}{2}\times 2^{-L} \tag{9-55}$$

假设 $e(n)$ 在上面范围内均匀分布，则 $e(n)$ 的均值为零，方差为

$$\sigma_e^2=\frac{1}{12}\times 2^{-2L}=\frac{1}{3}\times 2^{-2(L+1)} \tag{9-56}$$

下面，先分析 IIR 滤波器运算中的乘积舍入误差。

假设一个一阶 IIR 滤波器，其差分方程为

$$y(n)=ay(n-1)+x(n),n\geqslant 0$$

其中，$|a|<1$，它的乘积项 $ay(n-1)$ 的等效系统如图 9-5 所示。

$y(n)$ 是没有量化时的输出，$\hat{y}(n)$ 是量化后的输出，其中 $e(n)$ 是输入 $x(n)$ 的量化误差，$f(n)$ 是输出量化误差，假设乘积舍入处理后字长为 $L+1$ 位，则输出量化误差 $f(n)$ 的方差为

$$\sigma_f^2=\sigma_e^2\frac{1}{2\pi j}\int_c z^{-1}H(z)H(z^{-1})\mathrm{d}z \tag{9-57}$$

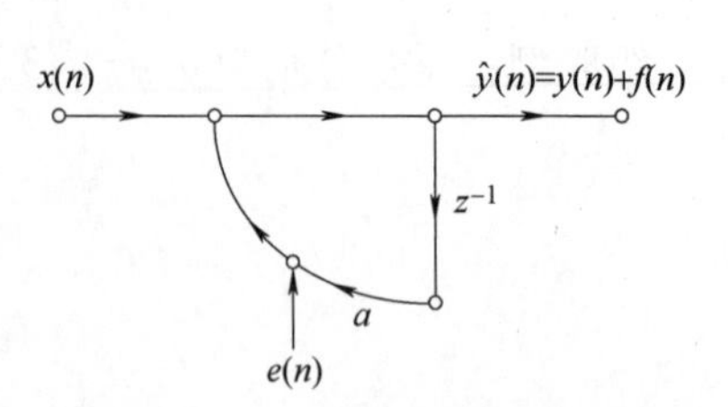

图 9-5　一阶滤波器网络结构流图

式中，$H(z)$ 是噪声源 $e(n)$ 和输出端的传输函数，由图 9-5 可得

$$H(z)=z/(z-a),\ |a|<1$$

可用留数定理计算 σ_f^2，即

$$\sigma_f^2=\sigma_e^2\cdot\mathrm{Res}[z^{-1}H(z)H(z^{-1}),z=a]=\sigma_e^2\cdot\frac{1}{1-a^2}=\frac{1}{12}\times 2^{-2L}\times\frac{1}{1-a^2}=\frac{2^{-2(L+1)}}{3(1-a^2)}$$

下面通过实例验证一个重要结论：IIR 滤波器乘积项的有限字长效应，与它的结构有密切关系。在采用定点运算中，尾数作舍入处理下，分析计算其直接型、级联型和并联型三种结构下的输入误差。

假设一个二阶滤波器的系统函数为

$$H(z)=\frac{0.2}{(1-0.9z^{-1})(1-0.8z^{-1})}=\frac{0.2}{1-1.7z^{-1}+0.72z^{-2}}=\frac{0.2}{B(z)}=0.2H_1(z)$$

（一）直接型结构

上面二阶滤波器的直接型网络结构如图 9-6 所示，图中 $e_0(n)$，$e_1(n)$，$e_2(n)$ 是系数 0.2，1.7 和 0.72 相乘的舍入噪声。由于 $H(z)$ 和 $H_1(z)$ 只是相差了一个系数，为了简化，这里只求 $H_1(z)$ 输出噪声方程为

$$\sigma_f^2=3\sigma_e^2\cdot\frac{1}{2\pi j}\oint_c\frac{z^{-1}}{B(z)B(z^{-1})}\mathrm{d}z$$

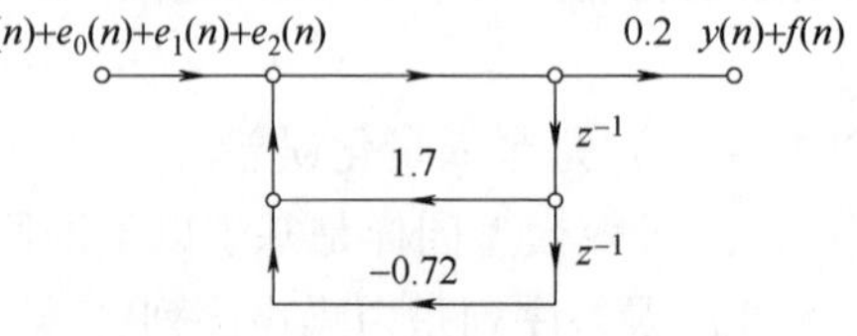

图 9-6　二阶滤波器直接型网络结构

式中，σ_e^2 是舍入噪声的方差，$\sigma_e^2=2^{-L}/12$，因此

$$\sigma_f^2=22.4\times 2^{-2L}$$

（二）级联型结构

将 $H(z)$ 写成如下形式

$$H(z)=\frac{0.2}{(1-0.9z^{-1})(1-0.8z^{-1})}=\frac{0.2}{B_1(z)}\times\frac{1}{B_2(z)}=0.2\times\frac{1}{B_1(z)\cdot B_2(z)}=0.2H_2(z)$$

其级联型结构如图 9-7 所示。

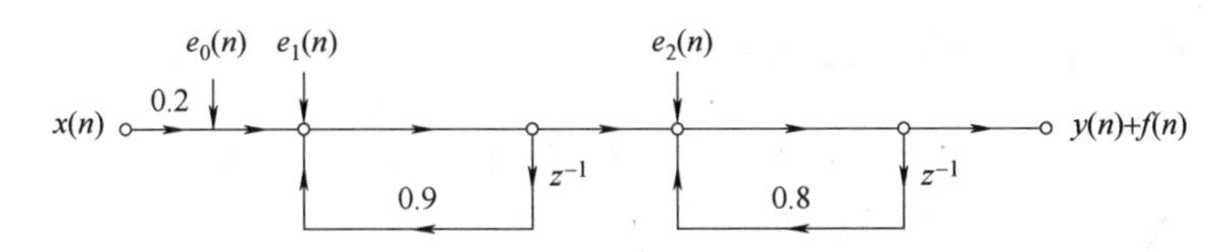

图 9-7　二阶滤波器级联型网络结构

如图 9-7 可以看出，噪声 $e_0(n)$ 和 $e_1(n)$ 通过了整个网络，而 $e_2(n)$ 只通过了 $1/B_2(z)$ 网络，因此

$$\sigma_f^2=2\sigma_e^2\cdot\frac{1}{2\pi j}\oint_c\frac{z^{-1}}{B_1(z)B_2(z)B_1(z^{-1})B_2(z^{-1})}dz+\sigma_e^2\cdot\frac{1}{2\pi j}\oint_c\frac{z^{-1}}{B_2(z)B_2(z^{-1})}dz$$

将 $\sigma_e^2=2^{-L}/12$ 代入上式，得 $\sigma_f^2=15.2\times2^{-2L}$

（三）并联型结构

将 $H(z)$ 写成如下形式

$$H(z)=\frac{1.8}{1-0.9z^{-1}}+\frac{-1.6}{1-0.8z^{-1}}=\frac{1.8}{B_1(z)}+\frac{-1.6}{B_2(z)}$$

其并联型网络结构如图 9-8 所示。

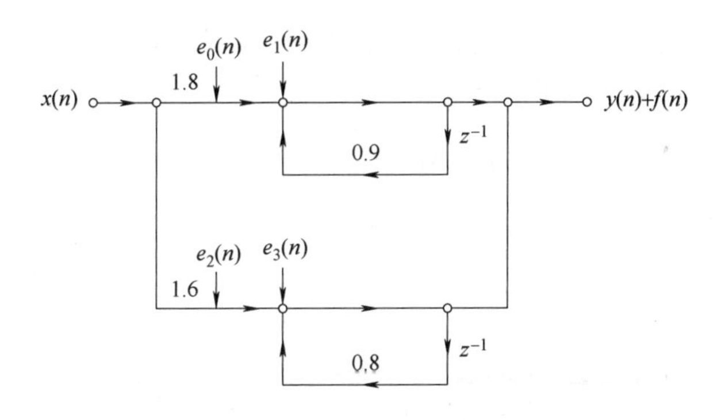

图 9-8　二阶滤波器并联型网络结构

由图 9-8 可以看出，噪声 $e_0(n)$ 和 $e_1(n)$ 通过了 $1/B_1(z)$ 网络，而 $e_2(n)$ 和 $e_3(n)$ 通过了 $1/B_2(z)$ 网络，因此

$$\sigma_f^2=2\sigma_e^2\cdot\frac{1}{2\pi j}\oint_c\frac{z^{-1}}{B_1(z)B_1(z^{-1})}dz+2\sigma_e^2\cdot\frac{1}{2\pi j}\oint_c\frac{z^{-1}}{B_2(z)B_2(z^{-1})}dz$$

将 $\sigma_e^2=2^{-L}/12$ 代入上式，得 $\sigma_f^2=1.34\times2^{-2L}$

比较上面三种结构的误差，可以看出：直接型误差>级联型误差>并联型误差。这是由于直接型结构中所有舍入误差都要经过全部网络的反馈环路，因此，使这些误差都累积在一起，致使误差很大；在级联型结构中，每个舍入误差只通过后面的反馈环路，而不通过前面的反馈环路，因而误差要比直接型结构小；在并联结构中，每个并联网络的舍入误差仅仅通

过本通路的反馈环路，与其他并联网络无关，因此累积误差最小。从这个例子可以看出，直接型网络结构的运算误差最大，并联型最小，所以在高阶滤波器中，应避免采用直接型网络结构。

二、FIR 滤波器乘积的舍入误差

FIR 滤波器中没有反馈回路，所以舍入误差比同阶的 IIR 滤波器要小。下面以直接型结构为例，分析 FIR 滤波器中的乘积项的舍入噪声。

一个 N 阶的 FIR 滤波器的系统函数为

$$H(z)=\sum_{n=0}^{N-1}h(n)z^{-n} \tag{9-58}$$

其差分方程为

$$y(n)=\sum_{m=0}^{N-1}h(m)x(n-m) \tag{9-59}$$

考虑到舍入误差，则上式可写成如下形式：

$$\hat{y}(n)=f(n)+y(n)=\sum_{m=0}^{N-1}h(m)x(n-m)+\sum_{m=0}^{N-1}e_m(n) \tag{9-60}$$

式中，$f(n)$ 为输出噪声；$e_m(n)$ 是输入噪声，它们间的关系为

$$f(n)=\sum_{m=0}^{N-1}e_m(n) \tag{9-61}$$

这个结果从图 9-9 可以看得很清楚，所有的舍入噪声都直接加在输出端，因而输出噪声就是这些噪声的简单和。输出噪声的方差为

$$\sigma_f^2=N\sigma_e^2=\frac{N}{3}\times 2^{-2(L+1)} \tag{9-62}$$

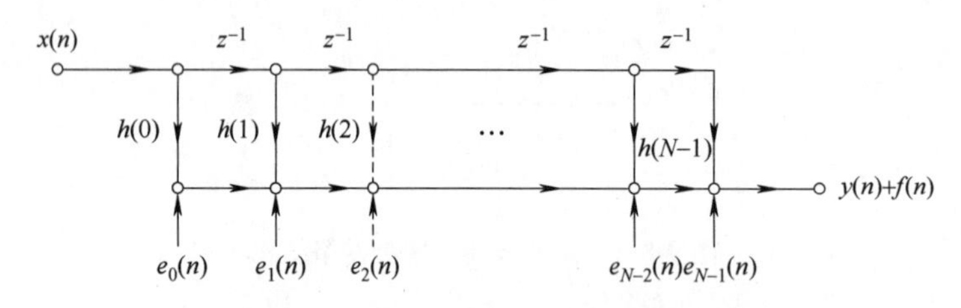

图 9-9　FIR 滤波器的直接型网络结构

从式（9-62）可以看出，输入的方差与字长有关，也与阶数有关，滤波器的阶数越高，字长越短，量化噪声越大。

三、离散傅里叶变换的舍入误差

在离散傅里叶变化中，最重要的误差是舍入误差，一个长度为 N 的复序列的 N 点离散傅里叶变换为

$$X(k)=\sum_{n=0}^{N-1}x(n)W_N^{nk},\quad k=0,1,\cdots,N-1 \tag{9-63}$$

对其直接计算，可采用图 9-10 所示的统计模型分析。

在离散傅里叶变换中，乘法器系数和信号通常都是复数，因此应进行复数乘法。其中每个复数乘法要 4 个实数乘法，每次乘法有 4 个量化误差。如果离散傅里叶变换运算需要 K 次复数乘法，就有 $4K$ 个量化误差源。对噪声源统计特性作一般假设：

（1）所有的误差彼此都不相关且与输入序列也无关。

（2）量化误差是方差为 $\sigma_0^2=2^{-2b}/12$ 的均匀分布的随机变量，假定为一个有符号的 b 位定点小数。

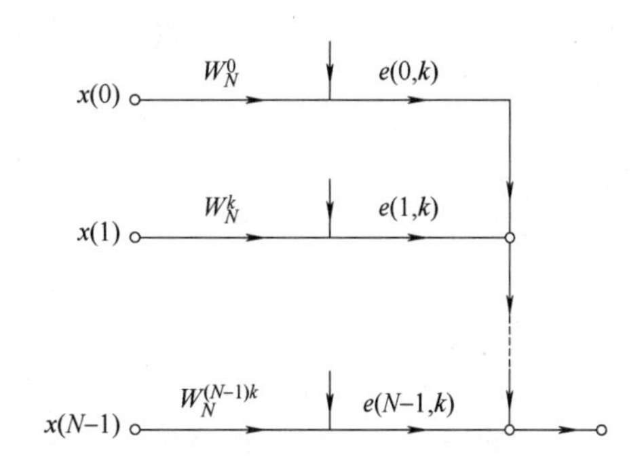

图 9-10　DFT 计算中定点舍入的统计模型

因此，一个离散傅里叶变换计算的误差的方差为

$$\sigma_r^2=4N\sigma_0^2=\frac{N}{3}\times2^{-2b} \tag{9-64}$$

下面讨论采用快速傅里叶变化进行计算时的舍入误差。以按时间抽取的基 2 快速傅里叶变换算法为例，所有结果可以推广到其他快速傅里叶算法中。

快速傅里叶变换是通过蝶形运算实现的，每一个蝶形运算是一个复数相乘。如图 9-11 所示，N 阶傅里叶变换一共可以分解成 $\ln N$ 级蝶形运算，第 r 级有 $N/2^r$ 个蝶形，其中 $r=1$，2，…，$\ln N$。因此，N 阶傅里叶变换需要的总蝶形个数为

$$1+2+2^2+\cdots+2^{\ln N-1}=N-1$$

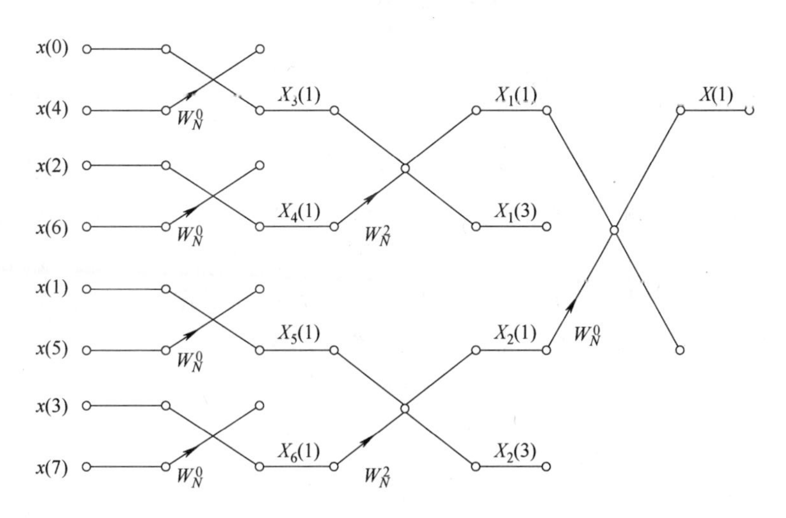

图 9-11　计算 $X(1)$ 需要的蝶形运算

从图 9-11 可以看出，输出时产生的舍入误差总数是 $4(N-1)$，假设每个蝶形运算引入的量化误差和其他蝶形运算产生的不相关，则输出舍入误差的方差为

$$\sigma_r^2=4(N-1)\sigma_0^2\approx\frac{N}{3}\times2^{-2b} \tag{9-65}$$

综上所述，快速傅里叶变换计算的舍入误差和直接用离散傅里叶变换计算的误差是相同

的，这是因为快速傅里叶变换算法并没有改变复数乘法的总数。需要注意的是，以上的所有讨论都是对舍入误差的分析，经过适当的修改后，可以用于分析截尾误差。因为补码截尾误差的幅度范围是$-2^{-L}<e_t\leqslant 0$，附加噪声源 $e(n)$ 可看作幅度密度在-2^{-L}和 0 之间的均匀分布。所以它不再是零均值，但是方差与舍入噪声的方差相等。因此，补码截尾的输出噪声方差，可以用前面舍入情况下的分析方法进行计算，但输出噪声不再具有零均值。

四、极限环振荡

以上对有限字长效应的分析都是假设系统为一个线性系统。但由于运算过程中的量化，实际上滤波器是一个非线性系统。这种非线性会引起在无限精度下稳定的一个 IIR 滤波器，在有限精度的情况下对特定输入信号呈现不稳定行为，这种不稳定常常产生两种极限振荡。

（一）颗粒型极限振荡

这种振荡发生在 IIR 数字滤波器系统中。假设一个稳定的 IIR 数字滤波器，其算术运算精度无限，若当 $n>n_0$ 时输入停止，则滤波器的输出当 $n>n_0$ 时，将逐渐衰减到零。而同一个滤波器，若以有限字长运算来实现，则滤波器的输出当 $n>n_0$ 时，可能衰减到某一非零的幅度范围，而后呈现震荡特性。这种震荡称为零输入极限环震荡。

下面用一阶 IIR 滤波器为例来说明这一现象。

例如：IIR 滤波器的差分方程表达式如下：

$$y(n)=ay(n-1)+x(n)$$

式中

$$a=1/2(=0.100)$$

$$x(n)=\begin{cases}\dfrac{7}{8}(=0.111), & n=0\\ 0, & n\neq 0\end{cases}$$

在无限精度运算情况下，可以预计，当 $n\to\infty$ 时，$y(n)\to 0$，该系数是稳定的。

现假设存储系数 a、输入数据 $x(n)$ 和滤波器节点变量 $y(n-1)$ 的寄存长度为 4 位（小数点左边 1 位是符号位，小数点右边有 3 位）。由于用的是有限长度寄存器，乘积 $ay(n-1)$ 与 $x(n)$ 相加之前必须舍入或截尾成 4 位。图 9-12 表示乘积量化造成的非线性系统。此时，对乘积作舍入处理，实际输出 $\hat{y}(n)$ 满足非线性差分方程

$$\hat{y}(n)=Q[a\hat{y}(n-1)]+x(n)$$

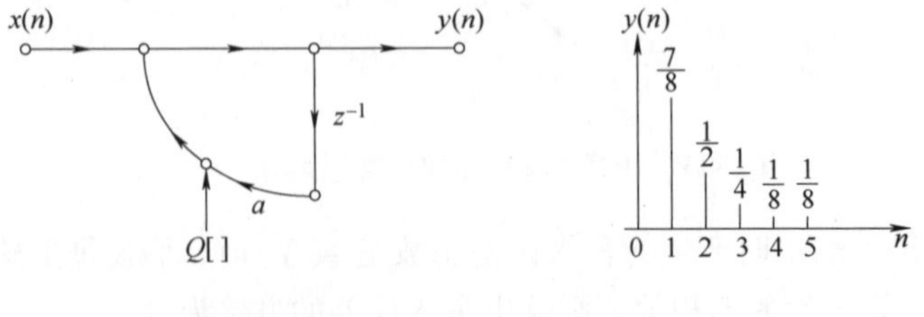

a) 乘积量化产生的非线性系统　　b) 非线性系统当a=1/2时对单位取样的响应

图 9-12　乘积量化造成的非线性系统

现将非线性差分方程的每一步运算结果列成表 9-1，这样可以清楚地看到整个运算过程。从表 9-1 可见，输出 $\hat{y}(n)$ 最后达到恒值 1/8。如果 $a=-1/2$，经过上述相同计算，此时最后输出在-1/8 和 1/8 之间做周期性稳态振荡。这个周期性输出同在 $z=\pm1$（而不是在$\pm a$）处有一个极点的一阶滤波器输出类似。$a=1/2$ 时，振荡周期为 1；$a=\pm1/2$ 时，振荡周期为 2，这种稳态的周期性输出称作极限环。

表 9-1　一阶 IIR 滤波器的有限精度运算过程（$a=0.1000$）

N	$y(n)$	$\hat{y}(n-1)$	$a\hat{y}(n-1)$	$Q[a\hat{y}(n-1)]$	$\hat{y}(n)=Q[a\hat{y}(n-1)]+x(n)$
0	0. 111	0. 000	0. 000000	0. 000	0. 111=7/8
1	0. 000	0. 111	0. 011100	0. 100	0. 100=1/2
2	0. 000	0. 100	0. 010000	0. 010	0. 010=1/4
3	0. 000	0. 010	0. 001000	0. 001	0. 001=1/8
4	0. 000	0. 010	0. 001000	0. 001	0. 001=1/8

进一步分析极限环的振荡幅度与字长的关系，根据舍入的定义，有

$$|Q[a\hat{y}(n-1)]-a\hat{y}(n-1)|\leqslant\frac{1}{2}\times2^{-L}$$

此时，对于极限环内的 n 值有

$$|Q[a\hat{y}(n-1)]|=|\hat{y}(n-1)|$$

即 a 的有效值是 1，它相当于滤波器的极点位于单位圆上。满足这个条件的数值范围是

$$|\hat{y}(n-1)|-|a\hat{y}(n-1)|\leqslant\frac{1}{2}\times2^{-L}$$

由上式可得

$$|\hat{y}(n-1)|\leqslant\frac{\frac{1}{2}\times2^{-L}}{1-|a|}\tag{9-66}$$

它定义了一阶滤波器的死区，由于舍入，死区内的数值被量化，量化间隔是 2^{-L}。当 $|a|=1/2$ 时，式（9-66）给出的死区值等于 1/8。当输入为零时，节点变量落入死区内，滤波器进入极限环状态，并且一直保持这种工作模式，到再加上输入时，使输出脱离死区为止。在高阶 IIR 网络中，同样有这种极限环振荡现象，但是振荡的形式更加复杂，这里不作讨论。

（二）溢出振荡

另一种极限振荡是由于滤波器中加法器的溢出引起的，当采用定点制补码形式时，加法器的传输特性如图 9-13 所示。其中 u 表示加法器的输入，$g[u]$ 表示它的输出。若 x_1 和 x_2 作补码加法，它的输出将是 $g[x_1+x_2]$。

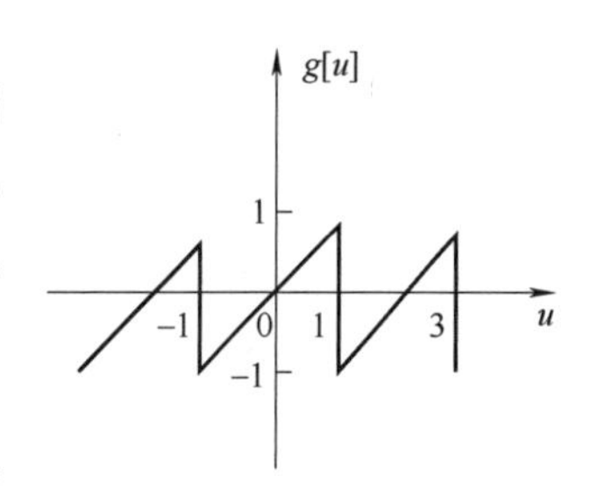

图 9-13　加法器的传输特性

现在考虑两个正数 x_1 和 x_2，而 $|x_i|<1$，$i=1$，2，因此，它的二进制码的符号位将是零，现假设 x_1 和 x_2 的和大于 1（即发生溢出），结果和的符号位是 1，它代表不正确的负

数。埃伯特（Ebert）等进行了详细研究，结果表明由于溢出可能发生更严重的极限环，溢出效应在输出中插入很大的误差。某些情况下，它是滤波器输出在最大幅度界限左右震荡，这种极限环振荡称作溢出震荡，它的持续与否与其后输入的序列无关。

消除或减弱这种振荡的一种简单有效的方法是用带有饱和运算的加法器（其输入输出特性相似于大信号工作下的运算放大器特性），代替一般的补码加法器。如图 9-14 所示，使它进行饱和运算。当上溢和下溢产生时，加法器输出将是满度值±1。倘若饱和出现次数不频繁，加法器的非线性导致的失真通常很小。

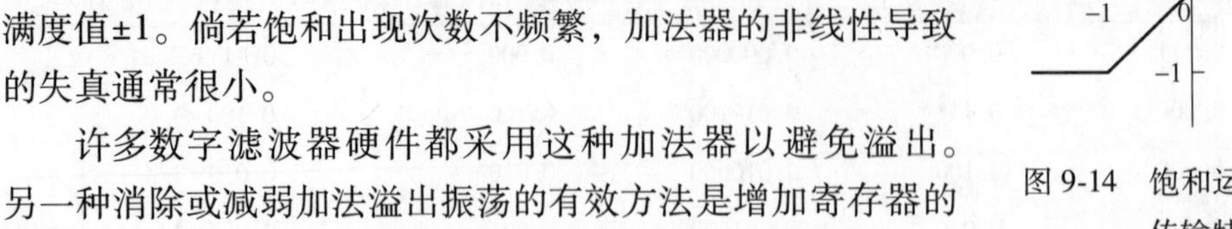

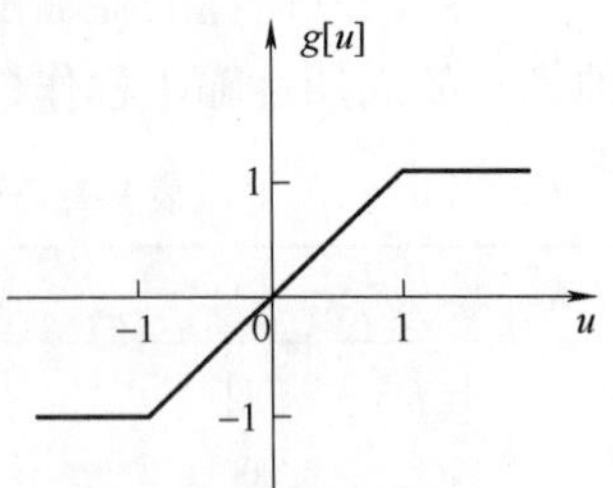

图 9-14　饱和运算加法器的传输特性

许多数字滤波器硬件都采用这种加法器以避免溢出。另一种消除或减弱加法溢出振荡的有效方法是增加寄存器的字长。

为了减少非线性失真，需要对输入信号和系统中输入信号与任何内部加法节点间的单位取样响应进行尺度变换，使溢出的发生减少到最小。对于定点运算，考虑在系统的任何节点都不允许溢出的极端情形。设 $y_k(n)$ 表示系统在输入为 $x(n)$ 时第 k 个节点的响应，其对应的单位取样响应为 $h_k(n)$，则

$$|y_k(n)| = \left|\sum_{m=-\infty}^{\infty} h_k(n)x(n-m)\right| \leqslant \sum_{m=-\infty}^{\infty} |h_k(n)||x(n-m)|$$

若输入 $x(n)$ 的上界为 A_x，计算机动态范围为（-1,1），那么

$$|y_k(n)| \leqslant A_x \sum_{m=-\infty}^{\infty} |h_k(m)| \leqslant 1$$

可以通过将输入 $x(n)$ 进行如下尺度变换：

$$A_x < \frac{1}{\sum_{m=-\infty}^{\infty} |h_k(m)|} \tag{9-67}$$

对于系统中所有可能的节点，式（9-67）是用于防止溢出的充要条件。但该条件过于保守，可能导致 $x(n)$ 被过渡缩放。另外一些尺度变换规则如下，更通用的缩放规则此处不再详述。

$$A_x < \frac{1}{\max\limits_{0\leqslant\omega\leqslant\pi} |H_k(\omega)|}$$

$$A_x < \frac{1}{\left[\sum_{m=-\infty}^{\infty} |h_k(m)|^2\right]^{\frac{1}{2}}}$$

附 录

附录 A 用 Masson（梅逊）公式求网络传输函数 $H(z)$

已知信号流图，按照 Masson 公式可以直接写出传输函数 $H(z)$，Masson 公式为

$$H(z)=\frac{\sum_{k} T_k\Delta_k}{\Delta} \tag{A.1}$$

式中，Δ 称为流图特征式，其计算公式如下：

$$\Delta=1-\sum_{i} L_i+\sum_{i,j} L'_i L'_j-\sum_{i,j,k} L''_i L''_j L''_k+\cdots$$

式中，$\sum_{i} L_i$ 表示所有的环路增益之和；$\sum_{i,j} L'_i L'_j$ 表示所有的每两个互不接触的环路增益乘积之和；$\sum_{i,j,k} L''_i L''_j L''_k$ 表示所有的每三个互不接触的环路增益乘积之和；T_k 表示从输入节点到输出节点的第 k 条前向通路的增益；Δ_k 表示不与第 k 条前向通路接触的 Δ 值。

例如：利用 Masson 公式求图 A-1 所示流图的系统函数 $H(z)$，图中有两个环路：

$$L_1: w'_2 \to w_2 \to w'_2$$

$$L_2: w'_2 \to w_2 \to w_1 \to w'_2$$

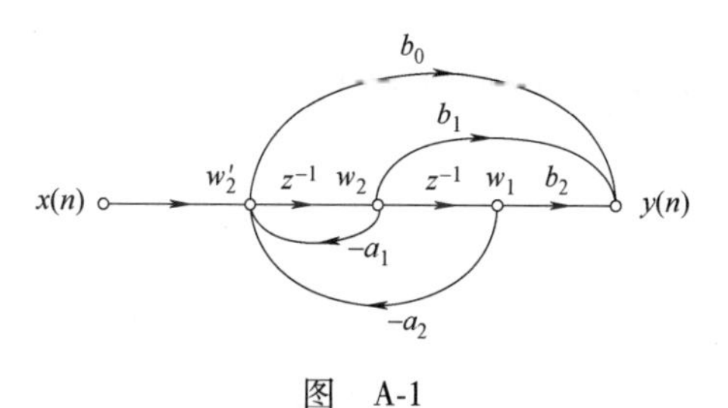

图 A-1

环路增益分别为 $L_1=-a_1z^{-1}$，$L_2=-a_2z^{-2}$。没有互不接触的环路，因此，流图特征式为

$$\Delta=1-(-a_1z^{-1}-a_2z^{-2})=1+a_1z^{-1}+a_2z^{-2}$$

流图中有三条前向通路：第一条 T_1 是 $x(n)w'_2y(n)$，它的增益是 $T_1=b_0$；第二条 T_2 是 $x(n)\to w'_2\to w_2\to y(n)$，它的增益是 $T_2=b_1z^{-1}$；第三条 T_3 是 $x(n)\to w'_2\to w_2\to w_1\to y(n)$，它的增益是 $T_3=b_2z^{-2}$。

流图中的两个环路均与所有的前向通路相接触，因此对应于三条前向通路的 $\Delta_1=1$，$\Delta_2=1$，$\Delta_3=1$。这样可以直接写出该流图的系统函数为

$$H(z)=\frac{T_1\Delta_1+T_2\Delta_2+T_3\Delta_3}{\Delta}$$
$$=\frac{b_0+b_1z^{-1}+b_2z^{-2}}{1+a_1z^{-1}+a_2z^{-2}}$$

附录 B　频率抽取基 2 FFT 和 IFFT 子程序

```
    /* define struct COMPLEX */
    typedef struct{
                    float real;
                    float imag;
                    }COMPLEX;
    extern void fft(COMPLEX *x,int m);
    extern void ifft(COMPLEX *x,int m);
    /* first function: fft, in-place radix 2 decimation in frequency
FFT */
    void fft(COMPLEX *x,int m)
    {
        static COMPLEX *w;
        static int mstore=0;
        static int n=1;
        COMPLEX u,temp,tm;
        COMPLEX *xi,*xip,*xj,*wptr;

        int i,j,k,l,le,windex;
        double arg,w_real,w_imag,wrecur_real,wrecur_imag,wtemp_real;
        if(m!=mstore)
        {
        /* free previously allocated storage and set new m */
        if(mstore!=0) free(w);
        mstore=m;
        if(m==0) return;     /* if m=0 then done */
        /* n=2  m=fft length */
        n=1<<m;
        le=n/2;
        /* allocate the storage for w */
        w=( COMPLEX *)calloc(le-1,sizeof(COMPLEX));
```

```
    if(! w)
    {
     printf("\nUnable to allocate complex w array\n");
     exit(1);
     }
     /* calculate the w values recursively */
     arg=4.0*atan(1.0)/le;
wrecur_real=w_real=cos(arg);
 wrecur_imag=w_imag=-sin(arg);
 xj=w;
 for(j=1;j<le;j++)
 {
  xj->real=(float)wrecur_real;
 xj->imag=(float)wrecur_imag;
 xj++;
  wtemp_real=wrecur_real*w_real+wrecur_imag*w_imag;
  wtemp_imag=wrecur_real*w_imag+wrecur_imag*w_real;
  wrecur_real=wtemp_real;
 }
}
 /* start fft */
 le=n;
 windex=1;
 for(l=0;l<m;l++)
 {
   le=le/2;
   /* first iteration with no multiplies */
  for(i=0;i<n;i=i+2*le)
  {
      xi=x+i;
      xip=xi+le;
      temp.real=(xi->real+xio->real);
      temp.imag=(xi->imag+xio->imag);
      xip->real=(xi->real-xip->real);
      xip->imag=(xi->imag-xip->imag);
      *xi=temp;
   }
```

```
    /* remaining iterations use stored w */
        wptr=w+windex-1;
        for(j=1;j<le;j++)
        {
            u=*wptr;
            for(i=j;i<n;i=i+2*le)
            {
                xi=x+i;
                xip=xi+le;
             temp.real=(xi->real+xip->real);
             temp.imag=(xi->imag+xip->imag);
             tm.real=xi->real-xip->real;
             tm.imag=xi->imag-xip->imag;
             xip->real=(tm.real*u.real-tm.imag*u.imag);
             xip->imag=(tm.real*u.imag+tm.imag*u.real);
             *xi=temp;
            }
            wptr=wptr+windex;
        }
        windex=2*windex;
}
/* rearrang data by bit reversing */
    for(i=0;i<n;++i)
      {
        j=0;
        for(k=0;k<m;++k)
          j=(j<<1)|(1&(i>>k));
         if(i<j)
         {
            xi=x+i;
            xj=x+j;
            temp=*xj;
            *xj=*xi;
            *xi=temp;
          }
      }
    }
```

```
/ * second function :ifft,in-place radix 2 decimation in time IFFT * /
 void ifft(COMPLEX * x,int m)
  {
        static int mstore=0;
        statoc int n=1;

        COMPLEX u,temp,tm;
      COMPLEX * xi, * xip, * xj, * wptr;

        int i,j,k,l,le,windex;
        float scale;
        double arg,w_real,w_imag,wrecur_real,wrecur_imag,wtemp_real;
        if(m! =mstore)
        {
            / * free previously allocated storage and set new m * /
            if(mstore! =0) free(w);
            mstore=m;
            if(m==0) return; / * if m=0  then done * /
        / * n=2  m=fft length * /
          n=1<<m;
          le=n/2;
        / * allocate the storage for w * /
          w=( COMPLEX * )calloc(le-1,sizeof(COMPLEX));
          if(! w)
          {
              printf("\nUnable to allocate complex w array\n");
              exit(1);
          }
       / * calculate the w values recursively * /
         arg=4.0;
         wrecur_real=w_real=cos(arg);
         wrecur_imag=w_imag=sin(arg);
         xi=w;
         for(j=1;j<le;j++)
         {
             xi->real=(float)wrecur_real;
             xi->imag=(float)wrecur_imag;
```

```
                xj++;
                wtemp_real=wrecur_real * w_real-wrecur_imag * w_imag;
                wtemp_imag=wrecur_real * w_imag+wrecur_imag * w_real;
                wrecur_real=wtemp_real;
            }
        }
        /* start ifft */
        le=n;
        windex=1;
        for(l=0;l<m;l++)
        {
            le=le/2;
        /* first iteration with no multiplies */
          for(i=0;i<n;i=i+2 * le)
          {
                xi=x+i;
                xip=xi+le;
                temp.real=(xi->real+xip->real);
                temp.imag=(xi->imag+xip->imag);
                xip->real=(xi->real-xip->real);
                xip->imag=(xi->imag-xip->imag);
                * xi=temp;
             }
/* remaining iterations use stored w */
          wptr=w+windex-1;
          for(j=1;j<le;j++)
          {
              u= * wptr;
              for(i=j;i<n;i=i+2 * le)
                {
                    xi=x+i;
                    xip=xi+le;
                    temp.real=(xi->real+xip->real);
                    temp.imag=(xi->imag+xip->imag);
                    tm.real=xi->real-xip->real;
                    tm.imag=xi->imag-xip->imag;
                    xip->real=(tm.real * u.real-tm.imag * u.imag);
```

```
                xip->imag=(tm.real*u.imag+tm.imag*u.real);
                *xi=temp;
              }
             wptr=wptr+windex;
          }
         windex=2*windex;
      }
/* rearrang data by bit reversing */
        for(i=0;i<n;++i)
        {
            j=0;
            for(k=0;k<m;++k)
             j=(j<<1)|(1&(i>>k));
              if(i<j)
              {
                   xi=x+i;
                   xj=x+j;
                   temp=*xj;
                   *xj=*xi;
                   *xi=temp;
                  }
            }
   /* scale all result by 1/n */
       scale=(float)(1.0/n);
       for(i=0;i<n;i++)
            {
               x[i].real=scale*x[i].real;
               x[i].imag=scale*x[i].imag;
   }
   }
```

附录 C　部分计算题参考答案

第二章

习题2-9

（1）非周期。（2）$T=12\pi$，非周期。（3）非周期。（4）$T_1=2\pi/(\pi/2)=4$，$T_2=2\pi/(\pi/8)=16$，$T_3=2\pi/(\pi/4)=8$，$T=16$。

习题2-10

(1) 非线性，非时变。(2) 线性，非时变。(3) 线性，非时变。(4) 线性，时变。(5) 线性，时变。(6) 线性，非时变。(7) 线性，时变。(8) 线性，时变。

习题2-11

(1) 因果稳定。(2) 非因果，稳定。(3) $n_0=0$ 时，因果稳定；n_0 为其他时，非因果。(4) 非因果，稳定。(5) 非因果，稳定。(6) 因果，稳定。(7) 因果，非稳定。(8) 因果稳定。

习题2-12

(a) $y(n)=u(n)+2u(n-1)+u(n-2)$

(b) $y(n)=-4\delta(n)+6\delta(n-1)-\delta(n-3)$

习题2-13

(1) $y(n)=\{1,2,3,4,4,3,2,1 \mid 0\leqslant n\leqslant 7\}$

(2) $y(n)=\{2,2,2,0,-2,-2,-2 \mid 0\leqslant n\leqslant 6\}$

(3) $y(n)=0.5^n u(n)+0.5^{n-1}u(n-1)+0.5^{n-2}u(n-2)+0.5^{n-3}u(n-3)+0.5^{n-4}u(n-4)$

习题2-14

$$y(n)=\frac{1-a^{n+1}}{1-a}u(n)-\frac{1-a^{n-3}}{1-a}u(n-3)$$

习题2-16

(1) 8000π。

(2) 8000π。

(3) $x(n)=x_a(nT)=x_a(n/F_s)=3\cos[2\pi\times0.3n]+2\cos[2\pi\times0.1n]$。

习题2-17

(1) $T=0.05\text{s}$。

(2) $\hat{x}_a(t)=\cos(2\pi fnT+\pi/2)=\cos(4\pi n/5+\pi/2)$。

(3) $N=[2\pi/(4\pi/5)]k=(5/2)k$；令 $k=2$ 时，$N=5$

第三章

习题3-5

(1) $e^{-j\omega n_0}X(e^{j\omega})$。(2) $X^*(e^{-j\omega})$。(3) $X(e^{-j\omega})$。(4) $X(e^{j\omega})\cdot Y(e^{j\omega})$。(5) $\frac{1}{2\pi}X(e^{j\omega})*Y(e^{j\omega})$。(6) $j\frac{dX(e^{j\omega})}{d\omega}$。(7) $\frac{1}{2\pi}[X(e^{j\frac{\omega}{2}})+X(e^{-j\frac{\omega}{2}})]$。(8) $\frac{1}{2\pi}X(e^{j\omega})*X(e^{j\omega})$。

(9) $X(e^{j2\omega})$。

习题3-6

(1) 6。(2) 4π。(3) 2。(4) $x_a(n)=\frac{1}{2}[-1,0,1,2,0,0,2,4,2,0,0,2,1,0,-1]$。

(5) 28π。(6) 316π。

习题3-7

(1) $\cos\omega$。(2) $\dfrac{1}{1-a\mathrm{e}^{-\mathrm{j}\omega}}$。(3) $\sum_{n=0}^{3}\mathrm{e}^{-\mathrm{j}\omega n}+\sum_{n=1}^{3}\mathrm{e}^{\mathrm{j}\omega n}$。

习题3-8

$$H(\mathrm{e}^{\mathrm{j}\omega})=\frac{1}{1-0.5\mathrm{e}^{-\mathrm{j}\omega}},\quad h'(n)=\delta(n)-0.5\delta(n-1)$$

习题3-9

$$h(n)=a^n u(n),\quad H(\mathrm{e}^{\mathrm{j}\omega})=\frac{1}{1-a\mathrm{e}^{-\mathrm{j}\omega}}$$

习题3-10

(1) $X(k)=\begin{cases}1, & 0\leqslant k\leqslant N-1\\ 0, & \text{其他}\end{cases}$

(2) $X(k)=\begin{cases}\mathrm{e}^{-\mathrm{j}\frac{2\pi}{N}kn_0}, & 0\leqslant k\leqslant N-1\\ 0, & \text{其他}\end{cases}$

(3) $X(k)=\begin{cases}\dfrac{1-a^N}{1-a\mathrm{e}^{-\mathrm{j}\frac{2\pi}{N}k}}, & 0\leqslant k\leqslant N-1\\ 0, & \text{其他}\end{cases}$

(4) $X(k)=\begin{cases}\dfrac{N}{2}, & k=m \text{ 或 } k=N-m\\ 0, & \text{其他}\end{cases}$

(5) $X(k)=\begin{cases}\dfrac{1-\mathrm{e}^{-\mathrm{j}\frac{2\pi}{N}8k}}{1-\mathrm{e}^{-\mathrm{j}\frac{2\pi}{N}k}}, & k\geqslant 7\\ 0, & k<7\end{cases}$

习题3-11

第 7~19 点 $f(n)$ 与 $x(n)*y(n)$ 相等。

习题3-20

(a) 略　　(b) $X_1(k)=W_8^{-3k}X(k)$　　(c) $X_2(k)=W_8^{2k}X(k)$

习题3-21

(1) $X(5)=0.125+\mathrm{j}0.0518, X(6)=0, X(7)=0.125+\mathrm{j}0.3018$

(2) $X_1(k)=W_8^{-5k}X(k)$

(3) $X_1(k)=X((k-1))_8R_8(k)$

习题3-22

$x_1(n)\otimes x_2(n)=\{5,6,1,2,3,4\}$

习题3-23

(1) $y(n)=\{1,4,8,10,8,4,1\}$。(2) $y(n)=\{9,8,9,10\}$。(3) 与 (1) 结果相同。

习题3-24

(1) $u=50-1=49$

（2）每段长度为 100，所以 $M=100-49=51$

（3）输出的 51 个点在卷积结果的 49~99 之间（从 0 开始算）

习题3-25

$y(n)=\{8,22,17,69,65,10,29,65,29,37,36,68,32,-5,21,0\}$

习题3-26

$y(n)=\{8,22,17,69,65,10,29,65,29,37,36,68,32,-5,21,0\}$

第四章

习题4-7

（1）$X(z)=z^{-m}$，$|z|>0$

（2）$X(z)=\dfrac{1}{1-2z^{-1}}$，$|z|>\dfrac{1}{2}$

（3）$X(z)=\dfrac{-1}{1-az^{-1}}$，$|z|<|a|$

（4）$X(z)=\dfrac{1-(2z)^{-10}}{1-(2z)^{-1}}$，$|z|\neq 0$ 以外

（5）$X(z)=\dfrac{1-z^{-1}\cos\omega_0}{1-2z^{-1}\cos\omega_0+z^{-2}}$，$|z|>1$

习题4-8

（1）$X(z)=\dfrac{z(1-a^2)}{(1-az)(z-a)}$，$|a|<|z|<\dfrac{1}{|a|}$；零点：$z_1=0$，$z_2=\infty$；极点：$z_1=a$，$z_2=1/a$

（2）$X(z)=\dfrac{1}{1-e^{a+j\omega_0}z^{-1}}$，$|a|<|z|<\dfrac{1}{|a|}$；零点：$z=0$；极点：$z=e^{a+j\omega_0}$

（3）$X(z)=\dfrac{A[\cos\varphi-rz^{-1}\cos(\omega_0-\varphi)]}{1-2rz^{-1}\cos\omega_0+r^2z^{-2}}$，$|z|>|r|$

零点：$z_1=0$，$z_2=\dfrac{r\cos(\omega_0-\varphi)}{\cos\varphi}$；极点：$z_1=re^{-j\omega_0}$，$z_2=re^{j\omega_0}$

（4）$X(z)=1+z^{-1}+\dfrac{z^{-2}}{2!}+\dfrac{z^{-3}}{3!}+\cdots+\dfrac{z^{-n}}{n!}+\cdots=e^{1/z}$，$|z|>0$

（5）$X(z)=\dfrac{\sin\theta+z^{-1}\sin(\omega_0-\theta)}{1-2z^{-1}\cos\omega_0+z^{-2}}$，$|z|>1$；零点：$z_1=0$，$z_2=\dfrac{\sin(\omega_0+\theta)}{\sin\theta}$；极点：$z_1=e^{-j\omega_0}$，$z_2=e^{j\omega_0}$

习题4-9

（1）当 $|z|<\dfrac{1}{2}$ 时：　$x(n)=-\left[3\left(\dfrac{1}{2}\right)^n+2^{n+1}\right]u(-n-1)$

（2）当 $|z|>2$ 时：　$x(n)=\left[3\left(\dfrac{1}{2}\right)^n+2^{n+1}\right]u(n)$

（3）当 $\dfrac{1}{2}<|z|<2$ 时：　$x(n)=-2^{n+1}u(-n-1)+3\left(\dfrac{1}{2}\right)^n u(n)$

习题4-10

（1）$X(z)=\dfrac{1}{1-az^{-1}}$，$|z|>a$

（2）$X(z)=\dfrac{a^2}{(z-a)^2}$，$|z|>a$

（3）$X(z)=\dfrac{1}{1-az}$，$|z|<\dfrac{1}{a}$

习题4-11

（1）$x(n)=2^{-|n|}$

（2）$x(n)=(2^{-n}-2^{n})u(n)$

习题4-12

（1）$x(n)=-\dfrac{1}{18}z^{-n}u(n)-\dfrac{5}{9}z^{n}u(-n-1)$

（2）$x(n)=\left[\dfrac{3}{2}-\dfrac{5}{2}(-1)^{n}\right]\left(\dfrac{1}{2}\right)^{n}u(-n-1)$

习题4-16

（1）$1/3<|z|<2$，双边序列。

（2）$1/3<|z|<2$ 或 $2<|z|<3$。

习题4-17

$1/2<|z|<\infty$，不是因果系统。

习题4-18

（1）$H(z)=\dfrac{z}{\left(z-\dfrac{1+\sqrt{5}}{2}\right)\left(z-\dfrac{1-\sqrt{5}}{2}\right)}$

（2）$|z|>\dfrac{1+\sqrt{5}}{2}$，$h(n)=\dfrac{\sqrt{5}}{5}\left[\left(\dfrac{1+\sqrt{5}}{2}\right)^{n}-\left(\dfrac{1-\sqrt{5}}{2}\right)^{n}\right]u(n)$

（3）$\left|\dfrac{1-\sqrt{5}}{2}\right|<|z|<\dfrac{1+\sqrt{5}}{2}$，$h(n)=-\dfrac{\sqrt{5}}{5}\left(\dfrac{1+\sqrt{5}}{2}\right)^{n}u(-n-1)-\dfrac{\sqrt{5}}{5}\left(\dfrac{1-\sqrt{5}}{2}\right)^{n}u(n)$

习题4-19

（1）$H(z)=\dfrac{1+0.9z^{-1}}{1-0.9z^{-1}}$，$h(n)=2(0.9)^{n}u(n-1)+\delta(n)$

（2）$H(e^{j\omega})=\dfrac{1+0.9e^{-j\omega}}{1-0.9e^{-j\omega}}$

（3）$y(n)=x(n)\cdot H(e^{j\omega})=e^{j\omega_0 n}\dfrac{1+0.9e^{-j\omega}}{1-0.9e^{-j\omega}}$

习题4-20

$$y(n)=\frac{(re^{-j\theta}-a)(re^{j\theta})^{n+2}-(re^{j\theta}-a)(re^{-j\theta})^{n+2}+j2r\sin\theta a^{n+2}}{j2r\sin\theta(re^{j\theta}-a)(re^{-j\theta}-a)}$$

第五章

习题5-5

直接计算：$T_D=4\times10^{-6}\times1024^2+1\times10^{-6}\times1023\times1024$

用 FFT 计算：$T_F=4\times10^{-6}\times\frac{N}{2}\times\log_2^N+1\times10^{-6}\times N\times\log_2^N$

习题5-6

$$W_8=\frac{1}{\sqrt{2}}(1-\mathrm{j})$$

蝶形运算的第一级产生序列 {2,2,2,2,0,0,0,0}，相应的因子的乘积并不会改变此序列；下一级产生序列 {4,4,0,0,0,0,0,0}，该序列对相应因子仍保持不变；最后一级产生序列 {8,0,0,0,0,0,0,0}，因为该序列转换成适当顺序的反转位都只是零，所以结果保持为 {8,0,0,0,0,0,0,0}。

习题5-7

$x=x_R+\mathrm{j}x_I=(a+\mathrm{j}b)(c+\mathrm{j}d)$

$e=(a-b)d$　1 次加法，1 次乘法；

$x_R=e+(c-d)a$　2 次加法，1 次乘法；

$x_I=e+(c+d)b$　2 次加法，1 次乘法；

总共 5 次加法，3 次乘法。

第六章

习题6-8

(a) $H(z)=\dfrac{1}{1-\frac{1}{2}z^{-1}}+\dfrac{1}{1+\frac{3}{4}z^{-1}}$

(b) $H(z)=\dfrac{1}{1-\frac{1}{2}z^{-1}}\cdot\dfrac{1}{1+\frac{3}{4}z^{-1}}$

(c) $H(z)=\dfrac{\sin\frac{3}{4}z^{-1}}{1-2\cos\frac{3}{4}z^{-1}+z^{-2}}$

(d) $H(z)=\dfrac{1}{1-\frac{1}{2}z^{-1}}+\dfrac{1}{1+\frac{3}{4}z^{-1}}$

(e) $H(z)=\dfrac{2+\frac{1}{4}z^{-1}}{1-\frac{1}{4}z^{-1}+\frac{3}{8}z^{-2}}$

(f) $H(z)=\dfrac{1+\frac{1}{4}z^{-1}}{1-\frac{1}{4}z^{-1}+\frac{3}{8}z^{-2}}$

(d) 和 (a) 是相同的。

习题6-9

(a) $h(n)=\delta(n)-2\delta(n-1)+4\delta(n-2)+3\delta(n-3)-\delta(n-4)+\delta(n-5)$

(b) $h(n)=\delta(n)-2\delta(n-1)+4\delta(n-2)+3\delta(n-3)-\delta(n-4)+\delta(n-5)$

(c) $h(n)=2\delta(n)+3\delta(n-1)-\delta(n-2)+\delta(n-3)+\delta(n-4)-\delta(n-5)+3\delta(n-6)+2\delta(n-7)$

(d) $h(n)=\delta(n)+2\delta(n-1)-\delta(n-2)+3\delta(n-3)-\delta(n-4)+2\delta(n-5)+\delta(n-6)$

习题6-11

$$H(z)=5+\frac{z^{-1}}{1+\frac{1}{3}z^{-1}}+\frac{1+2z^{-1}}{1-\frac{1}{2}z^{-1}}$$

习题6-12

(a) $H(z)=\dfrac{1}{1-b_1z^{-1}}+\dfrac{1}{1-b_2z^{-1}}=\dfrac{2-(b_1+b_2)z^{-1}}{(1-b_1z^{-1})(1-b_2z^{-1})}$

(b) $H(z)=\dfrac{1}{1-a_1z^{-1}}\cdot\dfrac{c_0+c_1z^{-1}}{1-a_2z^{-1}}$

$a_1=b_1, a_2=b_2; c_0=2, c_1=-(b_1+b_2)$

习题6-13

(1) $H(z)=\dfrac{b_0+b_1z^{-1}+b_2z^{-2}}{1-a_1z^{-1}-a_2z^{-2}}$

(2) ① $H(z)=\dfrac{1+2z^{-1}+z^{-2}}{1-1.5z^{-1}+0.9z^{-2}}$。极点为：$z_{1,2}=0.75\mp0.58\mathrm{j}$，$|z_{1,2}|<1$，所以系统稳定。

② $H(z)=\dfrac{1+2z^{-1}+z^{-2}}{1-z^{-1}+2z^{-2}}$。极点为：$z_{1,2}=0.5\mp1.323\mathrm{j}$，$|z_{1,2}|>1$，所以系统不稳定。

第七章

习题7-3

$$H(p)=\frac{1}{(p+1)(p^2+0.445p+1)(p^2+1.247p+1)(p^2+1.802p+1)}$$

$$H(s)=H(p)\big|_{p=\frac{s}{\Omega_p}}=\frac{3.02\times10^{24}}{(s+3141.59)(s^2+1398.009s+9.87\times10^6)(s^2+3917.566s+9.87\times10^6)(s^2+5661.150s+9.87\times10^6)}$$

习题7-4

$$H(p)=\frac{1}{8.1408(p+0.2975)(p^2+0.1838p+0.9931)(p^2+0.4814p+0.4341)}$$

$$H(s)=H(p)\big|_{p=\frac{s}{\Omega_p}}=\frac{3.759\times10^{16}}{(s+934.624)(s^2+577.425s+9801504.131)(s^2+1512.363s+4284395.271)}$$

习题7-5

（1）$H(s)=\dfrac{1}{8(s+0.5)(s^2+0.5s+0.25)}$

（2）$H(s)=\dfrac{4s^2+100}{s^2+13s+42}$

习题7-6

（1）$H(z)=\dfrac{1-z^{-1}\mathrm{e}^{-aT}\cos(bT)}{1-2z^{-1}\mathrm{e}^{-aT}\cos(bT)+z^{-2}\mathrm{e}^{-2aT}}$

（2）$H(z)=\dfrac{z^{-1}\mathrm{e}^{-aT}\sin(bT)}{1-2z^{-1}\mathrm{e}^{-aT}\cos(bT)+z^{-2}\mathrm{e}^{-2aT}}$

习题7-7

（1）冲激响应不变法 $H(z)=\dfrac{0.1917z^{-1}}{1-0.82966z^{-1}+0.135335z^{-2}}$

双线性变换法 $H(z)=\dfrac{2(z^{-1}+1)^2}{3z^{-2}-26z^{-1}+35}$

（2）冲激响应不变法 $H(z)=\dfrac{0.75-0.395235z^{-1}}{1-0.97441z^{-1}+0.22313z^{-2}}$

双线性变换法 $H(z)=\dfrac{-10z^{-2}+4z^{-1}+14}{21z^{-2}-62z^{-1}+45}$

习题7-8

$N=5$，$\Omega_c=756.566\text{rad/s}$，查表求 $H(p)$

习题7-9

$N=4$，$\Omega_c=0.7743\text{rad/s}$，查表求 $H(p)$

习题7-10

$$H(z)=\frac{0.0555(1+z^{-1})^4}{(1-0.7379z^{-1}+0.3101z^{-2})(1-0.0119z^{-1}+0.7536z^{-2})}$$

习题7-11

$$H(z)=\frac{1-3z^{-2}+3z^{-4}-z^{-6}}{3.012-2.912z^{-2}+1.756z^{-4}+0.32z^{-6}}$$

习题7-12

$$H_{\mathrm{HP}}(z)=\frac{0.2929(1-z^{-1})^2}{1+0.1716z^{-2}}$$

习题7-13

$$H(z)=\frac{0.0675(1+z^{-2})^2}{(1+1.5582z^{-1}+0.6425z^{-2})(1-1.5582z^{-1}+0.6425z^{-2})}$$

第八章

习题8-6

(1) $\theta(\omega)=-\omega(N-1)/2=-2.5\omega$

$N=6$ 为偶数，幅度特性关于 $\omega=\pi$ 点奇对称

(2) $\theta(\omega)=-\pi/2-\omega(N-1)/2=-\pi/2-3\omega$

$N=7$ 为奇数，幅度特性关于 $\omega=0$，2π 两点奇对称

习题8-7

$$h(n)=\frac{1}{10}(\delta(n)+0.9\delta(n-1)+2.1\delta(n-2)+0.9\delta(n-3)+\delta(n-4))$$

因为 $h(n)=h(N-1-n)$，$N=5$，是线性相位

幅度特性函数：$H_g(\omega)=(2.1+1.8\cos\omega+2\cos2\omega)/10$

相位特性函数：$\theta(\omega)=-\omega(N-1)/2=-2\omega$

习题8-8

(1) $h_d(n)=\dfrac{1}{2\pi}\displaystyle\int_{-\omega_c}^{\omega_c}e^{-j\omega a}e^{j\omega n}d\omega=\dfrac{\sin[\omega_c(n-a)]}{\pi(n-a)}$

(2) $h(n)=h_d(n)R_N(n)$；为了满足线性相位条件，要求 $a=(N-1)/2$

(3) N 为奇数时，幅度特性函数关于 $\omega=0$、π、2π 三点偶对称，可实现各类幅频特性

N 为偶数时，幅度特性函数关于 $\omega=\pi$ 奇对称，所以不能实现高通和带阻滤波器

习题8-9

选择汉宁窗函数 $N=\left[\dfrac{6.2\pi}{\Delta\omega}\right]=75$

$$\omega(n)=0.5-0.5\cos\left(\frac{2\pi n}{N-1}\right)=0.5-0.5\cos\left(\frac{\pi n}{37}\right)$$

$$h(n)=\begin{cases}\dfrac{\sin[0.54\pi(n-37)]}{(n-37)\pi}\omega(n), & 0\leqslant n\leqslant 74\\ 0, & \text{其他}\end{cases}$$

习题8-10

$$h(n)=\begin{cases}\dfrac{1}{2}\left[1-\cos\left(\dfrac{\pi n}{25}\right)\right](-1)^n\dfrac{\sin[0.5\pi(n-25)]}{(n-25)\pi}\omega(n), & 0\leqslant n\leqslant 50\\ 0, & \text{其他}\end{cases}$$

习题8-11

$$h(n)=\begin{cases}\left[0.54-0.46\cos\left(\dfrac{\pi n}{25}\right)\right]\dfrac{2}{\pi(n-25)}\sin\left[\dfrac{\pi}{5}(n-25)\right]\cos\left[\dfrac{\pi}{5}(n-25)\right], & 0\leqslant n\leqslant 50\\ 0, & \text{其他}\end{cases}$$

参考文献

[1] ALAN V OPPENHEIM, RONALD W SCHAFER. Discrete-time signal processing [M]. 北京：电子工业出版社，2011.

[2] 奥本海姆 A V，谢弗 R W，巴克 J R. 离散时间信号处理 [M]. 刘树棠，黄建国，译. 西安：西安交通大学出版社，2011.

[3] 高西全，丁玉美. 数字信号处理 [M]. 3 版. 西安：西安电子科技大学出版社，2008.

[4] 姚天任，江太辉. 数字信号处理 [M]. 3 版. 武汉：华中科技大学出版社，2013.

[5] 王世一. 数字信号处理（修订版）[M]. 北京：北京理工大学出版社，2013.

[6] JOHN G PROAKIS, DIMITRIS G MANOLAKIS. 数字信号处理 [M]. 4 版. 方艳梅，刘永清，等译. 北京：电子工业出版社，2012.

[7] SANJIT K MITRA. 数字信号处理——基于计算机的方法 [M]. 4 版. 余翔宇，译. 北京：电子工业出版社，2012.

[8] 张德丰. 详解 MATLAB 数字信号处理 [M]. 北京：电子工业出版社，2010.

[9] 门爱东，苏菲，王雷，等. 数字信号处理 [M]. 2 版. 北京：科学出版社，2013.

[10] 高西全，丁玉美. 数字信号处理学习指导 [M]. 3 版. 西安：西安电子科技大学出版社，2008.

[11] HOLLY MOORE. MATLAB 实用教程 [M]. 2 版. 高会生，刘童娜，李聪聪，译. 北京：电子工业出版社，2010.

[12] 维纳 K. 英格尔，约翰 G. 普罗克斯. 数字信号处理（MATLAB 版）[M]. 刘树棠，陈志刚，译. 西安：西安交通大学出版社，2013.

[13] VINAY K INGLE, JOHN G PROAKIS. Digital signal processing using MATLAB [M]. 3 版. 北京：科学出版社，2012.